2025年版

全国一级造价工程师职业资格考试培训教材

建设工程计价

◎ 全国造价工程师职业资格考试培训教材编审委员会 编

中国计划出版社

·北 京·

图书在版编目（CIP）数据
建设工程计价 / 全国造价工程师职业资格考试培训教材编审委员会编. -- 4版. -- 北京 : 中国计划出版社, 2025. 5(2026.1 重印). -- (2025年版全国一级造价工程师职业资格考试培训教材). -- ISBN 978-7-5182-1791-5
Ⅰ. TU723.3
中国国家版本馆CIP数据核字第2025UK0361号

建设工程计价
JIANSHE GONGCHENG JIJIA

责任编辑：刘　原　　　封面设计：韩可斌

中国计划出版社出版发行
网址：www. jhpress. com
地址：北京市西城区木樨地北里甲 11 号国宏大厦 C 座 4 层
邮政编码：100038　电话：（010）63906433（发行部）
北京市科星印刷有限责任公司印刷

787mm × 1092mm　1/16　20.75 印张　512 千字
2025 年 5 月第 4 版　2026 年 1 月第 2 次印刷

定价：78.00 元

编　写　组

主　　编： 柯　洪　天津理工大学

副 主 编： 郭婧娟　北京交通大学

编写人员： 马　楠　华北科技学院　编写第一章

高显义　同济大学　编写第二章

郭婧娟　北京交通大学　编写第三章

周述发　陆军勤务学院　编写第四章

柯　洪　天津理工大学　合编第五章

赵　军　天津理工大学　合编第五章

解本政　山东建筑大学　编写第六章

审查人员： 刘大同　许锡雁　金　强　王福恒

前　言

根据《国家职业资格目录》，为统一造价工程师职业资格的设置和管理，提高工程造价从业人员素质，提升建设工程造价管理水平，2018 年 7 月 20 日住房城乡建设部、交通运输部、水利部、人力资源社会保障部印发了《造价工程师职业资格制度规定》《造价工程师职业资格考试实施办法》（建人〔2018〕67 号），明确国家设置造价工程师准入类职业资格，工程造价咨询企业应配备造价工程师，工程建设活动中有关工程造价管理岗位应按需要配备造价工程师。

2025 年 4 月，《全国一级造价工程师职业资格考试大纲》进行了局部修订，主要变化为：一是“建设工程造价案例分析”（土木建筑工程、安装工程）科目增加了客观题的类型；二是“建设工程技术与计量（安装工程）”科目不再区分管道和设备工程、电气和自动化控制工程 2 个专业组，取消了选考的规定。

为帮助工程造价从业人员学习、掌握一级造价工程师职业资格考试的内容，提升职业能力，全国造价工程师职业资格考试培训教材编审委员会依据 2025 年版考试大纲，编写了 2025 年版全国一级造价工程师职业资格考试培训教材。

本教材的编写充分吸收了最新颁布的有关工程造价管理的法规、规章、政策、标准，力求体现行业最新发展水平和一级造价工程师职业资格考试特点。

本教材的编写参考了许多专家、学者的研究成果，并在编审过程中得到了编审专家的大力支持与配合，在此一并致谢！

因工程造价管理工作涉及面广，专业技术性强，本教材在使用中如存在不足之处，请读者提出宝贵意见和建议。

全国造价工程师职业资格考试培训教材编审委员会

2025 年 5 月

兑换增值服务说明

为了提供更优质、更高效的知识服务，我社为购买正版造价工程师考试用书的读者提供网上视频增值服务，由专业老师对考试的相关内容进行讲解，帮助读者掌握理解，提高应试水平。网上增值服务使用方法如下：

1. 移动端用户

扫描上面微课程二维码 → 关注“计划社微课程”服务号 → 点击菜单“我的服务”—“兑换增值服务” → 扫描或输入封面二维码涂层下的20位数字，验证兑换 → 在个人中心“我的增值服务”享受增值服务

2. 计算机用户

访问weike.jhpress.com → 注册用户并登录 → 进入个人中心点击“兑换增值服务” → 输入封面二维码涂层下的20位数字，验证兑换 → 在个人中心“我的增值服务”享受增值服务

注：增值服务从兑换之日起12个月内有效，提供形式为在线观看。如果输入卡号或扫码后无法通过验证，可扫码联系客服。

3. 联系我们

客服微信：

网上增值服务如有不完善之处，敬请广大读者提出宝贵意见和建议！

目　录

免费听课

第一章 建设工程造价构成

第一节 概 述

一、我国建设项目总投资及工程造价的构成

建设项目总投资是指为完成工程项目建设并达到使用要求或生产条件，在建设期内预计或实际投入的费用总和。生产性建设项目总投资包括建设投资、建设期利息和流动资金三部分；非生产性建设项目总投资包括建设投资和建设期利息两部分。其中建设投资和建设期利息之和对应于固定资产投资，固定资产投资与建设项目的工程造价在量上相等。工程造价基本构成包括用于购买工程项目所含各种设备的费用，用于建筑施工和安装施工所需支出的费用，用于委托工程勘察设计应支付的费用，用于获取土地使用权所需的费用，也包括用于建设单位自身进行项目筹建和项目管理所花费的费用等。总之，工程造价是指在建设期预计或实际支出的建设费用。

工程造价中的主要构成部分是建设投资，建设投资是为完成工程项目建设，在建设期内投入且形成现金流出的全部费用。根据国家发改委和建设部发布的《建设项目经济评价方法与参数（第三版）》（发改投资〔2006〕1325 号）的规定，建设投资包括工程费用、工程建设其他费用和预备费三部分。工程费用是指建设期内直接用于工程建造、设备购置及其安装的建设投资，可以分为建筑安装工程费用和设备及工器具购置费。工程建设其他费用是指建设期为项目建设或运营必须发生的但不包括在工程费用中的费用。预备费是在建设期内因各种不可预见因素的变化而预留的可能增加的费用，包括基本预备费和价差预备费。建设期利息主要是指在建设期内发生的为工程项目筹措资金的融资费用及债务资金利息。建设项目总投资的具体构成内容如图 1.1.1 所示。

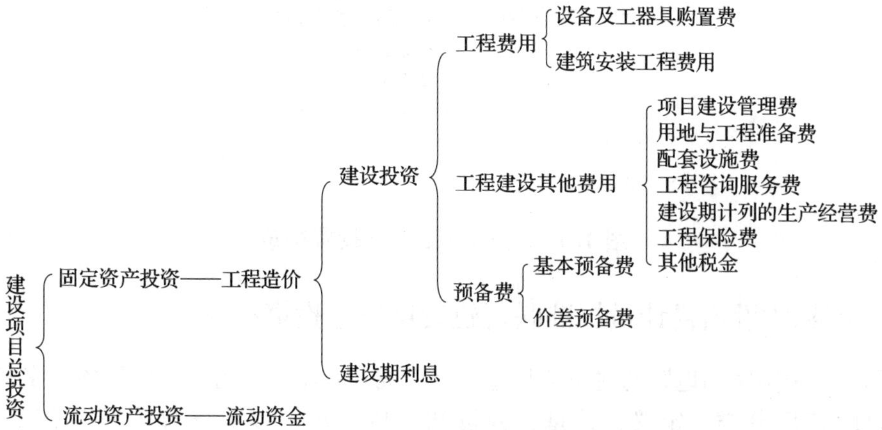

图 1.1.1 我国现行建设项目总投资构成

流动资金指为进行正常生产运营，用于购买原材料、燃料、支付工资及其他运营费用等所需的周转资金。在可行性研究阶段用于财务分析时计为全部流动资金，在初步设计及以后阶段用于计算“项目报批总投资”或“项目概算总投资”时计为铺底流动资金。铺底流动资金是指生产经营性建设项目为保证投产后正常的生产运营所需，并在项目资本金中筹措的自有流动资金。

图 1.1.1 仅是以建筑工程为例阐述建设项目工程造价和总投资构成，其他专业类别的工程造价与以上建筑工程有所不同。水利工程、铁路工程、公路工程、水运工程总投资构成分别如图 1.1.2～图 1.1.5 所示。此外，城市轨道交通工程总投资由工程费用、工程建设其他费用、预备费和专项费用组成，专项费用包括车辆购置费、建设期贷款利息、铺底流动资金。

- 水利工程总投资
  - 工程部分投资
    - 建筑工程投资
    - 机电设备及安装工程投资
    - 金属结构设备及安装工程投资
    - 输水管线设备及安装工程投资
    - 施工临时工程投资
    - 独立费用
    - 基本预备费
  - 建设征地移民补偿投资
    - 农村部分补偿费
    - 城（集）镇部分补偿费
    - 工业企业补偿费
    - 专业项目补偿费
    - 防护工程费
    - 库底清理费
    - 其他费用
    - 基本预备费
    - 有关税费
  - 环境保护工程投资
    - 环境保护措施投资
    - 独立费用
    - 基本预备费
    - 环境影响补偿费
  - 水土保持工程投资
    - 工程措施投资
    - 植物措施投资
    - 监测措施投资
    - 施工临时工程投资
    - 独立费用
    - 基本预备费
    - 水土保持补偿费
  - 价差预备费
  - 建设期融资利息

图 1.1.2 水利工程总投资构成

二、国际建设项目计量标准联盟建设项目总投资构成

国际上各个国家和地区的建设项目总投资构成各有不同，为统一世界各国家和地区的建设项目的费用分类、定义、计量、分析和构成标准，以英国皇家特许测量师学会（Royal Institution of Chartered Surveyors，RICS）和美国国际工程造价促进会（Association

- 铁路工程总投资
  - 静态投资
    - 建筑安装工程费
      - 直接费
        - 直接工程费
        - 施工措施费
        - 特殊施工增加费
          - 风沙地区施工增加费
          - 高原地区施工增加费
          - 原始森林地区施工增加费
          - 行车干扰施工增加费
          - 营业线封锁施工增加费
      - 间接费
    - 设备购置费
      - 设备费
      - 设备运杂费
    - 其他费
      - 土地征（租）用及拆迁补偿费
      - 项目建设管理费
      - 建设单位印花税及其他税费
      - 建设项目前期费
      - 施工监理费
      - 勘察设计费
      - 设计文件审查费
      - 其他咨询服务费
      - 营业线施工配合费
      - 安全生产费
      - 研究试验费
      - 联调联试等有关费用
      - 利用外资有关费用
      - 生产准备费
      - 第三方检测费
      - 高原高寒地区铁路工程健康保障费
      - 生活物资运输补贴
      - 全过程工程咨询服务费
      - 其他
    - 增值税
    - 基本预备费
  - 动态投资
    - 价差预备费
    - 建设期投资贷款利息
  - 机车车辆（动车组）购置费
  - 铺底流动资金

图 1.1.3　铁路工程总投资构成

- 公路工程总投资
  - 建筑安装工程费
    - 直接费
    - 设备购置费
    - 措施费
      - 冬季施工增加费
      - 雨季施工增加费
      - 夜间施工增加费
      - 特殊施工增加费
        - 高原地区施工增加费
        - 风沙地区施工增加费
        - 沿海地区施工增加费
      - 行车干扰施工增加费
      - 施工辅助费
      - 工地转移费
    - 企业管理费
    - 利润
    - 增值税
    - 专项费用
      - 施工场地建设费
      - 安全生产费
  - 土地使用及拆迁补偿费
  - 工程建设其他费
    - 建设项目管理费
    - 研究试验费
    - 建设项目前期工作费
    - 专项评价（估）费
    - 联合试运转费
    - 生产准备费
    - 工程保通管理费
    - 工程保险费
    - 其他相关费用
  - 预备费
    - 基本预备费
    - 价差预备费
  - 建设期贷款利息

图 1.1.4　公路工程总投资构成

- 水运工程总投资
  - 工程费用
    - 建筑工程费
    - 设备购置费
    - 安装工程费
  - 工程建设其他费用
    - 建设用地用海费
    - 建设管理费
    - 前期工作费
    - 勘察设计费
    - 监理费
    - 研究试验费
    - 招标费
    - 引进技术和设备材料其他费
    - 生产准备费
    - 竣工验收前相关费
    - 其他相关费用
  - 预留费用
    - 基本预备费
    - 物价上涨费
  - 建设期利息
  - 专项概算

图 1.1.5 水运工程总投资构成

for the Advancement of Cost Engineering，AACE）为主联合 45 个成员组织组成国际建设项目计量标准联盟（International Construction Measurement Standards Coalition，ICMSC），其下辖的独立标准制定委员会（Standards Setting Committee，SSC）于 2017 年发布了国际建设项目计量标准（即 International Construction Measurement Standards，ICMS），对工程项目的总建设成本（相当于我国的建设项目总投资）做了统一规定。工程项目总建设成本包括项目基本建设成本、项目相关建设成本、场地购置费和业主其他费用三部分，各部分详细内容如下。

（一）项目基本建设成本

项目基本建设成本是指工程建设过程中直接产生的费用，包括人工费、材料费、施工机械使用费、设备费、承包方现场和总部的管理费用、利润、税金及为工程施工进行的所有施工准备工作、临时设施费用。项目基本建设成本又可以根据项目专业类别的不同分为成本集和成本子集。主要的成本集包括：

（1）拆除和场地平整。包括为了使项目建设场地达到项目设计平面要求，满足下部结构施工进行的所有准备工作。

（2）下部结构。包括所有地下或水下承重工程，并包括相关土方工程、支护工程和非承重结构及其他相关工程，不包括装饰工程。下部结构可以根据建筑、道路和高速公路、铁路、桥梁、隧道等不同的专业工程分为不同的成本子集。

（3）结构。包括所有承重工程和非承重结构的主体工程，不包括下部结构和装饰工程。

（4）非承重结构和装饰工程/非结构工程。包括所有非承重结构和装饰工程，不包括服务和设备、地表和地下排水系统。

（5）服务和设备。包括所有用于项目竣工投入使用的永久服务和设备，包括机械、水利、管道设施、消防、运输、通信、安全、电气和电子等设备，不包括地表和地下排水系统。

(6) 地表和地下排水系统。包括服务于项目的地表和地下排水系统。

(7) 附属工程。包括为主体工程所做的辅助性配套工程。

(8) 施工准备/承包方现场管理费用/一般要求。包括施工方现场管理、临时设施、服务和开支，以及不直接消耗在工程实体上的工作和费用，与所有成本集相关但不直接划分到某一特定成本集中。

(9) 风险准备金。包括为预防风险和因项目结果不确定性需要而预留的准备金，风险准备金与项目基本建设成本有关，包括价格水平调整部分，即在一定期限内，允许对通货膨胀、上调或紧缩引起的价格水平波动进行调整。

(10) 税金。包括国家或政府机构对项目强制征收的税费，以全部或部分建设合同价款作为征税计算基数，由业主或承包方支付。

(二) 项目相关建设成本

项目相关建设成本包括场外设施费用、工器具及生产家具购置费、与项目建设有关的咨询费和监理费以及风险准备金，不包括场地购置费和业主为实现项目发生的其他费用。

(1) 场外设施费用。包括所有为实现项目将公共设施接入现场而支付给政府机构和公共设施公司的费用。

(2) 工器具及生产家具购置费。包括在接近竣工时或竣工后为项目正常使用投入的家具、配件和设备的费用。

(3) 与项目建设有关的咨询费和监理费。包括支付给除承包方以外的服务提供方的费用。

(4) 风险准备金。与项目基本建设成本中的风险准备金类似，包括为预防风险和因项目结果不确定性需要而预留的准备金，此项准备金与项目相关建设成本有关，同样不包含在业主其他费用中。

(三) 场地购置费和业主其他费用

场地购置费和业主其他费用是指从项目开始至项目结束，为获得施工场地支付的费用和为实现项目发生的基本建设成本和相关建设成本以外的所有其他费用。主要包括以下内容：

(1) 场地购置费。包括为获得施工场地所需要支付的所有费用。

(2) 行政、财务、法律和经营费用。包括从项目开始到投入使用所有与项目实施有关的不包含在项目基本建设成本和项目相关建设成本中的费用。

第二节　设备及工器具购置费的构成和计算

设备及工器具购置费是由设备购置费和工器具及生产家具购置费组成的。

一、设备购置费的构成和计算

设备购置费是指为工程建设项目购置或自制的达到固定资产标准的设备、工器具及生产家具等所需的费用。它由设备原价和设备运杂费构成。

设备购置费＝设备原价（含备品备件费)＋设备运杂费　　(1.2.1)

式中，设备原价按设备来源不同，分为国产设备原价和进口设备原价两大类。设备原价通常包含备品备件费在内，备品备件费指设备购置时随设备同时订货的首套备品备件的费用；设备运杂费指除设备原价之外的关于设备采购、运输、途中包装及仓库保管等方面支出费用的总和。

（一）国产设备原价的构成及计算

国产设备原价一般指的是设备制造厂的交货价或订货合同价，即出厂（场）价格。它一般根据生产厂或供应商的询价、报价、合同价确定，或采用一定的方法计算确定。国产设备原价分为国产标准设备原价和国产非标准设备原价。

1. 国产标准设备原价

国产标准设备是指按照主管部门颁布的标准图纸和技术要求，由国内设备生产厂批量生产的，符合国家质量检测标准的设备。国产标准设备一般有完善的设备交易市场，因此可通过查询相关交易市场价格或向设备生产厂家询价得到国产标准设备原价。

2. 国产非标准设备原价

国产非标准设备是指国家尚无定型标准，各设备生产厂不可能采用批量生产，只能按订货要求并根据具体的设计图纸制造的设备。非标准设备由于单件生产、无定型标准，所以无法获取市场交易价格，只能按其成本构成或相关技术参数估算其价格。非标准设备原价有多种不同的计算方法，如成本计算估价法、系列设备插入估价法、分部组合估价法、定额估价法等。成本计算估价法是一种比较常用的估算非标准设备原价的方法。按成本计算估价法，非标准设备的原价由以下各项组成：

（1）材料费，其计算公式如下：

材料费＝材料净用量×(1＋加工损耗系数)×单位材料综合价 (1.2.2)

（2）加工费，包括生产工人工资和工资附加费、燃料动力费、设备折旧费、车间经费等，其计算公式如下：

加工费＝材料总用量×材料加工单价 (1.2.3)

（3）辅助材料费（简称辅材费），包括焊条、焊丝、氧气、氩气、氮气、油漆、电石等费用。其计算公式如下：

辅助材料费＝材料费×辅助材料费指标 (1.2.4)

（4）专用工具费，按（1）～（3）项之和乘以一定百分比计算。

（5）废品损失费，按（1）～（4）项之和乘以一定百分比计算。

（6）外购配套件费，按设备设计图纸所列的外购配套件的名称、型号、规格、数量、重量，根据相应的价格加运杂费计算。

（7）包装费，按（1）～（6）项之和乘以一定百分比计算。

（8）利润，可按（1）～（5）项加第（7）项之和乘以一定利润率计算。

（9）税金，主要指增值税①，通常是指设备制造厂销售设备时向购入设备方收取的销项税额。计算公式为：

当期销项税额＝销售额×适用增值税税率 (1.2.5)

---

① 虽然根据《营业税改征增值税试点实施办法》（财税〔2016〕36号）的规定，购入不动产、无形资产时支付或者负担的增值税额可以作为进项税额抵扣。但一方面并非所有的投资项目的进项税额都可以抵扣；另一方面即使可抵扣的进项税额依然是项目投资过程中所必须支付的费用之一，因此在计算设备原价时，依然包括增值税。同理，在后文中建筑安装工程费用、工程建设其他费用中也包括相应的增值税。

其中，销售额为（1）～（8）项（各项中均不包括增值税进项税额）之和。

（10）非标准设备设计费，按国家规定的设计费收费标准计算。

综上所述，单台非标准设备原价可用下面的公式表达：

单台非标准设备原价＝｛［(材料费＋加工费＋辅助材料费)×(1＋专用工具费率）×(1＋废品损失费率)＋外购配套件费］×(1＋包装费率）－外购配套件费｝×(1＋利润率)＋外购配套件费＋销项税额＋非标准设备设计费 (1.2.6)

【例 1.2.1】 某工厂采购一台国产非标准设备，制造厂生产该台设备所用材料费 20 万元，加工费 2 万元，辅助材料费 4 000 元。专用工具费率 1.5%，废品损失费率 10%，外购配套件费 5 万元，包装费率 1%，利润率为 7%，增值税税率为 13%，非标准设备设计费 2 万元，求该国产非标准设备的原价。

解： 专用工具费＝(20＋2＋0.4)×1.5%＝0.336（万元）

废品损失费＝(20＋2＋0.4＋0.336)×10%＝2.274（万元）

包装费＝(22.4＋0.336＋2.274＋5)×1%＝0.300（万元）

利润＝(22.4＋0.336＋2.274＋0.3)×7%＝1.772（万元）

销项税额＝(22.4＋0.336＋2.274＋5＋0.3＋1.772)×13%＝4.171（万元）

该国产非标准设备的原价＝22.4＋0.336＋2.274＋0.3＋1.772＋4.171＋2＋5
＝38.253（万元）

（二）进口设备原价的构成及计算

进口设备的原价是指进口设备的抵岸价，即设备抵达买方边境、港口或车站，交纳完各种手续费、税费后形成的价格。抵岸价通常是由进口设备到岸价（CIF）和进口从属费构成。进口设备的到岸价，即设备抵达买方边境港口或边境车站所形成的价格。在国际贸易中，交易双方所使用的交货类别不同，则交易价格的构成内容也有所差异。进口设备从属费用是指进口设备在办理进口手续过程中发生的应计入设备原价的银行财务费、外贸手续费、进口关税、消费税、进口环节增值税及进口车辆的车辆购置税等。

1. 进口设备的交易价格

在国际贸易中，较为广泛使用的交易价格术语有 FOB、CFR 和 CIF。

（1）FOB（free on board)，意为装运港船上交货价，亦称为离岸价。FOB 术语是指当货物在装运港被装上指定船时，卖方即完成交货义务。风险转移，以在指定的装运港货物被装上指定船时为分界点。费用划分与风险转移的分界点相一致。

在 FOB 交货方式下，卖方的基本义务有：在合同规定的时间或期限内，在装运港按照习惯方式将货物交到买方指派的船上，并及时通知买方；自负风险和费用，取得出口许可证或其他官方批准证件，在需要办理海关手续时，办理货物出口所需的一切海关手续；负担货物在装运港至装上船为止的一切费用和风险；自付费用提供证明货物已交至船上的通常单据或具有同等效力的电子单证。买方的基本义务有：自负风险和费用，取得进口许可证或其他官方批准的证件，在需要办理海关手续时，办理货物进口以及经由他国过境的一切海关手续，并支付有关费用及过境费；负责租船或订舱，支付运费，并给予卖方关于船名、装船地点和要求交货时间的充分的通知；负担货物在装运港装上船后的一切费用和风险；接受卖方提供的有关单据，受领货物，并按合同规定支付货款。

(2) CFR (cost and freight)，意为成本加运费，或称为运费在内价。CFR术语是指货物在装运港被装上指定船时卖方即完成交货，卖方必须支付将货物运至指定目的港所需的运费和费用，但交货后货物灭失或损坏的风险，以及由于各种事件造成的任何额外费用，即由卖方转移到买方。与FOB相比，CFR的费用划分与风险转移的分界点是不一致的。

在CFR交货方式下，卖方的基本义务有：自负风险和费用，取得出口许可证或其他官方批准的证件，在需要办理海关手续时，办理货物出口所需的一切海关手续；签订从指定装运港承运货物运往指定目的港的运输合同；在买卖合同规定的时间和港口，将货物装上船并支付至目的港的运费，装船后及时通知买方；负担货物在装运港至装上船为止的一切费用和风险；向买方提供通常的运输单据或具有同等效力的电子单证。买方的基本义务有：自负风险和费用，取得进口许可证或其他官方批准的证件，在需要办理海关手续时，办理货物进口以及必要时经由另一国过境的一切海关手续，并支付有关费用及过境费；负担货物在装运港装上船后的一切费用和风险；接受卖方提供的有关单据，受领货物，并按合同规定支付货款；支付除通常运费以外的有关货物在运输途中所产生的各项费用以及包括驳运费和码头费在内的卸货费。

(3) CIF (cost insurance and freight)，意为成本加保险费、运费，习惯称到岸价。在CIF术语中，卖方除负有与CFR相同的义务外，还应办理货物在运输途中最低险别的海运保险，并应支付保险费。如买方需要更高的保险险别，则需要与卖方明确地达成协议，或者自行做出额外的保险安排。除保险这项义务之外，买方的义务与CFR相同。

2. 进口设备到岸价的构成及计算

$$\begin{aligned}\text{进口设备到岸价 (CIF)} &= \text{离岸价 (FOB)} + \text{国际运费} + \text{运输保险费} \\ &= \text{运费在内价 (CFR)} + \text{运输保险费}\end{aligned} \tag{1.2.7}$$

(1) 离岸价。离岸价分为原币货价和人民币货价，原币货价一般折算为美元表示，人民币货价按原币货价乘以外汇市场美元兑换人民币汇率中间价确定。进口设备离岸价按有关生产厂商询价、报价、订货合同价计算。

(2) 国际运费。即从装运港（站）到达我国目的港（站）的运费。我国进口设备大部分采用海洋运输，小部分采用铁路运输，个别采用航空运输。进口设备国际运费计算公式为：

$$\text{国际运费（海、陆、空）} = \text{离岸价 (FOB)} \times \text{运费率} \tag{1.2.8}$$

或

$$\text{国际运费（海、陆、空）} = \text{单位运价} \times \text{运量} \tag{1.2.9}$$

其中，运费率或单位运价参照有关部门或进出口公司的规定执行。

(3) 运输保险费。对外贸易货物运输保险是由保险人（保险公司）与被保险人（出口人或进口人）订立保险契约，在被保险人交付议定的保险费后，保险人根据保险契约的规定对货物在运输过程中发生的承保责任范围内的损失给予经济上的补偿。这是一种财产保险，计算公式为：

$$\text{运输保险费} = \frac{\text{离岸价 (FOB)} + \text{国际运费}}{1 - \text{保险费率}} \times \text{保险费率} \tag{1.2.10}$$

其中，保险费率按保险公司规定的进口货物保险费率计算。

3. 进口从属费的构成及计算

进口从属费＝银行财务费＋外贸手续费＋关税＋消费税＋进口环节增值税＋车辆购置税　(1.2.11)

(1) 银行财务费，一般是指在国际贸易结算中，金融机构为进出口商提供金融结算服务所收取的费用，可按下式简化计算：

银行财务费＝离岸价 (FOB)×人民币外汇汇率×银行财务费率　(1.2.12)

(2) 外贸手续费，指按对外经济贸易部门规定的外贸手续费率计取的费用，外贸手续费率一般取 1.5%，此项费用只在委托外贸公司代理进口业务时发生。计算公式为：

外贸手续费＝到岸价 (CIF)×人民币外汇汇率×外贸手续费率　(1.2.13)

(3) 关税，由海关对进出国境或关境的货物和物品征收的一种税，计算公式为：

关税＝到岸价 (CIF)×人民币外汇汇率×进口关税税率　(1.2.14)

到岸价作为关税的计征基数时，通常又可称为关税完税价格。进口关税税率按我国海关总署发布的进口关税税率计算。

(4) 消费税，仅对部分进口设备（如轿车、摩托车等）征收，一般计算公式为：

$$\text{应纳消费税税额}=\frac{\text{到岸价 (CIF)}\times\text{人民币外汇汇率}+\text{关税}}{1-\text{消费税税率}}\times\text{消费税税率}\qquad(1.2.15)$$

其中，消费税税率根据规定的税率计算。

(5) 进口环节增值税，是对从事进口贸易的单位和个人，在进口商品报关进口后征收的税种。我国增值税征收条例规定，进口应税产品均按组成计税价格和增值税税率直接计算应纳税额，即：

进口环节增值税额＝组成计税价格×增值税税率　(1.2.16)

组成计税价格＝到岸价＋关税＋消费税　(1.2.17)

其中，增值税税率根据规定的税率计算。

(6) 进口车辆购置税。进口车辆需缴纳进口车辆购置税，其公式如下：

进口车辆购置税＝(到岸价＋关税＋消费税) ×车辆购置税率　(1.2.18)

【例 1.2.2】 从某国进口应纳消费税的设备，重量 1 000t，装运港船上交货价为 400 万美元，工程建设项目位于国内某省会城市。如果国际运费标准为 300 美元/t，海上运输保险费率为 3‰，银行财务费率为 5‰，外贸手续费率为 1.5%，关税税率为 20%，增值税税率为 13%，消费税税率为 10%，银行外汇牌价为 1 美元＝6.9 元人民币，对该设备的原价进行估算。

解： 进口设备 FOB＝400×6.9＝2 760（万元）

国际运费＝300×1 000×6.9＝207（万元）

$$\text{海运保险费}=\frac{2\,760+207}{1-0.3\%}\times0.3\%=8.93\text{（万元）}$$

CIF＝2 760＋207＋8.93＝2 975.93（万元）

银行财务费＝2 760×5‰＝13.8（万元）

外贸手续费＝2 975.93×1.5％＝44.64（万元）

关税＝2 975.93×20％＝595.19（万元）

$$消费税=\frac{2\ 975.93+595.19}{1-10\%}\times 10\%=396.79（万元）$$

增值税＝(2 975.93＋595.19＋396.79)×13％＝515.83（万元）

进口从属费＝13.8＋44.64＋595.19＋396.79＋515.83＝1 566.25（万元）

进口设备原价＝2 975.93＋1 566.25＝4 542.18（万元）

（三）设备运杂费的构成及计算

1. 设备运杂费的构成

设备运杂费是指国内采购设备自来源地、国外采购设备自到岸港运至工地仓库或指定堆放地点发生的采购、运输、运输保险、保管、装卸等费用。通常由下列各项构成：

（1）运费和装卸费。国产设备由设备制造厂交货地点起至工地仓库（或施工组织设计指定的需要安装设备的堆放地点）止所发生的运费和装卸费；进口设备由我国到岸港口或边境车站起至工地仓库（或施工组织设计指定的需安装设备的堆放地点）止所发生的运费和装卸费。

（2）包装费。在设备原价中没有包含的，为运输而进行的包装支出的各种费用。

（3）设备供销部门的手续费。按有关部门规定的统一费率计算。

（4）采购与仓库保管费。指采购、验收、保管和收发设备所发生的各种费用，包括设备采购人员、保管人员和管理人员的工资、工资附加费、办公费、差旅交通费，设备采购部门办公和仓库所占固定资产使用费、工具用具使用费、劳动保护费、检验试验费等。这些费用可按主管部门规定的采购与保管费费率计算。

2. 设备运杂费的计算

设备运杂费按设备原价乘以设备运杂费率计算，其公式为：

设备运杂费＝设备原价×设备运杂费率 (1.2.19)

其中，设备运杂费率按各部门及省、市有关规定计取。

二、工器具及生产家具购置费的构成和计算

工器具及生产家具购置费，是指新建或扩建项目保证初期正常生产必须购置的没有达到固定资产标准的设备、仪器、工卡模具、器具、生产家具和备品备件等的购置费用。一般以设备购置费为计算基数，按照部门或行业规定的工器具及生产家具购置费费率计算，计算公式为：

工器具及生产家具购置费＝设备购置费×定额费率 (1.2.20)

第三节 建筑安装工程费用的构成和计算

一、建筑安装工程费用的构成

（一）建筑安装工程费用的内容

建筑安装工程费用是指为完成工程项目建造、生产性设备及配套工程安装所需的费用。

1. 建筑工程费内容

(1) 各类房屋建筑工程和列入房屋建筑工程费用的供水、供暖、卫生、通风、煤气等设备费用及其安装、装饰工程的费用，列入建筑工程预算的各种管道、电力、电信和电缆导线敷设工程的费用。

(2) 设备基础、支柱、工作台、烟囱、水塔、水池、灰塔等建筑工程以及各种炉窑的砌筑工程和金属结构工程的费用。

(3) 为施工而进行的场地平整、工程和水文地质勘察，原有建筑物和障碍物的拆除以及施工临时用水、电、暖、气、路、通信和完工后的场地清理，环境绿化、美化等工作的费用。

(4) 矿井开凿、井巷延伸、露天矿剥离，石油、天然气钻井，修建铁路、公路、桥梁、水库、堤坝、灌渠及防洪等工程的费用。

2. 安装工程费内容

(1) 生产、动力、起重、运输、传动和医疗、实验等各种需要安装的机械设备的装配费用，与设备相连的工作台、梯子、栏杆等设施的工程费用，附属于被安装设备的管线敷设工程费用，以及被安装设备的绝缘、防腐、保温、油漆等工作的材料费和安装费。

(2) 为测定安装工程质量，对单台设备进行单机试运转、对系统设备进行系统联动无负荷试运转工作的调试费。

(二) 我国现行建筑安装工程费用项目组成

根据住房城乡建设部、财政部颁布的《关于印发〈建筑安装工程费用项目组成〉的通知》(建标〔2013〕44 号)，并结合住房城乡建设部发布的《住房城乡建设部关于加强和改善工程造价监管的意见》(建标〔2017〕209 号)、《建设工程工程量清单计价标准》GB/T 50500—2024，我国现行建筑安装工程费用项目按两种不同的方式划分，即按费用构成要素划分和按造价形成划分，其具体构成如图 1.3.1 所示[①]。

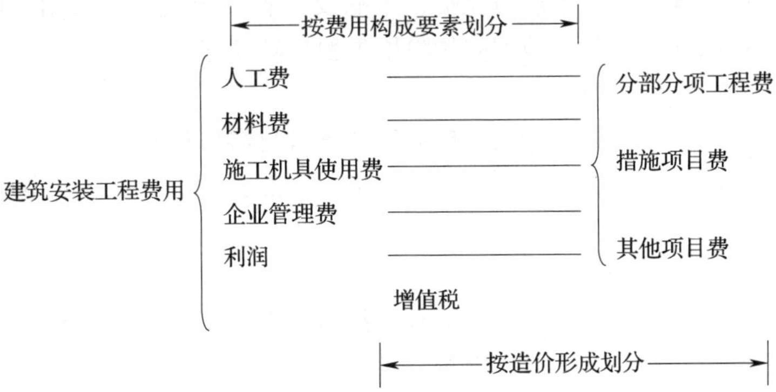

图 1.3.1 建筑安装工程费用项目构成

① 《关于印发〈建筑安装工程费用项目组成〉的通知》(建标〔2013〕44 号) 主要从构成要素和造价形成两个视角对建筑安装工程费用进行了划分。但施工企业基于成本管理的需要，仍然习惯于按照直接成本和间接成本的方式对建筑安装工程成本进行划分。为兼顾这一实际情况，本教材中仍然保留直接费和间接费这两个概念。直接费包括人工费、材料费、施工机具使用费，间接费指企业管理费。水利、公路等专业工程费用组成参考相关编制规定或办法。

二、按费用构成要素划分建筑安装工程费用项目构成和计算

按照费用构成要素划分，建筑安装工程费用包括：人工费、材料费（包含工程设备[①]，下同）、施工机具使用费、企业管理费、利润和增值税。

（一）人工费

建筑安装工程费用中的人工费，是指支付给直接从事建筑安装工程施工作业的生产工人的各项费用。计算人工费的基本要素有两个，即人工工日消耗量和人工工日单价。

（1）人工工日消耗量，是指在正常施工生产条件下，完成规定计量单位的建筑安装产品所消耗的生产工人的工日数量。它由分项工程所综合的各个工序劳动定额包括的基本用工、其他用工两部分组成。

（2）人工工日单价，是指直接从事建筑安装工程施工的生产工人在每个工作日的工资、津贴、奖金、加班加点工资、特殊情况下支付的工资以及社会保险费、住房公积金、劳动保护费、职工福利费、工会经费、职工教育经费等。

人工费的基本计算公式为：

$$人工费=\sum(工日消耗量\times工日单价) \quad (1.3.1)$$

（二）材料费

建筑安装工程费用中的材料费，是指工程施工过程中耗费的各种原材料、半成品、构配件、工程设备等的费用，以及周转材料等的摊销、租赁费用。计算材料费的基本要素是材料消耗量和材料单价。

（1）材料消耗量，是指在正常施工生产条件下，完成规定计量单位的建筑安装产品所消耗的各类材料的净用量和不可避免的损耗量。

（2）材料单价，是指建筑材料从其来源地运到施工工地仓库直至出库形成的综合平均单价。由材料原价、运杂费、运输损耗费、采购及保管费组成。当采用一般计税方法时，材料单价中的材料原价、运杂费等均应扣除增值税进项税额。

材料费的基本计算公式为：

$$材料费=\sum(材料消耗量\times材料单价) \quad (1.3.2)$$

（3）工程设备，是指构成或计划构成永久工程一部分的机电设备、金属结构设备、仪器装置及其他类似的设备和装置。

（三）施工机具使用费

建筑安装工程费用中的施工机具使用费，是指施工作业所发生的施工机械、仪器仪表使用费或其租赁费。

（1）施工机械使用费，是指施工机械作业发生的使用费或租赁费。构成施工机械使用费的基本要素是施工机械台班消耗量和施工机械台班单价。施工机械台班消耗量是指在正常施工生产条件下，完成规定计量单位的建筑安装产品所消耗的施工机械台班的数量。施工机械台班单价是指折合到每台班的施工机械使用费。施工机械使用费的基

① 根据《建设工程计价设备材料划分标准》GB/T 50531—2009 的规定，工业、交通等项目中的建筑设备购置有关费用应列入建筑工程费，单一的房屋建筑工程项目的建筑设备购置有关费用宜列入建筑工程费。

本计算公式为：

$$\text{施工机械使用费} = \sum(\text{施工机械台班消耗量} \times \text{施工机械台班单价}) \quad (1.3.3)$$

对于自有施工机械而言，施工机械台班单价通常由折旧费、检修费、维护费、安拆费及场外运费、人工费、燃料动力费和其他费用组成。

（2）仪器仪表使用费，是指工程施工所需使用的仪器仪表的摊销及维修费用。与施工机械使用费类似，仪器仪表使用费的基本计算公式为：

$$\text{仪器仪表使用费} = \sum(\text{仪器仪表台班消耗量} \times \text{仪器仪表台班单价}) \quad (1.3.4)$$

仪器仪表台班单价通常由折旧费、维护费、校验费和动力费组成。

当采用一般计税方法时，施工机械台班单价和仪器仪表台班单价中的相关子项均需扣除增值税进项税额。

（四）企业管理费

1. 企业管理费的内容

企业管理费是指施工企业组织施工生产和经营管理所发生的费用。内容包括：

（1）管理人员工资性费用，是指按规定支付给管理人员的计时工资、奖金、津贴补贴、加班加点工资、特殊情况下支付的工资以及社会保险费、住房公积金、劳动保护费、职工福利费、工会经费、职工教育经费等。

（2）办公费，是指企业管理办公用的文具、纸张、账簿、印刷、邮电、书报、办公软件、现场监控、会议、水电、烧水和集体取暖降温（包括现场临时宿舍取暖降温）等费用。当采用一般计税方法时，办公费中增值税进项税额的扣除原则：以购进货物适用的相应税率扣减，其中购进自来水、暖气、冷气、图书、报纸、杂志等适用的税率为9%，接受邮政和基础电信服务等适用的税率为9%，接受增值电信服务等适用的税率为6%，其他一般为13%。

（3）差旅交通费，是指职工因公出差、调动工作的差旅费、住勤补助费，市内交通费和误餐补助费，职工探亲路费，职工退休、退职一次性路费，工伤人员就医路费，工地转移费以及管理部门使用的交通工具的油料、燃料等费用。

（4）固定资产使用费，是指管理和试验部门及附属生产单位使用的属于固定资产的房屋、设备、仪器等的折旧、大修、维修或租赁费。当采用一般计税方法时，固定资产使用费中增值税进项税额的扣除原则：购入的不动产适用的税率为9%，购入的其他固定资产适用的税率为13%。设备、仪器的折旧、大修、维修或租赁费以购进货物、接受修理修配劳务或租赁有形动产服务适用的税率扣除，均为13%。

（5）工具用具使用费，是指企业施工生产和管理使用的不属于固定资产的工器具、家具、检验、试验、测绘、消防用具等的购置、维修和摊销费。当采用一般计税方法时，工具用具使用费中增值税进项税额的扣除原则：以购进货物或接受修理修配劳务适用的税率扣减，均为13%。

（6）检验试验费，是指施工企业按照有关标准规定，对建筑以及材料、构件和建筑安装物进行一般鉴定、检查所发生的费用，包括自设试验室进行试验所耗用的材料等费用。不包括新结构、新材料的试验费，对构件做破坏性试验及其他特殊要求检验试验的费用和建设单位委托检测机构进行检测的费用，对此类检测发生的费用，由建设单位在工程建设其他费用中列支。但对施工企业提供的具有合格证明的材料进行检测不合格的，该检测费用由施工企业支付。当采用一般计税方法时，检验试验费中增值税进项税额以现代服务业适用的税率6%扣减。

(7) 财务费，是指企业为施工生产筹集资金或提供预付款担保、履约担保、职工工资支付担保等所发生的各种费用。

(8) 税金，是指除增值税之外的企业按规定缴纳的房产税、非生产性车船使用税、土地使用税、印花税、消费税、资源税、环境保护税、城市维护建设税、教育费附加、地方教育附加①等各项税费。

(9) 其他管理费，包括技术转让费、技术开发费、投标费、业务招待费、绿化费、广告费、公证费、法律顾问费、审计费、咨询费、保险费（含财产险、工程质量保证险等）、劳动力招募费、数据处理或使用费等。

2. 企业管理费的计算方法

企业管理费一般采用取费基数乘以费率的方法计算，取费基数有三种，分别是以直接费为计算基础、以人工费和施工机具使用费合计为计算基础及以人工费为计算基础。企业管理费费率计算方法如下：

(1) 以直接费为计算基础。

$$\text{企业管理费费率（\%）}=\frac{\text{生产工人年平均管理费}}{\text{年有效施工天数}\times\text{人工单价}}\times\text{人工费占直接费的比例（\%）} \tag{1.3.5}$$

(2) 以人工费和施工机具使用费合计为计算基础。

$$\text{企业管理费费率（\%）}=\frac{\text{生产工人年平均管理费}}{\text{年有效施工天数}\times(\text{人工单价}+\text{每一台班施工机具使用费})}\times 100\% \tag{1.3.6}$$

(3) 以人工费为计算基础。

$$\text{企业管理费费率（\%）}=\frac{\text{生产工人年平均管理费}}{\text{年有效施工天数}\times\text{人工单价}}\times 100\% \tag{1.3.7}$$

确定企业管理费费率时，应根据历年积累的工程造价资料及类似工程造价数据，辅以调查数据确定。

（五）利润

利润是指施工企业从事建筑安装工程施工所获得的盈利，由施工企业根据企业自身需求并结合建筑市场实际自主确定。在确定利润时，可以人工费、材料费和施工机具使用费之和，或以人工费、人工费与施工机具使用费之和作为计算基数，利润率根据历年积累的工程造价资料，并结合建筑市场实际、项目竞争情况、项目规模与难易程度等确定，或参考类似工程项目利润率，以单位（单项）工程测算。

（六）增值税

增值税计税方法采用销项税额与进项税额抵扣计算应纳税额的方法（简易计税方法可

---

① 营改增方案实施后，城市维护建设税、教育费附加、地方教育附加的计算基数均为应纳增值税额（即销项税额-进项税额），但由于在工程造价的前期预测时，无法明确可抵扣的进项税额的具体数额，造成此三项附加税无法计算。因此，根据《关于印发〈增值税会计处理规定〉的通知》（财会〔2016〕22号），城市维护建设税、教育费附加、地方教育附加等均作为“税金及附加”，在管理费中核算。

以视为可抵扣进项税额为0）。建筑安装工程费用中的增值税即为承包人的销项税额，按税前造价乘以增值税税率确定。增值税是可以向下游企业进行转嫁的流转税，因此对于承包人来说，增值税的高低并不影响其真实的收入，建筑安装工程费用按照不含税价格计算更能直观体现承包人的生产成果。对于发包人来说，建筑安装工程费用中包括的增值税是发包人的进项税额，是在工程建设过程中必须进行支付的一笔金额（虽然这笔金额最终可能成为发包人的进项税额予以抵扣），发包人必须为这项支出进行资金储备，因此计算含税价格更加准确地反映出发包人的投资支出总额。

1. 采用一般计税方法时增值税的计算

当采用一般计税方法时，承包人开具增值税专用发票，建筑业增值税税率为9%。计算公式为：

$$\text{增值税}=\text{税前造价}\times 9\% \tag{1.3.8}$$

税前造价为人工费、材料费、施工机具使用费、企业管理费和利润之和，各费用项目均以不包含增值税可抵扣进项税额的价格计算。

2. 采用简易计税方法时增值税的计算

（1）简易计税的适用范围。根据《营业税改征增值税试点实施办法》《营业税改征增值税试点有关事项的规定》以及《关于建筑服务等营改增试点政策的通知》的规定，简易计税方法主要适用于以下几种情况：

1）小规模纳税人发生应税行为适用简易计税方法计税。小规模纳税人通常是指纳税人提供建筑服务的年应征增值税销售额（以下称应税销售额）未超过500万元，并且会计核算不健全，不能按规定报送有关税务资料的增值税纳税人。年应税销售额超过500万元但不经常发生应税行为的单位也可选择按照小规模纳税人计税。

2）一般纳税人以清包工方式提供的建筑服务，可以选择适用简易计税方法计税。以清包工方式提供建筑服务，是指施工方不采购建筑工程所需的材料或只采购辅助材料，并收取人工费、管理费或者其他费用的建筑服务。

3）一般纳税人为甲供工程提供的建筑服务，可以选择适用简易计税方法计税。甲供工程是指全部或部分设备、材料、动力由工程发包方自行采购的建筑工程。其中建筑工程总承包单位为房屋建筑的地基与基础、主体结构①提供工程服务，建设单位自行采购全部或部分钢材、混凝土、砌体材料、预制构件的，适用简易计税方法计税。

4）一般纳税人为建筑工程老项目提供的建筑服务，可以选择适用简易计税方法计税。建筑工程老项目：《建筑工程施工许可证》注明的合同开工日期在2016年4月30日前的建筑工程项目；未取得《建筑工程施工许可证》的，建筑工程承包合同注明的开工日期在2016年4月30日前的建筑工程项目。

（2）简易计税的计算方法。当采用简易计税方法时，建筑业增值税征收率一般为3%。计算公式为：

---

① 按照《建筑工程施工质量验收统一标准》GB 50300—2013附录B“建筑工程的分部工程、分项工程划分”中的规定。地基与基础工程包括地基、基础、基坑支护、地下水控制、土方、边坡、地下防水等子分部工程；主体结构包括混凝土结构、砌体结构、钢结构、钢管混凝土结构、型钢混凝土结构、铝合金结构、木结构等子分部工程。

$$增值税=税前造价（含进项税）\times 3\% \tag{1.3.9}$$

税前造价为人工费、材料费、施工机具使用费、企业管理费和利润之和，各费用项目均以包含增值税进项税额的含税价格计算。

3. 建筑业的增值税税务筹划

在建筑业实施“营改增”政策后，建筑安装工程费用中的增值税是应计入工程发承包价格中的增值税销项税金，而承包人的实际税负应为销项税金和可抵扣的进项税金之间的差额。因此，承包人的增值税税务筹划就显得尤为重要，需要合理选择计税方法、获取可抵扣进项税额有效凭证，以及注意纳税义务的发生时间对承包人资金流动性的影响等。

（1）合理选择计税方法。由于简易计税方法的征收率（3%）远低于一般计税方法的税率（9%），导致很多承包人会在管理办法允许的情况下尽可能选择简易计税方法，其实这一做法是有待商榷的。由于在简易计税方法下，所有的进项税额都不能抵扣，无论在采购环节发生了多少进项税额，都会直接进入承包人的施工成本，可能会对承包人的利润产生明显的影响，因此，在根据有关管理办法允许采用简易计税的情况下，是否选择也需要视具体情况而定。

1）计税方法的选择主体。根据有关规定，计税方法的选择权归属于纳税人，具体到建筑行业，计税方法的选择权应归属于承包人，除规定只能使用简易计税方法的情况外，满足上述简易计税适用范围的四种情况时，承包人可以选择采用一般计税方法或简易计税方法，但一经选择，36 个月内不得变更。当然，一般纳税人可就不同应税行为选择不同的计税方法，所以 36 个月内不得变更主要是针对单个项目而言的。与此同时，发包人虽然在法理上并不具备计税方法的选择权，但其可以在建设项目招投标过程中通过事先拟定的合同条款要求选择特定的计税方法，在这种情况下，发包人事实上享有了增值税计税方法的选择权。

2）计税平衡点的选择。选择何种计税方法实际上关键取决于可抵扣的进项税额，这就要求在工程发承包阶段，承包人需要根据项目类型、是否甲供、未来可能的采购渠道、供应商的纳税方式等预判可抵扣的进项税额。当预判的可抵扣进项税额达到承包合同总额的一定比例时，两种纳税方法的实际税负可能相等，称为无差别平衡点可抵扣进项税额。根据此平衡点可以选择合适的计税方法。

【例 1.3.1】 假设某项目一般纳税人含税的合同总额为 10 000 万元，预判的可抵扣进项税额为X，工程分包的合同金额为 2 000 万元，在不考虑各项附加税的条件下，则此项业务的无差别平衡点可抵扣进项税额为：

$$10\ 000\times\frac{9\%}{1+9\%}-X=（10\ 000-2\ 000）\times\frac{3\%}{1+3\%}$$

$$X=593（万元）$$

意味着当预判的可抵扣进项税额高于 593 万元时，此承包项目应选择一般计税方法，反之，应选择简易计税方法。当然，此算例假设在不同的计税方法下含税合同总额是不变的，但在实际情况中，由于采用的计税方法不同，含税合同总额可能发生相应变化，此时的计算过程会更加复杂一些。

（2）可抵扣进项税额有效凭证的获取。由于可抵扣进项税额的高低直接影响到纳税主体的实际税负，因此，对于承包人来说，当发生可抵扣增值税进项税额的采购活动时，获取有效的抵扣凭证就显得尤为重要。

1）增值税的抵扣凭证。最主要的增值税抵扣凭证是增值税专用发票，包括采用简易计税方法的供应商从税务机关代开的增值税专用发票。此外，可以作为增值税抵扣凭证的还有海关进口增值税缴款书以及农产品收购发票等。

2）增加可抵扣增值税进项税额的方法。在不增加施工成本的前提下，对于建筑安装工程费用中的不同部分可以选择不同的增加可抵扣增值税进项税额的方法：

①人工费。人工费本身是没有进项税额的，但若采用劳务分包的方式，无论劳务分包公司采用一般计税或简易计税方法，劳务分包合同额中的增值税都可以成为可抵扣增值税进项税额。

②材料费。有时材料采购部门可能会为了价格低廉而采购不取得增值税专用发票的材料，此时需要进行审慎选择，判断其与为了取得增值税专用发票而支付较高的采购价格哪种方案对承包人最为有利。

③施工机具使用费。施工机具主要来源于企业自购和经营租赁。自购的施工机具企业计提的设备折旧无法抵扣进项税，只能在购买时一次性抵扣。对于经营租赁的施工机具，由于租赁企业可能存在一般计税或简易计税方法的选择，因此可抵扣的进项税额会有所不同。承包人需要在多种方案中进行比较选择。

④企业管理费。在不同的管理费用支出项目中可能存在数额较大的可抵扣增值税进项税额，因此，必须从源头上对发票的收取做统一要求，提高员工增值税专用发票应抵尽抵原则的意识。

（3）纳税义务的发生时间对资金流动性的影响。根据有关办法的规定，纳税义务发生的时间为：纳税人发生应税行为并收讫销售款项或者取得索取销售款项凭据的当天；先开具发票的，为开具发票当天。自 2017 年 7 月 1 日起，承包人的预收工程款不产生纳税义务。但是应注意，预收工程款虽然不产生增值税纳税义务，但却有预缴税的纳税义务。采用一般计税方法时，预征率为 2%；采用简易计税方法时，预征率为 3%，计算基数均为“全部价款和价外费用－支付的分包款”，并且多预缴的增值税是不能退回的，只能用于冲抵下一期的应缴税款。因此，合理安排工程分包款的支付计划，可以尽可能减少需要预缴的增值税，避免对承包人的资金流动性产生影响。

三、按造价形成划分建筑安装工程费用项目构成和计算

建筑安装工程费用按照工程造价形成由分部分项工程费、措施项目费、其他项目费和增值税组成。

（一）分部分项工程费

分部分项工程费是指各类专业工程的分部分项工程应予列支的各项费用。各类专业工程的分部分项工程划分遵循国家或行业工程量计算标准的规定。分部分项工程费通常用分部分项工程量乘以综合单价进行计算。

$$\text{分部分项工程费} = \sum(\text{分部分项工程量} \times \text{综合单价}) \tag{1.3.10}$$

综合单价包括人工费、材料费、施工机具使用费、企业管理费和利润。

(二) 措施项目费

1. 措施项目费的构成

措施项目费是指为完成工程项目施工，发生于施工准备和施工及验收过程中的技术、生活、安全生产、环境保护等方面的费用。措施项目及其包含的内容应遵循各类专业工程的现行国家或行业工程量计算标准。以《房屋建筑与装饰工程工程量计算标准》GB/T 50854—2024 中的规定为例①，措施项目费可以归纳为以下几项：

(1) 安全生产措施费。承包人按照国家、行业及地方主管部门等有关安全生产的要求进行及完成工程所发生的，保证施工生产安全所采用的措施而发生的费用。根据《企业安全生产费用提取和使用管理办法》(财资〔2022〕136 号) 的规定，若以建筑安装工程费用为计算依据，不同建设行业的提取标准为：矿山工程 3.5%，铁路工程、房屋建筑工程、城市轨道交通工程 3%，水利水电工程、电力工程 2.5%，冶炼工程、机电安装工程、化工石油工程、通信工程 2%，市政公用工程、港口与航道工程、公路工程 1.5%。

(2) 环境保护费。施工现场为达到环保要求所需要的各项措施发生的费用。

(3) 文明施工费。施工现场文明施工、绿色施工所需要的各项措施发生的费用。

(4) 临时设施费。施工现场为进行建设工程施工所需的生活和生产用的临时建筑物、构筑物和其他临时设施费用。包括临时设施的搭设、维修、移拆、清理和拆除后恢复等费用。

安全生产、环境保护、文明施工、临时设施等措施项目工作内容的包含范围，应参考各省、自治区、直辖市或行业建设主管部门的相关规定进行补充，可参考的工作内容如表 1.3.1 所示。

表 1.3.1 安全生产、环境保护、文明施工、临时设施措施费的参考内容

项目名称	工作内容及包含范围
安全生产	完善、改造和维护安全防护设施设备支出（不含“三同时”要求初期投入的安全设施），包括施工现场临时用电系统、洞口或临边防护、高处作业或交叉作业防护、临时安全防护、支护及防治边坡滑坡、工程有害气体监测和通风、保障安全的机械设备、防火、防爆、防触电、防尘、防毒、防雷、防台风、防地质灾害等设施设备支出
	应急救援技术装备、设施配置及维护保养支出，事故逃生和紧急避难设施设备的配置和应急救援队伍建设、应急预案制修订与应急演练支出
	开展施工现场重大危险源检测、评估、监控支出，安全风险分级管控和事故隐患排查整改支出，工程项目安全生产信息化建设、运维和网络安全支出

① 按照《房屋建筑与装饰工程工程量计算标准》GB/T 50854—2024 中的规定，模板工程列入分部分项工程费计算。

续表 1.3.1

项目名称	工作内容及包含范围
安全生产	安全生产检查、评估评价（不含新建、改建、扩建项目安全评价）、咨询和标准化建设支出
	配备和更新现场作业人员安全防护用品支出
	安全生产宣传、教育、培训和从业人员发现并报告事故隐患的奖励支出
	安全生产适用的新技术、新标准、新工艺、新装备的推广应用支出
	安全设施及特种设备检测检验、检定校准支出
	安全生产责任保险支出
	与安全生产直接相关的其他支出
环境保护	现场施工机械设备降低噪声、防扰民措施费用
	水泥和其他易飞扬细颗粒建筑材料密闭存放或采取覆盖措施等费用
	工程防扬尘洒水费用
	土石方、建筑弃渣外运车辆防护措施费用
	现场污染源的控制、生活垃圾清理外运、场地排水排污措施费用
	其他环境保护措施费用
文明施工	“五牌一图”费用
	现场围挡的墙面美化（包括内外墙粉刷、刷白、标语等）、压顶装饰费用
	现场厕所便槽刷白、贴面砖，水泥砂浆地面或地砖铺砌，建筑物内临时便溺设施费用
	其他施工现场临时设施的装饰装修、美化措施费用
	现场生活卫生设施费用
	生活用洁净燃料费用
	防煤气中毒、防蚊虫叮咬等措施费用
	施工现场操作场地的硬化费用
	现场绿化费用、治安综合治理费用
	现场配备医药保健器材、物品费用和急救人员培训费用
	现场工人的防暑降温、电风扇、空调等设备及用电费用
	建筑工人实名制管理费等其他文明施工措施费用

续表 1.3.1

项目名称	工作内容及包含范围
临时设施	施工现场采用彩色、定型钢板，砖、混凝土砌块等围挡的安砌、维修、拆除费用
	施工现场临时建筑物、构筑物的搭设、维修、拆除，如临时宿舍、办公室、食堂、厨房、厕所、诊疗所、临时文化福利用房、临时仓库、加工场、搅拌台、临时简易水塔、水池等费用
	施工现场临时设施的搭设、维修、拆除，如临时供水管道、临时供电管线、小型临时设施等费用
	施工现场规定范围内临时简易道路铺设，临时排水沟、排水设施安砌、维修、拆除费用
	其他临时设施搭设、维修、拆除费用

（5）夜间施工增加费，是指因夜间或在地下室等特殊施工部位施工时，所采用照明设备的安拆、维护、照明用电及施工人员夜班补助、夜间施工劳动效率降低等增加的费用。内容由以下各项组成：

1）夜间固定照明灯具和临时可移动照明灯具的设置、拆除费用；

2）夜间施工时，施工现场交通标志、安全标牌、警示灯的设置、移动、拆除费用；

3）夜间照明设备摊销及照明用电、施工人员夜班补助、夜间施工劳动效率降低等费用。

（6）二次搬运费，是指因施工场地条件及施工程序限制而发生的材料、构配件、半成品等一次运输不能到达堆放地点，必须进行二次或多次搬运所发生的措施费用。

（7）冬雨季施工增加费，是指在冬季或雨季施工时，防寒、保温、防滑、防潮和排除雨雪等措施的增加，人工、施工机械效率的降低等措施费用。

（8）既有建（构）筑物、设施保护费，是指在工程施工过程中，对既有建（构）筑物及地上、地下设施进行的遮盖、封闭、隔离等必要临时保护措施费用。

（9）已完工程及设备保护费，是指建设项目施工过程中直至竣工验收前，对已完工程及设备采取的必要保护措施费用。

（10）脚手架费，是指搭设脚手架、斜道、上料平台，铺设安全网，铺（翻）脚手板，转运、改制、维修维护，拆除、堆放、整理，外运、归库等措施费用。

（11）垂直运输费，是指垂直运输机械进出场及安拆，固定装置、基础制作、安装，行走式机械轨道的铺设、拆除，设备运转、使用等措施费用。垂直运输费中仅包括工程施工过程中的大型垂直运输机械。使用其他吊装机械及人力辅助工器具进行的垂直运输，在相应分部分项工程费中综合考虑。

（12）大型机械进出场及安拆费，是指除垂直运输机械以外的大型机械安装、检测、试运转和拆卸，运进、运出施工现场的装卸和运输，轨道、固定装置的安装和拆除等措施费用。

（13）施工排水费，是指提供满足施工排水所需的排水系统，包括设备安拆、调试及配套设施的设置等，设备运转、使用等措施费用。

(14) 施工降水费，是指提供满足施工降水所需的降水系统，包括设备安拆、调试及配套设施的设置等，设备运转、使用等措施费用。

(15) 特殊地区施工增加费，是指在特殊地区（高温、高寒、高原、沙漠、戈壁、沿海、海洋等）及特殊施工环境（邻公路、邻铁路等）下施工时，弥补施工降效所需增加的措施费用。

(16) 其他措施项目费。其他措施项目费是指根据项目的专业特点或所在地区不同，可能会出现其他的措施项目，如工程定位复测、工程点交、场地清理费。

2. 措施项目费的计算

按照《房屋建筑与装饰工程工程量计算标准》GB/T 50854—2024 的规定，除模板以及发包人提供设计图纸并要求承包人按图施工的措施项目应按照分部分项工程费的方式计算外，措施项目均按项计算，采用总价计价方式。其中安全生产措施费应单独列项，计算应符合国家及省级、行业主管部门的规定。

(三) 其他项目费

1. 暂列金额

暂列金额是指发包人在工程量清单中暂定并包括在合同总价中，用于招标时尚未确定或详细说明的工程、服务和工程实施中可能发生的合同价款调整等所预留的费用。暂列金额通常宜按总价方式计价，以项计算。用于暂未明确或不能详细说明工程、服务的暂列金额可依据招标工程的实际情况，按提供项目及服务名称，结合同类工程的合理价格估算；用于合同价款调整的暂列金额可按招标图纸设计深度、工程变更发生幅度及招标工程实施工期等因素对合同价款调整的影响程度，结合同类工程情况合理估算。

2. 专业工程暂估价

专业工程暂估价是指发包人在工程量清单中提供的，在招标时暂不能确定工程具体要求及价格而预估的含增值税的专业工程费用。专业工程暂估价通常采用总价计价方式，以项计算其价格。

3. 计日工

计日工是指承包人完成发包人提出的零星项目或工作，但不宜按合同约定的计量与计价规则进行计价，而应依据经发包人确认的实际消耗人工工日、材料数量、施工机具台班等，按合同约定的单价计价的方式。计日工可按单价方式计价，按其计日工数量乘以相应的综合单价计算价格；也可按总价方式计价，以项为单位计算其清单项目价格。

4. 总承包服务费

总承包服务费是指承包人对发包人提供材料履行保管及其配套服务所需的费用；和(或)承包人对合同范围的专业分包工程（承包人实施的除外）提供配合、协调、施工现场管理、已有临时设施使用、竣工资料汇总整理等服务所需的费用；以及（或）承包人对非合同范围的发包人直接发包的专业工程履行协调及配合责任所需的费用。发包人提供材料、专业分包工程的总承包服务费可按项或费率计价；直接发包的专业工程的总承包服务费宜以项计量。

(四) 增值税

增值税应以分部分项工程项目清单、措施项目清单、其他项目清单（专业工程暂估价除外）的合计金额作为计算基础，乘以政府主管部门规定的增值税税率计算。

四、国外建筑安装工程费的构成

（一）费用构成

国外的建筑安装工程费一般是在建筑市场上通过招投标方式确定的。建筑安装工程费的高低受建筑产品供求关系影响较大。国外建筑安装工程费的构成可用图 1.3.2 表示。

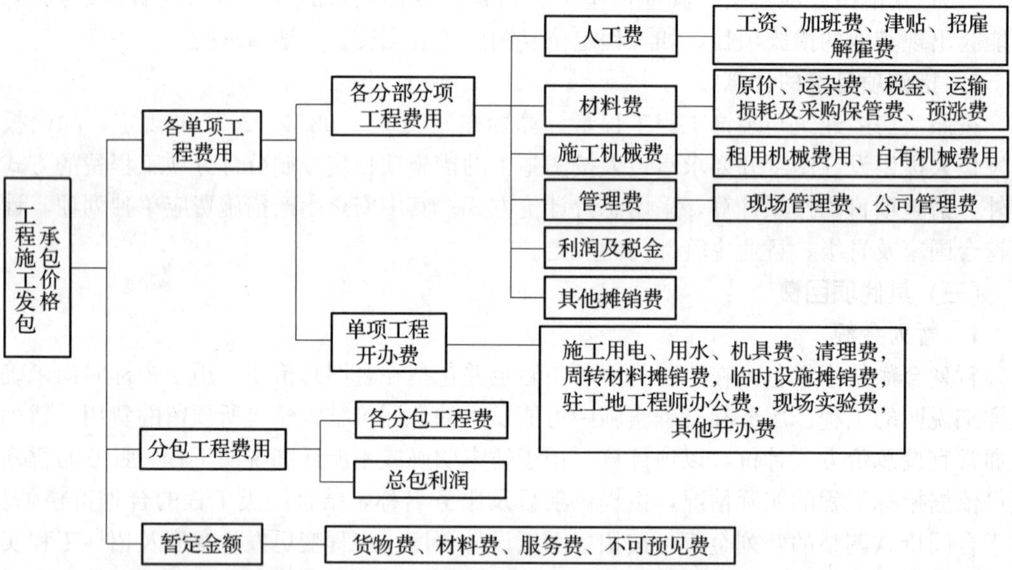

图 1.3.2 国外建筑安装工程费的构成

1. 直接工程费的构成

（1）人工费，国外一般工程施工的工人按技术要求划分为高级技工、熟练工、半熟练工和壮工。当工程价格采用平均工资计算时，要按各类工人总数的比例进行加权计算。人工费应该包括工资、加班费、津贴、招雇解雇费用等。

（2）材料费，主要包括以下内容：

1）材料原价，在当地材料市场中采购的材料则为采购价，包括材料出厂价和采购供销手续费等。进口材料一般是指到达当地海港的交货价。

2）运杂费，在当地采购的材料是指从采购地点至工程施工现场的短途运输费、装卸费。进口材料则为从当地海港运至工程施工现场的运输费、装卸费。

3）税金，在当地采购的材料，采购价格中已经包括税金（不考虑可抵扣的增值税或消费税）；进口材料则为工程所在国的进口关税和手续费等。

4）运输损耗及采购保管费。

5）预涨费，根据当地材料价格年平均上涨率和施工年数，按材料原价、运杂费、税金之和的一定比例计算。

（3）施工机械费。大型自有机械台时单价，一般由每台时应摊折旧费、应摊维修费、台时消耗的能源和动力费、台时应摊的驾驶工人工资以及工程机械设备险投保费、第三者责任险投保费等组成。如使用租赁施工机械时，其费用则包括租赁费、租赁机械的进出场费等。

2. 管理费

管理费包括工程现场管理费（占整个管理费的 20%～30%）和公司管理费（占整个管理费的 70%～80%）。管理费除了包括与我国施工管理费构成相似的管理人员工资、管理人员辅助工资、办公费、差旅交通费、固定资产使用费、生活设施使用费、工具用具使用费、劳动保护费、检验试验费以外，还含有业务经费。业务经费包括：

(1) 广告宣传费。

(2) 交际费，如日常接待饮料、宴请及礼品费等。

(3) 业务资料费，如购买投标文件、文件及资料复印费等。

(4) 业务所需手续费，施工企业参加投标时，必须由银行开具投标保函；在中标后必须由银行开具履约保函；在收到业主的工程预付款以前，必须由银行开具预付款保函；在工程竣工后，必须由银行开具质量或维修保函。在开具以上保函时，银行要收取一定的担保费。

(5) 代理人费用和佣金，施工企业为争取中标或为加强收取工程款，在工程所在地（所在国）寻找代理人或签订代理合同，因而付出的佣金和费用。

(6) 保险费，包括建筑安装工程一切险投保费、第三者责任险投保费等。

(7) 向银行贷款利息。

在许多国家，施工企业的业务经费往往是管理费中所占比例最大的一项，占整个管理费的 30%～38%。

3. 利润及税金

国际市场上，施工企业的利润一般为成本的 10%～15%，也有的管理费与利润合取，为直接费的 30%左右。具体工程的利润率要根据具体情况，如工程难易、现场条件、工期长短、竞争对手的情况等随行就市确定。税金主要是指单独列项的增值税。

4. 开办费

在许多国家，开办费一般是在各分部分项工程造价的前面按单项工程分别单独列出。单项工程建筑安装工程量越大，开办费在工程价格中的比例就越小；反之开办费比例就越大。一般开办费占工程价格的 10%～20%。开办费包括的内容因国家和工程的不同而异，大致包括以下内容：

(1) 施工用水、用电费。施工用水费，按实际打井、抽水、送水发生的费用估算，也可以按占直接费的比率估计。施工用电费，按实际需要的电费或自行发电费估算，也可按照占直接费的比率估算。

(2) 工地清理费及完工后清理费，建筑物烘干费，临时围墙、安全信号、防护用品的费用以及恶劣气候条件下的工程防护费、污染费、噪声费，其他法定的防护费用。

(3) 周转材料费，如脚手架、模板的摊销费等。

(4) 临时设施费，包括生活用房、生产用房、临时通信、室外工程（包括道路、停车场、围墙、给排水管道、输电线路等）的费用，可按实际需要计算。

(5) 驻工地工程师的现场办公室及所需设备的费用，现场材料试验及所需设备的费用。一般在招标文件的技术规范中有明确的面积、质量标准及设备清单等要求。如要求配备一定的服务人员或实验助理人员，则其工资费用也需计入。

(6) 其他，包括工人现场福利费及安全费、职工交通费、日常气候报表费、现场道路及进出场道路修筑及维护费、恶劣天气下的工程保护措施费、现场保卫设施费等。

5. 暂定金额

这是指包括在合同中，供工程任何部分的施工或提供货物、材料、设备或服务、不可预料事件所使用的一项金额，这项金额只有工程师批准后才能动用。

6. 分包工程费用

(1) 分包工程费。包括分包工程的直接工程费、管理费和利润。

(2) 总包利润和管理费。指分包单位向总包单位交纳的总包管理费、其他服务费和利润。

(二) 费用的组成形式和分摊比例

1. 组成形式

上述组成造价的各项费用体现在承包人投标报价中有三种形式：组成分部分项工程单价、单独列项、分摊进单价。

(1) 组成分部分项工程单价。人工费、材料费和机械费直接消耗在分部分项工程上，在费用和分部分项工程之间存在着直观的对应关系，所以人工费、材料费和机械费组成分部分项工程单价，单价与工程量相乘得出分部分项工程价格。

(2) 单独列项。开办费中的项目有临时设施、为业主提供的办公和生活设施、脚手架等费用，经常在工程量清单的开办费部分单独分项报价。这种方式适用于不直接消耗在某个分部分项工程上，无法与分部分项工程直接对应，但是对完成工程建设必不可少的费用。

(3) 分摊进单价。承包人总部管理费、利润和税金，以及开办费中的项目经常以一定的比例分摊进单价。

需要注意的是，开办费项目在单独列项和分摊进单价这两种方式中采用哪一种，要根据招标文件和计算规则的要求而定。有的计算规则包括的开办费项目比较齐全，有的计算规则包括的开办费项目比较少。例如英国的 NRM2 计算规则的开办费项目就比较齐全，而同样比较有影响的《建筑工程量计算原则（国际通用)》就没有专门的开办费用部分，要求把开办费都分摊进分部分项工程单价。

2. 分摊比例

(1) 固定比例。税金和政府收取的各项管理费的比例是工程所在地政府规定的费率，承包人不能随意变动。

(2) 浮动比率。总部管理费和利润的比例由承包人自行确定。承包人根据自身经营状况、工程具体情况等投标策略确定。一般来讲，这个比例在一定范围内是浮动变化的，不同的工程项目、不同的时间和地点，承包人对总部管理费和利润的预期值都不会相同。

(3) 测算比例。开办费的比例需要详细测算，首先计算出需要分摊的项目金额，然后计算分摊金额与分部分项工程价格的比例。

(4) 公式法。可参考下列公式分摊：

$$A=a(1+K_1)(1+K_2)(1+K_3) \tag{1.3.11}$$

式中：A——分摊后的分部分项工程单价；

a——分摊前的分部分项工程单价；

K_1——开办费项目的分摊比例；

K_2——总部管理费和利润的分摊比例；

K_3——税率。

第四节　工程建设其他费用的构成和计算

一、项目建设管理费

1. 项目建设管理费的内容

项目建设管理费是指项目建设单位从项目筹建之日起至办理竣工财务决算之日止发生的管理性质的支出。包括工作人员薪酬（由原单位支付薪酬的除外）及相关费用、办公费、办公场地租用费、差旅交通费、劳动保护费、工具用具使用费、固定资产使用费、招募生产工人费、技术图书资料费（含软件）、业务招待费、竣工验收费和其他管理性质开支。

2. 项目建设管理费的计算

项目建设管理费按照工程费用之和（包括设备及工器具购置费和建筑安装工程费用）乘以项目建设管理费率计算。

$$\text{项目建设管理费}=\text{工程费用}\times\text{项目建设管理费率} \tag{1.4.1}$$

实行代建制管理的项目，建设单位委托代建机构开展工程代建工作会发生代建管理费。建设项目一般不得同时列支代建管理费和项目建设管理费，确需同时发生的，两项费用之和不得高于项目建设管理费限额。

建设单位委托咨询机构进行施工项目管理服务会发生施工项目管理费。施工项目管理费从项目建设管理费中列支。

委托咨询机构行使部分管理职能的，相应费用列入工程咨询服务费项下。

二、用地与工程准备费

用地与工程准备费是指取得土地与工程建设施工准备所发生的费用。包括土地使用费和补偿费①、场地准备费、临时设施费等。

（一）土地使用费和补偿费

建设用地的取得，实质是依法获取国有土地的使用权。根据《中华人民共和国土地管理法》《中华人民共和国土地管理法实施条例》《中华人民共和国城市房地产管理法》规定，获取国有土地使用权的基本方法有两种：一是出让方式，二是划拨方式。建设用地取得的基本方式还可能包括转让和租赁方式。土地使用权出让是指国家以土地所有者的身份将土地使用权在一定年限内让与土地使用者，并由土地使用者向国家支付土地使用权出让金的行为；土地使用权转让是指土地使用者将土地使用权再转移的行为，包括出售、交换和赠与；土地使用权租赁是指国家将国有土地出租给使用者使用，使用者支付租金的行为，是土地使用权出让方式的补充，但对于经营性房地产开发用地，不实行租赁。

建设用地如通过行政划拨方式取得，须承担征地补偿费用或对原用地单位或个人的拆

① 在某些专业工程（如水运工程）中，此项费用可能改变为建设用地（用海）费。

迁补偿费用；若通过市场机制取得，则不但承担以上费用，还须向土地所有者支付有偿使用费，即土地出让金。

1. 征地补偿费

（1）土地补偿费。土地补偿费是对农村集体经济组织因土地被征用而造成的经济损失的一种补偿。土地补偿费归农村集体经济组织所有。征收农用地的土地补偿费标准由省、自治区、直辖市通过制定公布区片综合地价确定，并至少每三年调整或者重新公布一次。大中型水利、水电工程建设征收土地的补偿费标准和移民安置办法，由国务院另行规定。

（2）青苗补偿费和地上附着物补偿费。青苗补偿费是因征地时对其正在生长的农作物受到损害而做出的一种赔偿。在农村实行承包责任制后，农民自行承包土地的青苗补偿费应付给本人，属于集体种植的青苗补偿费可纳入当年集体收益。凡在协商征地方案后抢种的农作物、树木等，一律不予补偿。地上附着物是指房屋、水井、树木、涵洞、桥梁、公路、水利设施、林木等地面建筑物、构筑物、附着物等。如附着物产权属个人，则该项补助费付给个人。地上附着物和青苗等的补偿标准由省、自治区、直辖市制定。对其中的农村村民住宅，应当按照先补偿后搬迁、居住条件有改善的原则，尊重农村村民意愿，采取重新安排宅基地建房、提供安置房或者货币补偿等方式给予公平、合理的补偿，并对因征收造成的搬迁、临时安置等费用予以补偿，保障农村村民居住的权利和合法的住房财产权益。

（3）安置补助费。安置补助费应支付给被征地单位和安置劳动力的单位，作为劳动力安置与培训的支出，以及作为不能就业人员的生活补助。征收农用地的安置补助费标准由省、自治区、直辖市通过制定公布区片综合地价确定，并至少每三年调整或者重新公布一次。县级以上地方人民政府应当将被征地农民纳入相应的养老等社会保障体系。被征地农民的社会保障费用主要用于符合条件的被征地农民的养老保险等社会保险缴费补贴，依据省、自治区、直辖市规定的标准单独列支。

（4）耕地开垦费和森林植被恢复费。国家实行占用耕地补偿制度。非农业建设经批准占用耕地的，按照“占多少，垦多少”的原则，由占用耕地的单位负责开垦与所占用耕地的数量和质量相当的耕地；没有条件开垦或者开垦的耕地不符合要求的，应当按照省、自治区、直辖市的规定缴纳耕地开垦费，专款用于开垦新的耕地。涉及占用森林草原的还应列支森林植被恢复费用。

（5）生态补偿与压覆矿产资源补偿费。生态补偿费是指建设项目对水土保持等生态造成影响所发生的除工程费用之外补救或者补偿费用；压覆矿产资源补偿费是指项目工程对被其压覆的矿产资源利用造成影响所发生的补偿费用。

（6）其他补偿费。其他补偿费是指建设项目涉及的对房屋、市政、铁路、公路、管道、通信、电力、河道、水利、厂区、林区、保护区、矿区等不附属于建设用地但与建设项目相关的建筑物、构筑物或设施的拆除、迁建补偿、搬迁运输补偿等费用。

2. 拆迁补偿费

在城镇规划区内国有土地上实施房屋拆迁，拆迁人应当对被拆迁人给予补偿、安置。

（1）拆迁补偿金，补偿方式可以实行货币补偿，也可以实行房屋产权调换。

货币补偿的金额，根据被拆迁房屋的区位、用途、建筑面积等因素，以房地产市场评估价格确定。具体办法由省、自治区、直辖市人民政府制定。

实行房屋产权调换的，拆迁人与被拆迁人按照计算得到的被拆迁房屋的补偿金额和所调换房屋的价格，结清产权调换的差价。

(2) 迁移补偿费。包括征用土地上的房屋及附属构筑物、城市公共设施等拆除、迁建补偿费、搬迁运输费，企业单位因搬迁造成的减产、停工损失补贴费，拆迁管理费等。

拆迁人应当对被拆迁人或者房屋承租人支付搬迁补助费，对于在规定的搬迁期限届满前搬迁的，拆迁人可以付给提前搬家奖励费；在过渡期限内，被拆迁人或者房屋承租人自行安排住处的，拆迁人应当支付临时安置补助费；被拆迁人或者房屋承租人使用拆迁人提供的周转房的，拆迁人不支付临时安置补助费。

迁移补偿费的标准，由省、自治区、直辖市人民政府规定。

3. 土地出让金

以出让等有偿使用方式取得国有土地使用权的建设单位，按照国务院规定的标准和办法缴纳土地使用权出让金等土地有偿使用费和其他费用后，方可使用土地。土地使用权出让金为用地单位向国家支付的土地所有权收益，出让金标准一般参考城市基准地价并结合其他因素制定。基准地价是指在城镇规划区范围内，对不同级别的土地或者土地条件相当的均质地域，按照商业、居住、工业等用途分别评估的，并由市、县以上人民政府公布的，国有土地使用权的平均价格。

在有偿出让和转让土地时，政府对地价不做统一规定，但应坚持以下原则：即地价对目前的投资环境不产生大的影响；地价与当地的社会经济承受能力相适应；地价要考虑已投入的土地开发费用、土地市场供求关系、土地用途、所在区类、容积率和使用年限等。有偿出让和转让使用权，要向土地受让者征收契税；转让土地如有增值，要向转让者征收土地增值税；土地使用者每年应按规定的标准缴纳土地使用费。土地使用权出让或转让，应先由地价评估机构进行价格评估后，再签订土地使用权出让和转让合同。

土地使用权出让合同约定的使用年限届满，土地使用者需要继续使用土地的，应当至迟于届满前一年申请续期，除根据社会公共利益需要收回该幅土地的，应当予以批准。经批准准予续期的，应当重新签订土地使用权出让合同，依照规定支付土地使用权出让金。

（二）场地准备及临时设施费①

1. 场地准备及临时设施费的内容

(1) 建设项目场地准备费是指为使工程项目的建设场地达到开工条件，由建设单位组织进行的场地平整和地上余留设施拆除清理等准备工作而发生的费用。

(2) 建设单位临时设施费是指建设单位为满足施工建设需要而提供的未列入工程费用的临时水、电、路、信、气、热等工程和临时仓库等建（构）筑物的建设、维修、拆除、摊销费用或租赁费用，以及货场、码头租赁等费用。

2. 场地准备及临时设施费的计算

(1) 场地准备及临时设施应尽量与永久性工程统一考虑。建设场地的大型土石方工程

① 在水运工程项目中，此部分费用可能归为工程费用。而在大多类别的建设项目中，此项费用均归为工程建设其他费用。

应计入工程费用中的总图运输费用中。

（2）新建项目的场地准备和临时设施费应根据实际工程量估算，或按工程费用的比例计算。改扩建项目一般只计拆除清理费。

$$场地准备和临时设施费=工程费用\times费率+拆除清理费 \quad (1.4.2)$$

（3）发生拆除清理费时可按新建同类工程造价或主材费、设备费的比例计算。凡可回收材料的拆除工程采用以料抵工方式冲抵拆除清理费。

（4）此项费用不包括已列入建筑安装工程费用中的施工单位临时设施费用。

三、配套设施费

1. 城市基础设施配套费

城市基础设施配套费是指建设单位向政府有关部门缴纳的，用于城市基础设施和城市公用设施建设的专项费用。

2. 人防易地建设费

人防易地建设费是指建设单位因地质、地形、施工等客观条件限制，无法修建防空地下室的，按照规定标准向人民防空主管部门缴纳的人民防空工程易地建设费。

四、工程咨询服务费

工程咨询服务费是指建设单位在项目建设全过程中委托咨询机构提供经济、技术、法律等服务所需的费用。工程咨询服务费包括可行性研究费、专项评价费、勘察设计费、监理费、研究试验费、特殊设备安全监督检验费、招标代理费、设计评审费、工程造价咨询费、竣工图编制费、BIM 技术服务费及其他咨询费。按照国家发展改革委《关于进一步放开建设项目专业服务价格的通知》（发改价格〔2015〕299 号）的规定，工程咨询服务费应实行市场调节价。

（一）可行性研究费

可行性研究费是指在工程项目投资决策阶段，对有关建设方案、技术方案或生产经营方案进行的技术经济论证，以及编制、评审可行性研究报告等所需的费用。包括项目建议书、预可行性研究、可行性研究费等。

（二）专项评价费

专项评价费是指建设单位按照国家规定委托相关单位开展专项评价及有关验收工作发生的费用。

专项评价费包括环境影响评价费、安全预评价费、职业病危害预评价费、地质灾害危险性评价费、水土保持评价费、压覆矿产资源评价费、节能评估费、危险与可操作性分析及安全完整性评价费以及其他专项评价费。

1. 环境影响评价费

环境影响评价费是指在工程项目投资决策过程中，对其进行环境污染或影响评价所需的费用。包括编制环境影响报告书（含大纲）、环境影响报告表和评估等所需的费用，以及建设项目竣工验收阶段环境保护验收调查和环境监测、编制环境保护验收报告的费用。

2. 安全预评价费

安全预评价费是指为预测和分析建设项目存在的危害因素种类和危险危害程度，提出先进、科学、合理可行的安全技术和管理对策，而编制评价大纲、编写安全评价报告书和评估等所需的费用。

3. 职业病危害预评价费

职业病危害预评价费是指建设项目因可能产生职业病危害，而编制职业病危害预评价书、职业病危害控制效果评价书和评估所需的费用。

4. 地质灾害危险性评价费

地质灾害危险性评价费是指在灾害易发区对建设项目可能诱发的地质灾害和建设项目本身可能遭受的地质灾害危险程度的预测评价，编制评价报告书和评估所需的费用。

5. 水土保持评价费

水土保持评价费是指对建设项目在生产建设过程中可能造成水土流失进行预测，编制水土保持方案和评估所需的费用。

6. 压覆矿产资源评价费

压覆矿产资源评价费是指对需要压覆重要矿产资源的建设项目，编制压覆重要矿床评价和评估所需的费用。

7. 节能评估费

节能评估费是指对建设项目的能源利用是否科学合理进行分析评估，并编制节能评估报告以及评估所发生的费用。

8. 危险与可操作性分析及安全完整性评价费

危险与可操作性分析及安全完整性评价费是指对应用于生产具有流程性工艺特征的新建、改建、扩建项目进行工艺危害分析和对安全仪表系统的设置水平及可靠性进行定量评估所发生的费用。

9. 其他专项评价费

根据国家法律法规、建设项目所在省、自治区、直辖市人民政府有关规定，以及行业规定需进行的其他专项评价、评估、咨询所需的费用。如重大投资项目社会稳定风险评估、防洪评价、交通影响评价费等。

（三）勘察设计费

1. 勘察费

勘察费是指勘察人根据发包人的委托，收集已有资料、现场踏勘、制定勘察纲要，进行勘察作业，以及编制工程勘察文件和岩土工程设计文件等收取的费用。

2. 设计费

设计费是指设计人根据发包人的委托，提供编制建设项目初步设计文件、施工图设计文件等服务所收取的费用。

（四）监理费

监理费是指建设单位委托监理机构开展工程建设监理工作或设备监造服务所需的费用。

（五）研究试验费

研究试验费是指为建设项目提供或验证设计参数、数据、资料等进行必要的研究试验，以及设计规定在建设过程中必须进行试验、验证所需的费用。包括自行或委托其他部门的专题研究、试验所需人工费、材料费、试验设备及仪器使用费等。这项费用按照设计单位根据本工程项目的需要提出的研究试验内容和要求计算。在计算时要注意不应包括以下项目：

（1）应由科技三项费用（即新产品试制费、中间试验费和重要科学研究补助费）开支的项目。

（2）应在建筑安装费用中列支的施工企业对建筑材料、构件和建筑物进行一般鉴定、检查所发生的费用及技术革新的研究试验费。

（3）应由勘察设计费或工程费用中开支的项目。

（六）特殊设备安全监督检验费

特殊设备安全监督检验费是指对在施工现场安装的列入国家特种设备范围内的设备（设施）检验检测和监督检查所发生的应列入项目开支的费用。

特种设备包括锅炉、压力容器、压力管道、消防设备、燃气设备、起重设备、电梯、安全阀等特殊设备和设施。

（七）招标代理费

招标代理费是指建设单位委托招标代理机构进行招标服务工作所需的费用。

（八）设计评审费

设计评审费是指建设单位委托相关机构对设计文件进行评审所需的费用。包括初步设计文件和施工图设计文件等的评审费用。

（九）工程造价咨询费

工程造价咨询费是指建设单位委托工程造价咨询机构开展造价咨询工作所需的费用。

（十）竣工图编制费

竣工图编制费是指建设单位委托相关机构编制竣工图所需的费用。

五、建设期计列的生产经营费

建设期计列的生产经营费是指为达到生产经营条件在建设期发生或将要发生的费用。包括专利及专有技术使用费、联合试运转费、生产准备费等。

（一）专利及专有技术使用费

专利及专有技术使用费是指在建设期内为取得专利、专有技术、商标权、商誉、特许经营权等发生的费用。

1. 专利及专有技术使用费的主要内容

（1）工艺包费、设计及技术资料费、有效专利、专有技术使用费、技术保密费和技术服务费等。

（2）商标权、商誉和特许经营权费。

（3）软件费等。

2. 专利及专有技术使用费的计算

在专利及专有技术使用费的计算时应注意以下问题：

（1）按专利使用许可协议和专有技术使用合同的规定计列。

（2）专有技术的界定应以省、部级鉴定批准为依据。

（3）项目投资中只计需在建设期支付的专利及专有技术使用费。协议或合同规定在生产期支付的使用费应在生产成本中核算。

（4）一次性支付的商标权、商誉及特许经营权费按协议或合同规定计列。协议或合同规定在生产期支付的商标权或特许经营权费应在生产成本中核算。

（二）联合试运转费

联合试运转费是指新建或新增加生产能力的工程项目，在交付生产前按照设计文件规定的工程质量标准和技术要求，对整个生产线或装置进行负荷联合试运转所发生的费用净支出（试运转支出大于收入的差额部分费用）。试运转支出包括试运转所需原材料、燃料及动力消耗、低值易耗品、其他物料消耗、工具用具使用费、机械使用费、联合试运转人员工资、施工单位参加试运转人员工资、专家指导费，以及必要的工业炉烘炉费等；试运转收入包括试运转期间的产品销售收入和其他收入。联合试运转费不包括应由设备安装工程费开支的调试及试车费用，以及在试运转中暴露出来的因施工原因或设备缺陷等发生的处理费用。

（三）生产准备费

1. 生产准备费的内容

在建设期内，建设单位为保证项目正常生产所做的提前准备工作发生的费用，包括人员培训、提前进厂费，以及投产使用必备的办公、生活家具用具及工器具等的购置费用。包括：

（1）人员培训及提前进厂费。包括自行组织培训或委托其他单位培训的人员工资、工资性补贴、职工福利费、差旅交通费、劳动保护费、学习资料费等。

（2）为保证初期正常生产（或营业、使用）所必需的生产办公、生活家具用具购置费。

2. 生产准备费的计算

新建项目按设计定员为基数计算，改扩建项目按新增设计定员为基数计算：

$$\text{生产准备费}=\text{设计定员}\times\text{生产准备费指标（元/人）} \tag{1.4.3}$$

生产准备费指标可采用综合指标进行计算，也可以按费用内容的分类指标计算。

六、工程保险费

工程保险费是指在建设期内对建筑工程、安装工程和设备，以及工程质量潜在保险等进行投保所需的费用。包括建筑安装工程一切险、进口设备财产险和工程质量潜在缺陷险等。工程保险费是为转移工程项目建设的意外风险而发生的费用，不同的建设项目可根据工程特点选择投保险种。

根据不同的工程类别，分别以其建筑、安装工程费乘以建筑、安装工程保险费率计算。民用建筑（住宅楼、综合性大楼、商场、旅馆、医院、学校）占建筑工程费的2‰～4‰；其他建筑（工业厂房、仓库、道路、码头、水坝、隧道、桥梁、管道等）占建筑工程费的3‰～6‰；安装工程（农业、工业、机械、电子、电器、纺织、矿山、石油、化学及钢铁工业、钢结构桥梁）占建筑工程费的3‰～6‰。

七、其他税金

其他税金是指按财政部《基本建设项目建设成本管理规定》（财建〔2016〕504号），统一归纳计列的城镇土地使用税、耕地占用税、契税、车船税、印花税等除增值税外的税金。

第五节 预备费和建设期利息的计算

一、预备费

预备费是指在建设期内因各种不可预见因素的变化而预留的可能增加的费用，包括基本预备费和价差预备费。

（一）基本预备费

1. 基本预备费的内容

基本预备费是指投资估算或工程概算阶段预留的，由于工程实施中不可预见的工程变更及洽商、一般自然灾害处理、地下障碍物处理、超规超限设备运输等而可能增加的费用，亦可称为工程建设不可预见费。基本预备费一般由以下四部分构成：

（1）工程变更及洽商。在批准的初步设计范围内，施工图设计及施工过程中所增加的工程费用；设计变更、工程变更、材料代用、局部地基处理等增加的费用。

（2）一般自然灾害处理。一般自然灾害造成的损失和预防自然灾害所采取的措施费用。实行工程保险的工程项目，该费用应适当降低。

（3）不可预见的地下障碍物处理的费用。

（4）超规超限设备运输增加的费用。

2. 基本预备费的计算

基本预备费以工程费用和工程建设其他费用二者之和为计取基础，乘以基本预备费率进行计算。

基本预备费＝(工程费用＋工程建设其他费用)×基本预备费率 （1.5.1）

基本预备费率的取值应执行国家及有关部门的规定。

（二）价差预备费

1. 价差预备费的内容

价差预备费是指为在建设期内利率、汇率或价格等因素的变化而预留的可能增加的费用，亦称为价格变动不可预见费。价差预备费的内容包括：人工、设备、材料、施工机具的价差费，利率、汇率调整等增加的费用。

2. 价差预备费的测算方法

价差预备费一般根据国家规定的投资综合价格指数，以估算年份价格水平的投资额为基数，采用复利方法计算。计算公式为：

$$PF=\sum_{t=1}^{n}I_t[(1+f)^m(1+f)^{0.5}(1+f)^{t-1}-1] \quad (1.5.2)$$

式中：PF——价差预备费；

n——建设期年份数；

I_t——建设期中第 t 年的静态投资计划额，包括工程费用、工程建设其他费用及基本预备费；

f——年涨价率；

m——建设前期年限（从编制估算到开工建设，单位：年）。

年涨价率，政府部门有规定的按规定执行，没有规定的由可行性研究人员预测。

【例 1.5.1】 某建设项目建筑安装工程费用 5 000 万元，设备购置费 3 000 万元，工程建设其他费用 2 000 万元，已知基本预备费率 5%，项目建设前期年限为 1 年，建设期为 3 年，各年投资计划额为：第一年完成投资 20%，第二年 60%，第三年 20%。年均投资价格上涨率为 6%，求建设项目建设期间价差预备费。

解： 基本预备费＝(5 000＋3 000＋2 000)×5%＝500（万元）

静态投资＝5 000＋3 000＋2 000＋500＝10 500（万元）

建设期第一年完成投资＝10 500×20%＝2 100（万元）

第一年涨价预备费为：$PF_1=I_1[(1+f)(1+f)^{0.5}-1]=191.8$（万元）

第二年完成投资＝10 500×60%＝6 300（万元）

第二年涨价预备费为：$PF_2=I_2[(1+f)(1+f)^{0.5}(1+f)-1]=987.9$（万元）

第三年完成投资＝10 500×20%＝2 100（万元）

第三年涨价预备费为：$PF_3=I_3[(1+f)(1+f)^{0.5}(1+f)^2-1]=475.1$（万元）

所以，建设期的涨价预备费为：

$PF=191.8+987.9+475.1=1\ 654.8$（万元）

二、建设期利息

建设期利息主要是指在建设期内发生的为工程项目筹措资金的融资费用及债务资金利息。

建设期利息的计算，根据建设期资金用款计划，在总贷款分年均衡发放前提下，可按当年借款在年中支用考虑，即当年借款按半年计息，上年借款按全年计息。计算公式为：

$$q_j=\left(P_{j-1}+\frac{1}{2}A_j\right)\cdot i \quad (1.5.3)$$

式中：q_j——建设期第 j 年应计利息；

P_{j-1}——建设期第（$j-1$）年年末累计贷款本金与利息之和；

A_j——建设期第 j 年贷款金额；

i——年利率。

利用国外贷款的利息计算中，年利率应综合考虑贷款协议中向贷款方加收的手续费、管理费、承诺费，以及国内代理机构向贷款方收取的转贷费、担保费和管理费等。

【例 1.5.2】 某新建项目，建设期为 3 年，分年均衡进行贷款，第一年贷款 300 万元，第二年贷款600万元，第三年贷款400万元，年利率为12%，建设期内利息只计息不支付，求建设期利息。

解：在建设期，各年利息计算如下：

$$q_1=\frac{1}{2}A_1\cdot i=\frac{1}{2}\times300\times12\%=18\ (\text{万元})$$

$$q_2=\left(P_1+\frac{1}{2}A_2\right)\cdot i=\left(300+18+\frac{1}{2}\times600\right)\times12\%=74.16\ (\text{万元})$$

$$q_3=\left(P_2+\frac{1}{2}A_3\right)\cdot i=\left(318+600+74.16+\frac{1}{2}\times400\right)\times12\%=143.06\ (\text{万元})$$

所以，建设期利息$=q_1+q_2+q_3=18+74.16+143.06=235.22$（万元）

免费听课

第二章　建设工程计价原理、方法及依据

第一节　工程计价原理

一、工程计价的含义

工程计价是指按照法律法规及标准规范规定的程序、方法和依据，对工程项目实施建设的各个阶段的工程造价及其构成内容进行预测和估算的行为。工程计价应体现《工程造价改革工作方案》（建办标〔2020〕38号）中提出的“坚持市场在资源配置中起决定性作用……进一步完善工程造价市场形成机制”的原则。工程计价依据是指在工程计价活动中，所要依据的与计价内容、计价方法和价格标准相关的工程计量计价标准、工程计价定额、工程价格信息及造价资讯等。工程计价的作用表现在：

（1）工程计价结果反映了工程的货币价值。建设项目兼具单件性与多样性特点，每一个建设项目都需要按业主的特定需求进行单独设计、单独施工，不能批量生产和按整个项目确定价格，只能将整个项目进行分解，划分为可以按有关技术参数测算价格的基本构造单元，即假定建筑安装产品（或称分部、分项工程），计算出基本构造单元的费用，再按照自下而上的分部组合计价法，计算出总造价。

（2）工程计价结果是投资控制的依据。前一次的计价结果都会用于控制下一次的计价工作。具体说，后一次估价原则上不能超过前一次估价的一定幅度。这种控制是在投资者财务能力限度内为取得既定的投资效益所必需的。工程计价基本确定了建设资金的需要量，从而为筹集资金提供了比较准确的依据。当建设资金来源于金融机构贷款时，金融机构在对项目偿贷能力进行评估的基础上，也需要依据工程计价结果来确定给予投资者的贷款数额。

（3）工程计价结果是合同价款管理的基础。合同价款管理的各项内容中始终有工程计价活动的存在，如在签约合同价的形成过程中有最高投标限价、投标报价以及签约合同价等计价活动；在工程价款的调整过程中，需要确定调整价款额度，工程计价也贯穿其中；工程价款的支付仍然需要工程计价工作，以确定最终的支付额。

二、工程计价基本原理

（一）利用函数关系对拟建项目的造价进行类比匡算

当一个建设项目还没有具体的图样和工程量清单时，需要利用产出函数对建设项目投资进行匡算。在微观经济学中把过程的产出和资源的消耗这两者之间的关系称为产出函数。在建筑工程中，产出函数建立了产出的总量或规模与各种资源投入（比如人力、材料、机具等）之间的关系。因此，对某一特定的产出，可以通过对各投入参数赋予不同的

值，从而找到一个最低的生产成本。房屋建筑面积的大小和消耗的人工之间的关系就是产出函数的一个例子。

投资匡算经常基于某个表明设计能力或者形体尺寸的变量，比如建筑面积、公路的长度、工厂的生产能力等。在这种类比估算方法下尤其要注意规模对造价的影响。项目的造价并不总是和规模大小呈线性关系的，典型的规模经济或规模不经济都会出现。因此要慎重选择合适的产出函数，寻找规模和经济有关的经验数据。例如生产能力指数法就是利用生产能力与投资额间的关系函数来进行投资估算的方法。

（二）分部组合计价原理

如果一个建设项目的设计方案已经确定，常用的是分部组合计价法。任何一个建设项目都可以分解为一个或几个单项工程，任何一个单项工程都是由一个或几个单位工程所组成。作为单位工程的各类建筑工程和安装工程仍然是一个比较复杂的综合实体，还需要进一步分解。单位工程可以按照施工部位、路段长度、施工特点或施工任务、材料类别分解为分部工程。分解成分部工程后，从工程计价的角度，还需要把分部工程按照不同的施工方法、材料、工序、工种等，加以更为细致的分解，划分为更为简单细小的部分，即分项工程。

工程计价的基本原理是项目的分解和价格的组合。即将建设项目自上而下细分至最基本的构造单元（假定的建筑安装产品），采用适当的计量单位计算其工程量，以及当时当地的工程单价，首先计算各基本构造单元的价格，再对费用按照类别进行组合汇总，计算出相应工程造价。

工程计价的基本过程可以用公式表示如下：

分部分项工程费＝∑［基本构造单元工程量（定额项目或清单项目）×相应单价］

（2.1.1）

工程计价可分为工程计量和工程组价两个环节。

1. 工程计量

工程计量工作包括工程项目的划分和工程量的计算。

（1）单位工程基本构造单元的确定，即划分工程项目。编制工程概预算时，主要是按工程定额进行项目的划分；编制工程量清单时主要是按照清单工程量计算标准规定的清单项目进行划分。

（2）工程量的计算就是按照工程项目的划分和工程量计算规则，就不同的设计文件对工程实物量进行计算。工程实物量是计价的基础，不同的计价依据有不同的计算规则规定。目前，工程量计算规则包括两大类：

1）各类工程定额规定的计算规则；

2）各专业工程量计算标准附录中规定的计算规则。

2. 工程组价

工程组价包括工程单价的确定和总价的计算。

（1）工程单价是指完成单位工程基本构造单元的工程量所需要的基本费用。工程单价包括工料单价和综合单价。

1）工料单价仅包括人工、材料、机具使用费，是各种人工消耗量、各种材料消耗量、各类施工机具台班消耗量与其相应单价的乘积。工料单价通常是以工程定额消耗量为基础，结合人工工日单价、材料单价和施工机具台班单价计算得到的，用公式表示如下：

$$\text{工料单价}=\sum(\text{工料机消耗量}\times\text{工料机单价}) \tag{2.1.2}$$

2）综合单价除包括人工、材料、机具使用费外，还包括可能分摊在单位工程基本构造单元上的费用。根据我国现行《建设工程工程量清单计价标准》GB 50500—2024 规定，综合单价中除包括人工、材料、机具使用费外，还包括企业管理费、利润和一定范围内的风险费用。为了工程数据内容的完整，便于工程造价数据处理及使用，应尽可能采用综合单价法。

（2）工程总价是指按规定的程序或办法逐级汇总形成的相应工程造价。根据计算程序的不同，分为实物量法和单价法。

1）实物量法。实物量法是依据图纸和相应计价定额的项目划分及工程量计算规则，先计算出分部分项工程量，然后套用消耗量定额计算工料机等要素的消耗量，再根据各要素的实际价格及各项费率汇总形成相应工程造价的方法。

2）单价法。单价法包括综合单价法和工料单价法。

①综合单价法。首先依据相应工程量计算标准规定的工程量计算规则计算工程量，并依据相应的计价依据确定综合单价，然后用工程量乘以综合单价，汇总后即可得出分部分项工程费，之后再按相应的办法计算措施项目费、其他项目费，再计算增值税并汇总后形成相应工程造价。

②工料单价法。首先依据相应计价定额的工程量计算规则计算工程量；其次依据定额的工料机消耗量和单价，计算工料单价；用工程量乘以工料单价，汇总可得分部分项工程工料机费合计；再按照相应的取费程序计算其他各项费用，汇总后形成相应工程造价。

三、工程计价依据

我国的工程造价管理体系可划分为工程造价管理的相关法律法规体系、工程造价管理标准体系、工程定额体系和工程计价信息体系四个主要部分。法律法规是实施工程造价管理的制度依据和重要前提；工程造价管理的标准是在法律法规要求下，规范工程造价管理的核心技术要求；工程定额通过提供国家、行业、地方定额的参考性依据和数据，指导企业的定额编制，起到规范管理和科学计价的作用；工程计价信息是市场经济体制下，进行造价信息传递和形成造价成果文件的重要支撑。从工程造价管理体系的总体架构看，前两项工程造价管理的相关法律法规体系、工程造价管理标准体系属于工程造价宏观管理的范畴，后两项工程定额体系、工程计价信息体系主要用于工程计价，属于工程造价微观管理的范畴。工程造价管理体系中的工程造价管理的标准体系、工程定额体系和工程计价信息体系是工程计价的主要依据。

1. 工程造价管理标准

工程造价管理标准泛指除应以法律、法规进行管理和规范的内容外，应以国家标准、行业标准进行规范的工程造价管理和工程造价咨询行为、质量的有关技术内容。工程造价管理的标准体系按照管理性质可分为：统一工程造价管理的基本术语、费用构成等的基础标准；规范工程造价管理行为、项目划分和工程量计算规则等管理性规范；规范各类工程造价成果文件编制的业务操作规程；规范工程造价咨询质量和档案的质量标准；规范工程造价指数发布及信息交换的信息标准等。

（1）基础标准。包括《工程造价术语标准》GB/T 50875、《建设工程计价设备材料划分标准》GB/T 50531 等。此外，我国目前还没有统一的建设工程造价费用构成标准，而这一标准的制定应是规范工程计价最重要的基础工作。

（2）管理标准。包括《建设工程工程量清单计价标准》GB/T 50500、《建设工程造价咨询规范》GB/T 51095、《建设工程造价鉴定规范》GB/T 51262、《建筑工程建筑面积计算规范》GB/T 50353 以及不同专业的建设工程工程量计算标准等。建设工程工程量计算标准由《房屋建筑与装饰工程工程量计算标准》GB/T 50854、《仿古建筑工程工程量计算标准》GB/T 50855、《通用安装工程工程量计算标准》GB/T 50856、《市政工程工程量计算标准》GB/T 50857、《园林绿化工程工程量计算标准》GB/T 50858、《矿山工程工程量计算标准》GB/T 50859、《构筑物工程工程量计算标准》GB/T 50860、《城市轨道交通工程工程量计算标准》GB/T 50861、《爆破工程工程量计算标准》GB/T 50862 组成。同时也包括其他部委和省级建设行政主管部门发布的各类清单计价、工程量计算规范。包括《水利工程工程量清单计价规范》GB 50501、《水运工程工程量清单计价规范》JTS/T 271 以及各省市发布的公路工程工程量清单计价规范和公路工程量计算规则等。

（3）团体标准与操作规程。主要包括中国建设工程造价管理协会陆续发布的各类团体标准和操作规程：《建设项目工程总承包计价规范》T/CCEAS 001、《房屋工程总承包工程量计算规范》T/CCEAS 002、《市政工程总承包工程量计算规范》T/CCEAS 003、《城市轨道交通工程总承包工程量计算规范》T/CCEAS 004、《建设项目投资估算编审规程》CECA/GC 1、《建设项目设计概算编审规范》T/CCEAS 005、《建设项目施工图预算编审规程》CECA/GC 5、《建设项目工程结算编审规程》CECA/GC 3、《建设项目工程竣工决算编制规程》CECA/GC 9、《建设工程招标控制价编审规程》CECA/GC 6、《建设工程造价鉴定规程》CECA/GC 8、《工程造价咨询企业服务清单》CCEA/GC 11、《建设项目全过程造价咨询规程》CECA/GC 4。其中《建设项目全过程造价咨询规程》CECA/GC 4 是我国最早发布的涉及建设项目全过程工程咨询的标准之一。

（4）质量管理标准。主要包括《建设工程造价咨询成果文件质量标准》CECA/GC 7，该标准编制的目的是对工程造价咨询成果文件和过程文件的组成、表现形式、质量管理要素、成果质量标准等进行规范。

（5）信息管理标准。主要包括《建设工程人工材料设备机械数据标准》GB/T 50851 和《建设工程造价指标指数分类与测算标准》GB/T 51290 等。

2. 工程定额

工程定额包括工程消耗量定额和工程计价定额、工期定额等。工程规划和可行性研究报告阶段应用估算指标编制投资估算，初步设计阶段应用概算指标、概算定额编制设计概算。随着工程造价市场化改革的不断深入，工程计价定额主要用于前期造价预测以及投资管控目标的合理设定，而在建设项目交易过程中，定额的作用将逐步弱化，而更加依赖于市场价格信息进行计价。随着我国工程造价市场化改革的进程不断推进，企业定额在工程计价活动中也起到越来越重要的作用，按照定额的原理，大数据的思维和方法建设基于各施工场景的企业定额和数据是传承和赋予定额新的数据价值的基础。

3. 工程计价信息

工程计价信息是指国家、各地区、各部门工程造价管理机构、行业组织以及企业发布的指导或服务于建设工程计价的人工、材料、施工机具的市场价格信息及造价资讯，以及各类工程的造价指数、指标、典型工程数据等。工程造价信息化建设需要以标准化、网络化、动态化的基本原则进行，通过工程建设各方的共同参与建设工程造价信息化平台，进行计价信息的发布、共享和服务。

四、工程计价基本程序

(一) 工程概预算编制的基本程序

工程概预算的编制主要采用定额计价方法，是应用计价定额或指标对建筑产品价格进行计价的活动。按概算定额或预算定额的定额子目，逐项计算工程量，套用概预算定额（或单位估价表）的单价确定直接费（包括人工费、材料费、施工机具使用费），然后按规定的取费标准确定企业管理费，再计算利润，加上材料价差后计算增值税，经汇总后即为工程概预算价格。工料单价法下工程概预算编制的基本程序如图 2.1.1 所示。

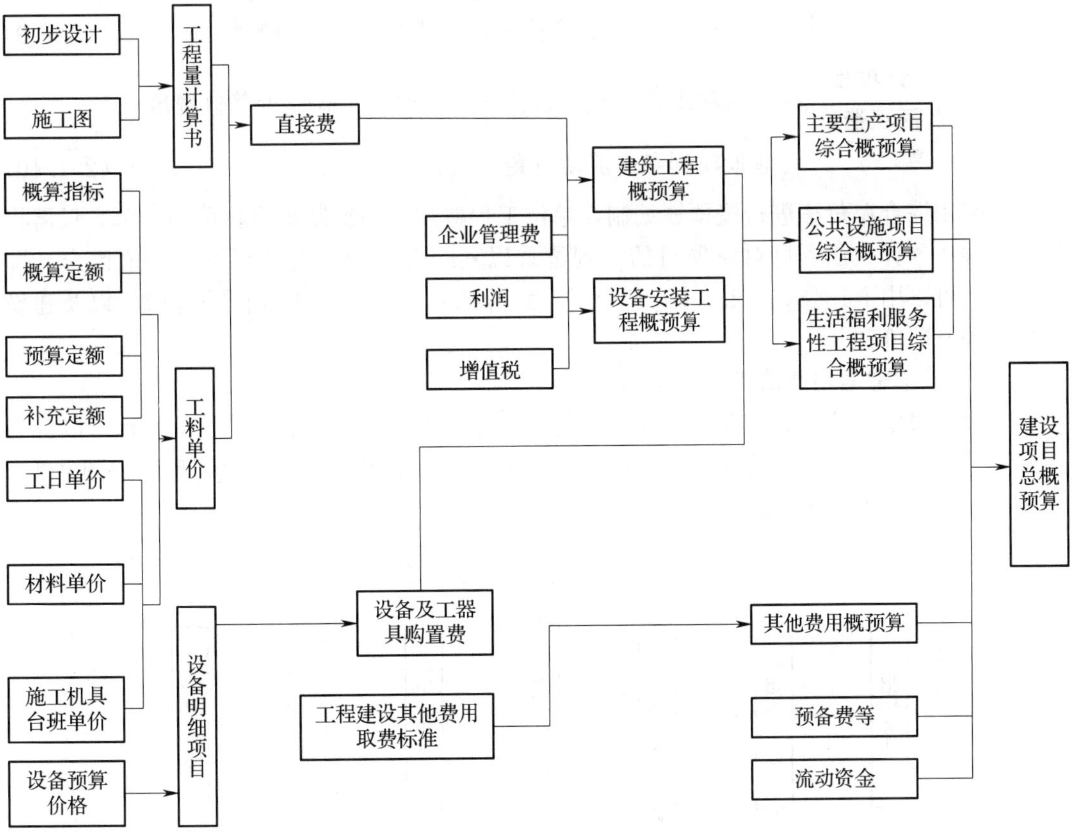

图 2.1.1　工料单价法下工程概预算编制基本程序示意图

工程概预算价格的形成过程，就是依据概预算定额所确定的消耗量乘以定额单价或市场价，经过不同层次的计算形成相应造价的过程。工程概预算编制公式如下：

(1) 每一计量单位建筑产品的基本构造单元（假定建筑安装产品）的工料单价＝人工费＋材料费＋施工机具使用费 (2.1.3)

式中：

人工费＝∑(人工工日数量×人工单价) (2.1.4)

材料费＝∑(材料消耗量×材料单价) (2.1.5)

施工机具使用费＝∑(施工机械台班消耗量×施工机械台班单价)＋∑(仪器仪表台班消耗量×仪器仪表台班单价) (2.1.6)

(2) 单位建筑安装工程直接费＝∑(假定建筑安装产品工程量×工料单价) (2.1.7)

(3) 单位建筑安装工程概预算造价＝单位建筑安装工程直接费＋企业管理费＋利润＋材料价差＋增值税 (2.1.8)

(4) 单项工程概预算造价＝∑单位建筑安装工程概预算造价＋∑单位工程设备及工器具购置费 (2.1.9)

(5) 建设项目概预算造价＝∑单项工程概预算造价＋预备费＋工程建设其他费用＋建设期利息＋流动资金 (2.1.10)

若采用综合单价法进行概预算编制，单位工程概预算的编制程序将更加简单，只需将概算定额或预算定额子目对应项目的工程量乘以其综合单价汇总并再计算增值税合计即可，然后可以用上述公式（2.1.9）和公式（2.1.10）计算单项工程概预算造价以及建设项目概预算造价。

（二）工程量清单计价的基本程序

工程量清单计价主要是在工程的发承包和实施阶段，工程量清单计价的过程可以分为两个环节，即工程量清单的编制和工程量清单的应用，工程量清单的编制程序如图 2.1.2 所示，工程量清单的应用过程如图 2.1.3 所示。

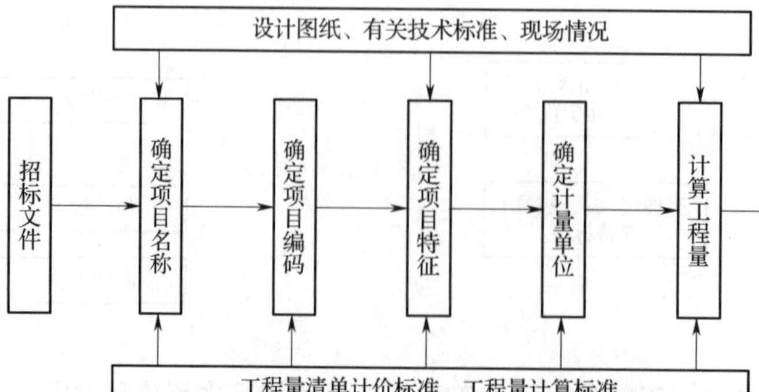

图 2.1.2 工程量清单的编制程序

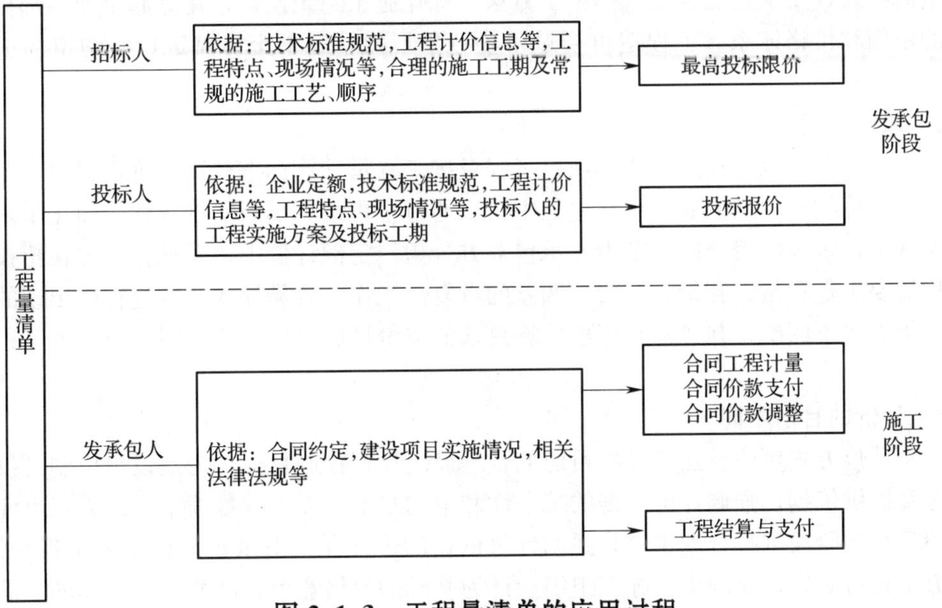

图 2.1.3　工程量清单的应用过程

工程量清单计价的基本原理可以描述为：按照工程量清单计价标准规定，在各相应专业工程工程量计算标准规定的清单项目设置和工程量计算规则基础上，针对具体工程的设计图纸和施工组织设计计算出各个清单项目的工程量，根据规定的方法计算出综合单价，并汇总各清单合价得出工程总价。

(1)　**分部分项工程费＝∑(分部分项工程量×相应分部分项工程综合单价)**　(2.1.11)

(2)　**措施项目费＝∑各措施项目费**　(2.1.12)

(3)　**其他项目费＝暂列金额＋专业工程暂估价＋计日工＋总承包服务费**　(2.1.13)

(4)　**单位工程造价＝分部分项工程费＋措施项目费＋其他项目费＋增值税**　(2.1.14)

(5)　**单项工程造价＝∑单位工程造价**　(2.1.15)

(6)　**建设项目总造价＝∑单项工程造价**　(2.1.16)

上式中，综合单价是指完成一个规定清单项目所需的人工费、材料费、施工机具使用费和企业管理费、利润以及一定范围内的风险费用。风险费用是隐含于已标价工程量清单综合单价中，用于化解发承包双方在工程合同中约定的风险内容和范围的费用。

工程量清单计价活动涵盖工程招标、合同管理以及竣工交付全过程，主要包括：编制工程量清单、最高投标限价、投标报价，确定合同价，工程计量与合同价款支付、合同价款的调整、工程结算和工程计价纠纷处理等活动。

（三）定额计价与工程量清单计价的主要区别

虽然从计价原理上看，定额计价与工程量清单计价均可以采用公式（2.1.1）表示，即工程造价可以表示为工程量与单价乘积后的汇总，但两者之间也存在着明显的区别。

1. 造价形成机制不同

造价形成机制不同是定额计价与工程量清单计价的最根本区别。即使是在生产要素价格放开由市场决定的前提下，定额计价本质上仍然维持着由生产要素投入和消耗决定工程造价的计价方式，属于生产决定价格的成本法计价机制。而工程量清单计价采用描述工程实体量的方式，要求企业自主选择施工方法、优化施工组织设计，建立起企业内部报价及管理的定额和价格体系。工程造价通过市场竞争形成，属于交易决定价格的市场法计价机制。

2. 风险分担方式不同

工程量清单计价方式下，清单项目工程量按工程量计算标准计算，价格通过市场竞争实现。事前算细账、摆明账，履约过程中可以通过过程结算不断实现固化，简化了竣工结算，实现了计价风险按合同约定由发承包双方分担。定额计价中，发承包双方在招投标过程中均需要进行算量、套价、取费、调差的重复性工作，容易导致履约过程中出现的风险双方分担方式不明确，并且常采用事后算总账的造价形成机制，容易引起双方的工程价款纠纷。

3. 计价的目的不同

定额计价方式更注重在建设项目前期合理设定投资控制目标，为建设单位制订投资及筹资方案提供依据，强调计价依据的统一性和平均水平。而工程量清单计价方式更注重在建设项目交易阶段进行合理定价，强调计价依据的个性化，由承包人根据施工现场情况、施工方案自行确定，体现出以施工组织设计为基础的价格竞争，凸显不同主体的不同价格水平。

五、工程定额体系

(一) 工程定额的分类

工程定额是一个综合概念，是建设工程计价及管理中各类定额的总称，包括许多种类的定额，可以按照不同的原则和方法对它进行分类。

1. 按定额反映的生产要素消耗内容分类

可以把工程定额划分为人工消耗定额、材料消耗定额和机具消耗定额三种。

(1) 人工消耗定额。也称为劳动定额，是在正常的施工技术和组织条件下，完成规定计量单位合格的建筑安装产品所消耗的人工工日的数量标准。劳动定额的主要表现形式是时间定额，但同时也表现为产量定额。时间定额与产量定额互为倒数。

(2) 材料消耗定额。简称材料定额，是指在正常的施工技术和组织条件下，完成规定计量单位合格的建筑安装产品所消耗的原材料、成品、半成品、构配件、燃料以及水、电等动力资源的数量标准。

(3) 机具消耗定额。机具消耗定额由机械消耗定额与仪器仪表消耗定额组成。机械消耗定额是以一台机械一个工作班为计量单位，所以又称为机械台班定额。机械消耗定额是指在正常的施工技术和组织条件下，完成规定计量单位合格的建筑安装产品所消耗的施工机械台班的数量标准。机械消耗定额的主要表现形式是机械时间定额，同时也以产量定额表现。施工仪器仪表消耗定额的表现形式与机械消耗定额类似。

2. 按定额的编制程序和用途分类

可以把工程定额分为施工定额、预算定额、概算定额、概算指标、投资估算指标等。

(1) 施工定额。施工定额是完成一定计量单位的某一施工过程或基本工序所需消耗的人工、材料和施工机具台班数量标准。施工定额是施工企业（建筑安装企业）组织生产和加强管理在企业内部使用的一种定额，属于企业定额的性质。施工定额是以某一施工过程或基本工序作为研究对象，以生产产品数量与生产要素消耗综合关系编制的定额。为了适应组织生产和管理的需要，施工定额的项目划分很细，是工程定额中分项最细、定额子目最多的一种定额，也是工程定额中的基础性定额。

（2）预算定额。预算定额是在正常的施工条件下，完成一定计量单位合格分项工程或结构构件所需消耗的人工、材料、施工机具台班数量及其费用标准。预算定额是一种计价性定额。从编制程序上看，预算定额是以施工定额为基础综合扩大编制的，同时它也是编制概算定额的基础。

（3）概算定额。概算定额是完成单位合格扩大分项工程或扩大结构构件所需消耗的人工、材料和施工机具台班的数量及其费用标准，是一种计价性定额。概算定额是编制扩大初步设计概算、确定建设项目投资额的依据。概算定额的项目划分粗细，与扩大初步设计的深度相适应，一般是在预算定额的基础上综合扩大而成的，每一扩大分项概算定额都包含了数项预算定额。

（4）概算指标。概算指标是以单位工程为对象，反映完成一个规定计量单位建筑安装产品的经济指标。概算指标是概算定额的扩大与合并，以更为扩大的计量单位来编制的。概算指标的内容包括人工、材料、机具台班三个基本部分，同时还列出了分部工程量及单位工程的造价，是一种计价定额。

（5）投资估算指标。投资估算指标是以建设项目、单项工程、单位工程为对象，反映建设总投资及其各项费用构成的经济指标。它是在项目建议书和可行性研究阶段编制投资估算、计算投资需要量时使用的一种定额。它的概略程度与可行性研究阶段相适应。投资估算指标往往根据历史的预、决算资料和价格变动等资料编制，但其编制基础仍然离不开预算定额、概算定额。

上述各种定额的相互联系可参见表 2.1.1。

表 2.1.1　各种定额的相互联系

项目	施工定额	预算定额	概算定额	概算指标	投资估算指标
对象	施工过程或基本工序	分项工程或结构构件	扩大的分项工程或扩大的结构构件	单位工程	建设项目、单项工程、单位工程
用途	编制施工预算	编制施工图预算	编制扩大初步设计概算	编制初步设计概算	编制投资估算
项目划分	最细	细	较粗	粗	很粗
定额水平	平均先进	平均			
定额性质	生产性定额	计价性定额			

3. 按专业分类

由于工程建设涉及众多的专业，不同的专业所含的内容也不同，因此就确定人工、材料和机具台班消耗数量标准的工程定额来说，也需按不同的专业分别进行编制和执行。

(1) 建筑工程定额按专业对象分为建筑及装饰工程定额、房屋修缮工程定额、市政工程定额、铁路工程定额、公路工程定额、矿山井巷工程定额、水利建筑工程定额、内河航运水工建筑工程定额等。

(2) 安装工程定额按专业对象分为电气设备安装工程定额、机械设备安装工程定额、热力设备安装工程定额、通信设备安装工程定额、化学工业设备安装工程定额、工业管道安装工程定额、工艺金属结构安装工程定额、水利水电设备安装工程定额、内河航运设备安装工程定额等。

上述各种定额虽然适用于不同的情况和用途，但是它们是一个互相联系的、有机的整体，在实际工作中可以配合使用。

（二）工程定额的改革和发展

1. 工程定额的改革任务

在传统的定额编制工作中，因为定额编制工作复杂，定额编制周期长，定额数据往往滞后于市场变化，具有滞后性；由于定额编制人员的专业局限性、定额编制方式、数据质量等原因，导致定额消耗量及费用标准与市场水平存在偏差，具有差异性；定额是将同类建设工程项目的诸多样本数据进行综合、平均得出的数据，一定程度上无法体现工程的多样性和个性化特点，从而使工程计价、投资管控等受到影响。

住房城乡建设部办公厅于 2020 年 7 月 24 日印发了《工程造价改革工作方案》（建办标〔2020〕38 号），该方案指出：改革开放以来，工程造价管理坚持市场化改革方向，在工程发承包计价环节探索引入竞争机制，全面推行工程量清单计价，各项制度不断完善。但还存在定额等计价依据不能很好满足市场需要，造价信息服务水平不高，造价形成机制不够科学等问题。为充分发挥市场在资源配置中的决定性作用，促进建筑业转型升级，需对工程造价进行改革。其中，与工程造价计价依据改革相关的任务主要包括以下两个方面：

(1) 完善工程计价依据发布机制。加快转变政府职能，优化概算定额、估算指标编制发布和动态管理，取消最高投标限价按定额计价的规定，逐步停止发布预算定额。搭建市场价格信息发布平台，统一信息发布标准和规则，鼓励企事业单位通过信息平台发布各自的人工、材料、机械台班市场价格信息，供市场主体选择。加强市场价格信息发布行为监管，严格信息发布单位主体责任。

(2) 加强工程造价数据积累。加快建立国有资金投资的工程造价数据库，按地区、工程类型、建筑结构等分类发布人工、材料、项目等造价指标指数，利用大数据、人工智能等信息化技术为概预算编制提供依据。加快推进工程总承包和全过程工程咨询，综合运用造价指标指数和市场价格信息，控制设计限额、建造标准、合同价格，确保工程投资效益得到有效发挥。

虽然《工程造价改革工作方案》（建办标〔2020〕38 号）中提出了“逐步停止发布预算定额”的要求，但由于我国大量的政府投资项目的投资过程控制和事后监督审查（如财政投资评审、审计等）依然对预算定额有很强的依赖性（原因是市场价格缺乏统一的认定标准），因此工程计价活动在相当长的一段时间内很难完全摆脱政府发布定额的影响。随着市场化工程造价数据的不断成熟与完善，基于定额编制原理以及大数据的思维和方法形成的各施工场景的企业定额和数据将逐步替代传统的政府定额，且将成为工程计价的主要依据，成为承包人进行成本管控的主要依据。

2. 大数据技术对工程定额编制的影响

工程计价及造价管理过程中，会产生大量的造价信息数据。随着科技的发展，特别是信息技术的发展，给这些数据的管理和挖掘提供了现代化的手段。大数据信息技术势必对定额的编制和项目各阶段计价及造价管理产生积极且深远的影响。

(1) 企业定额测算和管理的高效化。因为企业定额需要准确反映企业实际技术和管理水平，因此，随着企业生产力水平的提高，企业定额需要及时更新。为适应市场竞争，企业应注重本企业定额数据的积累。大数据时代，企业可以建立基于大数据的企业定额测算体系并建立信息化平台，动态积累企业定额消耗量数据，监测企业定额的变动情况，进而动态管理企业定额。大数据的应用不仅可以节省定额测定方面的人力、物力、财力，而且提高了工作效率。

(2) 工程定额编制和管理的动态化。行业主管部门可以与互联网相结合，建立定额动态管理平台，从业人员可在平台上共享数据，对于定额应用问题可随时提出相关建议，使全行业人员参与到定额的动态使用、反馈和管理上来，最大程度上拓宽覆盖面，解决传统编制过程中编制人员来源途径单一的问题，改善定额偏差性的缺陷；能够实现信息的快速收集、存储和分析，从而实现缩短定额编制周期和定额编制时间，最大程度上改善定额滞后性、差异性的缺陷；能够使得数据更真实、更有代表性和更加贴近市场。

(3) 工程定额编制和管理的市场化。大数据技术可以将来自市场的真实数据实时纳入数据库中，并依据这些数据编制工程定额，缩短定额编制周期，充分走进市场、贴近市场和反映市场，体现市场决定价格的作用。

第二节　工程量清单计价方法

一、工程量清单计价原理

从本质上说，工程量清单计价是招标人为完成工程交易而提供的一套完整的实物量清单，投标人根据招标人提供的实物量清单中列明的项目名称、项目特征、计量单位和工程数量进行自主报价，只是根据不同的规范、标准或项目条件，可以有不同的项目名称设置要求、项目特征描述方式、计量单位的选择和工程数量的计算规则。招标人对各投标人的自主报价进行比较选择，与最终择优选定的中标人签订合同，并在后续的合同履约过程中根据约定进行价款调整、支付和结算。

1. 工程量清单的主要类型

由于建设项目交易时点的不确定性，尤其是在我国大力推行工程总承包方式后，交易时点被前移至初步设计阶段。为满足不同交易时点的需要，工程量清单的项目设置规则应具备多样性。因此，工程量清单的发展方向应建立多层级工程量清单，形成以清单计价标准和各专（行）业工程量计算标准配套使用的清单标准体系，满足不同设计深度、不同复杂程度、不同承包方式及不同管理需求下工程计价的需要。自《建设工程工程量清单计价规范》GB 50500—2003 颁布以来，我国已经初步建成了适应不同发包时点、不同设计深度的清单体系，主要包括适合施工发承包模式的标准工程量清单，适合总承包发包模式的项目清单，以及在工程实践中作为补充性质的模拟工程量清单。

2. 工程量清单计价的作用

(1) 提供一个平等的竞争条件。工程量清单计价为投标者提供了一个平等竞争的条件，相同的工程量，由企业根据自身的实力来填报不同的单价。投标人的这种自主报价，使得企业的优势体现到投标报价中，可在一定程度上规范建筑市场秩序，确保工程质量。

(2) 满足市场经济条件下竞争的需要。招投标过程就是竞争的过程，招标人提供工程量清单，投标人根据自身情况确定综合单价，利用单价与工程量逐项计算每个项目的合价，再分别填入工程量清单表内，计算出投标总价。单价成了决定性的因素，定高了不能中标，定低了又要承担过大的风险。单价的高低直接取决于企业管理水平和技术水平的高低，这种局面促成了企业整体实力的竞争，有利于我国建设市场的快速发展。

(3) 有利于提高工程计价效率，真正实现快速报价。采用工程量清单计价方式，避免了传统计价方式下，招标人与投标人在工程量计算上的重复工作，各投标人以招标人提供的工程量清单为统一平台，结合自身的管理水平和施工方案进行报价，促进了各投标人企业定额的完善和工程造价信息的积累和整理，体现了现代工程建设中快速报价的要求。

(4) 有利于工程款的拨付和工程价款的最终结算。中标后，发包人要与中标单位签订工程合同，中标价就是确定合同价的基础，工程量清单上的单价就成了确定进度款的依据。发包人根据承包人完成的工程量，可以很容易地确定过程结算款。工程竣工后，根据设计变更、工程量增减等，发包人也很容易确定工程的最终造价，可在某种程度上减少发包人与承包人之间的纠纷。

(5) 有利于业主对投资的控制。采用工程量清单计价的方式则可对投资变化一目了然，在要进行设计变更时，能迅速确定其对工程造价的影响，业主就能根据投资情况来决定是否变更或进行方案比较，以决定最恰当的处理方法。

二、施工发承包模式下的标准工程量清单

《建设工程工程量清单计价标准》GB/T 50500—2024 于 2024 年 11 月 26 日发布，自 2025 年 9 月 1 日起实施，主要适用于建设工程施工发承包及实施阶段的计价活动，是工程造价咨询人出具工程量清单、最高投标限价、投标报价、工程计量、合同价款调整和工程结算与支付等工程造价成果文件的主要依据。

(一) 2024 年版建设工程工程量清单计价标准的编制背景和主要目的

2024 年版建设工程工程量清单计价标准的编制背景是为了响应党的二十届三中全会提出的“构建高水平社会主义市场经济体制，充分发挥市场在资源配置中的决定性作用，完善主要由市场供求关系决定要素价格机制，防止政府对价格形成的不当干预”战略目标，主要实现以下目的：

(1) 厘清交易定价和企业成本的关系。2024 年版建设工程工程量清单计价标准要求发包人完整、准确地描述拟建工程的各项特征、性能要求，以便承包人形成完整、合理的投标报价；同时允许承包人自主选用施工措施和组织方案，充分激发其竞争活力。

（2）明确市场化的计价方法和计价依据。在最高投标限价、投标报价的编制过程中，不再将政府定额和信息价作为主要的计价依据，增加市场价格信息、工程造价数据库，以及投标人装备水平、管理水平、成本消耗等内容，综合作为确定工程造价的考虑要素。

（3）加强风险的合理分配和有效控制。把发承包双方在计量计价过程中可能发生的风险进行全面梳理，按照“谁的责任由谁承担”“谁风险可控由谁承担”等原则，对风险进行合理分配。

（4）强调工程造价全过程管控要求。对建设项目招标投标、合同履约、结算管理等全过程造价管理活动提出要求，有助于减少结算争议纠纷，实现对工程投资的有效、动态控制。

（5）引导国有投资项目管理模式升级。引导建设单位逐步摆脱对政府定价的依赖，既要掌握市场真实数据，科学合理编制各类造价文件，又要增强市场意识，在招标文件、施工合同中合理确定风险、变更、价格调整等条款，让其真正承担造价管控的主体责任；引导施工单位尽快转变经营理念，增强市场竞争意识和成本管控能力，使其注重提升技术能力、装备水平和现场管理能力，优化施工措施和施工方案，实现降本增效；引导造价咨询企业实施全过程造价管控，相对于传统造价咨询模式，让企业承担更大的责任，促进工程造价咨询行业能力提升。

（二）建设工程工程量清单计价标准的适用范围

使用财政资金或国有资金投资的建设工程，应按国家及行业工程量计算标准编制工程量清单，采用工程量清单计价；非使用财政资金或国有投资的建设工程，宜按国家及行业工程量计算标准编制工程量清单，采用工程量清单计价。财政资金或国有资金指全部使用国有资金或以国有资金投资为主、国家融资资金，包括下列项目：

1. 国有资金投资的工程建设项目的范围

（1）使用各级财政预算资金的项目。

（2）使用纳入财政管理的各种政府性专项建设资金的项目。

（3）使用国有企事业单位自有资金，并且国有资产投资者实际拥有控制权的项目。

2. 国家融资资金投资的工程建设项目的范围

（1）使用国家发行债券所筹资金的项目。

（2）使用国家对外借款或者担保所筹资金的项目。

（3）使用国家政策性贷款的项目。

（4）国家授权投资主体融资的项目。

（5）国家特许的融资项目。

3. 以国有资金投资为主项目的认定方法

以国有资金投资为主的工程建设项目是指国有资金占投资总额50%以上，或虽不足50%但国有投资者实质上拥有控股权的工程建设项目。

（三）工程量清单包括的类别及计价方式

工程量清单的清单项目应按设计图纸及技术标准规范、相关工程国家及行业工程量计算标准规定编制。工程量清单按分部分项工程项目清单、措施项目清单、其他项目清单、增值税清单分别编制及计价。工程量清单的清单项目价款确定可采用单价计价、总价计价方式。根据工程项目特点及实际情况不宜采用单价计价、总价计价方式的，可采用费率计价等其他计价方式。

1. 分部分项工程项目清单

分部分项工程项目清单通常采用暂定工程量与综合单价的方式计价，综合单价应为不含增值税的税前全费用价格，由人工费、材料费、施工机具使用费、管理费、利润等组成，包括相应清单项目约定或合理范围的风险费，以及不可或缺的辅助工作所需费用。以项计价的分部分项工程项目清单可采用总价计价方式。

2. 措施项目清单

措施项目清单通常采用总价计价方式，合价应为不含增值税的税前全费用价格，应符合招标文件、合同文件的要求和相关工程国家及行业工程量计算标准的措施项目列项及其工作内容的有关规定，包括履行合同责任和义务、全面完成工程所发生的各项费用。模板以及发包人提供设计图纸并要求承包人按图施工的措施项目，可列入分部分项工程项目清单计价。措施项目清单中的安全生产措施费应按国家及省级、行业主管部门的管理要求和招标工程的实际情况列项。

3. 其他项目清单

其他项目清单由专业工程暂估价、暂列金额、计日工和总承包服务费组成。

（1）专业工程暂估价采用总价计价方式计价，以项计算含增值税的价格。

（2）暂列金额、总承包服务费可采用费率或总价计价方式计价，以其计算基础乘以费率或以项计算清单项目价格。

（3）计日工可参考分部分项工程项目清单的计价方式。主要采用暂估数量与综合单价的方式计价，计日工综合单价应为完成相应清单项目单位数量不含增值税的价格，包括随时、少量完成计日工项目所需的费用，同时也包含了计日工项目发生的措施项目费用。

（4）总承包服务费。发包人提供材料、专业分包工程的总承包服务费应分别列项，可按项或费率计量。按费率计量的，宜以暂估价作为计价基础；直接发包的专业工程的总承包服务费宜以项计量。

4. 增值税清单

增值税应以分部分项工程项目清单、措施项目清单、其他项目清单（专业工程暂估价除外）的合计金额作为计算基础，乘以政府主管部门规定的增值税税率计算增值税。

（四）工程量清单计价的风险分担

建设工程的施工发承包，应在招标文件、合同中明确计量与计价的风险内容及其范围，不得采用无限风险、所有风险或类似语句约定工程计量与计价中的风险内容及范围。通常发承包双方应按照下列方式进行合理的风险分担。

1. 发包人承担的风险

下列事项引起的计量与计价风险应由发包人承担，承包人的投标报价可不考虑，发包人应按相关规定及时调整相应的合同价款和（或）合同工期。

（1）采用单价合同的工程，发包人提供的分部分项工程项目清单存在工程量清单缺陷，但按项计价的项目除外。

（2）发包人提供的工程项目原始数据和基准资料错误。

（3）发包人批准的工程变更。

（4）发包人要求的赶工、提前竣工、停工或暂缓施工。

（5）法律法规与政策性变化。

（6）超出招标文件规定承包人应承担的风险范围和幅度。

（7）其他应当由发包人承担责任的事项。

2. 承包人承担的风险

下列事项引起的计量与计价风险应由承包人承担，承包人在投标报价中应予考虑，因其引起的价格和（或）工期变化应视为已包含在合同总价及合同工期内。

（1）措施项目清单的准确性和完整性。

（2）采用单价合同的工程，承包人为完成工程量清单及其项目特征所说明的工程、国家及行业工程量计算标准中工作内容说明的所有工作所需费用。

（3）承包人因自身原因引起实施方案变化引起的费用调整。

（4）承包人因施工机具使用、施工技术应用以及组织管理水平等自身原因造成的施工费用增加。

（5）承包人因自身原因引起的赶工、停工或暂缓施工。

（6）未超出招标文件、合同约定物价变化范围和波动幅度的市场物价波动，如合同未约定幅度或约定不明，通常采取的方式是承包人承担5%的市场价格波动幅度的风险。

采用单价合同的工程，分部分项工程项目清单的准确性、完整性应由发包人负责；采用总价合同的工程，已标价分部分项工程项目清单的准确性、完整性应由承包人负责。建设工程无论是采用单价合同或总价合同，按项编制的措施项目清单的完整性及准确性均应由承包人负责。

三、工程总承包模式下的项目清单

工程总承包不同于施工总承包，是指承包单位按照与建设单位签订的合同，对工程设计、采购、施工或者设计、施工等阶段实行总承包，并对工程的质量、安全、工期和造价等全面负责的工程建设组织实施方式。为规范总承包计价行为，中国建设工程造价管理协会于2022年发布了协会标准《建设项目工程总承包计价规范》T/CCEAS 001—2022、《房屋工程总承包工程量计算规范》T/CCEAS 002—2022、《市政工程总承包工程量计算规范》T/CCEAS 003—2022和《城市轨道交通工程总承包工程量计算规范》T/CCEAS 004—2022。虽然工程总承包计价规范要求建设项目工程总承包应采用总价合同，但在工程总承包招标形成合同总价的过程中，项目清单依然是其重要的确定依据之一。项目清单是指发包人提供的载明工程总承包项目工程费用、工程总承包其他费和预备费的名称和其他要求承包人填报内容的明细清单。

1. 工程总承包模式下项目清单的层级划分及编制

项目清单的标准格式与施工发承包模式下的标准工程量清单大体相当，清单的核心要素由项目编码、项目名称、计量单位和数量组成。承包人根据项目清单填写单价与合价，形成价格清单，作为投标报价的基础。

（1）由于工程总承包模式下招标范围和招标时点与施工发承包模式不同，因此项目清单具备以下主要特点。

1）根据工程总承包的工作范围，项目清单中除包括建筑工程费项目清单外，还可能包括设备购置费及安装工程费项目清单、工程总承包其他费项目清单和预备费项目清单等。

2）根据工程总承包发包时点的不同，项目清单分为可行性研究或方案设计后的项目清单与初步设计后的项目清单。

（2）可行性研究或方案设计后的项目清单。可行性研究或方案设计后的项目清单通常只分解至单位工程，其项目清单编码通常是由四级编码组合而成的，如图 2.2.1 所示。

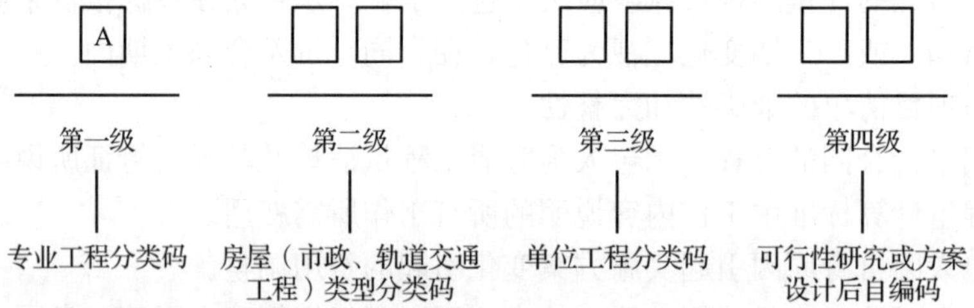

图 2.2.1　可行性研究或方案设计后项目清单编码

1）第一级为专业工程分类码，房屋建筑工程、市政工程、城市轨道交通工程对应字母分别为 A、B、C。

2）第二级为房屋（市政、轨道交通工程）类型分类码，由两位阿拉伯数字组成。例如，房屋工程可分为居住建筑（又可分为多层、小高层、高层等）、办公建筑（又可分为商务写字楼、办公楼）等；市政工程可分为道路工程（又可分为快速路工程、主干路工程等）、桥涵工程（又可分为涵洞、梁式桥等）。

3）第三级为单位工程分类码，由两位阿拉伯数字组成。例如，无论是多层或高层等居住建筑、还是商务写字楼、办公楼等办公建筑，都可以分为竖向土石方工程、土建工程、装饰工程、给排水工程等。

4）第四级为可行性研究或方案设计后自编码，由两位阿拉伯数字组成。同一招标工程的项目清单编码不得有重码。

（3）初步设计后项目清单编码。初步设计后项目清单通常分解到扩大分部和扩大分项工程，其项目清单编码应在可行性研究或方案设计后项目清单编码的基础上进行，如图 2.2.2 所示。

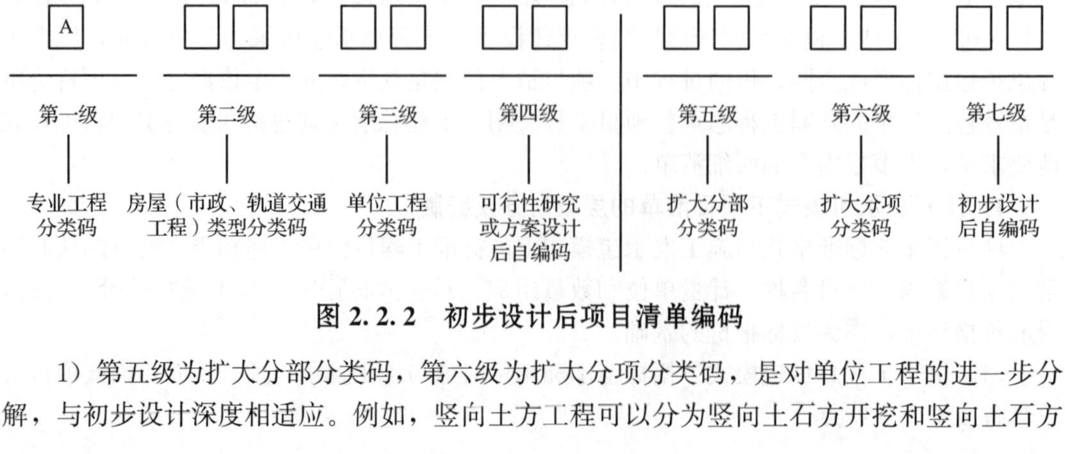

图 2.2.2　初步设计后项目清单编码

1）第五级为扩大分部分类码，第六级为扩大分项分类码，是对单位工程的进一步分解，与初步设计深度相适应。例如，竖向土方工程可以分为竖向土石方开挖和竖向土石方回填。

2）第七级为初步设计后自编码，由两位阿拉伯数字组成。在同一扩大分项存在多种情况时使用，同一招标工程的项目编码不得有重码。

2. 工程总承包项目清单的使用及风险责任划分

发包人应在建设项目工程总承包发包时对工程总承包费用项目编制项目清单并列入招标文件，作为投标人编制价格清单和投标报价的依据。但由于工程总承包应采用总价合同，除工程变更外，工程量不予调整。因此总承包项目清单在使用过程中有与施工发承包模式下标准工程量清单不同的风险责任划分方式。

（1）投标人应根据招标文件、发包人要求、项目清单、补充通知、招标答疑、可行性研究、方案设计或初步设计文件、本企业积累的同类或类似工程的价格自主确定工程费用和工程总承包其他费用投标报价，但不得低于成本。

（2）发包人对工程费用项目清单可只提供项目清单格式不列工程数量，由承包人根据招标文件和发包人要求填写工程数量并报价。

（3）发包人提供的工程费用项目清单应仅作为承包人投标报价的参考，投标人应依据发包人要求和初步设计文件、详细勘察文件按下列规定进行投标报价：

1）对项目清单内容可增加或减少。

2）对项目应进行细化，原项目下填写投标人认为需要的施工项目和工程数量及单价。

总之，在工程总承包模式下，即使针对个别施工条件多变的项目（如地下工程）可以约定按实际工程量计算，但总体来说，发包人不承担工程量清单缺陷的责任。

四、模拟工程量清单

除由国家标准规定的用于施工发承包模式的标准工程量清单和由团体标准规定的用于工程总承包模式的项目清单外，在工程实践中，还存在“模拟工程量清单”这一变通性方式。模拟工程量清单实质上是在工程设计图没有或不完备的情况下标准工程量清单的替代方式。其与现行标准工程量清单最大的不同点在于编制基础不同。标准工程量清单的编制基础是构成工程实体的各部分实物工程量，而模拟工程量清单则是依据业主的概念设计，参照类似工程的清单项目和技术指标进行编制的暂估工程量清单。模拟工程量清单计价模式是基于初步设计相关成果文件，参照类似工程而进行“提前”计价的工程量清单计价模式。

在《建设工程工程量清单计价标准》GB/T 50500—2024 中规定“如招标工程需要，可参考同类工程的设计图纸等资料在招标工程量清单中合理列出招标图纸没反映，但施工中可能会发生的清单项目及其项目特征，并结合招标工程及参考同类工程资料确定暂定工程数量。”这相当于是采用了模拟工程量清单编制的方法对标准工程量清单进行的补充。

从工程实践上来看，模拟工程量清单主要用于施工发承包（但发包时点并非在施工图完成后，往往提前至初步设计完成后），也有部分工程总承包招标采用了模拟工程量清单的方式。至于采用模拟工程量清单后发承包双方的风险分担问题，较为合理的是采用与标准工程量清单一致的方式，但在工程实践中也会采用模拟工程量清单加总价包干的风险分担方式。

第三节 建筑安装工程人工、材料和施工机具台班消耗量的确定

一、施工过程分解及工时研究

（一）施工过程及其分类

1. 施工过程的含义

施工过程就是为完成某一项施工任务，在施工现场所进行的生产过程。其最终目的是要建造、改建、修复或拆除工业及民用建筑物和构筑物的全部或一部分。

每个施工过程的结束，获得了一定的产品，这种产品或者是改变了劳动对象的外表形态、内部结构或性质（由于制作和加工的结果），或者是改变了劳动对象在空间的位置(由于运输和安装的结果)。

按照工程分部组合的计价原理，对于复杂的工程体，需要自上而下分解为细小的计价单元，计价时通过对计价单元价格自下而上适当组合形成工程造价。对施工过程的研究，就是要研究不同施工过程产出的产品（计价单元）与其工作内容、投入资源之间的关系，从而为定额编制奠定基础。

2. 施工过程分类

根据不同的标准和需要，施工过程有如下分类：

（1）根据施工过程组织上的复杂程度，施工过程可以分解为工序、工作过程和综合工作过程。

1）工序是指施工过程中在组织上不可分割，在操作上属于同一类的作业环节。其主要特征是劳动者、劳动对象和使用的劳动工具均不发生变化。如果其中一个因素发生变化，就意味着由一项工序转入了另一项工序。如钢筋制作，它由平直钢筋、钢筋除锈、切断钢筋、弯曲钢筋等工序组成。

从施工的技术操作和组织观点看，工序是工艺方面最简单的施工过程。在编制施工定额时，工序是主要的研究对象。测定定额时只需分解和标定到工序为止。如果进行某项先进技术或新技术的工时研究，就要分解到操作甚至动作为止，从中研究可加以改进的操作或节约的工时。

工序可以由一个人来完成，也可以由小组或施工队内的几名工人协同完成；可以手动完成，也可以由机械操作完成。在机械化的施工工序中，还可以包括由工人自己完成的各项操作和由机器完成的工作两部分。

2）工作过程是由同一工人或同一小组所完成的在技术操作上相互有机联系的工序的总合体。其特点是劳动者和劳动对象不发生变化，而使用的劳动工具可以变换。例如，砌墙和勾缝，抹灰和粉刷等。

3）综合工作过程是同时进行的，在组织上有直接联系的，为完成一个最终产品结合起来的各个施工过程的总和。例如，砌筑砌块墙这一综合工作过程，由调制砂浆、运砂浆、运砌块、砌墙等工作过程构成，它们在不同的空间同时进行，在组织上有直接联系，并最终形成的共同产品是一定数量的砌块墙。

（2）按照施工工序是否重复循环分类，施工过程可以分为循环施工过程和非循环施工过程两类。如果施工过程的工序或其组成部分以同样的内容和顺序不断循环，并且每重复一次可以生产出同样的产品，则称为循环施工过程，反之，则称为非循环施工过程。

3. 施工过程的影响因素

对施工过程的影响因素进行研究，其目的是正确确定单位施工产品所需要的作业时间消耗。施工过程的影响因素包括技术因素、组织因素和自然因素。

（1）技术因素。包括产品的种类和质量要求，所用材料、半成品、构配件的类别、规格和性能，所用工具和机械设备的类别、型号、性能及完好情况等。

（2）组织因素。包括施工组织与施工方法、劳动组织、工人技术水平、操作方法和劳动态度、工资分配方式、劳动竞赛等。

（3）自然因素。包括酷暑、大风、雨、雪、冰冻等。

（二）工作时间分类

研究施工中的工作时间最主要的目的是确定施工的时间定额和产量定额，其前提是对工作时间按其消耗性质进行分类，以便研究工时消耗的数量及其特点。

工作时间指的是工作班延续时间，一个工作班按 8h 计算，午休时间不包括在内。对工作时间消耗的研究，可以分为两个系统进行，即工人工作时间的消耗和施工机械工作时间消耗。

1. 工人工作时间消耗的分类

工人在工作班内消耗的工作时间，按其消耗的性质，基本可以分为两大类：必需消耗的时间和损失时间。工人工作时间的一般分类如图 2.3.1 所示。

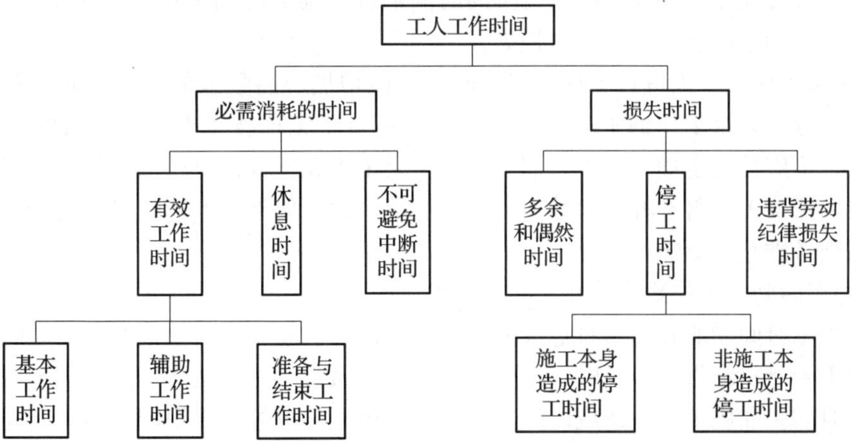

图 2.3.1　工人工作时间的一般分类

（1）必需消耗的工作时间是工人在正常施工条件下，为完成一定合格产品（工作任务）所消耗的时间，是制定定额的主要依据，包括有效工作时间、休息时间和不可避免中断时间的消耗。

1）有效工作时间是从生产效果来看与产品生产直接有关的时间消耗。其中包括基本工作时间、辅助工作时间、准备与结束工作时间的消耗。

①基本工作时间是工人完成能生产一定产品的施工工艺过程所消耗的时间。通过这些工艺过程可以使材料改变外形，如钢筋煨弯等；可以使预制构配件安装组合成型；也可以改变产品外部及表面的性质，如粉刷、油漆等。基本工作时间所包括的内容依工作性质各不相同。基本工作时间的长短和工作量大小成正比例。

②辅助工作时间是为保证基本工作能顺利完成所消耗的时间。在辅助工作时间里，不能使产品的形状大小、性质或位置发生变化。辅助工作时间的结束，往往就是基本工作时间的开始。辅助工作一般是手工操作。但如果在机手并动的情况下，辅助工作是在机械运转过程中进行的，为避免重复则不应再计辅助工作时间的消耗。辅助工作时间长短与工作量大小有关。

③准备与结束工作时间是执行任务前或任务完成后所消耗的工作时间。如工作地点、劳动工具和劳动对象的准备工作时间；工作结束后的整理工作时间等。准备和结束工作时间的长短与所担负的工作量大小无关，但往往和工作内容有关。这项时间消耗可以分为班内的准备与结束工作时间和任务的准备与结束工作时间。其中任务的准备与结束工作时间是在一批任务的开始与结束时产生的，如熟悉图纸、准备相应的工具、事后清理场地等，通常不反映在每一个工作班里。

2）休息时间是工人在工作过程中为恢复体力所必需的短暂休息和生理需要的时间消耗。这种时间是为了保证工人精力充沛地进行工作，所以在定额时间中必须进行计算。休息时间的长短与劳动性质、劳动条件、劳动强度和劳动危险性等密切相关。

3）不可避免中断时间是由于施工工艺特点引起的工作中断所必需的时间。与施工过程工艺特点有关的工作中断时间，应包括在定额时间内，但应尽量缩短此项时间消耗。

（2）损失时间是与产品生产无关，而与施工组织和技术上的缺点有关，与工人在施工过程中的个人过失或某些偶然因素有关的时间消耗，损失时间中包括有多余和偶然工作、停工、违背劳动纪律所引起的工时损失。

1）多余工作是工人进行了任务以外而又不能增加产品数量的工作。如重新施工质量不合格的工程。多余工作的工时损失，一般都是由于工程技术人员和工人的差错而引起的，因此，不应计入定额时间中。偶然工作也是工人在任务外进行的工作，但能够获得一定产品。如抹灰工不得不补上偶然遗留的墙洞等。由于偶然工作能获得一定产品，拟定定额时要适当考虑它的影响。

2）停工时间是工作班内停止工作造成的工时损失。停工时间按其性质可分为施工本身造成的停工时间和非施工本身造成的停工时间两种。施工本身造成的停工时间，是由于施工组织不善、材料供应不及时、工作面准备工作做得不好、工作地点组织不良等情况引起的停工时间。非施工本身造成的停工时间，是由于停电等外因引起的停工时间。前一种情况在拟定定额时不应该计算，后一种情况定额中则应给予合理的考虑。

3）违背劳动纪律造成的工作时间损失是指工人迟到、早退、擅自离开工作岗位、工作时间内怠工等造成的工时损失。由于个别工人违背劳动纪律而影响其他工人无法工作的时间损失，也包括在内。

2. 施工机械工作时间消耗的分类

在机械化施工过程中，对工作时间消耗的分析和研究，除了要对工人工作时间的消耗进行分类研究外，还需要分类研究机器工作时间的消耗。

机器工作时间的消耗，按其性质也分为必需消耗的时间和损失时间两大类，如图 2.3.2 所示。

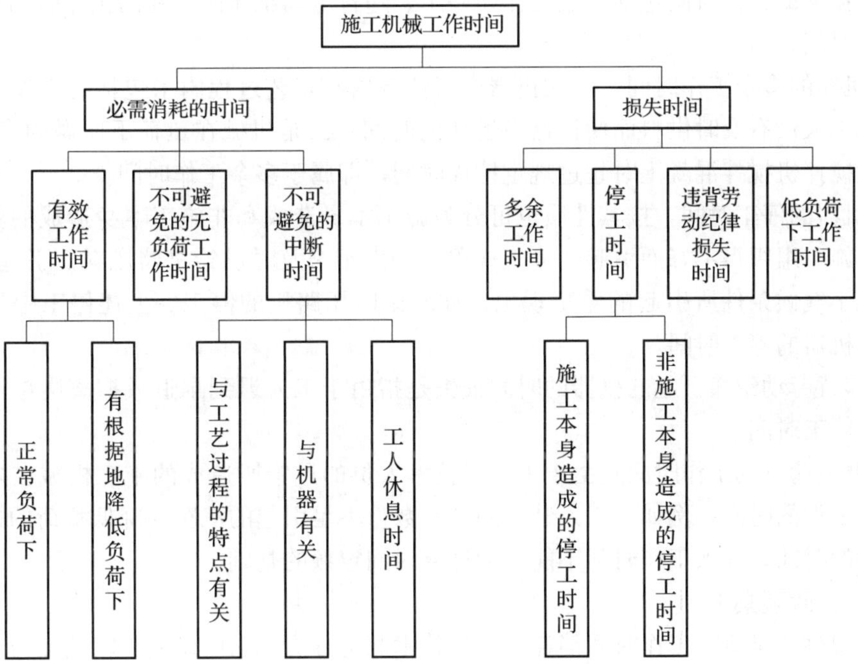

图 2.3.2　机器工作时间分类

（1）在必需消耗的工作时间里，包括有效工作、不可避免的无负荷工作和不可避免的中断三项时间消耗。而在有效工作的时间消耗中又包括正常负荷下、有根据地降低负荷下的工时消耗。

1）正常负荷下的工作时间是机器在与机器说明书规定的额定负荷相符的情况下进行工作的时间。

2）有根据地降低负荷下的工作时间是在个别情况下由于技术上的原因，机器在低于其计算负荷下工作的时间。例如，汽车运输重量轻而体积大的货物时，不能充分利用汽车的载重吨位因而不得不降低其计算负荷。

3）不可避免的无负荷工作时间是由施工过程的特点和机械结构的特点造成的机械无负荷工作时间。例如，筑路机在工作区末端调头等，就属于此项工作时间的消耗。

4）不可避免的中断工作时间是与工艺过程的特点、机器的使用和保养、工人休息有关的中断时间。

①与工艺过程的特点有关的不可避免中断工作时间，有循环的和定期的两种。循环的不可避免中断，是在机器工作的每一个循环中重复一次。如汽车装货和卸货时的停车。定期的不可避免中断，是经过一定时期重复一次。例如把灰浆泵由一个工作地点转移到另一工作地点时的工作中断。

②与机器有关的不可避免中断工作时间是由于工人进行准备与结束工作或辅助工作时，机器停止工作而引起的中断工作时间。它是与机器的使用与保养有关的不可避免中断时间。

③工人休息时间，前面已经做了说明。这里要注意的是，应尽量利用与工艺过程有关的和与机器有关的不可避免中断时间进行休息，以充分利用工作时间。

（2）损失的工作时间包括多余工作、停工、违背劳动纪律所消耗的工作时间和低负荷下的工作时间。

1）机器的多余工作时间，一是机器进行任务内和工艺过程内未包括的工作而延续的时间，如工人没有及时供料而使机器空运转的时间；二是机械在负荷下所做的多余工作，如混凝土搅拌机搅拌混凝土时超过规定搅拌时间，即属于多余工作时间。

2）机器的停工时间，按其性质也可分为施工本身造成和非施工本身造成的停工。前者是由于施工组织得不好而引起的停工现象，如由于未及时供给机器燃料而引起的停工。后者是由于气候条件所引起的停工现象，如暴雨时压路机的停工。上述停工中延续的时间，均为机器的停工时间。

3）违背劳动纪律引起的机器的时间损失是指由于工人迟到早退或擅离岗位等原因引起的机器停工时间。

4）低负荷下的工作时间是由于工人或技术人员的过错所造成的施工机械在降低负荷的情况下工作的时间。例如，工人装车的砂石数量不足引起的汽车在降低负荷的情况下工作所延续的时间。此项工作时间不能作为计算时间定额的基础。

（三）计时观察法

计时观察法是研究工作时间消耗的一种技术测定方法。它以研究工时消耗为对象，以观察测时为手段，通过密集抽样和粗放抽样等技术进行直接的时间研究。计时观察法以现场观察为主要技术手段，所以也称为现场观察法。

对施工过程进行观察、测时，计算实物和劳务产量，记录施工过程所处的施工条件和确定影响工时消耗的因素，是计时观察法的三项主要内容和要求。计时观察法种类很多，最主要的有测时法、写实记录法和工作日写实法三种。

随着信息技术的发展，可采用更为先进的技术手段进行观测。例如，通过物联网智能设备实时采集施工现场数据，借助大数据分析技术，形成准确动态的资源消耗量、实物产量、劳务产出等数据。

二、确定人工定额消耗量的基本方法

时间定额和产量定额是人工定额的两种表现形式。拟定出时间定额，也就可以计算出产量定额。

在全面分析了各种影响因素的基础上，通过计时观察资料，我们可以获得定额的各种必须消耗时间。将这些时间进行归纳，有的是经过换算，有的是根据不同的工时规范附加，最后把各种定额时间加以综合和类比就是整个工作过程的人工消耗的时间定额。

（一）确定工序作业时间

根据计时观察资料的分析和选择，我们可以获得各种产品的基本工作时间和辅助工作时间，将这两种时间合并，可以称为工序作业时间。它是各种因素的集中反映，决定着整个产品的定额时间。

1. 拟定基本工作时间

基本工作时间在必需消耗的工作时间中占的比重最大。在确定基本工作时间时，必须细致、精确。基本工作时间消耗一般应根据计时观察资料来确定。其做法是，首先确定工作过程每一组成部分的工时消耗，然后综合出工作过程的工时消耗。如果组成部分的产品计量单位和工作过程的产品计量单位不符，就需先求出不同计量单位的换算系数，进行产品计量单位的换算，然后相加，求得工作过程的工时消耗。

（1）各组成部分与最终产品单位一致时的基本工作时间计算。此时，单位产品基本工作时间就是施工过程各个组成部分作业时间的总和。计算公式为：

$$T_1 = \sum_{i=1}^{n} t_i \tag{2.3.1}$$

式中：T_1——单位产品基本工作时间；

t_i——各组成部分的基本工作时间；

n——各组成部分的个数。

（2）各组成部分单位与最终产品单位不一致时的基本工作时间计算。此时，各组成部分基本工作时间应分别乘以相应的换算系数。计算公式为：

$$T_1 = \sum_{i=1}^{n} k_i \times t_i \tag{2.3.2}$$

式中：k_i——对应于 t_i 的换算系数。

【例 2.3.1】 *砌砖墙勾缝的计量单位是"m^2"，但若将勾缝作为砌砖墙施工过程的一个组成部分对待，即将勾缝时间按砌墙厚度按砌体体积计算，设每平方米墙面所需的勾缝时间为 10min，试求各种不同墙厚每立方米砌体所需的勾缝时间。*

解：（1）一砖厚的砖墙，其每立方米砌体墙面面积的换算系数为：$\frac{1}{0.24}=4.17$（m^2）

则每立方米砌体所需的勾缝时间是：$4.17\times10=41.7$（min）

（2）标准砖规格为 240mm×115mm×53mm，灰缝宽 10mm，故：

一砖半墙的厚度＝$0.24+0.115+0.01=0.365$（m）

一砖半厚的砖墙，其每立方米砌体墙面面积的换算系数为：$\frac{1}{0.365}=2.74$（m^2）

则每立方米砌体所需的勾缝时间是：$2.74\times10=27.4$（min）

2. 拟定辅助工作时间

辅助工作时间的确定方法与基本工作时间相同。如果在计时观察时不能取得足够的资料，也可采用工时规范或经验数据来确定。如具有现行的工时规范，可以直接利用工时规范中规定的辅助工作时间的百分比来计算，举例见表 2.3.1。

表 2.3.1　木作工程各类辅助工作时间的百分率参考表

工作项目	占工序作业时间/%	工作项目	占工序作业时间/%
磨刨刀	12.3	磨线刨	8.3
磨槽刨	5.9	锉锯	8.2
磨凿子	3.4	—	—

(二) 确定规范时间

规范时间内容包括工序作业时间以外的准备与结束时间、不可避免中断时间以及休息时间。

1. 确定准备与结束时间

准备与结束工作时间分为班内和任务两种。任务的准备与结束时间通常不能集中在某一个工作日中，而要采取分摊计算的方法，分摊在单位产品的时间定额里。

如果在计时观察资料中不能取得足够的准备与结束时间的资料，也可根据工时规范或经验数据来确定。

2. 确定不可避免的中断时间

在确定不可避免的中断时间的定额时，必须注意由工艺特点所引起的不可避免中断才可列入工作过程的时间定额。

不可避免的中断时间也需要根据测时资料通过整理分析获得，也可以根据经验数据或工时规范，以占工作日的百分比表示此项工时消耗的时间定额。

3. 拟定休息时间

休息时间应根据工作班作息制度、经验资料、计时观察资料以及对工作的疲劳程度做全面分析来确定。同时，应考虑尽可能利用不可避免的中断时间作为休息时间。

(三) 拟定定额时间

确定的基本工作时间、辅助工作时间、准备与结束工作时间、不可避免的中断时间与休息时间之和，就是劳动定额的时间定额。根据时间定额可计算出产量定额，时间定额和产量定额互成倒数。

利用工时规范，可以计算劳动定额的时间定额。计算公式如下：

$$\text{工序作业时间}=\text{基本工作时间}+\text{辅助工作时间} \tag{2.3.3}$$

$$\text{规范时间}=\text{准备与结束工作时间}+\text{不可避免的中断时间}+\text{休息时间} \tag{2.3.4}$$

$$\text{工序作业时间}=\text{基本工作时间}+\text{辅助工作时间}=\frac{\text{基本工作时间}}{1-\text{辅助时间}\ (\%)} \tag{2.3.5}$$

$$\text{定额时间}=\frac{\text{工序作业时间}}{1-\text{规范时间}\ (\%)} \tag{2.3.6}$$

【例 2.3.2】 通过计时观察资料得知，人工挖二类土 1m^3的基本工作时间为 6h，辅助工作时间占工序作业时间的 2%，准备与结束工作时间、不可避免的中断时间、休息时间分别占工作日的 3%、2%、18%。求该人工挖二类土的时间定额是多少？

解： 基本工作时间＝6h＝0.75（工日/m^3）

工序作业时间＝0.75/(1－2%)＝0.765（工日/m^3）

时间定额＝0.765/(1－3%－2%－18%)＝0.994（工日/m^3）

三、确定材料定额消耗量的基本方法

(一) 材料的分类

合理确定材料消耗定额，必须研究和区分材料在施工过程中的类别。

1. 根据材料消耗的性质划分

施工中材料的消耗可分为必须消耗的材料和损失的材料两类性质。

必须消耗的材料，是指在合理用料的条件下生产合格产品需要消耗的材料，包括直接用于建筑和安装工程的材料、不可避免的施工废料、不可避免的材料损耗。

必须消耗的材料属于施工正常消耗，是确定材料消耗定额的基本数据。其中，直接用于建筑和安装工程的材料编制材料净用量定额，不可避免的施工废料和材料损耗编制材料损耗定额。

2. 根据材料消耗与工程实体的关系划分

施工中的材料可分为实体材料和非实体材料两类。

（1）实体材料是指直接构成工程实体的材料，包括工程直接性材料和辅助性材料。工程直接性材料主要是指一次性消耗、直接用于工程构成建筑物或结构本体的材料，如钢筋混凝土柱中的钢筋、水泥、砂、碎石等；辅助性材料主要是指虽也是施工过程中一次性消耗，却并不构成建筑物或结构本体的材料。如土石方爆破工程中所需的炸药、引信、雷管等。主要材料用量大，辅助材料用量少。

（2）非实体材料是指在施工中必须使用但又不能构成工程实体的施工措施性材料。非实体材料主要是指周转性材料，如模板、脚手架、支撑等。

（二）确定材料消耗量的基本方法

确定实体材料的净用量定额和材料损耗定额的计算数据，是通过现场技术测定、实验室试验、现场统计和理论计算等方法获得的。

（1）现场技术测定法，又称为观测法，是根据对材料消耗过程的观测，通过完成产品数量和材料消耗量的计算，而确定各种材料消耗定额的一种方法。现场技术测定法主要适用于确定材料损耗量，因为该部分数值用统计法或其他方法较难得到。通过现场观测，还可以区别出哪些是可以避免的损耗，哪些是难以避免的损耗，明确定额中不应列入可以避免的损耗。

（2）实验室试验法，主要用于编制材料净用量定额。通过试验，能够对材料的结构、化学成分和物理性能以及按强度等级控制的混凝土、砂浆、沥青、油漆等配比做出科学的结论，给编制材料消耗定额提供有技术根据的、比较精确的计算数据。这种方法的优点是能更深入、更详细地研究各种因素对材料消耗的影响，其缺点在于无法估计到施工现场某些因素对材料消耗量的影响。

（3）现场统计法，是以施工现场积累的分部分项工程使用材料数量、完成产品数量、完成工作原材料的剩余数量等统计资料为基础，经过整理分析，获得材料消耗的数据。这种方法比较简单易行，但也有缺陷：一是该方法一般只能确定材料总消耗量，不能确定必须消耗的材料和损失量；二是其准确程度受到统计资料和实际使用材料的影响。因而其不能作为确定材料净用量定额和材料损耗定额的依据，只能作为编制定额的辅助性方法使用。

（4）理论计算法，是根据施工图和建筑构造要求，用理论计算公式计算出产品的材料净用量的方法。这种方法较适合于不易产生损耗，且容易确定废料的材料消耗量的计算。

1）标准砖墙材料用量计算。

每立方米砖墙的用砖数和砌筑砂浆的用量可用下列理论计算公式计算各自的净用量。

用砖数：

$$A=\frac{1}{墙厚\times(砖长+灰缝)\times(砖厚+灰缝)}\times k \tag{2.3.7}$$

式中：k——墙厚的砖数×2。

砂浆用量：

$$B=1-砖数\times每块砖体积 \tag{2.3.8}$$

材料的损耗一般以损耗率表示。材料损耗率可以通过观察法或统计法确定。材料损耗率及材料损耗量的计算通常采用以下公式：

$$损耗率=\frac{损耗量}{净用量}\times 100\% \tag{2.3.9}$$

$$消耗量=净用量+损耗量=净用量\times(1+损耗率) \tag{2.3.10}$$

【例 2.3.3】 计算 $1m^3$ 标准砖一砖外墙砌体砖数和砂浆的净用量。

解： 砖净用量 $=\frac{1}{0.24\times(0.24+0.01)\times(0.053+0.01)}\times 1\times 2=529$（块）

砂浆净用量 $=1-529\times(0.24\times 0.115\times 0.053)=0.226\ (m^3)$

2）块料面层的材料用量计算。

每 $100m^2$ 面层块料数量、灰缝及结合层材料用量公式如下：

$$100m^2 块料净用量=\frac{100}{(块料长+灰缝宽)\times(块料宽+灰缝宽)} \tag{2.3.11}$$

$$100m^2 灰缝材料净用量=[100-(块料长\times块料宽\times 100m^2 块料用量)]\times 灰缝深 \tag{2.3.12}$$

$$结合层材料用量=100m^2\times 结合层厚度 \tag{2.3.13}$$

【例 2.3.4】 用 1∶1 水泥砂浆贴 150mm×150mm×5mm 瓷砖墙面，结合层厚度为 10mm，试计算每 $100m^2$ 瓷砖墙面中瓷砖和砂浆的消耗量（灰缝宽为 2mm）。假设瓷砖损耗率为 1.5%，砂浆损耗率为 1%。

解： 每 $100m^2$ 瓷砖墙面中瓷砖的净用量 $=\frac{100}{(0.15+0.002)\times(0.15+0.002)}$

$=4\ 328.25$（块）

每 $100m^2$ 瓷砖墙面中瓷砖的总消耗量 $=4\ 328.25\times(1+1.5\%)=4\ 393.17$（块）

每 $100m^2$ 瓷砖墙面中结合层砂浆净用量 $=100\times 0.01=1\ (m^3)$

每 $100m^2$ 瓷砖墙面中灰缝砂浆净用量 $=[100-(4\ 328.25\times 0.15\times 0.15)]\times 0.005$

$=0.013\ (m^3)$

每 $100m^2$ 瓷砖墙面中水泥砂浆总消耗量 $=(1+0.013)\times(1+1\%)=1.02\ (m^3)$

四、确定施工机具台班定额消耗量的基本方法

施工机具台班定额消耗量包括施工机械台班定额消耗量和仪器仪表台班定额消耗量，二者的确定方法大体相同，本部分主要介绍施工机械台班定额消耗量的确定。

（一）确定机械 1h 纯工作正常生产率

机械纯工作时间，就是指机械的必需消耗时间。机械 1h 纯工作正常生产率，就是在正常施工组织条件下，具有必需的知识和技能的技术工人操纵机械 1h 的生产率。

根据机械工作特点的不同，机械 1h 纯工作正常生产率的确定方法，也有所不同。

（1）对于循环动作机械，确定机械纯工作 1h 正常生产率的计算公式如下：

$$\frac{机械一次循环的}{正常延续时间}=\sum\left(\frac{循环各组成部分}{正常延续时间}\right)-交叠时间 \tag{2.3.14}$$

$$机械纯工作1h循环次数=\frac{60\times60\ (s)}{一次循环的正常延续时间} \tag{2.3.15}$$

$$\frac{机械纯工作1h}{正常生产率}=\frac{机械纯工作1h}{正常循环次数}\times\frac{一次循环生产}{的产品数量} \tag{2.3.16}$$

（2）对于连续动作机械，确定机械纯工作 1h 正常生产率要根据机械的类型和结构特征，以及工作过程的特点来进行。计算公式如下：

$$连续动作机械纯工作1h正常生产率=\frac{工作时间内生产的产品数量}{工作时间\ (h)} \tag{2.3.17}$$

工作时间内的产品数量和工作时间的消耗，要通过多次现场观察和机械说明书来取得数据。

（二）确定施工机械的时间利用系数

确定施工机械的时间利用系数，是指机械在一个台班内的纯工作时间与工作班延续时间之比。机械的时间利用系数和机械在工作班内的工作状况有着密切的关系。所以，要确定机械的时间利用系数，首先要拟定机械工作班的正常工作状况，保证合理利用工时。机械时间利用系数的计算公式如下：

$$\frac{机械时间}{利用系数}=\frac{机械在一个工作班内纯工作时间}{一个工作班延续时间\ (8h)} \tag{2.3.18}$$

（三）计算施工机械台班定额

计算施工机械台班定额是编制机械定额工作的最后一步。在确定了机械工作正常条件、机械 1h 纯工作正常生产率和机械时间利用系数之后，采用下列公式计算施工机械的产量定额：

$$\frac{施工机械台班}{产量定额}=\frac{机械1h纯工作}{正常生产率}\times\frac{工作班纯}{工作时间} \tag{2.3.19}$$

或

$$\frac{施工机械台班}{产量定额}=\frac{机械1h纯工作}{正常生产率}\times\frac{工作班}{延续时间}\times\frac{机械时间}{利用系数} \tag{2.3.20}$$

$$施工机械时间定额=\frac{1}{机械台班产量定额指标} \tag{2.3.21}$$

【例 2.3.5】 某工程现场采用出料容量 500L 的混凝土搅拌机，每一次循环中，装料、搅拌、卸料、中断需要的时间分别为 1min、3min、1min、1min，机械时间利用系数为 0.9，求该机械的台班产量定额。

解： 该搅拌机一次循环的正常延续时间＝1＋3＋1＋1＝6（min）＝0.1（h）

该搅拌机纯工作 1h 循环次数＝10（次）

该搅拌机纯工作 1h 正常生产率＝10×500＝5 000（L）＝5（m^3）

该搅拌机台班产量定额＝5×8×0.9＝36（m^3/台班）

第四节 建筑安装工程人工、材料和施工机具台班单价的确定

一、人工工日单价的组成和确定方法

人工工日单价是指一个从事施工作业的平均技术熟练程度的生产工人在一个工作日内应计入的全部人工费用。合理确定人工工日单价是正确计算人工费和工程造价的前提和基础。

（一）人工工日单价的组成内容

人工工日单价由计时工资或计件工资、奖金、津贴补贴、加班加点工资、特殊情况下支付的工资以及其他费用组成。

（1）计时工资或计件工资，是指按计时工资标准和工作时间或对已做工作按计件单价支付给个人的劳动报酬。

（2）奖金，是指对超额劳动和增收节支支付给个人的劳动报酬，如节约奖、劳动竞赛奖等。

（3）津贴补贴，是指为了补偿职工特殊或额外的劳动消耗和因其他原因支付给个人的津贴，以及为了保证职工工资水平不受物价影响支付给个人的物价补贴，如流动施工津贴、特殊地区施工津贴、高温（寒）作业临时津贴、高空津贴等。

（4）加班加点工资，是指按规定支付的在法定节假日工作的加班工资和在工作日时间外延时工作的加点工资。

（5）特殊情况下支付的工资，是指根据国家法律、法规和政策规定，因病、工伤、产假、计划生育假、婚丧假、事假、探亲假、定期休假、停工学习、执行国家或社会义务等原因按计时工资标准或计件工资标准的一定比例支付的工资。

（6）社会保险费，是指企业按照规定标准为职工缴纳的基本养老保险费、失业保险费、医疗保险费、工伤保险费和生育保险费。

（7）住房公积金，是指企业按照规定标准为职工缴纳的住房公积金。

（8）劳动保护费，是指企业按规定发放的劳动保护用品的支出。如工作服、手套以及在有碍身体健康的环境中施工的保健费用等。

（9）职工福利费，是指由企业支付的集体福利费、夏季防暑降温、冬季取暖补贴、上下班交通补贴等。

（10）工会经费，是指企业按照《中华人民共和国工会法》规定的按职工工资比例计提的工会经费。

（11）职工教育经费，是指按职工工资的规定比例计提，为职工进行专业技术和职业技能培训，专业技术人员继续教育、职工职业技能鉴定、职业资格认定以及根据需要对职工进行各类文化教育所发生的费用。

（二）人工工日单价确定方法

（1）年平均每月工作日。由于人工工日单价是每一个工作日的人工费，因此需要对年

平均每月工作日进行计算。计算公式如下：

$$\text{年平均每月工作日}=\frac{\text{全年日历日}-\text{法定假日}}{12} \quad (2.4.1)$$

公式（2.4.1）中，法定假日指双休日和法定节日。

（2）人工工日单价的计算。确定了年平均每月工作日后，将上述人工费进行分摊，即形成了人工工日单价。计算公式如下：

$$\text{人工工日单价}=\frac{\text{生产工人平均月工资（计时、计件）}+\text{平均月}\left(\text{奖金}+\text{加班加点工资}+\text{津贴补贴}+\text{特殊情况下支付的工资}+\text{五险一金等其他费用}\right)}{\text{年平均每月工作日}} \quad (2.4.2)$$

（三）影响人工工日单价的主要因素

影响人工工日单价的因素很多，归纳起来有以下几方面：

（1）社会平均工资水平。建筑安装工人人工工日单价必然和社会平均工资水平趋同。社会平均工资水平取决于经济发展水平。由于经济的增长，社会平均工资也会增长，从而影响人工工日单价的提高。

（2）消费价格指数。消费价格指数的提高会影响人工工日单价的提高，以减少生活水平的下降，或维持原来的生活水平。消费价格指数的变动决定于物价的变动，尤其决定于消费品及服务价格水平的变动。

（3）人工工日单价的组成内容。例如，取消规费后五险一金等费用计入人工工日单价，必然影响人工工日单价的变化。

（4）劳动力市场供需变化。劳动力市场如果需求大于供给，人工工日单价就会提高；供给大于需求，市场竞争激烈，人工工日单价就会下降。

（5）政府推行的社会保障和福利政策也会影响人工工日单价的变动。

二、材料单价的组成和确定方法

在建筑工程中，材料费占总造价的60%～70%，在金属结构工程中所占比重还要大。因此，合理确定材料价格构成，正确计算材料单价，有利于合理确定和有效控制工程造价。材料单价是指建筑材料从其来源地运到施工工地仓库，直至出库形成的综合平均单价。

（一）材料单价的编制依据和确定方法

1. 材料原价（或供应价格）

材料原价是指国内采购材料的出厂价格，国外采购材料抵达买方边境、港口或车站并交纳完各种手续费、税费（不含增值税）后形成的价格。在确定原价时，凡同一种材料因来源地、交货地、供货单位、生产厂家不同，而有几种价格（原价）时，根据不同来源地供货数量比例，采取加权平均的方法确定其综合原价。计算公式如下：

$$\text{加权平均原价}=\frac{K_1C_1+K_2C_2+\cdots+K_nC_n}{K_1+K_2+\cdots+K_n} \quad (2.4.3)$$

式中：K_1，K_2，…，K_n——各不同供应地点的供应量或各不同使用地点的需要量；

C_1，C_2，…，C_n——各不同供应地点的原价。

若材料供货价格为含税价格，则材料原价应以购进货物适用的税率（13%或9%）或征收率（3%）扣除增值税进项税额。

2. 材料运杂费

材料运杂费是指国内采购材料自来源地、国外采购材料自到岸港运至工地仓库或指定堆放地点发生的费用（不含增值税）。含外埠中转运输过程中所发生的一切费用和过境过桥费用，包括调车和驳船费、装卸费、运输费及附加工作费等。

同一品种的材料有若干个来源地，应采用加权平均的方法计算材料运杂费。计算公式如下：

$$加权平均运杂费=\frac{K_1T_1+K_2T_2+\cdots+K_nT_n}{K_1+K_2+\cdots+K_n} \tag{2.4.4}$$

式中：K_1，K_2，…，K_n——各不同供应点的供应量或各不同使用地点的需求量；

T_1，T_2，…，T_n——各不同运距的运费。

若运输费用为含税价格，则需要按“两票制”和“一票制”两种支付方式分别调整。

（1）“两票制”支付方式。所谓“两票制”材料，是指材料供应商就收取的货物销售价款和运杂费向建筑业企业分别提供货物销售和交通运输两张发票的材料。在这种方式下，运杂费以接受交通运输与服务适用税率9%扣除增值税进项税额。

（2）“一票制”支付方式。所谓“一票制”材料，是指材料供应商就收取的货物销售价款和运杂费合计金额向建筑业企业仅提供一张货物销售发票的材料。在这种方式下，运杂费采用与材料原价相同的方式扣除增值税进项税额。

3. 运输损耗

在材料的运输中应考虑一定的场外运输损耗费用。这是指材料在运输装卸过程中不可避免的损耗。运输损耗的计算公式是：

$$运输损耗=(材料原价+运杂费)\times 运输损耗率\ (\%) \tag{2.4.5}$$

4. 采购及保管费

采购及保管费是指为组织采购、供应和保管材料过程中所需要的各项费用，包括采购费、仓储费、工地保管费和仓储损耗。

采购及保管费一般按照材料到库价格以费率取定。材料采购及保管费计算公式如下：

$$采购及保管费=材料运到工地仓库价格\times 采购及保管费费率\ (\%) \tag{2.4.6}$$

或

$$采购及保管费=(材料原价+运杂费+运输损耗费)\times 采购及保管费费率\ (\%) \tag{2.4.7}$$

综上所述，材料单价的一般计算公式为：

$$材料单价=\{(供应价格+运杂费)\times[1+运输损耗率\ (\%)]\}\times[1+采购及保管费费率\ (\%)] \tag{2.4.8}$$

由于我国幅员辽阔，建筑材料产地与使用地点的距离，各地差异很大，采购、保管、运输方式也不尽相同，因此材料单价原则上按地区范围编制。

【例 2.4.1】 某建设项目材料（适用13%增值税税率）从两个地方采购，其采购量及有关费用如表2.4.1所示，求该工地水泥的单价（表中原价、运杂费均为含税价格，且材料采用“两票制”支付方式，运杂费适用增值税税率为9%）。

表 2.4.1　材料采购信息表

采购处	采购量/t	原价/（元/t）	运杂费/（元/t）	运输损耗率/%	采购及保管费费率/%
来源一	300	340	20	0.5	3.5
来源二	200	350	15	0.4	

解： 应将含税的原价和运杂费调整为不含税价格，具体过程如表 2.4.2 所示。

表 2.4.2　材料价格信息不含税价格处理

采购处	采购量/t	原价/（元/t）	原价（不含税）/（元/t）	运杂费/（元/t）	运杂费（不含税）/（元/t）	运输损耗率/%	采购及保管费费率/%
来源一	300	340	340/1.13=300.88	20	20/1.09=18.35	0.5	3.5
来源二	200	350	350/1.13=309.73	15	15/1.09=13.76	0.4	

$$\text{加权平均原价}=\frac{300\times300.88+200\times309.73}{300+200}=304.42\text{（元/t）}$$

$$\text{加权平均运杂费}=\frac{300\times18.35+200\times13.76}{300+200}=16.51\text{（元/t）}$$

来源一的运输损耗费=(300.88+18.35)×0.5%=1.60（元/t）

来源二的运输损耗费=(309.73+13.76)×0.4%=1.29（元/t）

$$\text{加权平均运输损耗费}=\frac{300\times1.60+200\times1.29}{300+200}=1.48\text{（元/t）}$$

材料单价=(304.42+16.51+1.48)×(1+3.5%)=333.69（元/t）

（二）影响材料单价变动的主要因素

（1）市场供需变化。材料原价是材料单价中最基本的组成。市场供大于求价格就会下降；反之，价格就会上升。从而也就会影响材料单价的涨落。

（2）材料生产成本的变动直接影响材料单价的波动。

（3）流通环节的多少和材料供应体制也会影响材料单价。

（4）运输距离和运输方法的改变会影响材料运输费用的增减，从而也会影响材料单价。

（5）国际市场行情会对进口材料单价产生影响。

三、施工机械台班单价的组成和确定方法

施工机械台班单价是指一台施工机械，在正常运转条件下一个工作班中所发生的全部费用，每台班按 8 小时工作制计算。正确制定施工机械台班单价是合理确定和控制工程造价的重要方面。

施工机械划分为十二个类别：土石方及筑路机械、桩工机械、起重机械、水平运输机

械、垂直运输机械、混凝土及砂浆机械、加工机械、泵类机械、焊接机械、动力机械、地下工程机械和其他机械。

施工机械台班单价由七项费用组成，包括折旧费、检修费、维护费、安拆费及场外运费、人工费、燃料动力费和其他费用。

(一) 折旧费的组成及确定

折旧费是指施工机械在规定的耐用总台班内，陆续收回其原值的费用。计算公式如下：

$$台班折旧费=\frac{机械预算价格\times(1-残值率)}{耐用总台班} \tag{2.4.9}$$

1. 机械预算价格

(1) 国产施工机械的预算价格。国产施工机械预算价格按照机械原值、相关手续费和一次运杂费以及车辆购置税之和计算。

1) 机械原值。机械原值应按下列途径询价、采集：

①编制期施工企业购进施工机械的成交价格；

②编制期施工机械展销会发布的参考价格；

③编制期施工机械生产厂、经销商的销售价格；

④其他能反映编制期施工机械价格水平的市场价格。

2) 相关手续费和一次运杂费应按实际费用综合取定，也可按其占施工机械原值的百分率确定。

3) 车辆购置税的计算。车辆购置税应按下列公式计算：

$$车辆购置税=计取基数\times车辆购置税率 \tag{2.4.10}$$

其中，计取基数=机械原值+相关手续费和一次运杂费。车辆购置税率应按编制期间国家有关规定计算。

(2) 进口施工机械的预算价格。进口施工机械的预算价格按照到岸价、关税、消费税、相关手续费和国内一次运杂费、银行财务费、车辆购置税之和计算。

1) 进口施工机械原值应按下列方法取定：

①进口施工机械原值应按"到岸价+关税"取定，到岸价应按编制期施工企业签订的采购合同、外贸与海关等部门的有关规定及相应的外汇汇率计算取定；

②进口施工机械原值应按不含标准配置以外的附件及备用零配件的价格取定。

2) 关税、消费税及银行财务费应执行编制期国家有关规定，并参照实际发生的费用计算，也可按占施工机械原值的百分率取定。

3) 相关手续费和国内一次运杂费应按实际费用综合取定，也可按其占施工机械原值的百分率确定。

4) 车辆购置税应按下列公式计算：

$$车辆购置税=计税价格\times车辆购置税率 \tag{2.4.11}$$

其中，计税价格=到岸价+关税+消费税，车辆购置税率应执行编制期间国家有关规定计算。

2. 残值率

残值率是指机械报废时回收其残余价值占施工机械预算价格的百分数。残值率应按编制期国家有关规定确定；目前各类施工机械均按5%计算。

3. 耐用总台班

耐用总台班指施工机械从开始投入使用至报废前使用的总台班数，应按相关技术指标取定。

年工作台班指施工机械在一个年度内使用的台班数量。年工作台班应在编制期制度工作日基础上扣除检修、维护天数及考虑机械利用率等因素综合取定。

机械耐用总台班的计算公式为：

$$\text{耐用总台班}=\text{折旧年限}\times\text{年工作台班}=\text{检修间隔台班}\times\text{检修周期} \tag{2.4.12}$$

检修间隔台班是指机械自投入使用起至第一次检修止或自上一次检修后投入使用起至下一次检修止，应达到的使用台班数。

检修周期是指机械正常的施工作业条件下，将其寿命期（即耐用总台班）按规定的检修次数划分为若干个周期。其计算公式：

$$\text{检修周期}=\text{检修次数}+1 \tag{2.4.13}$$

（二）检修费的组成及确定

检修费是指施工机械在规定的耐用总台班内，按规定的检修间隔进行必要的检修，以恢复其正常功能所需的费用。检修费是机械使用期限内全部检修费之和在台班费用中的分摊额，取决于一次检修费、检修次数和耐用总台班的数量，其计算公式为：

$$\text{台班检修费}=\frac{\text{一次检修费}\times\text{检修次数}}{\text{耐用总台班}}\times\text{除税系数} \tag{2.4.14}$$

（1）一次检修费，是指施工机械一次检修发生的工时费、配件费、辅料费、油燃料费等。一次检修费应以施工机械的相关技术指标和参数为基础，结合编制期市场价格综合确定。可按其占预算价格的百分率取定。

（2）检修次数，是指施工机械在其耐用总台班内的检修次数。检修次数应按施工机械的相关技术指标取定。

（3）除税系数，是指考虑一部分检修可以购买服务，从而需扣除维护费中包括的增值税进项税额，如公式（2.4.15）所示。

$$\text{除税系数}=\text{自行检修比例}+\text{委外检修比例}/(1+\text{税率}) \tag{2.4.15}$$

自行检修比例、委外检修比例是指施工机械自行检修、委托专业修理修配部门检修占检修费比例。具体比值应结合本地区（部门）施工机械检修实际综合取定。税率按增值税修理修配劳务适用税率计取。

（三）维护费的组成及确定

维护费是指施工机械在规定的耐用总台班内，按规定的维护间隔进行各级维护和临时故障排除所需的费用。保障机械正常运转所需替换与随机配备工具附具的摊销和维护费用、机械运转及日常保养维护所需润滑与擦拭的材料费用及机械停滞期间的维护费用等。各项费用分摊到台班中，即为维护费。其计算公式为：

$$\text{台班维护费}=\frac{\sum(\text{各级维护一次费用}\times\text{除税系数}\times\text{各级维护次数})+\text{临时故障排除费}}{\text{耐用总台班}} \tag{2.4.16}$$

当维护费计算公式中各项数值难以确定时，也可按下列公式计算：

$$\text{台班维护费}=\text{台班检修费}\times K \tag{2.4.17}$$

式中：K——维护费系数，指维护费占检修费的百分数。

（1）各级维护一次费用应按施工机械的相关技术指标，结合编制期市场价格综合取定。

（2）各级维护次数应按施工机械的相关技术指标取定。

（3）临时故障排除费可按各级维护费用之和的百分数取定。

（4）替换设备及工具附具台班摊销费应按施工机械的相关技术指标，结合编制期市场价格综合取定。

（5）除税系数，如公式（2.4.18）所示。

$$\text{除税系数}=\text{自行维护比例}+\text{委外维护比例}/(1+\text{税率}) \tag{2.4.18}$$

自行维护比例、委外维护比例是指施工机械自行维护、委托专业修理修配部门维护占维护费比例。具体比值应结合本地区（部门）施工机械维护实际综合取定。税率按增值税修理修配劳务适用税率计取。

（四）安拆费及场外运费的组成和确定

安拆费指施工机械在现场进行安装与拆卸所需的人工、材料、机械和试运转费用以及机械辅助设施的折旧、搭设、拆除等费用；场外运费指施工机械整体或分体自停放地点运至施工现场或由一施工地点运至另一施工地点的运输、装卸、辅助材料及架线等费用。

安拆费及场外运费根据施工机械不同分为计入台班单价、单独计算和不需计算三种类型。

（1）安拆简单、移动需要起重及运输机械的轻型施工机械，其安拆费及场外运费计入台班单价。安拆费及场外运费应按下列公式计算：

$$\text{台班安拆费及场外运费}=\frac{\text{一次安拆费及场外运费}\times\text{年平均安拆次数}}{\text{年工作台班}} \tag{2.4.19}$$

1）一次安拆费应包括施工现场机械安装和拆卸一次所需的人工费、材料费、机械费、安全监测部门的检测费及试运转费；

2）一次场外运费应包括运输、装卸、辅助材料、回程等费用；

3）年平均安拆次数按施工机械的相关技术指标，结合具体情况综合确定；

4）运输距离均按平均值 30km 计算。

（2）单独计算的情况包括：

1）安拆复杂、移动需要起重及运输机械的重型施工机械，其安拆费及场外运费单独计算；

2）利用辅助设施移动的施工机械，其辅助设施（包括轨道和枕木）等的折旧、搭设和拆除等费用可单独计算。

（3）不需计算的情况包括：

1）不需安拆的施工机械，不计算一次安拆费；

2）不需相关机械辅助运输的自行移动机械，不计算场外运费；

3）固定在车间的施工机械，不计算安拆费及场外运费。

（4）自升式塔式起重机、施工电梯安拆费的超高起点及其增加费，各地区、部门可根据具体情况确定。

（五）人工费的组成及确定

人工费指机上司机（司炉）和其他操作人员的人工费。按下列公式计算：

$$台班人工费=人工消耗量\times\left(1+\frac{年制度工作日-年工作台班}{年工作台班}\right)\times人工单价 \tag{2.4.20}$$

（1）人工消耗量指机上司机（司炉）和其他操作人员工日消耗量。

（2）年制度工作日应执行编制期国家有关规定。

（3）人工单价应执行编制期工程造价管理机构发布的信息价格。

【例 2.4.2】 某载重汽车配司机 1 人，当年制度工作日为 250 天，年工作台班为 230 台班，人工单价为 50 元。求该载重汽车的人工费为多少？

解： 人工费$=1\times\left(1+\frac{250-230}{230}\right)\times50=54.35$（元/台班）

（六）燃料动力费的组成和确定

燃料动力费是指施工机械在运转作业中所耗用的燃料及水、电等费用。计算公式如下：

$$台班燃料动力费=\sum(台班燃料动力消耗量\times燃料动力单价) \tag{2.4.21}$$

（1）燃料动力消耗量应根据施工机械技术指标等参数及实测资料综合确定。可采用下列公式：

$$台班燃料动力消耗量=(实测数\times4+定额平均值+调查平均值)/6 \tag{2.4.22}$$

（2）燃料动力单价应执行编制期工程造价管理机构发布的不含税信息价格。

（七）其他费用的组成和确定

其他费用是指施工机械按照国家规定应缴纳的车船税、保险费及检测费等。其计算公式为：

$$台班其他费=\frac{年车船税+年保险费+年检测费}{年工作台班} \tag{2.4.23}$$

（1）年车船税、年检测费应执行编制期国家及地方政府有关部门的规定。

（2）年保险费应执行编制期国家及地方政府有关部门强制性保险的规定，非强制性保险不应计算在内。

四、施工仪器仪表台班单价的组成和确定方法

施工仪器仪表划分为七个类别：自动化仪表及系统、电工仪器仪表、光学仪器、分析仪表、试验机、电子和通信测量仪器仪表、专用仪器仪表。

施工仪器仪表台班单价由四项费用组成，包括折旧费、维护费、校验费、动力费。施工仪器仪表台班单价中的费用组成不包括检测软件的相关费用。

1. 折旧费

施工仪器仪表台班折旧费是指施工仪器仪表在耐用总台班内，陆续收回其原值的费用。计算公式如下：

$$台班折旧费=\frac{施工仪器仪表原值\times(1-残值率)}{耐用总台班} \tag{2.4.24}$$

（1）施工仪器仪表原值应按以下方法取定：

1）对从施工企业采集的成交价格，各地区、部门可结合本地区、部门实际情况，综合确定施工仪器仪表原值；

2）对从施工仪器仪表展销会采集的参考价格或从施工仪器仪表生产厂、经销商采集的销售价格，各地区、部门可结合本地区、部门实际情况，测算价格调整系数取定施工仪器仪表原值；

3）对类别、名称、性能规格相同而生产厂家不同的施工仪器仪表，各地区、部门可根据施工企业实际购进情况，综合取定施工仪器仪表原值；

4）对进口与国产施工仪器仪表性能规格相同的，应以国产为准取定施工仪器仪表原值；

5）进口施工仪器仪表原值应按编制期国内市场价格取定；

6）施工仪器仪表原值应按不含一次运杂费和采购保管费的价格取定。

（2）残值率指施工仪器仪表报废时回收其残余价值占施工仪器仪表原值的百分比。残值率应按国家有关规定取定。

（3）耐用总台班指施工仪器仪表从开始投入使用至报废前所积累的工作总台班数量。耐用总台班应按相关技术指标取定。

$$耐用总台班=年工作台班\times折旧年限 \tag{2.4.25}$$

1）年工作台班指施工仪器仪表在一个年度内使用的台班数量。

$$年工作台班=年制度工作日\times年使用率 \tag{2.4.26}$$

年制度工作日应按国家规定制度工作日执行，年使用率应按实际使用情况综合取定。

2）折旧年限指施工仪器仪表逐年计提折旧费的年限。折旧年限应按国家有关规定取定。

2. 维护费

施工仪器仪表台班维护费是指施工仪器仪表各级维护、临时故障排除所需的费用及为保证仪器仪表正常使用所需备件（备品）的维护费用。计算公式如下：

$$台班维护费=\frac{年维护费}{年工作台班} \tag{2.4.27}$$

年维护费指施工仪器仪表在一个年度内发生的维护费用。年维护费应按相关技术指标，结合市场价格综合取定。

3. 校验费

施工仪器仪表台班校验费是指按国家与地方政府规定的标定与检验的费用。计算公式如下：

$$台班校验费=\frac{年校验费}{年工作台班} \tag{2.4.28}$$

年校验费指施工仪器仪表在一个年度内发生的校验费用。年校验费应按相关技术指标取定。

4. 动力费

施工仪器仪表台班动力费是指施工仪器仪表在施工过程中所耗用的电费。计算公式如下：

$$台班动力费=台班耗电量\times电价 \tag{2.4.29}$$

（1）台班耗电量应根据施工仪器仪表不同类别，按相关技术指标综合取定。

（2）电价应执行编制期工程造价管理机构发布的信息价格。

第五节　工程计价定额的编制

工程计价定额是指工程定额中直接用于工程计价的定额或指标，包括预算定额、概算定额、概算指标和投资估算指标等。工程计价定额主要用来在建设项目的不同阶段作为确定和计算工程造价的依据。

一、预算定额及其基价编制

（一）预算定额的概念与用途

1. 预算定额的概念

预算定额是指在正常的施工条件下，完成一定计量单位合格分项工程和结构构件所需消耗的人工、材料、施工机具台班数量及其相应费用标准。为了计价的方便，我国大部分预算定额中都包含了定额基价，但是预算定额作为反映单位合格工程工料机消耗量标准的本质是不变的。

2. 预算定额的用途和作用

（1）预算定额可以作为编制施工图预算的参考依据。施工图设计一经确定，工程预算造价主要受预算定额水平和人工、材料及机具台班的市场价格影响。

（2）预算定额可以作为编制施工组织设计的参考依据。根据预算定额，能够计算出施工中各项资源的需要量，为有计划地组织材料采购和预制件加工、劳动力和施工机具的调配提供计算依据。

（3）预算定额可以作为办理工程结算的参考性基础。当在合同的履约过程中发生了主观原因或客观条件变化，导致完成了合同中未约定的工作内容，此时预算定额可以作为确定综合单价及办理工程结算的参考性依据。同时，在政府投资项目的工程审计环节中，也会采用预算定额作为判断工程结算是否合理的参考性依据。

（4）预算定额可以作为施工单位经济活动分析的依据。预算定额规定的物化劳动和劳动消耗指标，可以作为施工单位生产中允许消耗的最高标准。施工单位可以预算定额为依据，进行技术革新，提高劳动生产率和管理效率，提高自身竞争力。

（5）预算定额是编制概算定额的基础。概算定额是在预算定额基础上综合扩大编制的。利用预算定额作为编制依据，不但可以节省编制工作的大量人力、物力和时间，收到事半功倍的效果，还可以使概算定额在水平上与预算定额保持一致，保证计价工作的连贯性。

（二）预算定额的编制原则和依据

1. 预算定额的编制原则

为保证预算定额的质量，充分发挥预算定额的作用，实际使用简便，在编制工作中应遵循以下原则：

(1) 按社会平均水平确定预算定额的原则。预算定额作为计价定额，需要遵照价值规律，按市场的普遍水平确定资源消耗量和费用。预算定额反映的社会平均水平，是指在正常的施工条件下，在合理的施工组织和工艺条件、平均劳动熟练程度和劳动强度下，完成单位分项工程基本构造单元所需要消耗的资源的数量水平和费用水平。

(2) 简明适用的原则。一是指在编制预算定额时，对于那些主要的、常用的、价值量大的项目，分项工程划分宜细；次要的、不常用的、价值量相对较小的项目则可以粗一些。二是指预算定额要项目齐全。要注意补充那些因采用新技术、新结构、新材料而出现的新的定额项目。如果项目不全，缺项多，就会使计价工作缺少充足的可靠的依据。三是还要求合理确定预算定额的计量单位，简化工程量的计算，尽可能地避免同一种材料用不同的计量单位和一量多用，尽量减少定额附注和换算系数。

2. 预算定额的编制依据

(1) 现行施工定额。预算定额是在现行施工定额的基础上编制的。预算定额中人工、材料、机具台班消耗水平，需要根据施工定额取定；预算定额计量单位的选择，也要以施工定额为参考，从而保证两者的协调和可比性，减轻预算定额的编制工作量，缩短编制时间。

(2) 现行设计规范、施工及验收规范，质量评定标准和安全操作规程。

(3) 具有代表性的典型工程施工图及有关标准图。对这些图纸进行仔细分析研究，并计算出工程数量，作为编制定额时选择施工方法确定定额含量的依据。

(4) 成熟推广的新技术、新结构、新材料和先进的施工方法等。这类资料是调整定额水平和增加新的定额项目所必需的依据。

(5) 有关科学实验、技术测定和统计、经验资料。这类工程是确定定额水平的重要依据。

(6) 现行的预算定额、材料单价、机具台班单价及有关文件规定等。包括过去定额编制过程中积累的基础资料，也是编制预算定额的依据和参考。

(三) 预算定额消耗量的编制方法

人工、材料和机具台班消耗量指标应根据定额编制原则和要求，采用理论与实际相结合、图纸计算与施工现场测算相结合、编制人员与现场工作人员相结合等方法进行计算和确定。

1. 预算定额中人工工日消耗量的计算

预算定额中的人工的工日消耗量可以有两种确定方法。一种是以劳动定额为基础确定；另一种是以现场观察测定资料为基础计算，主要用于遇到劳动定额缺项时的人工工日消耗量确定。

预算定额中人工工日消耗量是指在正常施工条件下，生产单位合格产品所必需消耗的人工工日数量，是由分项工程所综合的各个工序劳动定额包括的基本用工、其他用工两部分组成的。

(1) 基本用工。基本用工是指完成一定计量单位的分项工程或结构构件的各项工作过程的施工任务所必需消耗的技术工种用工。按技术工种相应劳动定额工时定额计算，以不同工种列出定额工日。基本用工包括：

1）完成定额计量单位的主要用工，按综合取定的工程量和相应劳动定额进行计算。计算公式如下：

$$基本用工=\sum(综合取定的工程量\times劳动定额) \tag{2.5.1}$$

2）按劳动定额规定应增（减）计算的用工量。由于预算定额是在施工定额子目的基础上综合扩大的，包括的工作内容较多，施工的工效视具体部位而不一样，所以需要另外增加人工消耗，而这种人工消耗也可以列入基本用工内。

（2）其他用工。其他用工是辅助基本用工消耗的工日，包括超运距用工、辅助用工和人工幅度差用工。

1）超运距用工。超运距是指劳动定额中已包括的材料、半成品场内水平搬运距离与预算定额所考虑的现场材料、半成品堆放地点到操作地点的水平运输距离之差。计算公式如下：

$$超运距=预算定额取定运距-劳动定额已包括的运距 \tag{2.5.2}$$

$$超运距用工=\sum(超运距材料数量\times时间定额) \tag{2.5.3}$$

需要指出，实际工程现场运距超过预算定额取定运距时，可另行计算现场二次搬运费。

2）辅助用工。即技术工种劳动定额内不包括而在预算定额内又必须考虑的用工。如机械土方工程配合用工、材料加工（筛砂、洗石、淋化石膏），电焊点火用工等，计算公式如下：

$$辅助用工=\sum(材料加工数量\times相应的加工劳动定额) \tag{2.5.4}$$

3）人工幅度差。即预算定额与劳动定额的差额，主要是指在劳动定额中未包括，而在正常施工情况下不可避免但又很难准确计量的用工和各种工时损失。内容包括：

①各工种间的工序搭接及交叉作业相互配合或影响所发生的停歇用工；

②施工过程中，移动临时水电线路而造成的影响工人操作的时间；

③工程质量检查和隐蔽工程验收工作而影响工人操作的时间；

④同一现场内单位工程之间因操作地点转移而影响工人操作的时间；

⑤工序交接时对前一工序不可避免的修整用工；

⑥施工中不可避免的其他零星用工。

人工幅度差计算公式如下：

$$人工幅度差=(基本用工+辅助用工+超运距用工)\times人工幅度差系数 \tag{2.5.5}$$

人工幅度差系数一般为10%～15%。在预算定额中，人工幅度差的用工量列入其他用工量中。

2. 预算定额中材料消耗量的计算

材料消耗量计算方法主要有：

（1）凡有标准规格的材料，按规范要求计算定额计量单位的耗用量，如砖、防水卷材、块料面层等。

（2）凡设计图纸标注尺寸及下料要求的按设计图纸尺寸计算材料净用量，如门窗制作用材料、枋、板料等。

（3）换算法。各种胶结、涂料等材料的配合比用料，可以根据要求条件换算，得出材料用量。

（4）测定法。包括实验室试验法和现场测定法。指各种强度等级的混凝土及砌筑砂浆配合比的耗用原材料数量的计算，须按照规范要求试配，经过试压合格以后并经过必要的调整后得出的水泥、砂子、石子、水的用量。对新材料、新结构又不能用其他方法计算定额消耗用量时，须用现场测定法来确定。

3. 预算定额中机具台班消耗量的计算

预算定额中的机具台班消耗量是指在正常施工条件下，生产单位合格产品（分部分项工程或结构构件）必须消耗的某种型号施工机具的台班数量。下面主要介绍机械台班消耗量的计算。

（1）根据施工定额确定机械台班消耗量的计算。这种方法是指用施工定额中机械台班产量加机械台班幅度差计算预算定额的机械台班消耗量。

机械台班幅度差是指在施工定额中所规定的范围内没有包括，而在实际施工中又不可避免产生的影响机械或使机械停歇的时间。其内容包括：

1）施工机械转移工作面及配套机械相互影响损失的时间；

2）在正常施工条件下，机械在施工中不可避免的工序间歇；

3）工程开工或收尾时工作量不饱满所损失的时间；

4）检查工程质量影响机械操作的时间；

5）临时停机、停电影响机械操作的时间；

6）机械维修引起的停歇时间。

综上所述，预算定额的机械台班消耗量按下式计算：

$$\text{预算定额机械耗用台班}=\text{施工定额机械耗用台班}\times(1+\text{机械幅度差系数}) \tag{2.5.6}$$

【例 2.5.1】 已知某挖土机挖土，一次正常循环工作时间是 40s，每次循环平均挖土量 0.3m^3，机械时间利用系数为 0.8，机械幅度差系数为 25%。求该机械挖土方 1 000m^3 的预算定额机械耗用台班量。

解： 机械纯工作 1h 循环次数＝3 600/40＝90（次/台时）

机械纯工作 1h 正常生产率＝90×0.3＝27（m^3/台时）

施工机械台班产量定额＝27×8×0.8＝172.8（m^3/台班）

施工机械台班时间定额＝1/172.8＝0.005 79（台班/m^3）

预算定额机械耗用台班＝0.005 79×(1＋25%)＝0.007 24（台班/m^3）

挖土方 1 000 m^3 的预算定额机械耗用台班量＝1 000×0.007 24＝7.24（台班）

（2）以现场测定资料为基础确定机械台班消耗量。如遇到施工定额缺项者，则需要依据单位时间完成的产量测定。具体方法可参见本章第三节。

4. 定额编制方法的数字化发展趋势

随着大数据技术的发展，定额编制将会越来越不依赖于对施工过程的各种测定方法，而是更多地采用工程的实际生产和交易数据，根据大数据的算法和规则进行分析和预测，从而能够更加准确并动态地反映出消耗量以及价格数据。

（四）预算定额示例

预算定额可按施工顺序分部工程划章，按分项工程划节，按结构不同、材质品种、机械类型、使用要求不同划项。可以分为土石方工程，地基处理与边坡支护工程，桩基工程，砌筑工程，混凝土及钢筋混凝土工程，金属结构工程，木结构工程，门窗工程，屋面及防水工程，保温、隔热、防腐工程，楼地面装饰工程，墙、柱面装饰与隔断、幕墙工程，天棚工程，油漆、涂料、裱糊工程，其他装饰工程，拆除工程，措施项目等章。

表 2.5.1 为单面清水砖墙定额项目表的示例。

表 2.5.1 单面清水砖墙定额

工作内容：调、运、铺砂浆，运、砌砖，安放木砖、垫块。 计量单位：10m³

定额编号				4-2	4-3	4-4	4-5	4-6
项目				单面清水砖墙				
				1/2 砖	3/4 砖	1 砖	1 砖半	2 砖及 2 砖以上
名称			单位	消耗量				
人工	合计工日		工日	17.096	16.599	13.881	12.895	12.125
	其中	普工	工日	4.600	4.401	3.545	3.216	2.971
		一般技工	工日	10.711	10.455	8.859	8.296	7.846
		高级技工	工日	1.785	1.743	1.477	1.383	1.308
材料	烧结煤矸石普通砖 240×115×53		千块	5.585	5.456	5.337	5.290	5.254
	干混砌筑砂浆 DM M10		m³	1.978	2.163	2.313	2.440	2.491
	水		m³	1.130	1.100	1.060	1.070	1.060
	其他材料费		%	0.180	0.180	0.180	0.180	0.180
机械	干混砂浆罐式搅拌机		台班	0.198	0.217	0.232	0.244	0.249

（五）预算定额基价编制

预算定额基价是预算定额分项工程或结构构件的某一规定时期的基准单价，我国现行各省预算定额基价的表达内容不尽统一。有的定额基价只包括人工费、材料费和施工机具使用费，即工料单价；也有的定额基价是包括了直接费以外的管理费、利润在内的综合单价。以综合单价为例，定额基价表如表 2.5.2 所示。

表 2.5.2 某预算定额基价表（综合单价）

工作内容：调、运、铺砂浆，运、砌砖，安放木砖、垫块。 单位：$10m^3$

定额编号				4-2	4-3	4-4	4-5	4-6
项目				单面清水砖墙				
				1/2 砖	3/4 砖	1 砖	1 砖半	2 砖及 2 砖以上
基价/元				**5 410.44**	**5 317.38**	**4 782.06**	**4 603.22**	**4 452.58**
其中	人工费/元			2 437.02	2 370.36	2 017.28	1 853.90	1 746.40
	材料费/元			1 971.07	1 967.12	1 959.69	1 969.10	1 967.88
	机具使用费/元			39.09	42.84	45.80	48.17	49.15
	其他措施费/元			89.91	87.46	73.37	68.33	64.32
	安全生产措施费/元			195.42	190.10	159.47	148.51	139.81
	管理费/元			402.79	391.84	328.71	306.11	288.17
	利润/元			275.14	267.66	224.53	209.10	196.85
名称		单位	单价/元	数量				
综合人工		工日	—	(17.29)	(16.82)	(14.11)	(13.14)	(12.37)
烧结煤矸石普通砖 240×115×53		千块	287.50	5.585	5.456	5.337	5.290	5.254
干混砌筑砂浆 DM M10		m^3	180.00	1.978	2.163	2.313	2.440	2.491
水		m^3	5.13	1.130	1.100	1.060	1.070	1.060
其他材料费		%	—	0.180	0.180	0.180	0.180	0.180
干混砂浆罐式搅拌机公称储量 20 000L		台班	197.40	0.198	0.217	0.232	0.244	0.249

预算定额基价的编制方法，以工料单价为例，就是工料机的消耗量和工料机单价的结合过程。其中，人工费是由预算定额中每一分项工程各种用工数乘以地区人工工日单价之和算出；材料费是由预算定额中每一分项工程的各种材料消耗量乘以地区相应材料预算价格之和算出；机具费是由预算定额中每一分项工程的各种机械台班消耗量乘以地区相应施工机械台班预算价格之和，以及仪器仪表使用费汇总后算出。上述单价均为不含增值税进项税额的价格。

以基价为工料单价为例，分项工程预算定额基价的计算公式：

分项工程预算定额基价＝人工费＋材料费＋机具使用费 (2.5.7)

其中： **人工费＝∑(现行预算定额中各种人工工日用量×人工工日单价)** (2.5.8)

材料费＝∑(现行预算定额中各种材料耗用量×相应材料单价) (2.5.9)

机具使用费＝∑(现行预算定额中机械台班用量×机械台班单价)＋∑(仪器仪表台班用量×仪器仪表台班单价) (2.5.10)

预算定额基价是根据现行定额和当地的价格水平编制的，具有相对的稳定性。在预算定额中列出的“预算价值”或“基价”，应视作该定额编制时的工程单价。为了适应市场价格的变动，在编制施工图预算时，应根据调价系数或指数等对定额基价进行修正。修正后的定额基价乘以根据图纸计算出来的工程量，就可以获得符合实际市场情况的人工、材料、机具费用。或者只使用预算定额的工料机消耗量，工料机单价采用市场价格信息进行计价。

预算定额基价也可通过编制单位估价表、地区单位估价表及设备安装价目表确定单价，用于编制施工图预算。表 2.5.3 为单位估价表的示例。

二、概算定额及其基价编制

(一) 概算定额的概念

概算定额，是在预算定额基础上，确定完成合格的单位扩大分项工程或单位扩大结构构件所需消耗的人工、材料和施工机具台班的数量标准及其费用标准。概算定额又称扩大结构定额。

概算定额是预算定额的综合与扩大。它将预算定额中有联系的若干个分项工程项目综合为一个概算定额项目。如砖基础概算定额项目，就是以砖基础为主，综合了平整场地、挖地槽、铺设垫层、砌砖基础、铺设防潮层、回填土及运土等预算定额中分项工程项目。

概算定额与预算定额的相同之处在于，它们都是以建（构）筑物各个结构部分和分部分项工程为单位表示的，内容也包括人工、材料和机具台班使用量定额三个基本部分，并列有基准价。概算定额表达的主要内容、表达的主要方式及基本使用方法都与预算定额相近。

概算定额与预算定额的不同之处，在于项目划分和综合扩大程度上的差异，同时，概算定额主要用于设计概算的编制。由于概算定额综合了若干分项工程的预算定额，因此概算工程量计算和概算表的编制，都比编制施工图预算简化一些。

(二) 概算定额的作用

概算定额由省级或行业主管部门在预算定额基础上组织编写，分别由主管部门审批，概算定额主要作用如下：

表 2.5.3　单位估价表示例

定额编号	项目名称	定额单位	增值税（简易计税）				增值税（一般计税）			
			单价（含税）	人工费	材料费（含税）	机具费（含税）	单价（除税）	人工费	材料费（除税）	机具费（除税）
一、砖砌体										
4-1-1	M5.0 水泥砂浆砖基础	$10m^3$	3 587.58	1 042.15	2 497.62	47.81	3 493.09	1 042.15	2 403.63	47.31
4-1-2	M5.0 混合砂浆方形砖柱	$10m^3$	4 505.17	1 860.10	2 602.36	42.71	4 410.86	1 860.10	2 508.49	42.27
4-1-3	M5.0 混合砂浆异形砖柱	$10m^3$	5 316.49	1 928.50	3 334.92	53.07	5 196.35	1 928.50	3 215.33	52.52
4-1-4	M5.0 混合砂浆实心砖墙 墙厚 53mm	$10m^3$	4 624.56	1 990.25	2 610.40	23.91	4 538.16	1 990.25	2 524.25	23.66
4-1-5	M5.0 混合砂浆实心砖墙 墙厚 115mm	$10m^3$	4 333.60	1 705.25	2 588.99	39.36	4 241.09	1 705.25	2 496.89	38.95
4-1-6	M5.0 混合砂浆实心砖墙 墙厚 180mm	$10m^3$	4 101.95	1 480.10	2 575.63	46.22	4 006.91	1 480.10	2 481.07	45.74
4-1-7	M5.0 混合砂浆实心砖墙 墙厚 240mm	$10m^3$	3 825.30	1 208.40	2 570.68	46.22	3 730.41	1 208.40	2 476.27	45.74
4-1-8	M5.0 混合砂浆实心砖墙 墙厚 365mm	$10m^3$	3 703.61	1 074.45	2 580.55	48.61	3 607.37	1 074.45	2 484.82	48.10
4-1-9	M5.0 混合砂浆实心砖墙 墙厚 490mm	$10m^3$	3 655.94	1 027.90	2 578.48	49.56	3 559.32	1 027.90	2 482.37	49.05
4-1-10	M5.0 混合砂浆多孔砖墙 墙厚 90mm	$10m^3$	4 688.63	1 730.90	2 926.02	31.71	4 589.62	1 730.90	2 827.34	31.38
4-1-11	M5.0 混合砂浆多孔砖墙 墙厚 115mm	$10m^3$	3 416.29	1 333.80	2 052.69	29.80	3 343.59	1 333.80	1 980.30	29.49
……										

（1）是初步设计阶段编制概算的依据；

（2）是对设计项目进行技术经济分析比较的基础资料之一；

（3）是建设工程主要材料计划编制的依据；

（4）是控制施工图预算的依据；

（5）是工程结束后，进行竣工决算和评价的参考依据。

（三）概算定额的编制原则和编制依据

1. 概算定额编制原则

概算定额应该贯彻社会平均水平和简明适用的原则。由于概算定额和预算定额都是工程计价的依据，所以应符合价值规律和反映现阶段大多数企业的设计、生产及施工管理水平。但在概预算定额水平之间应保留必要的幅度差。概算定额的内容和深度是以预算定额为基础的综合和扩大。在合并中不得遗漏或增及项目，以保证其严密和正确性。概算定额务必达到简化、准确和适用。

2. 概算定额的编制依据

概算定额的编制依据因其使用范围不同而不同。编制依据一般有以下几种：

（1）相关的国家和地区文件；

（2）现行的设计规范、施工验收技术规范和各类工程预算定额、施工定额；

（3）具有代表性的标准设计图纸和其他设计资料；

（4）有关的施工图预算及有代表性的工程决算资料；

（5）现行的人工工日单价标准、材料单价、机具台班单价及其他的价格资料。

（四）概算定额的内容

按专业特点和地区特点编制的概算定额，内容基本上是由文字说明、定额项目表和附录三个部分组成。

1. 文字说明部分

文字说明部分有总说明和分部工程说明。在总说明中，主要阐述概算定额的性质和作用、概算定额编纂形式和应注意的事项、概算定额编制目的和使用范围、有关定额的使用方法的统一规定。

2. 定额项目表

主要包括以下内容：

（1）定额项目的划分。概算定额项目一般按以下两种方法划分：一是按工程结构划分：一般是按土石方、基础、墙、梁板柱、门窗、楼地面、屋面、装饰、构筑物等工程结构划分。二是按工程部位（分部）划分：一般是按基础、墙体、梁柱、楼地面、屋盖、其他工程部位等划分，如基础工程中包括了砖、石、混凝土基础等项目。

（2）定额项目表。定额项目表是概算定额手册的主要内容，由若干分节定额组成。各节定额有工程内容、定额表及附注说明组成。定额表中列有定额编号、计量单位、概算价格、人工、材料、机具台班消耗量指标，综合了预算定额的若干项目与数量。表 2.5.4 为某现浇钢筋混凝土矩形柱概算定额。

表 2.5.4　某现浇钢筋混凝土矩形柱概算定额

工作内容：模板安拆、钢筋绑扎安放、混凝土浇捣养护。　　　　单位：m^3

定额编号			3002	3003	3004	3005	3006
项目			现浇钢筋混凝土柱				
			矩形				
			周长 1.5m 以内	周长 2.0m 以内	周长 2.5m 以内	周长 3.0m 以内	周长 3.0m 以外
			m^3	m^3	m^3	m^3	m^3
工、料、机名称（规格）		单位	数量				
人工	混凝土工	工日	0.818 7	0.818 7	0.818 7	0.818 7	0.818 7
	钢筋工	工日	1.103 7	1.103 7	1.103 7	1.103 7	1.103 7
	木工（装饰）	工日	4.767 6	4.083 2	3.059 1	2.179 8	1.492 1
	其他工	工日	2.034 2	1.790 0	1.424 5	1.110 7	0.865 3
材料	泵送预拌混凝土	m^3	1.015 0	1.015 0	1.015 0	1.015 0	1.015 0
	木模板成材	m^3	0.036 3	0.031 1	0.023 3	0.016 6	0.014 4
	工具式组合钢模板	kg	9.708 7	8.315 0	6.229 4	4.438 8	3.038 5
	扣件	只	1.179 9	1.010 5	0.757 1	0.539 4	0.369 3
	零星卡具	kg	3.735 4	3.199 2	2.396 7	1.707 8	1.169 0
	钢支撑	kg	1.290 0	1.104 9	0.827 7	0.589 8	0.403 7
	柱箍、梁夹具	kg	1.957 9	1.676 8	1.256 3	0.895 2	0.612 8
	钢丝 18#～22#	kg	0.902 4	0.902 4	0.902 4	0.902 4	0.902 4
	水	m^3	1.276 0	1.276 0	1.276 0	1.276 0	1.276 0
	圆钉	kg	0.747 5	0.640 2	0.479 6	0.341 8	0.234 0
	草袋	m^2	0.086 5	0.086 5	0.086 5	0.086 5	0.086 5
	成型钢筋	t	0.193 9	0.193 9	0.193 9	0.193 9	0.193 9
	其他材料费	%	1.090 6	0.957 9	0.746 7	0.552 3	0.391 6
机械	汽车式起重机 5t	台班	0.028 1	0.024 1	0.018 0	0.012 9	0.008 8
	载重汽车 4t	台班	0.042 2	0.036 1	0.027 1	0.019 3	0.013 2
	混凝土输送泵车 $75m^3/h$	台班	0.010 8	0.010 8	0.010 8	0.010 8	0.010 8
	木工圆锯机 ϕ500mm	台班	0.010 5	0.009 0	0.006 8	0.004 8	0.003 3
	混凝土振捣器插入式	台班	0.100 0	0.100 0	0.100 0	0.100 0	0.100 0

（五）概算定额基价的编制

概算定额基价和预算定额基价一样，根据不同的表达方法，概算定额基价可能是工料单价综合单价，用于编制设计概算。

概算定额基价和预算定额基价的编制方法类似，单价均为不含增值税进项税额的价格，以概算定额基价为工料单价的情况为例，概算定额基价编制的过程如下。

概算定额基价＝人工费＋材料费＋机具费　（2.5.11）

其中：　**人工费＝现行概算定额中人工工日消耗量×人工单价**　（2.5.12）

材料费＝$\sum$（现行概算定额中材料消耗量×相应材料单价）　（2.5.13）

机具费＝$\sum$（现行概算定额中机械台班消耗量×相应机械台班单价）＋$\sum$（仪器仪表台班用量×仪器仪表台班单价）　（2.5.14）

表 2.5.5 为某现浇钢筋混凝土柱概算定额基价表示形式。

表 2.5.5　某现浇钢筋混凝土柱概算定额基价

工作内容：1. 混凝土浇筑、振捣、养护等。

2. 混凝土泵送及管道安拆。

3. 模板制作、安拆、整理堆放及场内运输。　　计量单位：10m³

定额编号				GJ-4-4	GJ-4-5	GJ-4-6
项目				现浇混凝土柱		
				矩形		
				截面面积		
				≤0.25m²	≤0.5m²	＞0.5m²
基价/元				11 889.31	10 206.80	8 817.06
其中	人工费/元			3 934.33	3 361.04	2 876.62
	材料费/元			7 885.24	6 778.26	5 874.58
	机具费/元			69.74	67.50	65.86
名称		单位	单价/元	数量		
人工	综合工日（土建）	工日	95.00	41.414 0	35.379 4	30.280 2
材料	C30 现浇混凝土 碎石＜31.5	m³	359.22	9.869 1	9.869 1	9.869 1
	水泥抹灰砂浆 1∶2	m³	345.67	0.234 3	0.234 3	0.234 3
	塑料薄膜	m²	1.74	5.000 0	5.000 0	5.000 0
	阻燃毛毡	m²	40.39	1.000 0	1.000 0	1.000 0
	水	m³	4.27	2.153 2	2.153 2	2.153 2
	草板纸 80#	张	3.79	29.178 0	20.949 0	14.916 0
	复合木模板	m²	29.06	28.203 5	20.249 3	14.417 8
	零星卡具	kg	5.56	6.545 6	4.699 6	3.346 2
	支撑钢管及扣件	kg	4.70	44.681 2	32.079 9	22.841 4

续表 2.5.5

名　　称		单位	单价/元	数量		
材料	锯成材	m^3	3 527.01	0.766 4	0.550 3	0.391 8
	圆钉	kg	5.13	4.467 2	3.207 3	2.283 6
	隔离剂	kg	2.37	9.726 0	6.983 0	4.972 0
	草袋	m^2	4.52	1.835 6	1.835 6	1.835 6
	输送钢管	m	135.04	0.101 7	0.101 7	0.101 7
	弯管	个	323.08	0.009 9	0.009 9	0.009 9
	橡胶压力管	m	62.77	0.029 6	0.029 6	0.029 6
	输送管扣件	个	256.41	0.009 9	0.009 9	0.009 9
	密封圈	个	13.68	0.039 5	0.039 5	0.039 5
	镀锌低碳钢丝 22#	kg	8.37	18.480 0	18.480 0	11.550 0
	水泥基类间隔件	个	0.43	210.000 0	210.000 0	131.250 0
机械	灰浆搅拌机 200L	台班	157.71	0.040 0	0.040 0	0.040 0
	混凝土振捣器 插入式	台班	7.88	0.676 7	0.676 7	0.676 7
	木工圆锯机 500mm	台班	27.49	0.214 0	0.153 6	0.109 4
	木工双面压刨床 600mm	台班	53.04	0.038 9	0.027 9	0.019 9
	混凝土输送泵 $30m^3/h$	台班	612.42	0.081 9	0.081 9	0.081 9

三、概算指标及其编制

(一) 概算指标的概念及与概算定额的区别

建筑安装工程概算指标通常是以单位工程为对象，以建筑面积、体积或成套设备装置的台或组为计量单位而规定的人工、材料、机具台班的消耗量标准和造价指标。

建筑安装工程概算定额与概算指标的主要区别如下：

1. 确定各种消耗量指标的对象不同

概算定额是以单位扩大分项工程或单位扩大结构构件为对象，而概算指标则是以单位工程为对象。因此概算指标比概算定额更加综合与扩大。

2. 确定各种消耗量指标的依据不同

概算定额以现行预算定额为基础，通过计算之后才综合确定出各种消耗量指标，而概算指标中各种消耗量指标的确定，则主要来自各种预算或结算资料。

(二) 概算指标的分类和表现形式

1. 概算指标的分类

概算指标可分为两大类：一类是建筑工程概算指标，另一类是设备及安装工程概算指标，如图 2.5.1 所示。

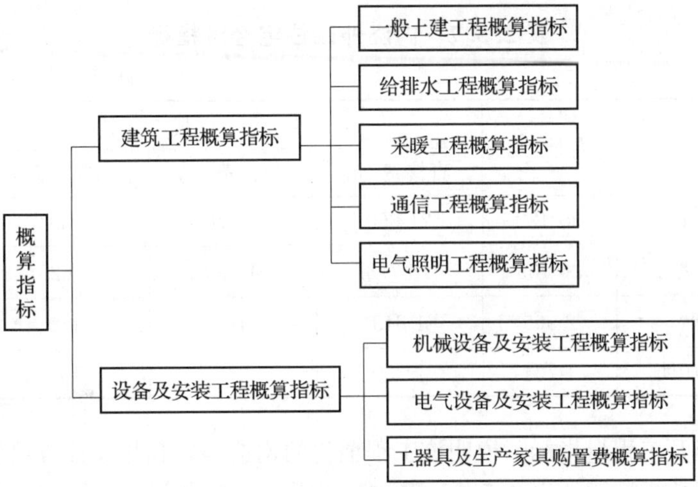

图 2.5.1　概算指标分类

2. 概算指标的组成内容及表现形式

（1）概算指标的组成内容一般分为文字说明和列表形式两部分，以及必要的附录。

1）总说明和分册说明。内容一般包括概算指标的编制范围、编制依据、分册情况、指标包括的内容、指标未包括的内容、指标的使用方法、指标允许调整的范围及调整方法等。

2）列表形式包括：

①建筑工程列表形式。房屋建筑、构筑物一般是以建筑面积、建筑体积、“座”“个”等为计算单位，附以必要的示意图，示意图画出建筑物的轮廓示意或单线平面图，列出综合指标：“元/m^2”或“元/m^3”，自然条件（如地耐力、地震烈度等），建筑物的类型、结构形式及各部位中结构主要特点，主要工程量。

②安装工程的列表形式。设备以“t”或“台”为计算单位，也可以设备购置费或设备原价的百分比（%）表示；工艺管道一般以“t”为计算单位；通信电话站安装以“站”为计算单位。列出指标编号、项目名称、规格、综合指标（元/计算单位），之后一般还要列出其中的人工费，必要时还要列出主要材料费、辅材费。

总体来讲列表形式分为以下几个部分：

①示意图。表明工程的结构，工业项目还表示出吊车及起重能力等。

②工程特征。对采暖工程特征应列出采暖热媒及采暖形式；对电气照明工程特征可列出建筑层数、结构类型、配线方式、灯具名称等；对房屋建筑工程特征主要对工程的结构形式、层高、层数和建筑面积进行说明，如表 2.5.6 所示。

表 2.5.6　内浇外砌住宅结构特征

结构类型	层数	层高	檐高	建筑面积
内浇外砌	六层	2.8m	17.7m	4 206m^2

③经济指标。说明该项目每 100m^2 的造价指标及其土建、水暖和电气照明等单位工程的相应造价，如表 2.5.7 所示。

表 2.5.7 内浇外砌住宅经济指标

计量单位：100m²建筑面积

项目		合计/元	其中			
			直接费/元	间接费/元	利润/元	增值税/元
建筑安装造价		30 422	21 860	5 576	1 893	1 093
其中	土建	26 133	18 778	4 790	1 626	939
	水暖	2 565	1 843	470	160	92
	电气照明	1 724	1 239	316	107	62

④构造内容及工程量指标。说明该工程项目的构造内容和相应计算单位的工程量指标及人工、材料消耗指标，如表 2.5.8、表 2.5.9 所示。

表 2.5.8 内浇外砌住宅构造内容及工程量指标

计量单位：100m²建筑面积

序号	构造特征		工程量	
			单位	数量
一、土建				
1	基础	灌注桩	m^3	14.64
2	外墙	二砖墙、清水墙勾缝、内墙抹灰刷白	m^3	24.32
3	内墙	混凝土墙、一砖墙、抹灰刷白	m^3	22.70
4	柱	混凝土柱	m^3	0.70
5	地面	碎砖垫层、水泥砂浆面层	m^2	13
6	楼面	120mm 预制空心板、水泥砂浆面层	m^2	65
7	门窗	木门窗	m^2	62
8	屋面	预制空心板、水泥珍珠岩保温、三毡四油卷材防水	m^2	21.7
9	脚手架	综合脚手架	m^2	100
二、水暖				
1	采暖方式	集中采暖		
2	给水性质	生活给水明设		
3	排水性质	生活排水		
4	通风方式	自然通风		
三、电气照明				
1	配电方式	塑料管暗配电线		
2	灯具种类	日光灯		
3	用电量			

表 2.5.9 内浇外砌住宅人工及主要材料消耗指标

计量单位：$100m^2$建筑面积

序号	名称	单位	数量	序号	名称	单位	数量
一、土建				二、水暖			
1	人工	工日	506	1	人工	工日	39
2	钢筋	t	3.25	2	钢管	t	0.18
3	型钢	t	0.13	3	暖气片	m^2	20
4	水泥	t	18.10	4	卫生器具	套	2.35
5	白灰	t	2.10	5	水表	个	1.84
6	沥青	t	0.29	三、电气照明			
7	红砖	千块	15.10	1	人工	工日	20
8	木材	m^3	4.10	2	电线	m	283
9	砂	m^3	41	3	钢管	t	0.04
10	砾石	m^3	30.5	4	灯具	套	8.43
11	玻璃	m^2	29.2	5	电表	个	1.84
12	卷材	m^2	80.8	6	配电箱	套	6.1
				四、机具使用费		%	7.5
				五、其他材料费		%	19.57

（2）概算指标的表现形式。概算指标在具体内容的表示方法上，分综合指标和单项指标两种形式。

1）综合概算指标。综合概算指标是按照工业或民用建筑及其结构类型而制定的概算指标。综合概算指标的概括性较大，其准确性、针对性不如单项指标。

2）单项概算指标。单项概算指标是指为某种建筑物或构筑物而编制的概算指标。单项概算指标的针对性较强，故指标中对工程结构形式要做介绍。只要工程项目的结构形式及工程内容与单项指标中的工程概况相吻合，编制出的设计概算就比较准确。

（三）概算指标的编制

1. 概算指标的编制依据

（1）标准设计图纸和各类工程典型设计。

（2）国家颁发的建筑标准、设计规范、施工规范等。

（3）现行的概算指标，以及已完工程的预算或结算资料。

（4）人工工资标准、材料单价、机具台班单价及其他价格资料。

2. 概算指标的编制方法

每百平方米建筑面积造价指标编制方法如下：

（1）编写资料审查意见及填写设计资料名称、设计单位、设计日期、建筑面积及构造情况，提出审查和修改意见。

（2）在计算工程量的基础上，编制单位工程预算书，据以确定每百平方米建筑面积及构造情况以及人工、材料、机具消耗指标和单位造价的经济指标。

1）计算工程量，就是根据审定的图样和预算定额计算出建筑面积及各分部分项工程量，然后按编制方案规定的项目进行归并，并以每平方米建筑面积为计算单位，换算出所含的工程量指标。

2）根据计算出的工程量和预算定额等资料，编出预算书，求出每百平方米建筑面积的预算造价及人工、材料、施工机具使用费和材料消耗量指标。

构筑物是以“座”为单位编制概算指标，因此，在计算完工程量，编出预算书后，不必进行换算，预算书确定的价值就是每座构筑物概算指标的经济指标。

四、投资估算指标及其编制

（一）投资估算指标的概念

工程建设投资估算指标是编制建设项目建议书、可行性研究报告等前期工作阶段投资估算的依据，也可以作为编制固定资产计划投资额的参考。与概预算定额相比，估算指标以独立的建设项目、单项工程或单位工程为对象，综合项目全过程投资和建设中的各类成本和费用，反映出其扩大的技术经济指标，既是定额的一种表现形式，但又不同于其他的计价定额。投资估算指标既具有宏观指导作用，又能为编制项目建议书和可行性研究阶段投资估算提供依据。

（二）投资估算指标编制原则和依据

1. 投资估算指标的编制原则

由于投资估算指标属于项目建设前期进行估算投资的技术经济指标，它不但要反映实施阶段的静态投资，还必须反映项目建设前期和交付使用期内发生的动态投资，以投资估算指标为依据编制的投资估算，包含项目建设的全部投资额。这就要求投资估算指标比其他各种计价定额具有更大的综合性和概括性。因此，投资估算指标的编制工作，除应遵循一般定额的编制原则外，还必须坚持以下原则：

（1）投资估算指标项目的确定，应考虑以后几年编制建设项目建议书和可行性研究报告投资估算的需要。

（2）投资估算指标的分类、项目划分、项目内容、表现形式等要结合各专业的特点，并且要与项目建议书、可行性研究报告的编制深度相适应。

（3）投资估算指标的编制内容，典型工程的选择，必须遵循国家的有关建设方针政策，符合国家技术发展方向，贯彻国家发展方向原则，使指标的编制既能反映正常建设条件下的造价水平，也能适应今后若干年的科技发展水平。坚持技术上先进、可行和经济上的合理，力争以较少的投入求得最大的投资效益。

（4）投资估算指标的编制要反映不同行业、不同项目和不同工程的特点，投资估算指标要适应项目前期工作深度的需要，而且具有更大的综合性。投资估算指标要密切结合行业特点，项目建设的特定条件，在内容上既要贯彻指导性、准确性和可调性原则，又要有一定的深度和广度。

（5）投资估算指标的编制要贯彻静态和动态相结合的原则。要充分考虑到在市场经济条件下，由于建设条件、实施时间、建设期限等因素的不同，考虑到建设期的动态因素，即价格、建设期利息及涉外工程的汇率等因素的变动，导致指标的量差、价差、利息差、费用差等“动态”因素对投资估算的影响，对上述动态因素给予必要的调整办法和调整参数，尽可能减少这些动态因素对投资估算准确度的影响，使指标具有较强的实用性和可操作性。

2. 投资估算指标的编制依据

（1）依照不同的产品方案、工艺流程和生产规模，确定建设项目主要生产、辅助生产、公用设施及生活福利设施等单项工程内容、规模、数量以及结构形式，选择相应具有代表性、符合技术发展方向、数量足够的已经建成或正在建设的并具有重复使用可能的设计图样及其工程量清册、设备清单、主要材料用量表和预算资料、决算资料，经过分类，筛选、整理出编制依据。

（2）国家和主管部门制订颁发的建设项目用地定额、建设项目工期定额、单项工程施工工期定额及生产定员标准等。

（3）编制年度现行全国统一、地区统一的各类工程计价定额、各种费用标准。

（4）编制年度的各类工资标准、材料单价、机具台班单价及各类工程造价指数，应以所处地区的标准为准。

（5）设备价格。

（三）投资估算指标的内容

投资估算指标是确定和控制建设项目全过程各项投资支出的技术经济指标，其范围涉及建设前期、建设实施期和竣工验收交付使用期等各个阶段的费用支出，内容因行业不同而各异，一般可分为建设项目综合指标、单项工程指标和单位工程指标三个层次。表 2.5.10 为某住宅项目的投资估算指标示例。

表 2.5.10 某住宅项目投资估算指标

<table>
<tr><td colspan="8">一、工程概况（表一）</td></tr>
<tr><td>工程名称</td><td colspan="2">住宅楼</td><td>工程地点</td><td>××市</td><td>建筑面积</td><td colspan="2">4 549m²</td></tr>
<tr><td>层数</td><td>七层</td><td>层高</td><td>3.00m</td><td>檐高</td><td>21.60m</td><td>结构类型</td><td>砖混</td></tr>
<tr><td>地耐力</td><td colspan="2">130kPa</td><td>地震烈度</td><td>7 度</td><td>地下水位</td><td colspan="2">−0.65m、−0.83m</td></tr>
<tr><td rowspan="16">土建部分</td><td colspan="2">地基处理</td><td colspan="5"></td></tr>
<tr><td colspan="2">基础</td><td colspan="5">C10 混凝土垫层，C20 钢筋混凝土带形基础，砖基础</td></tr>
<tr><td rowspan="2">墙体</td><td>外</td><td colspan="5">一砖墙</td></tr>
<tr><td>内</td><td colspan="5">一砖、1/2 砖墙</td></tr>
<tr><td colspan="2">柱</td><td colspan="5">C20 钢筋混凝土构造柱</td></tr>
<tr><td colspan="2">梁</td><td colspan="5">C20 钢筋混凝土单梁、圈梁、过梁</td></tr>
<tr><td colspan="2">板</td><td colspan="5">C20 钢筋混凝土平板，C30 预应力钢筋混凝土空心板</td></tr>
<tr><td rowspan="2">地面</td><td>垫层</td><td colspan="5">混凝土垫层</td></tr>
<tr><td>面层</td><td colspan="5">水泥砂浆面层</td></tr>
<tr><td colspan="2">楼面</td><td colspan="5">水泥砂浆面层</td></tr>
<tr><td colspan="2">屋面</td><td colspan="5">块体刚性屋面，沥青铺加气混凝土块保温层，防水砂浆面层</td></tr>
<tr><td colspan="2">门窗</td><td colspan="5">木胶合板门（带纱），塑钢窗</td></tr>
<tr><td rowspan="3">装饰</td><td>天棚</td><td colspan="5">混合砂浆、106 涂料</td></tr>
<tr><td>内粉</td><td colspan="5">混合砂浆、水泥砂浆，106 涂料</td></tr>
<tr><td>外粉</td><td colspan="5">水刷石</td></tr>
<tr><td rowspan="2">安装</td><td colspan="2">水卫（消防）</td><td colspan="5">给水镀锌钢管，排水塑料管，坐式大便器</td></tr>
<tr><td colspan="2">电气照明</td><td colspan="5">照明配电箱，PVC 塑料管暗敷，穿铜芯绝缘导线，避雷网敷设</td></tr>
</table>

续表 2.5.10

二、每平方米综合造价指标（表二，单位：元/m²）						
项目	综合指标	直接费				取费（综合费）
		合价	其中			
			人工费	材料费	机具费	三类工程
工程造价	530.89	408.00	74.69	308.13	25.18	122.89
土建	503.00	386.92	70.95	291.80	24.17	116.08
水卫（消防）	19.22	14.73	2.38	11.94	0.41	4.49
电气照明	8.67	6.35	1.36	4.39	0.60	2.32

三、土建工程各分部占直接费的比例及每平方米直接费（表三）					
分部工程名称	占直接费/%	元/m²	分部工程名称	占直接费/%	元/m²
±0.00 以下工程	13.01	50.40	楼地面工程	2.62	10.13
脚手架及垂直运输	4.02	15.56	屋面及防水工程	1.43	5.52
砌筑工程	16.90	65.37	防腐保温隔热工程	0.65	2.52
混凝土及钢筋混凝土工程	31.78	122.95	装饰工程	9.56	36.98
构件运输及安装工程	1.91	7.40	金属结构制作工程		
门窗及木结构工程	18.12	70.09	零星项目		

四、人工、材料消耗指标（表四）					
项目	单位	每 100m² 消耗量	材料名称	单位	每 100m² 消耗量
1. 定额用工	工日	382.06	2. 材料消耗（土建工程）		
土建工程	工日	363.83	钢材	t	2.11
			水泥	t	16.76
水卫（消防）	工日	11.60	木材	m³	1.80
			标准砖	千块	21.82
电气照明	工日	6.63	中粗砂	m³	34.39
			碎（砾）石	m³	26.20

1. 建设项目综合指标

建设项目综合指标是指按规定应列入建设项目总投资的从立项筹建开始至竣工验收交付使用的全部投资额，包括单项工程投资、工程建设其他费用和预备费等。

建设项目综合指标一般以项目的综合生产能力单位投资表示，如“元/t”“元/kW”；或以使用功能表示，如医院床位：“元/床”。

2. 单项工程指标

单项工程指标是指按规定应列入能独立发挥生产能力或使用效益的单项工程内的全部投资额，包括建筑工程费、安装工程费、设备、工器具及生产家具购置费和可能包含的其他费用。单项工程一般划分原则如下：

(1) 主要生产设施，指直接参加生产产品的工程项目，包括生产车间或生产装置。

(2) 辅助生产设施，指为主要生产车间服务的工程项目。包括集中控制室、中央实验室、机修、电修、仪器仪表修理及木工（模）等车间，原材料、半成品、成品及危险品等仓库。

(3) 公用工程，包括给排水系统（给排水泵房、水塔、水池及全厂给排水管网）、供热系统（锅炉房及水处理设施、全厂热力管网）、供电及通信系统（变配电所、开关所及全厂输电、电信线路）以及热电站、热力站、煤气站、空压站、冷冻站、冷却塔和全厂管网等。

(4) 环境保护工程，包括废气、废渣、废水等处理和综合利用设施及全厂性绿化。

(5) 总图运输工程，包括厂区防洪、围墙大门、传达及收发室、汽车库、消防车库、厂区道路、桥涵、厂区码头及厂区大型土石方工程。

(6) 厂区服务设施，包括厂部办公室、厂区食堂、医务室、浴室、哺乳室、自行车棚等。

(7) 生活福利设施，包括职工医院、住宅、生活区食堂、职工医院、俱乐部、托儿所、幼儿园、子弟学校、商业服务点以及与之配套的设施。

(8) 厂外工程，如水源工程、厂外输电、输水、排水、通信、输油等管线以及公路、铁路专用线等。

单项工程指标一般以单项工程生产能力单位投资，如“元/t”或其他单位表示。如变配电站：“元/(kV·A)”；锅炉房：“元/蒸汽吨”；供水站：“元/m^3”；办公室、仓库、宿舍、住宅等房屋则区别不同结构形式以“元/m^2”表示。

3. 单位工程指标

单位工程指标按规定应列入能独立设计、施工的工程项目的费用，即建筑安装工程费用。

单位工程指标一般以如下方式表示：房屋区别不同结构形式以“元/m^2”表示；道路区别不同结构层、面层以“元/m^2”表示；水塔区别不同结构层、容积以“元/座”表示；管道区别不同材质、管径以“元/m”表示。

(四) 投资估算指标的编制方法

考虑到投资估算指标的编制涉及建设项目的产品规模、产品方案、工艺流程、设备选型、工程设计和技术经济等各个方面，既要考虑到现阶段技术状况，又要展望技术发展趋势和设计动向，通常编制人员应具备较高的专业素质。在各个工作阶段，针对投资估算指标的编制特点，具体工作具有特殊性。

1. 收集整理资料

收集整理已建成或正在建设的符合现行技术政策和技术发展方向、有可能重复采用、有代表性的工程设计施工图、标准设计以及相应的竣工决算或施工图预算资料等，这些资料是编制工作的基础，资料收集得越广泛，反映出的问题越多，编制工作考虑得越全面，就越有利于提高投资估算指标的实用性和覆盖面。同时，对调查收集到的资料要选择占投资比重大，相互关联多的项目进行认真的分析整理，由于已建成或正在建设的工程的设计意图、建设时间和地点、资料的基础等不同，相互之间的差异很大，需要去粗取精、去伪存真地加以整理，才能重复利用。将整理后的数据资料按项目划分栏目加以归类，按照编制年度的现行定额、费用标准和价格，调整成编制年度的造价水平及相互比例。

由于调查收集的资料来源不同，虽然经过一定的分析整理，但难免会由于设计方案、建设条件和建设时间上的差异带来某些影响，使数据失准或漏项等。必须对有关资料进行综合平衡调整。

2. 测算审查

测算是将新编的指标和选定工程的概预算，在同一价格条件下进行比较，检验其“量差”的偏离程度是否在允许偏差的范围之内，如偏差过大，则要查找原因，进行修正，以保证指标的确切、实用。测算同时也是对指标编制质量进行的一次系统检查，应由专人进行，以保持测算口径的统一，在此基础上组织有关专业人员予以全面审查定稿。

第六节　工程计价信息及其应用

一、工程计价信息及其主要内容

（一）工程计价信息的概念和特点

信息是现代社会使用最多、最广、最频繁的一个词语，不仅在人类社会生活的各个方面和各个领域被广泛使用，而且在自然界的生命现象与非生命现象研究中也被广泛采用。按狭义理解，信息是一种消息、信号、数据或资料；按广义理解，信息被认为是物质的一种属性，是物质存在方式和运动规律与特点的表现形式。进入现代社会以后，信息逐渐被人们认识，其内涵越来越丰富，外延越来越广阔。在工程造价管理领域，信息也有它自己的定义。

1. 工程计价信息的概念

工程计价信息是一切有关工程计价的工程特征、状态及其变动的消息的组合。在工程发承包市场和工程建设过程中，工程造价总是在不停地运动着、变化着，并呈现出种种不同特征。人们对工程发承包市场和工程建设过程中工程造价运动的变化，是通过工程计价信息来认识和掌握的。

在工程发承包市场和工程建设中，工程造价是最灵敏的调节器和指示器，无论是政府工程造价主管部门还是工程发承包双方，都要通过接收工程计价信息来了解工程建设市场动态，预测工程造价发展，决定政府的工程造价政策和工程发承包价。因此，工程造价主管部门和工程发承包双方都要接收、加工、传递和利用工程计价信息。工程计价信息作为一种社会资源在工程建设中的地位日趋明显，特别是随着我国工程量清单计价制度的推行，工程价格从政府计划的指令性价格向市场定价转化，而在市场定价的过程中，信息起着举足轻重的作用，因此，工程计价信息资源开发的意义更为重要。

2. 工程计价信息的特点

（1）区域性。建筑材料大多重量大、体积大、产地远离消费地点，因而运输量大，费用也较高。尤其不少建筑材料本身的价值或生产价格并不高，但所需要的运输费用却很高，这都在客观上要求尽可能就近使用建筑材料。因此，这类建筑信息的交换和流通往往限制在一定的区域内。

（2）多样性。建设工程具有多样性的特点，要使工程造价管理的信息资料满足不同特点项目的需求，在信息的内容和形式上应具有多样性的特点。

（3）专业性。工程计价信息的专业性集中反映在建设工程的专业化上，例如水利、电力、铁道、公路等工程，所需的信息有它的专业特殊性。

（4）系统性。工程计价信息是由若干具有特定内容和同类性质的、在一定时间和空间内形成的一连串信息。一切工程造价的管理活动和变化总是在一定条件下受各种因素的制约和影响。工程造价管理工作也同样是多种因素相互作用的结果，并且从多方面被反映出来，因而从工程计价信息源发出来的信息都不是孤立、紊乱的，而是大量的、有系统的。

（5）动态性。工程计价信息需要经常不断地收集和补充新的内容，进行信息更新，真实反映工程造价的动态变化。

（6）季节性。由于建筑生产受自然条件影响大，施工内容的安排必须充分考虑季节因素，使得工程计价信息也不能完全避免季节性的影响。

（二）工程计价信息包括的主要内容

从广义上说，所有对工程造价的计价过程起作用的资料都可以称为工程计价信息，例如各种定额资料、标准规范、政策文件等。但最能体现信息动态性变化特征，并且在工程价格的市场机制中起重要作用的工程计价信息主要包括价格信息、工程造价指数和工程造价指标三类。

1. 价格信息

包括各种建筑材料、装修材料、安装材料、人工工资、施工机具等的最新市场价格。这些信息是比较初级的，一般没有经过系统的加工处理，也可以称其为数据。

（1）人工价格信息。根据《关于开展建筑工程实物工程量与建筑工种人工成本信息测算和发布工作的通知》（建办标函〔2006〕765 号），我国自 2007 年起开展建筑工程实物工程量与建筑工种人工成本信息（即人工价格信息）的测算和发布工作。其成果是引导建筑劳务合同双方合理确定建筑工人工资水平的基础，是建筑业企业合理支付工人劳动报酬和调解、处理建筑工人劳动工资纠纷的依据，也是工程招标投标中评定成本的依据。

1）建筑工程实物工程量人工价格信息。这种价格信息是按照建筑工程的不同划分标准为对象，所反映的单位实物工程量人工价格信息。根据工程不同部位，体现作业的难易、结合不同工种作业情况将建筑工程划分为：土石方工程、架子工程、砌筑工程、模板工程、钢筋工程、混凝土工程、防水工程、抹灰工程、木作与木装饰工程、油漆工程、玻璃工程、金属制品制作及安装、其他工程共 13 项，其表现形式如表 2.6.1 所示。

表 2.6.1 ××市建筑工程实物工程量人工单价 单位：元

<table>
<tr><th colspan="5">土石方工程</th></tr>
<tr><th>项目编码</th><th>项目名称</th><th>工程量计算规则</th><th>单位</th><th>人工单价</th></tr>
<tr><td>01003</td><td>人工挖土方</td><td rowspan="3">按实际挖方的天然密实体积计算</td><td rowspan="10">m³</td><td>120.00</td></tr>
<tr><td>01004</td><td>人工挖沟槽、坑土方（深 2m 以内）</td><td>120.00</td></tr>
<tr><td>01005</td><td>人工挖孔桩土方</td><td>240.00</td></tr>
<tr><td>01006</td><td>人工回填土</td><td>按实际填方的天然密实体积计算</td><td>120.00</td></tr>
<tr><td>01011</td><td>平基爆破石方（松次坚石）</td><td rowspan="6">按实际爆破石方的天然密实体积计算</td><td>52.50</td></tr>
<tr><td>01012</td><td>平基爆破石方（普坚石）</td><td>52.50</td></tr>
<tr><td>01013</td><td>平基爆破石方（特坚石）</td><td>82.50</td></tr>
<tr><td>01014</td><td>沟槽、坑爆破石方（松次坚石）</td><td>67.50</td></tr>
<tr><td>01015</td><td>沟槽、坑爆破石方（普坚石）</td><td>75.00</td></tr>
<tr><td>01016</td><td>沟槽、坑爆破石方（特坚石）</td><td>97.50</td></tr>
</table>

2）建筑工种人工成本信息。这种价格信息是按照建筑工人的工种分类，反映不同工种的单位人工工日单价。建筑工种是根据《劳动法》和《职业教育法》的有关规定，对从事技术复杂、通用性广、涉及国家财产、人民生命安全和消费者利益的职业（工种）的劳动者施行就业准入的规定，结合建筑行业实际情况确定的，其表现形式如表 2.6.2 所示。

表 2.6.2 ××市建筑工种人工成本价格 单位：元

序号	工种	工日单价	说明
1	建筑、装饰普工	292.50	
2	木工（模板工）	570.00	
3	钢筋工	442.50	
4	混凝土工	360.00	
5	架子工	487.50	
6	砌筑工（砖瓦工）	412.50	
7	抹灰工（一般抹灰）	382.50	
8	抹灰、镶贴工	502.50	
9	装饰木工	390.00	
10	防水工	600.00	
11	油漆工	315.00	
12	管工	285.00	
13	电工	382.50	
14	通风工	300.00	
15	电焊工	375.00	
16	起重工	382.50	
17	玻璃工	292.50	
18	金属制品安装工	292.50	

注：建筑工人每工作日工作时间按照 8h 计。

（2）材料价格信息。在材料价格信息的发布中，应披露材料规格型号、单位、单价等信息。表 2.6.3 为某市预拌混凝土材料价格信息的示例。

（3）施工机具价格信息。施工机具价格信息可分为机具市场价格信息和机具租赁市场价格信息两部分。相对而言，后者对于工程计价更为重要，发布的机具价格信息应包括机具种类、规格型号、租赁单价等内容。表 2.6.4 为某市施工机具租赁价格的示例。

表 2.6.3　××市预拌混凝土材料价格

序号	材料编码	名称规格	单位	含税信息价/元
1	80210043	预拌混凝土 C15	m^3	390.00
2	80210047	预拌混凝土 C20	m^3	400.00
3	80210051	预拌混凝土 C25	m^3	410.00
4	80210055	预拌混凝土 C30	m^3	420.00
5	80210057	预拌混凝土 C35	m^3	430.00
6	80210059	预拌混凝土 C40	m^3	470.00
7	80210060	预拌混凝土 C45	m^3	500.00
8	80210061	预拌混凝土 C50	m^3	540.00
9	80210062	预拌混凝土 C55	m^3	570.00
10	80210063	预拌混凝土 C60	m^3	640.00

表 2.6.4　××市施工机具租赁价格

设备名称	机具类型	租赁价格/（元/月）	操作司机人工费/[元/（台·月）]	操作司机加班费/[元/（人·h）]
塔吊	QTZ63	17 000～19 000	8 000.00	50.00
	QTZ80C/TC5512	22 000～23 000	8 000.00	50.00
	TC6012A	26 000～29 000	8 000.00	50.00
	MC120B	29 000～32 000	8 000.00	50.00
	QTP140（6013－8）	27 000～31 000	8 000.00	50.00

注：1. 月租金中包含故障维修、定期安全检查及整改等费用；
2. 此价格为不含税价格；
3. 操作人员每天工作时间为 8h。

2. 工程造价指数

工程造价指数是反映一定时期价格变化对工程造价影响程度的指数，包括工料机市场价格指数、单项工程造价指数、建设工程造价综合指数。该内容将在本节第三部分重点讲述。

3. 工程造价指标

根据已完或在建工程的各种造价信息，经过统一格式及标准化处理后的造价数值。可用于对已完或在建工程的造价分析以及拟建工程的计价依据，其具体表现形式如表 2.6.5～表 2.6.9 所示。

表 2.6.5 ××市××装配式高层住宅工程概况

<table>
<tr><td>建筑面积</td><td>8 469.7m²</td><td>工程地点</td><td></td><td>工程用途</td><td>高层住宅</td></tr>
<tr><td>结构类型</td><td>框剪</td><td>檐高</td><td>39.7m</td><td>基础埋置深度</td><td>3m</td></tr>
<tr><td>层数</td><td>地上 14 层，地下 1 层</td><td>层高</td><td>2.8m</td><td>预制率</td><td>35%</td></tr>
<tr><td>造价</td><td colspan="5">2 809.61 元/m²</td></tr>
<tr><td rowspan="14">建筑与装饰工程</td><td colspan="2">土石方工程</td><td colspan="3">土方全部外运，回填再购入</td></tr>
<tr><td colspan="2">地基处理与边坡支护工程</td><td colspan="3">满堂基础、混凝土墙</td></tr>
<tr><td colspan="2">桩基工程</td><td colspan="3">PHC500-100 桩，二接桩；PHC400-80 桩，三接桩</td></tr>
<tr><td rowspan="2">砌筑工程</td><td>外墙类型</td><td colspan="3">预制混凝土</td></tr>
<tr><td>内墙类型</td><td colspan="3">砂加气砌块</td></tr>
<tr><td colspan="2">混凝土及钢筋混凝土工程</td><td colspan="3">现浇，预制（预制外墙、预制空调板、预制楼梯、预制阳台、预制叠合楼板）</td></tr>
<tr><td colspan="2">门窗工程</td><td colspan="3">外门窗均采用断热铝合金。窗采用隔热铝合金充氩气（传热系数 2.2，气密性 6 级）</td></tr>
<tr><td colspan="2">屋面及防水工程</td><td colspan="3">卷材防水、保温隔热层、细石混凝土刚性面层</td></tr>
<tr><td colspan="2">防腐、隔热、保温工程</td><td colspan="3">内保温</td></tr>
<tr><td colspan="2">楼地面装饰工程</td><td colspan="3">20 厚水泥砂浆面层，电梯厅、大堂部分为地砖</td></tr>
<tr><td colspan="2">墙柱面装饰与隔断工程、幕墙工程</td><td colspan="3">内墙部分水泥砂浆粉刷，批腻子，公用部位涂料（装配式墙面无粉刷基层）</td></tr>
<tr><td colspan="2">天棚工程</td><td colspan="3">批腻子</td></tr>
<tr><td colspan="2">油漆、涂料、裱糊工程</td><td colspan="3">批腻子</td></tr>
<tr><td rowspan="5">安装工程</td><td colspan="2">电气设备安装工程</td><td colspan="3">公灯、电梯双电源切换箱、动力照明配电箱、公共部位感应吸顶灯、应急照明灯、疏散灯及荧光灯，低烟无卤电缆、铜芯线，钢管及塑料管敷设、普通开关插座、防雷接地装置</td></tr>
<tr><td colspan="2">给排水、采暖、燃气工程</td><td colspan="3">给水：水箱、潜水泵、总管钢塑复合管、支管 PPR 管、UPVC 排水管、普通卫生洁具（坐便器、洗脸盆、洗涤盆）、螺纹水表</td></tr>
<tr><td colspan="2">消防工程</td><td colspan="3">喷淋系统及火灾报警系统</td></tr>
<tr><td colspan="2">建筑智能化系统工程</td><td colspan="3">弱电工程：户内多媒体配电箱、钢管敷设、部分槽架、穿电话线及网线</td></tr>
<tr><td colspan="2">电梯工程</td><td colspan="3">国产、合资品牌</td></tr>
</table>

表 2.6.6　××市××装配式高层住宅造价指标汇总

序号	项目名称	造价/万元	平方米造价/（元/m^2）	占总造价比例/%
1	分部分项工程	1 730.99	2 043.75	72.74
1.1	建筑与装饰工程	1 440.94	1 701.30	60.55
1.2	安装工程	290.05	342.45	12.20
1.3	室外景观绿化	—	—	—
2	措施项目	452.22	533.94	19.00
3	其他项目	—	—	—
4	增值税	196.49	231.99	8.25
总造价（合计）		2 379.70	2 809.61	100.00

表 2.6.7　××市××装配式高层住宅分部分项工程造价指标

序号	项目名称	造价/万元	平方米造价/（元/m^2）	占总造价比例/%
1.1	建筑与装饰工程	1 440.94	1 701.30	60.55
1.1.1	土石方工程	15.99	18.88	0.67
1.1.2	桩与地基基础工程	179.38	211.79	7.54
1.1.3	砌筑工程	61.75	72.91	2.59
1.1.4	混凝土及钢筋混凝土工程	636.42	751.41	26.74
1.1.5	金属结构工程	9.89	11.68	0.42
1.1.6	门窗工程	147.37	174.00	6.19
1.1.7	屋面及防水工程	39.73	46.91	1.67
1.1.8	楼地面装饰工程	350.41	413.72	14.72
1.2	安装工程	290.05	342.45	12.20
1.2.1	电气设备安装工程	74.51	87.97	3.13
1.2.2	给排水、采暖、燃气工程	80.33	94.84	3.38
1.2.3	消防工程	30.45	35.95	1.28
1.2.4	建筑智能化系统工程	32.77	38.69	1.38
1.2.5	电梯工程	71.99	85.00	3.03
合计		1 730.99	2 043.75	72.74

表 2.6.8 ××市××装配式高层住宅措施项目造价指标

序号	项目名称	造价/万元	平方米造价/（元/m^2）	占总造价比例/%
2	措施项目	452.22	533.94	19.00
2.1	安全生产措施费	35.51	41.92	1.49
2.2	文明施工费	47.25	55.79	1.99
2.3	环境保护费	41.58	49.09	1.75
2.4	临时设施费	60.94	71.95	2.56
2.5	夜间施工增加费	21.52	25.41	0.90
2.6	脚手架	43.53	51.39	1.83
2.7	混凝土模板及支架（撑）	149.77	176.83	6.29
2.8	垂直运输	28.69	33.87	1.21
2.9	超高施工增加	13.15	15.52	0.56
2.10	大型机械设备进出场及安拆	6.30	7.44	0.26
2.11	施工排水、降水	3.99	4.71	0.17

表 2.6.9 ××市××装配式高层住宅主要消耗量/工程量指标

序号	项目名称			单位	消耗量/工程量	百平方米消耗量/工程量
1	人工	建筑		工日	32 617.14	385.10
		装饰		工日		
		安装		工日	5 375.13	63.46
		小计		工日	37 992.27	448.57
2	土（石）方工程			m^3		
3	桩基工程	钢管桩		kg		
		混凝土方桩		m^3		
		混凝土管桩		m^3	518.40	6.12
		灌注桩		m^3		
		其他		m^3		
4	砌筑工程	砖基础		m^3		
		外墙砌体		m^3		
		内墙砌体		m^3	903.66	10.67
5	混凝土工程	地下（含基础）		m^3	891.15	10.52
		地上	现浇	m^3	2 224.60	26.27
			工厂预制	m^3	1 185.86	14.00
			小计	m^3	3 410.46	40.27

续表 2.6.9

序号	项目名称		单位	消耗量/工程量	百平方米消耗量/工程量
6	钢筋工程		t	447.00	5.28
7	模板工程		m^2	25 141.59	296.84
8	门窗工程	门	m^2	983.08	11.61
		窗	m^2	1 246.30	14.71
		其他	m^2	2 229.38	26.32
9	楼地面工程	块料面层	m^2	430.10	5.08
		整体面层	m^2	7 179.73	84.77
		其他	m^2		
10	屋面工程	屋面防水	m^2	602.63	7.12
		隔热保温	m^2	602.63	7.12
11	外装饰工程	幕墙	m^2		
		涂料	m^2	9 335.19	110.22
		块料	m^2		
		外保温	m^2		
		其他	m^2		
12	内装饰工程	内墙饰面	m^2	14 066.15	166.08
		天棚	m^2	5 434.78	64.17
		内保温	m^2	8 100.04	95.64
		其他	m^2		
13	金属结构工程		t		

二、工程造价指标的编制及使用

建立工程造价资料积累制度是工程造价计价依据极其重要的基础性工作。经过多年的信息技术和工程造价管理制度的发展，《建设工程造价指标指数分类与测算标准》GB/T 51290—2018 于 2018 年 7 月 1 日正式实施，中国建设工程造价管理协会于 2022 年编制发布了《工程造价指标分类及编制指南》，标志着我国建设工程造价指标体系构建和编制方法的基本成熟，为在宏观决策、行业监管中更好地服务建设工程相关主体发挥了重要作用。

（一）工程造价指标体系及其分类

工程造价指标是指建设工程整体或局部在某一时间、地域一定计量单位的造价水平或工料机消耗量的数值。建设工程造价指标可以按照不同的分类标准进行分类。

（1）按照工程造价指标层级的不同，建设工程造价指标可分为建设项目总投资指标和建设项目投资明细指标。

1）建设项目总投资指标是以建设项目为单位计算的总金额、总指标，是建设项目全部费用的指标。各类费用分别计算得出单位造价、造价占比并汇总。

2）建设项目投资明细指标是由多个单位工程或多个层级子项逐项计算得出同层级的单位造价、造价占比，由多个单位工程或多个层级子项汇总成单项工程的单位造价、造价占比，由多个单项工程汇总成建设项目的单位造价、造价占比等。

首先，工程造价指标应按照工程类别进行划分，不同专业工程的子类别数量不同，房屋建筑工程设置三级分类，分类情况如图 2.6.1 所示。

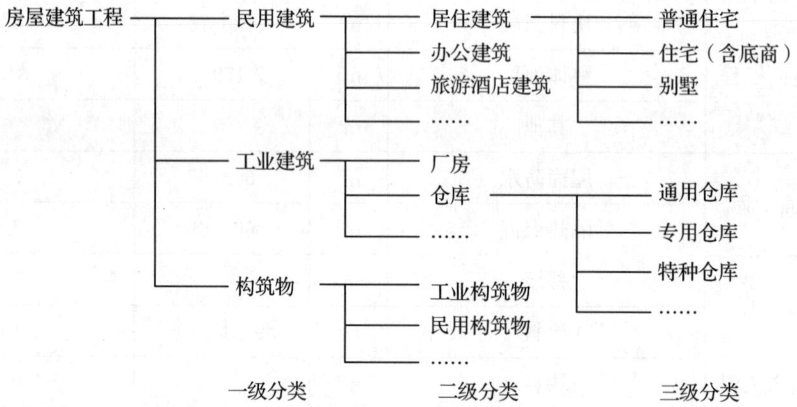

图 2.6.1 房屋建筑工程三级分类示意图

在完成工程类别设置后，还需要对每一个三级分类下的工程子类别进行工程造价指标的层级划分。工程造价指标层级是根据专业工程特点搭建的工程造价指标体系结构，结合工程业态分类、专业分类、费用分类等多种分类因素及工程特点而设置不同的子项指标层级，对应的子项金额也是逐层汇总的，是从总级向分级分类、从分级向总级汇总的逻辑关系。例如，每一个三级分类后的房屋建筑工程还可以建立八级的工程造价指标层级，如图 2.6.2 所示。

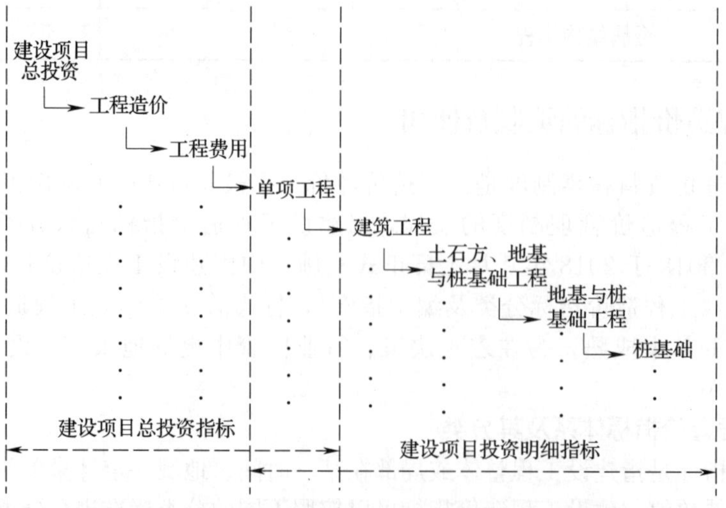

图 2.6.2 建设工程造价指标层级设置示意图

(2) 按照用途的不同，建设工程造价指标可以分为工程经济指标、工程量指标、工料价格与消耗量指标。

1) 工程经济指标是按工程建筑面积、体积、长度、功能性单位或自然计量单位计算得出的全费用单位指标、相关单位指标、造价占比等。其中相关单位指标是指组成单项或单位工程的不同层级子项（可细化至分部分项工程）的工程经济指标。

2) 工程量指标是按工程建筑面积、体积、长度、功能性单位或自然计量单位计算得出的工程实体主要构件或要素的工程量、单位指标、相关单位指标等。

3) 工料价格与消耗量指标是按工程建筑面积、体积、长度、功能性单位或自然计量单位计算得出的生产过程中消耗的工日用量、材料用量及对应单价、合价的单位指标、造价占比等。单位工程或分部分项工程单位指标的工料机及设备占比也可以通过编制单位工程工料价格指标进行辅助分析。

上述三类不同用途造价指标中提及的功能性单位是指根据造价管理经验，总结常用的、具有工程特性的、影响造价数值较大的各类功能性表示单位。不同工程类别结合不同的专业特点进行设置，例如，在房屋建筑工程中，居住建筑以住宅户数（户）、办公建筑以办公人数（工位）、商业建筑以可租售面积（m^2）为单位等。

（二）工程造价指标的测算

1. 工程造价指标测算时应注意的问题

(1) 数据的真实性。用于测算指标的数据无论是整体数据还是局部数据必须都是采集实际的工程数据。实际工程数据是指完成工程造价计价成果的实际工程计价数据，包括建设工程投资估算、设计概算、最高投标限价、合同价、工程结算、竣工决算等。

(2) 符合时间要求。建设工程造价指标的时间应符合下列规定：

1) 投资估算、设计概算、最高投标限价应采用成果文件编制完成日期；

2) 合同价应采用工程开工日期；

3) 工程结算、竣工决算应采用工程竣工日期。

(3) 根据工程特征进行测算。按照工程造价指标层级，工程特征包括建设项目特征信息和单项工程特征信息。

1) 建设项目特征信息。建设项目特征信息是以建设项目为单位，针对建设项目的共性内容、通用内容进行描述。对于房屋建筑工程而言，通常包括基本信息和面积信息两部分。基本信息中工程特征分类（民用建筑、工业建筑或构筑物）、项目所在地、造价类型（投资估算、设计概算、最高投标限价、投标报价、合同价、工程结算、竣工决算等）以及建筑安装造价是否含税为必须描述的项目特征，其余可选择描述的特征还包括了绿化率、开竣工日期、工程承包模式、资金来源等；面积信息中必须描述的项目特征主要是建筑面积，其余可选择描述的项目特征还包括红线内室外面积、人防建筑面积、停车场面积等。

2) 单项工程特征信息。单项工程特征信息是以单项工程为单位，对单项工程的基本信息、工程专业信息、计价信息进行描述，对于房屋建筑工程而言，可包括通用特征信息和分类特征信息两部分。

① 单项工程通用特征信息。通用特征信息中必须描述的通用特征包括建设性质（新建或扩建）、结构类型、抗震等级、建筑面积、檐高、层数、层高、装修标准等。通用特

征的信息描述要求适合于所有的房屋建筑工程的一级分类，如图 2.6.1 所示。

② 单项工程分类特征信息。分类特征信息的描述要求适合于房屋建筑工程的二级或三级分类，如图 2.6.1 所示。以居住建筑为例，必须描述的分类特征信息包括居住建筑分类（普通住宅、别墅、公寓、养老地产、集体宿舍等）、高度类型（低层或多层、高层、超高层）、居住建筑档次（高、中、低档）等。

2. 工程造价指标的测算方法

建设工程造价指标测算方法主要包括数据统计法、典型工程法和汇总计算法。

（1）数据统计法。当建设工程造价数据的样本数量达到数据采集最少样本数量时，应使用数据统计法测算建设工程造价指标，所获取的样本应具有相同或类似的工程特征信息。

1）样本数量的最低要求。数据统计法下，采用的建设工程造价数据为样本数据，最少样本数量应符合表 2.6.10 的规定。

表 2.6.10 指标测算最少样本数量

序号	建设工程数量/个	最少样本数量/个	序号	建设工程数量/个	最少样本数量/个
1	5～30	5	6	721～1 500	50
2	31～90	10	7	1 501～3 000	60
3	91～180	20	8	3 001～6 000	70
4	181～360	30	9	6 001～15 000	80
5	361～720	40	10	15 001 以上	90

2）数据统计法的测算过程。根据造价指标用途的不同，数据统计法有不同的测算过程。

①数据统计法计算建设工程经济指标、工程量指标、消耗量指标时，应将所有样本工程的单位造价、单位工程量、单位消耗量进行排序，从序列两端各去掉 5%的边缘项目，边缘项目不足 1 时按 1 计算，剩下的样本采用加权平均计算，得出相应的造价指标，如公式（2.6.1）所示：

$$P=\frac{P_1\times S_1+P_2\times S_2+\cdots+P_n\times S_n}{S_1+S_2+\cdots+S_n} \tag{2.6.1}$$

式中：P——造价指标；

S——建设规模；

n——样本数×90%。

②数据统计法计算工料价格指标，应采用加权平均法，如公式（2.6.2）所示：

$$P=\frac{Y_1\times Q_1+Y_2\times Q_2+\cdots+Y_n\times Q_n}{Q_1+Q_2+\cdots+Q_n} \tag{2.6.2}$$

式中：P——造价指标；

Y——工料价格；

Q——消耗量；

n——样本数。

(2) 典型工程法。建设工程造价数据样本数量达不到表 2.6.10 中最少样本数量要求时，建设工程造价指标应采用典型工程法测算。

典型工程造价数据也宜采用样本数据，并且要求典型工程的特征必须与指标描述保持一致。在计算时，应将典型工程各构成数据，包括构成的人工、材料、机具等分部分项费用以及措施费、增值税数据调整至相应平均水平，然后再计算各类工程造价指标。

(3) 汇总计算法。当需要采用下一层级造价指标汇总计算上一层级造价指标时，应采用汇总计算法。

汇总计算法计算工程造价指标时，应采用加权平均计算法，权重为指标对应的总建设规模。汇总计算法采用的下一层级造价指标宜采用数据统计法得出的各类工程造价指标。

(三) 工程造价指标的使用

1. 作为对已完或在建工程进行造价分析的依据

工程造价指标的测算结果是对已完或在建工程进行造价分析，判断数据合理性的重要依据。利用工程造价指标对已完或在建工程进行造价分析可以从以下几个方面进行。

(1) 总体水平分析，是指反映项目造价状况的信息（工程量、资源消耗量、价格）与建设规模的适应程度分析。

(2) 构成分析，是指工程造价中各种构成的比例关系。以建设项目总造价分析为例，包括建筑工程费、设备及工器具购置费、安装工程费、工程建设其他费用等占总造价的比例。

(3) 影响因素与风险分析，是指对工程造价形成过程的主要影响因素、特征和可能导致的风险进行评价、分析。工程造价影响因素不但包括“量”和“价”，而且包括工程概况、建设条件、项目特征等。

(4) 变动分析，是指把分析对象同某一可比较性目标进行变动角度的分析。如同一个工程，不同阶段经济指标的纵向比较，目的是分析工程造价在不同阶段的控制情况，并分析超支或节支状况。同一类工程，不同时期经济指标的纵向比较，目的是分析工程造价经济指标在不同时期的变化趋势。

2. 作为拟建类似项目工程计价的重要依据

工程造价指标按照工程特征分门别类地进行测算和整理，在未来拟建类似项目的计价活动中，是重要的参考依据。

(1) 用作编制投资估算的重要依据。造价人员在编制估算时一般采用类比的方法，因此需要选择若干个类似的典型工程加以分解、换算和合并，并考虑到当前的设备与材料价格情况，最后得出工程的投资估算额。造价人员可以从造价指标中挑选出所需要的典型工程，通过适当的分解与换算，加上造价人员的经验和判断，最后得出较为可靠的工程投资估算额。

(2) 用作编制初步设计概算和审查施工图预算的重要依据。在编制初步设计概算时，有时要用类比的方式进行编制。这种类比法比估算要细致深入，可以具体到单位工程甚至分部工程的水平上。在限额设计和优化设计方案的过程中，设计人员可能要反复修改设计方案，每次修改都希望能得到相应的概算。具有较多类型和层级的工程造价指标是十分有益的。多种工程组合的比较不仅有助于设计人员探索造价分配的合理方式，还为设计人员指出修改设计方案的可行途径。

施工图预算编制完成之后，需要有经验的造价管理人员来审查，以确定其正确性。可以通过造价指标的运用来得到帮助。可从造价指标中选取类似资料，将其造价与施工图预算进行比较，从中发现施工图预算是否有偏差和遗漏。由于设计变更、材料调价等因素所带来的造价变化，在施工图预算阶段往往无法事先估计到，此时参考以往类似工程的数据，有助于预见到这些因素发生的可能性。

（3）用作确定最高投标限价和投标报价的参考资料。在为建设单位制定最高投标限价或施工单位投标报价的工作中，无论是用工程量清单计价法还是用定额计价法，工程造价指标都可以发挥重要作用，可以向甲乙双方指明类似工程的实际造价及其变化规律，使得双方都可以对未来将发生的造价进行预测和准备，从而避免最高投标限价和报价的盲目性。尤其是在工程量清单计价方式下，投标人自主报价，没有统一的参考标准，除了根据有关政府机构颁布的人工、材料、机具价格指数外，更大程度上依赖于根据已完工程整理测算得到的工程造价指标。

3. 作为反映同类工程造价变化规律的基础资料

（1）用作编制各类定额的基础资料。通过分析不同种类分部分项工程造价，了解各分部分项工程中各类消耗量指标，掌握各分部分项工程预算和结算的对比结果，造价管理部门就可以发现原有定额是否符合实际情况，从而提出修改的方案。对于新工艺和新材料，也可以从工程造价指标中获得编制新增定额的有用信息。概算定额和估算指标的编制与修订，也可以从工程造价指标中得到参考依据。

（2）用于研究同类工程造价的变化规律，编制造价指数。工程造价指标按照不同工程特征分为不同类别，根据不同时间同类项目的工程造价指标的变化情况，可以为工程造价指数的编制提供重要的数据支持。根据《建设工程造价指标指数分类与测算标准》GB/T 51290—2018，建设工程造价指数编制的一种方法即是用报告期和基期同类型工程造价指标的直接比较得到的。

三、工程造价指数及其编制

（一）工程造价指数的概念和分类

1. 指数的概念

指数是用来统计研究社会经济现象数量变化幅度和趋势的一种特有的分析方法和手段。指数有广义和狭义之分。广义的指数指反映社会经济现象变动与差异程度的相对数，如产值指数、产量指数、出口额指数等。而从狭义上说，统计指数是用来综合反映社会经济现象复杂总体数量变动状况的相对数。所谓复杂总体，是指数量上不能直接加总的总体。例如不同的产品和商品，有不同的使用价值和计量单位，不同商品的价格也以不同的使用价值和计量单位为基础，都是不同度量的事物，是不能直接相加的。但通过狭义的统计指数就可以反映出不同度量的事物所构成的特殊总体变动或差异程度，如物价总指数、成本总指数等。

2. 工程造价指数的概念及其编制的意义

在建筑市场供求和价格水平发生经常性波动的情况下，建设工程造价及其各组成部分也处于不断变化之中，这不仅使不同时期的工程在“量”与“价”两方面都失去可比性，也给合理确定和有效控制造价造成了困难。根据工程建设的特点，编制工程造价指数是解决这些问题的最佳途径。以合理方法编制的工程造价指数，不仅能够较好地反映工程造价的变动趋势和变化幅度，而且可用以剔除价格水平变化对造价的影响，正确反映建筑市场的供求关系和生产力发展水平。

工程造价指数是一定时期的建设工程造价相对于某一固定时期工程造价的比值，以某一设定值为参照得出的同比例数值。用来反映一定时期由于价格变化对工程造价的影响程度，它是调整工程造价价差的依据。工程造价指数反映了报告期与基期相比的价格变动趋势，利用它来研究实际工作中的下列问题很有意义：

（1）可以利用工程造价指数分析价格变动趋势及其原因；

（2）可以利用工程造价指数预计宏观经济变化对工程造价的影响；

（3）工程造价指数是工程发承包双方进行工程估价和结算的重要依据。

3. 工程造价指数的分类

建设工程造价指数分为工料机市场价格指数、单项工程造价指数、建设工程造价综合指数。

（1）工料机市场价格指数。这其中包括了反映各类工程的人工费、材料费、施工机具使用费报告期价格对基期价格的变化程度的指标。可利用它研究主要单项价格变化的情况及其发展变化的趋势。其计算过程可以简单表示为报告期价格与基期价格之比。

（2）单项工程造价指数。主要是指按照不同专业类型划分的各类单项工程造价指数，与单项工程造价指标的分类类似，单项工程造价指数也可划分为房屋建筑与装饰工程、仿古建筑工程、通用安装工程、市政工程、园林绿化工程、矿山工程、构筑物工程、城市轨道交通工程和爆破工程等。

（3）建设工程造价综合指数。综合指数通常按照地区进行编制，即将不同专业的单项工程造价指数进行加权汇总后，反映出该地区某一时期内工程造价的综合变动情况。

（二）工程造价指数的编制

1. 工料机市场价格指数的编制

工料机市场价格指数的编制可以直接用报告期价格与基期价格相比后得到。其计算公式如下：

$$\text{人工费（材料费、施工机具使用费）价格指数}=\frac{P_1}{P_0} \tag{2.6.3}$$

式中：P_0——基期人工工日单价（材料价格、施工机具台班单价）；

P_1——报告期人工工日单价（材料价格、施工机具台班单价）。

2. 单项工程造价指数

单项工程造价指数可使用已有的各类单项工程造价指标进行编制。通过报告期与基期相应的工程造价指标的比值计算，其计算公式为：

$$\text{单项工程造价指数}=\frac{P'_1}{P'_0} \tag{2.6.4}$$

式中：P'_0——基期单项工程造价指标；

P'_1——报告期单项工程造价指标。

3. 建设工程造价综合指数的编制

建设工程造价综合指数的编制是在单项工程造价指数编制结果的基础上，将不同专业类型的单项工程造价指数以投资额为权重加权汇总后编制完成的，其计算公式为：

$$\text{建设工程造价综合指数}=\frac{A_1\times X_1+A_2\times X_2+\cdots+A_n\times X_n}{X_1+X_2+\cdots+X_n} \tag{2.6.5}$$

式中：A_n——同期各类单项工程造价指数；

X_n——同期各类单项工程总投资额。

编制完成的工程造价指数有很多用途，比如作为政府对建设市场宏观调控的依据，也可以作为工程估算以及概预算的基本依据。当然，其最重要的作用是在建设市场的交易过程中，为承包人投标报价提供依据。

工程造价指数的表现形式有多种，表 2.6.11～表 2.6.14 分别为工程造价指数几种常见表现形式的示例。

表 2.6.11 ××省当期材料价格指数

序号	材料名称及规格、型号	价格指数	上期	上月同期	去年同期
1	三级抗震螺纹钢 HRB400E Φ18mm	1 185.95	1 159.91	1 151.65	1 331.87
			环比 2.25%	环比 2.98%	同比−10.96%
2	普通商品混凝土 C30	99.78	99.78	99.78	110.18
			环比 0.00%	环比 0.00%	同比−9.44%
3	砂石中粗砂	99.30	99.30	99.30	105.61
			环比 0.00%	环比 0.00%	同比−5.97%
4	水泥 P.O 42.5	76.14	77.55	75.79	95.19
			环比−1.82%	环比 0.46%	同比−20.01%

表 2.6.12 ××省当期人工和台班价格指数

工程类别	生产要素	2021 年					2022 年			
		8 月	9 月	10 月	11 月	12 月	1 月	2 月	3 月	4 月
房屋建筑工程	人工	112.05	111.13	111.65	112.70	112.92	111.93	112.07	111.63	112.18
	台班	103.79	103.62	104.90	105.43	104.41	104.59	106.04	107.94	107.65
市政基础设施工程	人工	113.85	113.27	112.46	116.84	115.81	115.39	114.70	114.74	115.72
	台班	104.19	104.17	105.25	106.83	105.21	105.67	107.15	109.63	109.36

表 2.6.13　××省当期工程价格指数和造价指数

工程类别	指数名称	指数值	环比/%
房屋建筑工程	人工价格指数	112.64	−1.23
	材料价格指数	110.45	1.47
	台班价格指数	105.83	−1.33
	工程造价指数	110.64	0.44
市政基础设施工程	人工价格指数	117.25	0.06
	材料价格指数	108.73	0.44
	台班价格指数	107.46	−0.99
	工程造价指数	110.50	0.03

表 2.6.14　某高层住宅造价指数

<table>
<tr><td colspan="9">1. 工程概况</td></tr>
<tr><td>工程名称</td><td colspan="2">某高层住宅</td><td>工程用途</td><td colspan="2">住宅建筑</td><td>工程结构</td><td colspan="2">框架（现浇）</td></tr>
<tr><td>地下层数</td><td colspan="2">32 层</td><td>地下层数</td><td colspan="2">2 层</td><td>檐口高度</td><td colspan="2">91.05m</td></tr>
<tr><td>建筑面积或规模/m²</td><td colspan="2">12 339.5</td><td>计价方式</td><td colspan="2">工程量清单计价</td><td>工程类别</td><td colspan="2">一类</td></tr>
<tr><td colspan="9">2. 工程特征</td></tr>
<tr><td rowspan="5">土建部分</td><td colspan="2">土石方工程</td><td colspan="2">机械挖土</td><td colspan="2">屋盖工程</td><td colspan="2">40 厚细石混凝土，改性沥青卷材防水，挤塑保温板</td></tr>
<tr><td colspan="2">基础工程</td><td colspan="2">静压管桩</td><td colspan="2">内墙饰面</td><td colspan="2">乳胶漆</td></tr>
<tr><td colspan="2">柱梁板工程</td><td colspan="2">C30 现浇混凝土</td><td colspan="2">外墙饰面</td><td colspan="2">乳胶漆</td></tr>
<tr><td colspan="2">墙体工程</td><td colspan="2">加气混凝土砌块</td><td colspan="2">外墙保温节能</td><td colspan="2">聚苯颗粒保温砂浆</td></tr>
<tr><td colspan="2">楼地面工程</td><td colspan="2">水泥砂浆整体面层</td><td colspan="2">门窗工程</td><td colspan="2">塑钢中空玻璃</td></tr>
<tr><td rowspan="3">安装部分</td><td colspan="2">动力照明</td><td colspan="2">钢管敷设暗配，节能吸顶灯</td><td colspan="2">通风空调</td><td colspan="2">铝合金风口，碳钢管道</td></tr>
<tr><td colspan="2">给排水</td><td colspan="2">PP-R 给管，UPVC 排水管</td><td colspan="2">消防工程</td><td colspan="2">火灾报警系统</td></tr>
<tr><td colspan="2">弱电工程</td><td colspan="2">电话，电视敷线</td><td colspan="2"></td><td colspan="2"></td></tr>
<tr><td colspan="9">3. 每平方米工程总价及土建安装造价指数</td></tr>
<tr><td colspan="9">工程总价：2 155.44 元/m²　其中土建 1 806.73 元/m²，安装：348.71 元/m²</td></tr>
<tr><td rowspan="2">总造价指数</td><td>上期</td><td>本期</td><td rowspan="2">土建</td><td>上期</td><td>本期</td><td rowspan="2">安装</td><td>上期</td><td>本期</td></tr>
<tr><td>143.12</td><td>145.42</td><td>147.41</td><td>150.26</td><td>124.72</td><td>124.63</td></tr>
<tr><td colspan="9">注：人工、机械指数为 100，指数均以 2017 年下半年为基准。</td></tr>
</table>

续表 2.6.14

4. 每100平方米主要材料和人工消耗量指标											
钢材用量	755.055	t	钢材消耗指标	6.1	$t/100m^2$	水泥用量	851.931	t	水泥消耗指标	6.9	$t/100m^2$
木材用量	2.04	m^3	木材消耗指标	0.02	$m^3/100m^2$	人工工日用量	64 627	工日	人工工日消耗指标	524	工日/$100m^2$

四、工程计价信息的动态管理

工程计价信息管理是指对信息的收集、加工整理、储存、传递与应用等一系列工作的总称。其目的就是通过有组织的信息流通，使决策者能及时、准确地获取相应的信息。随着市场的变动、工程设计技术和施工技术的发展，工程计价信息尤其是要素价格信息也会随之变动，因此需要对工程计价信息进行动态管理。

1. 工程计价信息管理的现状

目前我国工程计价信息的提供仍以政府主管部门为主导，且在信息发布、数据共享、分类标准方面仍存在需要改进的地方。

(1) 信息发布、更新不及时，信息准确度不高。由于我国工程计价信息采集技术相对落后，各地区工程计价信息的收集、加工整理、发布等诸多工作还需要人工完成，采样点少，信息量不足，花费时间长，更新滞后，不能真实反映计价信息的实际变化，削弱了信息的时效性，甚至造成信息失实。

(2) 各种计价信息主要分布在从业人员个人手中或各参建单位内部，缺乏有效的信息共享机制。项目各参建单位造价从业人员掌握着大量的第一手计价数据信息，由于市场瞬息万变，从业人员忙于应对工作任务，加之计价信息的敏感性或出于个人原因、或出于保密的需要，导致这些计价数据信息不能实时共享。很多单位特别是造价咨询单位出于工作制度或工作流程的需要，建立了相关岗位责任制和造价成果上报审核制，一般能做到单位内部数据成果文件共享，但不能实现更大范围内共享，造成了信息资源的浪费。缺少对这些实时数据或工作成果的分类整理与分析，导致大量的计价信息得不到加工和整理，一般只在单位内部对类似工程起到指导和借鉴作用，使计价信息的价值不能得到有效利用。各岗位之间、各部门之间、各单位之间、各项目之间计价信息的共享和利用尚不能充分实现。

(3) 计价信息口径和分类标准仍不够统一。虽然住房城乡建设部出台了《建设工程人工材料设备机械数据标准》GB/T 50851—2013 和《建设工程造价指标指数分类与测算标准》GB/T 51290—2018 等相关规范或指导性文件，但工程造价信息化的发展需要全面的技术标准体系做支撑，建设项目各参与方之间依然不能保证信息标准的统一性，而工程计价信息收集和处理、交流和共享需要相关配套技术标准。目前由于缺乏信息标准的系统分类以及统一规划，造成信息资源的远程传递和加工处理比较困难，无法发挥信息共享的优势，不利于对全国的工程计价信息进行整体全面的分析和研究。工程造价指标指数的分类与测算标准在实践中的成熟使用还需要一段比较长的时间。

2. 多元化工程造价信息服务方式的确立

住房城乡建设部组织制定的《建筑业发展“十三五”规划》提出，构建多元化的工程造价信息服务方式，明确政府提供的工程造价信息服务清单，鼓励社会力量开展工程造价信息服务。建立国家工程造价数据库，开展工程造价数据积累工作。

《住房城乡建设部关于进一步推进工程造价管理改革的指导意见》（建标〔2014〕142号）指出，改革工程造价信息服务方式的主要任务是：“建立工程造价信息化标准体系。编制工程造价数据交换标准，打破信息孤岛，奠定造价信息数据共享基础。建立国家工程造价数据库，开展工程造价数据积累，提升公共服务能力。制定工程造价指标指数编制标准，抓好造价指标指数测算发布工作”。

住房城乡建设部办公厅于2020年7月24日印发的《工程造价改革工作方案》，也强调了加快转变政府职能，优化概算定额、估算指标编制发布和动态管理。搭建市场价格信息发布平台，统一信息发布标准和规则，鼓励企事业单位通过信息平台发布各自的人工、材料、机械台班市场价格信息。加快建立国有资金投资的工程造价数据库，按地区、工程类型、建筑结构等分类发布人工、材料、项目等造价指标指数。加快推进工程总承包和全过程工程咨询，综合运用造价指标指数和市场价格信息，控制设计限额、建造标准、合同价格，确保工程投资效益得到有效发挥。

3. 工程造价信息化建设

（1）工程造价信息化发展规划。住房城乡建设部发布的《2016—2020年建筑业信息化发展纲要》要求进一步提高工程造价业信息化水平，初步建成一体化行业监管和服务平台，提升数据资源利用水平和信息服务能力。完善建筑行业与企业信息化标准体系和相关信息化标准，为信息资源共享和深度挖掘奠定基础。制定出一整套目标明确、可操作性强的信息化发展规划方案，指定专人负责，做好相关资料收集、信息化技术培训等基础工作。

住房城乡建设部发布的《工程造价事业发展“十三五”规划》结合工程造价行业发展背景，明确了“十三五”期间工程造价行业信息化发展的主要目标是建立多元化工程造价信息服务方式，加快工程造价信息化标准体系建设，统一工程交易阶段造价信息数据交换标准，实现互联互通和跨部门信息协同。加强对市场价格信息、造价指标、指数、工程案例信息等各类型、各专业造价信息的综合开发利用，丰富多元化信息服务种类。鼓励企业及社会个体按照规定的计价规则及技术标准开展细微、精准的工程造价信息服务业务，建立健全合作机制，促进多元化平台良性发展。加强对商业信息服务行为监管，重点防止行业和地方技术壁垒。加强“互联网+”协同发展，促进工程计价方式改革，提高合理确定和有效控制工程造价的精准度。

2011年5月住房城乡建设部标准定额司发布了《关于做好建设工程造价信息化管理工作的若干意见》（建标造函〔2011〕46号），该文件针对我国建设工程造价信息化管理中的政府部门职能分工、信息化平台建设、工程造价数据管理等问题提出了若干意见。

（2）工程造价信息化标准建设。住房城乡建设部、国家质量监督检验检疫总局于

2012年12月发布了国家标准《建设工程人工材料设备机械数据标准》GB/T 50851—2013，该标准通过规定工料机编码和特征描述、工料机数据库组成内容、工料机信息库价格特征描述内容、工料机数据交换接口数据元素规定等，规范建设工程工料机价格信息的收集、整理、分析、上报和发布工作。此外，住建部标准定额司于2008年3月发布了《城市住宅建筑工程造价信息数据标准》，用于规范城市住宅建筑工程造价数据的采集、统计、分析和发布；于2011年9月发布了《建设工程造价数据编码规则》，建立了针对单项工程整体数据汇总文件的编码体系，用于规范工程造价信息的收集和整理工作；于2018年7月发布了《建设工程造价指标指数分类与测算标准》GB/T 51290—2018，规范了建设工程造价指标指数的分类、测算方法，以加强建设工程造价指标指数在宏观决策、行业管理中的指导作用。

(3) 工程造价信息化平台建设。1992年建设部标准定额司组织标准定额研究所、中国建设工程造价管理协会和建设部信息中心，按照建设部关于建设工程信息网络建设规划，在中国工程建设信息网的基础上建立了建设工程造价信息网（www.cecn.org.cn），并初步完成了建设部发布的有关工程造价管理信息的建库工作。目前，建设工程造价信息网的主要内容包括造价数据监测平台、人工成本信息、住宅造价信息、砂石料价格信息系统、工料机动态数据系统、建设工程定额共享平台等。工程造价信息化平台建设取得了实质性进展。

五、工程造价数字化及发展趋势

(一) 工程造价数字化的含义

工程造价数字化的核心是工程造价管理数字化，它是指综合运用管理学、经济学、工程技术，以及建筑信息模型（BIM）、云计算、大数据、物联网、移动互联网和人工智能等数字技术方面的知识与技能，对工程造价进行预测、计划、控制、核算、分析和评价等的工作过程。

"数字造价管理"结合全面造价管理的理论与方法，集成人员、流程、数据、技术和业务系统，实现工程造价管理的全过程、全要素、全方位的结构化、电子化、智能化，进而构建项目、企业和行业的平台生态圈。同时它也将促进以新计价、新管理、新服务为代表的愿景的实现，推动工程造价专业领域转型升级，实现让每一个工程项目综合价值更优的目标。

2018年"数字造价管理"理念在第九届中国数字建筑峰会上首次被提出，该理念阐述了工程造价行业数字化转型路径，推动了造价管理技术与业务的融合。2019年在打造"中国建造"品牌目标引领下，数字技术在工程造价产业升级过程中发挥了关键作用。2020年新技术推动建筑业高质量发展的重要作用被全行业认可。与此同时，《工程造价改革工作方案》也顺应了数字化时代变革趋势，这使得工程造价行业朝着数字化方向发展成了必然，工程造价行业因此进入"数字造价管理"时代。

(二) 工程造价数字化发展趋势

数字化时代变革正影响着社会的方方面面，同样对工程造价行业各方面也产生着深远的影响，代表着工程造价数字化发展趋势。

1. 造价从业人员角度

数字技术可以在市场定价机制的引领下，收集行业市场价格数据信息，形成市场计价依据体系，保障市场定价的合理性；助力项目建模与计价工作的完成；驱动项目数据互通，实现线上协同、数据智能应用。让造价编制工作在提质增效的前提下，促使造价人员将更多的精力投入造价控制工作之中，实现从造价编制向造价控制的转变。

2. 项目各参与方角度

数字技术可以为业主方、施工方、咨询方以投资控制为核心的全过程造价管理和以成本数据为导向的施工成本管理等提供解决方案。参建各方利用数字化平台不仅可以助力实现工程造价全业务流程电子化、数字化，而且可以积累企业运营的相关数据，实现造价咨询成果数字化共享，提升企业运营效率、经营质量、造价业务效率和质量。

数字技术对施工单位而言，还可以利用智能化现场管理技术对人工、材料和机械消耗进行跟踪和测定，从而掌握施工生产效率，提高成本管理水平。

3. 行业管理角度

数字技术可以助力行业管理部门以网络平台为基础，集成各个业务子系统，整合各方资源和数据；搭建数据采集加工中心，保障数据来源符合市场行情，形成最新数据信息，以更好地服务于各方市场主体。

4. 项目管理角度

（1）全过程动态数字化造价管理。数字技术可以根据工程实施情况的变化实时更新、实时生成最新造价成果，实现全过程动态数字化造价管理，为工程造价动态管理提供有力支撑。

（2）集成管理综合服务。数字技术可以实现从专业服务到集成管理综合服务的转变，并且在深化专业服务的同时，还可以扩展以造价为核心的项目管理。借助数字化平台实现由专业到系统的组织集成、过程集成、要素集成和信息集成。组织集成是将项目各参与方用同一个平台集合起来，实现多方协同管理；过程集成是指项目全过程的造价管理，包括决策阶段、设计阶段、施工阶段以及运营维护阶段；要素集成包括质量、安全、工期、成本、环境等要素对工程造价的影响；信息集成即政策信息、决策信息、勘察设计信息、施工信息等都可在平台上集成。

（三）BIM技术在工程计价中的应用

《建筑业发展“十三五”规划》中明确提出了“加快推进建筑信息模型（BIM）技术在规划、工程勘察设计、施工和运营维护全过程的集成应用”，根据《建筑信息模型应用统一标准》GB/T 51212—2016的术语释义，“BIM”可以指代“Building Information Model”“Building Information Modeling”“Building Information Management”三个相互独立又彼此关联的概念。

Building Information Model，是设施所有信息的数字化表达，是一个可以作为设施虚拟替代物的信息化电子模型，是共享信息的资源。

Building Information Modeling，是在开放标准和互用性基础上建立、完善和利用设施的信息化电子模型的行为过程，设施的有关各方根据各自职责在模型中插入、提取、更新和修改信息，以支持设施使用和管理的各种需要。

Building Information Management，是指一个透明的、可重复的、可核查的、可持续的合同工作环境，在这个环境中，各参与方在设施全生命周期中都可以及时联络，共享项目信息，并通过分析信息做出决策并改善设施的交付过程，使项目得到有效的管理。

1. BIM技术的特点

BIM技术因使用三维全息信息技术，全过程地反映了工程实施过程中的重要要素信息，对于科学实施工程管理是个革命性的技术突破。

（1）可视化。在BIM建筑信息模型中，整个实施过程都是可视化的。所以，可视化的结果不仅可以用于效果图的展示及报表的生成，更重要的是，项目设计、建造、运营过程中的沟通、讨论、决策都在可视化的状态下进行，极大地提升了项目管控的科学化水平。

（2）协调性。BIM的协调性服务可以帮助解决项目从勘探设计到环境适应再到具体施工的全过程协调问题，也就是说，BIM建筑信息模型可在建筑物建造前期对各专业的碰撞问题进行协调，生成协调数据，并在模型中生成解决方案，为提升管理效率提供了极大的便利。

（3）模拟性。模拟性并不是只能模拟设计出的建筑物模型，还可以模拟不能够在真实世界中进行操作的事物。在设计阶段，BIM可以对一些设计上需要进行模拟的东西进行模拟实验，例如节能模拟、紧急疏散模拟、日照模拟、热能传导模拟等；在招标投标和施工阶段可以进行4D模拟（三维模型加项目的发展时间），也就是根据施工的组织设计模拟实际施工，从而确定合理的施工方案来指导施工。同时还可以进行5D模拟（基于4D模型的造价控制），从而实现成本控制等。最终，BIM模型内的所有信息均以数字化形式保存在数据库中，可以及时更新和共享。

（4）互用性。应用BIM可以实现信息的互用性，充分保证了信息经过传输与交换以后前后的一致性。具体来说，实现互用性就是BIM模型中所有数据只需要一次性采集或输入，就可以在整个建筑物的全生命周期中实现信息的共享、交换与流动，使BIM模型能够自动演化，避免了信息不一致的错误。在建设项目不同阶段免除对数据的重复输入，大幅降低成本、节省时间、减少错误、提高效率。

（5）优化性。整个设计、施工、运营的过程就是一个不断优化的过程，在BIM的基础上可以进一步做更好的优化，包括项目方案优化、特殊项目的设计优化等。

2. BIM技术对工程造价管理的价值

BIM在提升工程造价水平，提高工程造价效率，实现工程造价乃至整个工程生命周期信息化的过程中优势明显，BIM技术对工程造价管理的价值主要有以下几点：

（1）提高了工程量计算的准确性和效率。BIM是一个富含工程信息的数据库，可以真实地提供工程量计算所需要的物理和空间信息，借助这些信息，计算机可以快速对各种构件进行统计分析，从而大幅减少根据图纸统计工程量带来的繁琐人工操作和潜在错误，在效率和准确性上得到显著提高。

（2）提高了设计效率和质量。工程量计算效率的提高基于BIM的自动化算量方法可以更快地计算工程量，及时地将设计方案的成本反馈给设计师，便于在设计的前期阶段对成本的控制，有利于限额设计。同时，基于BIM的设计可以更好地处理设计变更。

（3）提高工程造价分析能力。BIM模型丰富的参数信息和多维度的业务信息能够辅助工程项目不同阶段和不同业务的造价分析和控制能力。同时，在统一的三维模型数据库的支持下，在工程项目全过程管理的过程中，能够以最少的时间实时实现任意维度的统计、分析和决策，保证了多维度成本分析的高效性和精准性，以及成本控制的有效性和针对性。

（4）BIM 技术真正实现了造价全过程管理。目前，工程造价管理已经由单点应用阶段逐渐进入工程造价全过程管理阶段。为确保建设工程的投资效益，工程建设从立项决策、可行性研究开始经初步设计、扩大初步设计、施工图设计、发承包、施工、调试、竣工、投产、决算、后评估等的整个过程，围绕工程造价开展各项业务工作。基于 BIM 的全过程造价管理在各个阶段能够实现协同工作，解决了阶段割裂、专业割裂的问题，避免了设计与造价控制环节脱节、设计与施工脱节、变更频繁等问题。

3. BIM 技术在工程造价管理各阶段的应用

工程建设项目的参与方主要包括建设单位、勘察单位、设计单位、施工单位、项目管理单位、咨询单位、材料供应商、设备供应商等。BIM 作为一个建筑信息的集成体，可以很好地在项目各方之间传递信息、降低成本。同样，分布在工程建设全过程的造价管理也可以基于这样的模型完成协同、交互和精细化管理工作。

（1）BIM 在决策阶段的应用。基于 BIM 技术辅助投资决策可以带来项目投资分析效率的极大提升。建设单位在决策阶段可以根据不同的项目方案建立初步的建筑信息模型。BIM 数据模型的建立，结合可视化技术、虚拟建造等功能，为项目的模拟决策提供了基础。根据 BIM 模型数据，查看与拟建项目类似工程的相关数据和工程情况，再结合拟建项目实际的工程相关情况，对拟建项目进行估算，这样可以提高建设工程项目投资估算的准确性，可为投资决策提供准确依据。同时，建设单位可以依靠 BIM 技术提升决策的智能化。BIM 的应用能够在位置选址、道路路线优化与选定规模时发挥作用。此外，将项目方案的进度安排、投资估算等数据指标与财务分析管理系统整合起来，还能提高建设方案的实时性。当项目的某个参数发生变化时，建设方案可以快速更新，同时项目的投资收益也会及时体现，为建设单位的最终决策提供了充分的数据。

（2）BIM 在设计阶段的应用。在设计阶段，通过 BIM 技术对设计方案优选或限额设计，设计模型的多专业一致性检查，设计概算、施工图预算的编制管理和审核环节的应用，实现对造价的有效控制。

（3）BIM 在发承包阶段的应用。在发承包阶段，我国建设工程已基本实现了工程量清单招标投标模式，招标和投标各方都可以利用 BIM 模型进行工程量自动计算、统计分析，形成准确的工程量清单。有利于招标人控制造价和投标人报价的编制，提高招标投标工作的效率和准确性，同时 BIM 也可以增强投标人技术方案的可视性，为后续的工程造价管理和控制提供基础数据。

（4）BIM 在施工过程中的应用。BIM 在施工过程中为建设项目各参与方提供了施工计划与造价控制的所有数据。项目各参与方人员在正式开工前就可以通过模型确定不同时间节点和施工进度、施工成本以及资源计划配置，可以直观地按月、按周、按日观看到项目的具体实施情况并得到该时间节点的造价数据，方便项目的实时修改调整，实现限额领料施工，最大限度地体现造价控制的效果。对于承包人来说，基于 BIM 的成本管理系统的构建，可根据项目利润要求指导项目的精细化管理，提升项目利润空间。

（5）BIM 在工程竣工阶段的应用。竣工阶段管理工作的主要内容是确定建设工程项目最终的实际造价，即竣工结算价格和竣工决算价格，编制竣工决算文件，办理项目的资产移交。这也是确定工程项目最终造价、考核承包企业经济效益及编制竣工决算的依据。基于BIM的结算管理不但提高工程量计算的效率和准确性，对于结算资料的完备性和规范性还具有很大的作用。在造价管理过程中，BIM数据库也不断修改完善，相关的合同、设计变更、现场签证、计量支付、材料管理等信息也不断录入与更新，到竣工结算时，其信息量已完全可以表达工程实体。BIM的准确性和过程记录完备性有助于提高结算效率，同时可以随时查看变更前后的对比分析，避免结算时描述不清，从而加快结算和审核速度。

（四）大数据技术对造价管理的影响

工程大数据可以理解为在工程项目全生命周期中利用各种软硬件工具所获取的数据集，通过对该数据集进行分析可为项目本身及其相关利益方提供增值服务。工程大数据具有体量大、类型多、管理复杂和价值大的特点。大数据技术对项目造价管理工作产生着深远的影响。

（1）为智能决策提供支持。大数据技术通过对海量工程数据进行高效学习，挖掘规律，从而提供智能决策支持，具体表现在三个方面：

1）提高项目各阶段协同工作的效率。在建筑设计与施工的各个阶段，各参与方使用相同的数据模型，减少了各参与方之间交流沟通的障碍，进而提高工程建设各阶段协同工作的效率。

2）辅助工程建设各阶段的有效策划。在新的项目中可使用积累的数据辅助策划，从数据中提取知识、预测未来，有利于方案比选和优化、风险控制、项目管理等。

3）推动建筑产业转型升级。工程大数据为建筑业拓展生产性服务，为消费者提供高品质的“产品＋服务”，实现从产品建造到服务建造的转型升级，最终实现项目价值的提升。

（2）为规范工程发承包行为提供有效数据支持。工程大数据为建设主管部门的政策制定和评估，以及对施工单位、设计单位等市场主体的行为治理提供了重要支持。

1）为主管部门规范工程发承包市场提供依据。目前，许多城市已经陆续实行工程招标、投标、开标和评标的全过程数字化。在这个过程中，建设主管部门可以依据产生的海量交易数据科学地评估各项工程交易行为，从而推动行业的规范化和可持续发展。例如，可以将同一统计指标（如中标金额下浮率）的数值按其发生的时间先后顺序排列成时间序列，根据时间序列显示出的变化趋势、变化周期和随机性可以评估招投标政策改革的实施效果。

2）可用于识别并治理围标串标等违法行为。通过社会网络分析的方法可以清晰展示交易行为数据背后的行为规律，在工程大数据的基础上建立相应检测模型，还原并捕捉市场交易中的围标人和陪标人，暴露招投标过程中的不正当企业合作关系，可以进一步保护招标人的权益，并营造规范的市场环境。

3）为投标人合理报价提供决策支持。投标人在工程大数据的帮助下，能够快速、精准地形成报价分析和决策，提高编制施工投标书等环节的效率。通过典型清单项目或典型工程的匹配分析，可以为投标前目标成本规划、中标后目标成本编制、竣工后实际成本核定提供帮助。

（3）有利于施工成本管理。工程大数据的应用有利于实现施工管理由“经验驱动”到“数据驱动”的转变。施工成本管理相关数据的主要来源包括生产、销售、租赁企业发布的材料、机具价格，劳务市场发布的用工信息和用工价格以及施工单位历史数据等。施工单位利用这些与成本管理相关的工程大数据，可以针对单位工程、分部工程、分项工程、施工工序等不同层次的需求，根据拟建工程的地域、工期、分包模式等具体情况，判断最优的成本构成，并在成本预测、成本过程管控等方面实现更好的效果。

免费听课

第三章 建设项目决策和设计阶段工程造价的预测

第一节 投资估算的编制

一、项目决策阶段影响工程造价的主要因素

（一）项目决策的概念

项目决策是指投资者在调查分析、研究的基础上，选择和决定投资行动方案的过程，是对拟建项目的必要性和可行性进行技术经济论证，对不同建设方案进行技术经济比较并做出判断和决定的过程。项目决策的正确与否，直接关系到项目建设的成败，关系到工程造价的高低及投资效果的好坏。总之，项目投资决策是投资行动的准则，正确的项目投资行动来源于正确的项目投资决策，正确的决策是合理估算和有效控制工程造价的前提。

（二）项目决策与工程造价的关系

1. 项目决策的正确性是工程造价合理性的前提

项目决策正确，意味着对项目建设做出科学的决断，优选出最佳投资行动方案，达到资源的合理配置，在此基础上合理地估算工程造价，以在实施最优投资方案过程中，有效控制工程造价。项目决策失误，例如项目选择的失误、建设地点的选择错误，或者建设方案的不合理等，会带来不必要的资金投入，甚至造成不可弥补的损失。因此，为达到工程造价的合理性，事先就要保证项目决策的正确性，避免决策失误。

2. 项目决策的内容是决定工程造价的基础

决策阶段是项目建设全过程的起始阶段，决策阶段的工程计价对项目全过程的造价起着宏观控制的作用。决策阶段各项技术经济决策，对该项目的工程造价有重大影响，特别是建设标准的确定、建设地点的选择、工艺的评选、设备的选用等，直接关系到工程造价的高低。据有关资料统计，在项目建设各阶段中，投资决策阶段影响工程造价的程度最高。因此，决策阶段是决定工程造价的基础阶段。

3. 项目决策的深度影响投资估算的精确度

投资决策是一个由浅入深、不断深化的过程，不同阶段决策的深度不同，投资估算的精度也不同。如在项目规划和项目建议书阶段，投资估算的误差率在±30%左右；而在可行性研究阶段，误差率在±10%以内。在项目建设的各个阶段，通过工程造价的确定与控制，形成相应的投资估算、设计概算、施工图预算、合同价、结算价和竣工决算价，各造价形式之间存在着前者控制后者，后者补充前者的相互作用关系。因此，只有加强项目决策的深度，采用科学的估算方法和可靠的数据资料，合理地计算投资估算，才能保证其他阶段的造价被控制在合理范围，避免“三超”现象的发生，继而实现投资控制目标。

4. 工程造价的数额影响项目决策的结果

项目决策影响着项目造价的高低以及拟投入资金的多少，反之亦然。项目决策阶段形成的投资估算是进行投资方案选择的重要依据之一，同时也是决定项目是否可行及主管部门进行项目审批的参考依据。因此，项目投资估算的数额，从某种程度上也影响着项目决策。

(三) 影响工程造价的主要因素

在项目决策阶段，影响工程造价的主要因素包括建设规模、建设地区及建设地点（厂址）、技术方案、设备方案、工程方案、环境保护措施等。

1. 建设规模

建设规模也称为项目生产规模，是指项目在其设定的正常生产运营年份可能达到的生产能力或者使用效益。在项目决策阶段应选择合理的建设规模，以达到规模经济的要求。但规模扩大所产生效益不是无限的，它受到技术进步、管理水平、社会经济环境等多种因素的制约。

（1）制约项目规模合理化的主要因素包括市场因素、技术因素以及环境因素等几个方面。合理地处理好这几方面间的关系，对确定项目合理的建设规模，从而控制好投资十分重要。

1）市场因素。市场因素是确定建设规模需考虑的首要因素。

①市场需求状况是确定项目生产规模的前提。通过对产品市场需求的科学分析与预测，在准确把握市场需求状况、及时了解竞争对手情况的基础上，最终确定项目的最佳生产规模。一般情况下，项目的生产规模应以市场预测的需求量为限，并根据项目产品市场的长期发展趋势做相应调整，确保所建项目在未来能够保持合理的盈利水平和持续发展的能力。

②原材料市场、资金市场、劳动力市场等对建设规模的选择起着不同程度的制约作用。如项目规模过大可能导致原材料供应紧张和价格上涨，造成项目所需投资资金的筹集困难和资金成本上升等，将制约项目的规模。

③市场价格分析是制定营销策略和影响竞争力的主要因素。市场价格预测应综合考虑影响预期价格变动的各种因素，对市场价格做出合理的预测。根据项目具体情况，可选择采用回归法或比价法进行预测。

④市场风险分析是确定建设规模的重要依据。在可行性研究中，市场风险分析是指对未来某些重大不确定因素发生的可能性及其对项目可能造成的损失进行的分析，并提出风险规避措施。市场风险分析可采用定性分析或定量分析的方法。

2）技术因素。先进适用的生产技术及技术装备是项目规模效益赖以存在的基础，而相应的管理技术水平则是实现规模效益的保证。若与经济规模生产相适应的先进技术及其装备的来源没有保障，或获取技术的成本过高，或管理水平跟不上，则不仅达不到预期的规模效益，还会给项目的生存和发展带来危机，导致项目投资效益低下、工程造价支出严重浪费。

3）环境因素。项目的建设、生产和经营都离不开一定的社会经济环境，确定项目规模需考虑的主要环境因素有政策因素、燃料动力供应、协作及土地条件、运输及通信条件。其中，政策因素包括产业政策、投资政策、技术经济政策以及国家、地区及行业经济发展规划等。特别是为了取得较好的规模效益，国家对部分行业的新建项目规模做了下限规定，选择项目规模时应予以遵照执行。

不同行业、不同类型项目确定建设规模，还应分别考虑以下因素：

①对于煤炭、金属与非金属矿山、石油、天然气等矿产资源开发项目，在确定建设规模时，应充分考虑资源合理开发利用要求和资源可采储量、赋存条件等因素。

②对于水利水电项目，在确定建设规模时，应充分考虑水的资源量、可开发利用量、地质条件、建设条件、库区生态影响、占用土地以及移民安置等因素。

③对于铁路、公路项目，在确定建设规模时，应充分考虑建设项目影响区域内一定时期运输量的需求预测，以及该项目在综合运输系统和本系统中的作用确定线路等级、线路长度和运输能力等因素。

④对于技术改造项目，在确定建设规模时，应充分研究建设项目生产规模与企业现有生产规模的关系；新建生产规模属于外延型还是外延内涵复合型，以及利用现有场地、公用工程和辅助设施的可能性等因素。

（2）建设规模方案比选。在对以上三个因素进行充分考核的基础上，应确定相应的产品方案、产品组合方案和项目建设规模。可行性研究报告应根据经济合理性、市场容量、环境容量以及资金、原材料和主要外部协作条件等方面的研究，对项目建设规模进行充分论证，必要时进行多方案技术经济比较。大型、复杂项目的建设规模论证应研究合理、优化的工程分期，明确初期规模和远景规模。不同行业、不同类型项目在研究确定其建设规模时还应充分考虑其自身特点。项目合理建设规模的确定方法包括：

1）盈亏平衡产量分析法。通过分析项目产量与项目费用和收入的变化关系，找出项目的盈亏平衡点，以探求项目合理建设规模。当产量提高到一定程度时，如果继续扩大规模，项目就出现亏损，此点称为项目的最大规模盈亏平衡点。当规模处于这两点之间时，项目盈利，所以这两点是合理建设规模的下限和上限，可作为确定合理经济规模的依据之一。

2）平均成本法。最低成本和最大利润属“对偶现象”。成本最低，利润最大；成本最大，利润最低。因此可以通过争取达到项目最低平均成本，确定项目的合理建设规模。

3）生产能力平衡法。在技改项目中，可采用生产能力平衡法来确定合理生产规模。最大工序生产能力法是以现有最大生产能力的工序为标准，逐步填平补齐，成龙配套，使之满足最大生产能力的设备要求。最小公倍数法是以项目各工序生产能力或现有标准设备的生产能力为基础，并以各工序生产能力的最小公倍数为准，通过填平补齐，成龙配套，形成最佳的生产规模。

4）政府或行业规定。为了防止投资项目效率低下和资源浪费，国家对某些行业的建设项目规定了规模界限。投资项目的规模，必须满足这些规定。

经过多方案比较，在项目建议书阶段，应提出项目建设（或生产）规模的倾向意见，报上级机构审批。

2. 建设地区及建设地点（厂址）

一般情况下，确定某个建设项目的具体地址（或厂址），需要经过建设地区选择和建设地点选择（厂址选择）两个不同层次、相互联系又相互区别的工作阶段，二者之间是一种递进关系。其中，建设地区选择是指在几个不同地区之间对拟建项目适宜配置的区域范围的选择；建设地点选择则是对项目具体坐落位置的选择。

（1）建设地区的选择。建设地区选择的合理与否，在很大程度上决定着拟建项目的命运，影响着工程造价的高低、建设工期的长短、建设质量的好坏，还影响到项目建成后的运营状况。因此，建设地区的选择要充分考虑各种因素的制约，具体要考虑以下因素：

1）要符合国民经济发展战略规划、国家工业布局总体规划和地区经济发展规划的要求。

2）要根据项目的特点和需要，充分考虑原材料条件、能源条件、水源条件、各地区对项目产品需求及运输条件等。

3）要综合考虑气象、地质、水文等建厂的自然条件。

4）要充分考虑劳动力来源、生活环境、协作、施工力量、风俗文化等社会环境因素的影响。

因此，在综合考虑上述因素的基础上，建设地区的选择应遵循以下两个基本原则：

1）靠近原料、燃料提供地和产品消费地的原则。满足这一原则，在项目建成投产后，可以避免原料、燃料和产品的长期远途运输，减少运输费用，降低产品的生产成本，并且缩短流通时间，加快流动资金的周转速度。但这一原则并不是意味着项目安排在距原料、燃料提供地和产品消费地的等距离范围内，而是根据项目的技术经济特点和要求，具体对待。例如，对农产品、矿产品的初步加工项目，由于大量消耗原料，应尽可能靠近原料产地；对于能耗高的项目，如铝厂、电石厂等，宜靠近电厂，因为减少电能输送损失所获得的利益，通常大大超过原料、半成品调运中的劳动耗费；而对于技术密集型的建设项目，由于大中城市工业和科学技术力量雄厚、协作配套条件完备、信息灵通，所以其选址宜在大中城市。

2）工业项目适当聚集的原则。在工业布局中，通常是一系列相关的项目聚成适当规模的工业基地和城镇，从而有利于发挥“集聚效益”，对各种资源和生产要素充分利用，便于形成综合生产能力，便于统一建设比较齐全的基础结构设施，避免重复建设，节约投资。此外，还能为不同类型的劳动者提供多种就业机会。

但当工业聚集超越客观条件时，也会带来许多弊端，促使项目投资增加、经济效益下降。这主要是因为：各种原料、燃料需要量大增，原料、燃料和产品的运输距离延长，流通过程中的劳动耗费增加；城市人口相应集中，形成对各种农副产品的大量需求，势必增加城市农副产品供应的费用；生产和生活用水量大增，在本地水源不足时，需要开辟新水源，远距离引水，耗资巨大；大量生产和生活排泄物集中排放，势必造成环境污染、生态平衡破坏，为保持环境质量，不得不增加环境保护费用。当工业集聚带来的“外部不经济性”的总和超过生产集聚带来的利益时，综合经济效益反而下降，这就表明集聚程度已超过经济合理的界限。

（2）建设地点（厂址）的选择。遵照上述原则确定建设区域范围后，具体的建设地点（厂址）的选择又是一项极为复杂的技术经济综合性很强的系统工程，不仅涉及项目建设条件、产品生产要素、生态环境和未来产品销售等重要问题，受社会、政治、经济、国防等多因素的制约；还直接影响到项目建设投资、建设速度和施工条件，以及未来企业的经营管理及所在地点的城乡建设规划与发展。因此，必须从国民经济和社会发展的全局出发，运用系统观点和方法分析决策。

1）选择建设地点（厂址）的要求：

①节约土地，少占耕地，降低土地补偿费用。项目的建设尽量将厂址选择在荒地、劣地、山地和空地，不占或少占耕地，力求节约用地。与此同时，还应注意节省土地的补偿费用，降低工程造价。

②减少拆迁移民数量。项目建设的选址、选线应着眼少拆迁、少移民，尽可能不靠近、不穿越人口密集的城镇或居民区，减少或不发生拆迁安置费，降低工程造价。若必须拆迁移民，应制定详尽的征地拆迁移民安置方案，充分考虑移民数量、安置途径、补偿标准、拆迁安置工作量和所需资金等，作为前期费用计入项目投资成本。

③应尽量选在工程地质、水文地质条件较好的地段，土壤耐压力应满足拟建厂的要求，严防选在断层、熔岩、流沙层与有用矿床上以及洪水淹没区、已采矿坑塌陷区、滑坡区。建设地点（厂址）的地下水位应尽可能低于地下建筑物的基准面。

④要有利于厂区合理布置和安全运行。厂区土地面积与外形能满足厂房与各种构筑物的需要，并适合于按科学的工艺流程布置厂房与构筑物，满足生产安全要求。厂区地形力求平坦而略有坡度（一般5%～10%为宜），以减少平整土地的土方工程量，节约投资，又便于地面排水。

⑤应尽量靠近交通运输条件和水电供应等条件好的地方。建设地点（厂址）应靠近铁路、公路、水路，以缩短运输距离，减少建设投资和未来的运营成本；建设地点（厂址）应设在供电、供热和其他协作条件便于取得的地方，有利于施工条件的满足和项目运营期间的正常运作。

⑥应尽量减少对环境的污染。对于排放大量有害气体和烟尘的项目，不能建在城市的上风口，以免对整个城市造成污染；对于噪声大的项目，建设地点（厂址）应远离居民集中区，同时，要设置一定宽度的绿化带，以减弱噪声的干扰；对于生产或使用易燃、易爆、辐射产品的项目，建设地点（厂址）应远离城镇和居民密集区。

上述条件的满足与否，不仅关系到建设工程造价的高低和建设期限，还关系到项目投产后的运营状况。因此，在确定厂址时，也应进行方案的技术经济分析、比较，选择最佳建设地点（厂址）。

2）建设地点（厂址）选择时的费用分析。在进行厂址多方案技术经济分析时，除比较上述建设地点（厂址）条件外，还应具有全寿命周期的理念，从以下两方面进行分析：

①项目投资费用，包括土地征购费、拆迁补偿费、土石方工程费、运输设施费、排水及污水处理设施费、动力设施费、生活设施费、临时设施费、建材运输费等。

②项目投产后生产经营费用，包括原材料、燃料运入及产品运出费用，给水、排水、污水处理费用，动力供应费用等。

3）建设地点（厂址）方案的技术经济论证。选址方案的技术经济论证，不仅是寻求合理的经济和技术决策的必要手段，还是项目选址工作的重要组成部分。在项目选址工作中，通过实地调查和基础资料的收集，拟定项目选址的备选方案，并对各种方案进行技术经济论证，确定最佳厂址方案。建设地点（厂址）比较的主要内容有建设条件比较、建设费用比较、经营费用比较、运输费用比较、环境影响比较和安全条件比较。

3. 技术方案

生产技术方案指产品生产所采用的生产方法和工艺流程。在建设规模和建设地区及地点确定后，具体的工程技术方案的确定，在很大程度上影响着工程建设成本以及建成后的运营成本。技术方案的选择直接影响项目的工程造价，因此，必须遵照以下原则，认真评价和选择拟采用的技术方案。

（1）技术方案选择的基本原则：

1）先进适用，这是评定技术方案最基本的标准。保证工艺技术的先进性是首先要满足的，它能够带来产品质量、生产成本的优势。但在技术方案选择时不能单独强调先进而忽略适用，而应在满足先进的同时，结合我国国情和国力，考察工艺技术是否符合我国的技术发展政策。总之，要根据国情和建设项目的经济效益，综合考虑先进与适用的关系。对于拟采用的工艺，除了必须保证能用指定的原材料按时生产出符合数量、质量要求的产品外，还要考虑与企业的生产和销售条件（包括原有设备能否配套，技术和管理水平、市场需求、原材料种类等）是否相适应，特别要考虑到原有设备能否利用，技术和管理水平能否跟上。

2）安全可靠。项目所采用的技术或工艺，必须经过多次试验和实践证明是成熟的，技术过关，质量可靠，安全稳定，有详尽的技术分析数据和可靠性记录，且生产工艺的危害程度控制在国家规定的标准之内，才能确保生产安全、高效运行，发挥项目的经济效益。对于核电站、产生有毒有害和易燃易爆物质的项目（如油田、煤矿等）及水利水电枢纽等项目，更应重视技术的安全性和可靠性。

3）经济合理。是指所用的技术或工艺应讲求经济效益，以最小的消耗取得最佳的经济效果，要求综合考虑所用工艺所能产生的经济效益和国家的经济承受能力。在可行性研究中可能提出几种不同的技术方案，各方案的劳动需要量、能源消耗量、投资数量等可能不同，在产品质量和产品成本等方面可能也有差异，应反复进行比较，从中挑选最经济合理的技术或工艺。

（2）技术方案选择内容：

1）生产方法选择，生产方法是指产品生产所采用的制作方法，生产方法直接影响生产工艺流程的选择。一般在选择生产方法时，从以下几个方面着手：

①研究分析与项目产品相关的国内外生产方法的优缺点，并预测未来发展趋势，积极采用先进适用的生产方法；

②研究拟采用的生产方法是否与采用的原材料相适应，避免出现生产方法与供给原材料不匹配的现象；

③研究拟采用生产方法的技术来源的可得性，若采用引进技术或专利，应比较所需费用；

④研究拟采用生产方法是否符合节能和清洁的要求，应尽量选择节能环保的生产方法。

2）工艺流程方案选择，工艺流程是指投入物（原料或半成品）经过有序的生产加工，成为产出物（产品或加工品）的过程。选择工艺流程方案的具体内容包括以下几个方面：

①研究工艺流程方案对产品质量的保证程度；

②研究工艺流程各工序间的合理衔接，工艺流程应通畅、简捷；

③研究选择先进合理的物料消耗定额，提高收益；

④研究选择主要工艺参数；

⑤研究工艺流程的柔性安排，既能保证主要工序生产的稳定性，又能根据市场需求变化，使生产的产品在品种规格上保持一定的灵活性。

（3）技术方案的比选，包括技术的先进程度、可靠程度和技术对产品质量性能的保证程度、技术对原材料的适应性、工艺流程的合理性、自动化控制水平、估算本国及外国各种工艺方案的成本、成本耗费水平、对环境的影响程度等技术经济指标等。工艺改造项目工艺方案的比选论证，还应与原有的工艺方案进行比较。

比选论证后提出的推荐方案，应绘制主要的工艺流程图，编制主要物料平衡表，主要原材料、辅助材料以及水、电、气等的消耗量等图表。

4. 设备方案

在确定生产工艺流程和生产技术后，应根据工厂生产规模和工艺过程的要求，选择设备的型号和数量。设备的选择与技术密切相关，二者必须匹配。没有先进的技术，再好的设备也没用，没有先进的设备，技术的先进性无法体现。

（1）设备方案选择应符合的要求：

1）主要设备方案应与确定的建设规模、产品方案和技术方案相适应，并满足项目投产后生产或使用的要求；

2）主要设备之间、主要设备与辅助设备之间的生产或使用性能要相互匹配；

3）设备质量应安全可靠、性能成熟，保证生产和产品质量稳定；

4）在保证设备性能前提下，力求经济合理；

5）选择的设备应符合政府部门或专门机构发布的技术标准要求。

（2）设备选用应注意处理的问题：

1）要尽量选用国产设备。凡国内能够制造，且能保证质量、数量和按期供货的设备，或者进口一些技术资料就能仿制的设备，原则上必须国内生产，不必从国外进口；凡只要引进关键设备就能由国内配套使用的，就不必成套引进。

2）要注意进口设备之间以及国内外设备之间的衔接配套问题。有时一个项目从国外引进设备时，为了考虑各供应厂家的设备特长和价格等问题，可能分别向几家制造厂购买，这时，就必须注意各厂所供设备之间技术、效率等方面的衔接配套问题。为了避免各厂所供设备不能配套衔接，引进时最好采用总承包的方式。还有一些项目，一部分为进口国外设备，另一部分则引进技术由国内制造。这时也必须注意国内外设备之间的衔接配套问题。

3）要注意进口设备与原有国产设备、厂房之间的配套问题。主要应注意本厂原有国产设备的质量、性能与引进设备是否配套，以免因国内外设备能力不平衡而影响生产。对于利用原有厂房安装引进设备的项目，应全面掌握原有厂房的结构、面积、高度以及原有设备的情况，以免设备到厂后安装不下或互不适应而造成浪费。

4）要注意进口设备与原材料、备品备件及维修能力之间的配套问题。应尽量避免引进设备所用的主要原料需要进口，如果必须从国外引进时，应安排国内有关厂家尽快研制这种原料。采用进口设备，还必须同时组织国内研制所需备品备件问题，避免有些备件在厂家输出技术或设备之后不久就被淘汰，从而保证设备长期发挥作用。另外，对于进口的设备，还必须懂得设备的操作和维修，否则设备的先进性就可能得不到充分发挥。在外商派人安装调试时，可培训国内技术人员及时学会操作，必要时也可派人出国培训。

5. 工程方案

工程方案选择是在已选定项目建设规模、技术方案和设备方案的基础上，研究论证主要建筑物、构筑物的建造方案，包括对于建筑标准的确定。

（1）工程方案选择应满足的基本要求包括：

1）满足生产使用功能要求。确定项目的工程内容、建筑面积和建筑结构时，应满足生产和使用的要求。分期建设的项目，应留有适当的发展余地。

2）适应已选定的场址（线路走向）。在已选定的场址（线路走向）的范围内，合理布置建筑物、构筑物，以及地上、地下管网的位置。

3）符合工程标准规范要求。建筑物、构筑物的基础、结构和所采用的建筑材料，应符合政府部门或者专门机构发布的技术标准规范要求，确保工程质量。

4）经济合理。工程方案在满足使用功能、确保质量的前提下，力求降低造价、节约建设资金。

（2）工程方案研究内容：

1）一般工业项目的厂房、工业窑炉、生产装置等建筑物、构筑物的工程方案，主要研究其建筑特征（面积、层数、高度、跨度），建筑物、构筑物的结构形式，以及特殊建筑要求（防火、防爆、防腐蚀、隔音、隔热等），基础工程方案，抗震设防等。

2）矿产开采项目的工程方案主要研究开拓方式，根据矿体分布、形态、地质构造等条件，结合矿产品位、可采资源量，确定井下开采或者露天开采的工程方案。这类项目的工程方案将直接转化为生产方案。

3）铁路项目工程方案的主要研究内容包括线路、路基、轨道、桥涵、隧道、站场以及通信信号等方案。

4）水利水电项目工程方案的主要研究内容包括防洪、治涝、灌溉、供水、发电等工程方案。水利水电枢纽和水库工程主要研究坝址、坝型、坝体建筑结构、坝基处理以及各种建筑物、构筑物的工程方案。同时，还应研究提出库区移民安置的工程方案。

6. 环境保护措施

建设项目一般会引起项目所在地自然环境、社会环境和生态环境的变化，对环境状况、环境质量产生不同程度的影响。因此，需要在确定场址方案和技术方案时，对所在地的环境条件进行充分的调查研究，识别和分析拟建项目影响环境的因素，并提出治理和保护环境的措施，比选和优化环境保护方案。

（1）环境保护的基本要求：工程建设项目应注意保护场址及其周围地区的水土资源、海洋资源、矿产资源、森林植被、文物古迹、风景名胜等自然环境和社会环境。其环境保护措施应坚持以下原则：

1）符合国家环境保护相关法律、法规以及环境功能规划的整体要求。

2）工业建设项目应当采用能耗物耗小、污染物产生量少的清洁生产工艺，合理利用自然资源，防止环境污染和生态破坏。

3）坚持“三同时原则”，即建设项目需要配套建设的环境保护设施，必须与主体工程同时设计、同时施工、同时投产使用。

4）力求环境效益与经济效益相统一。工程建设与环境保护应全面规划，合理布局，统筹安排好工程建设和环境保护工作，力求环境保护治理方案技术可行和经济合理。

5）注重资源综合利用和再利用，对项目在环境治理过程中产生的废气、废水、固体废弃物等，应提出回水处理和再利用方案。

（2）环境治理措施方案：对于在项目建设过程中涉及的污染源和排放的污染物等，应根据其性质的不同，采用有针对性的治理措施。

1）废气污染治理，可采用冷凝、活性炭吸附法、催化燃烧法、催化氧化法、酸碱中和法、等离子法等方法。

2）废水污染治理，可采用物理法（如重力分离、离心分离、过滤、蒸发结晶、高磁分离等）、化学法（如中和、化学凝聚、氧化还原等）、物理化学法（如离子交换、电渗析、反渗透、气泡悬上分离、汽提吹脱、吸附萃取等）、生物法（如自然氧池、生物滤化、活性污泥、厌氧发酵）等方法。

3）固体废弃物污染治理，有毒废弃物可采用防渗漏池堆存；放射性废弃物可采用封闭固化；无毒废弃物可采用露天堆存；生活垃圾可采用卫生填埋、堆肥、生物降解或者焚烧方式处理；利用无毒害固体废弃物加工制作建筑材料或者作为建材添加物，进行综合利用。

4）粉尘污染治理，可采用过滤除尘、湿式除尘、电除尘等方法。

5）噪声污染治理，可采用吸声、隔音、减振、隔振等措施。

6）建设和生产运营引起环境破坏的治理。对岩体滑坡、植被破坏、地面塌陷、土壤劣化等，也应提出相应治理方案。

（3）环境治理方案比选：对环境治理的各局部方案和总体方案进行技术经济比较，做出综合评价，并提出推荐方案。环境治理方案比选的主要内容包括：

1）技术水平对比，分析对比不同环境保护治理方案所采用的技术和设备的先进性、适用性、可靠性和可得性。

2）治理效果对比，分析对比不同环境保护治理方案在治理前及治理后环境指标的变化情况，以及能否满足环境保护法律法规的要求。

3）管理及监测方式对比，分析对比各治理方案所采用的管理和监测方式的优缺点。

4）环境效益对比，将环境治理保护所需投资和环保措施运行费用与所获得的收益相比较，并将分析结果作为方案比选的重要依据。效益费用比值较大的方案为优。

二、投资估算的概念及其编制内容

（一）投资估算的含义及作用

1. 投资估算的含义

投资估算是在投资决策阶段，以方案设计或可行性研究文件为依据，按照规定的程序、方法和依据，对拟建项目所需总投资及其构成进行的预测和估计，是在研究并确定项目的建设规模、产品方案、技术方案、工艺技术、设备方案、厂址方案、工程建设方案以及项目进度计划等的基础上，依据特定的方法，估算项目从筹建、施工直至建成投产所需全部建设资金总额并测算建设期各年资金使用计划的过程。投资估算的成果文件称作投资估算书，也简称为投资估算。投资估算书是项目建议书或可行性研究报告的重要组成部分，是项目决策的重要依据之一。

投资估算按委托内容可分为建设项目的投资估算、单项工程投资估算、单位工程投资估算。投资估算的准确与否不仅影响到可行性研究工作的质量和经济评价结果，而且直接关系到下一阶段设计概算和施工图预算的编制，以及建设项目的资金筹措方案。因此，全面准确地估算建设项目的工程造价，是可行性研究乃至整个决策阶段造价管理的重要任务。

2. 投资估算的作用

投资估算作为论证拟建项目的重要经济文件，既是建设项目技术经济评价和投资决策的重要依据，又是该项目实施阶段投资控制的目标值。投资估算在建设工程的投资决策、造价控制、筹集资金等方面都有重要作用。

（1）项目建议书阶段的投资估算，是项目主管部门审批项目建议书的依据之一，也是编制项目规划、确定建设规模的参考依据。

（2）项目可行性研究阶段的投资估算，既是项目投资决策的重要依据，也是研究、分析、计算项目投资经济效果的重要条件。政府投资项目的可行性研究报告被批准后，其投资估算额将作为设计任务书中下达的投资限额，即建设项目投资的最高限额，不能随意突破。

（3）项目投资估算是设计阶段造价控制的依据，投资估算一经确定，即成为限额设计的依据，用于对各设计专业实行投资切块分配，作为控制和指导设计的尺度。

（4）项目投资估算可作为项目资金筹措及制订建设贷款计划的依据，建设单位可根据批准的项目投资估算额，进行资金筹措和向银行申请贷款。

（5）项目投资估算是核算建设项目固定资产投资需要额和编制固定资产投资计划的重要依据。

（6）投资估算是建设工程设计招标、优选设计单位和设计方案的重要依据。在工程设计招标阶段，投标单位报送的投标书中包括项目设计方案、项目的投资估算和经济性分析，招标单位根据投资估算对各项设计方案的经济合理性进行分析、衡量、比较，在此基础上，择优确定设计单位和设计方案。

（二）投资估算的阶段划分与精度要求

1. 国外项目投资估算的阶段划分与精度要求

在英、美等国家，对一个建设项目从开发设想直至施工图设计期间各阶段项目投资的预计额均称为估算，只是因各阶段设计深度、技术条件的不同，对投资估算的准确度要求有所不同。英、美等国家把建设项目的投资估算分为以下五个阶段：

（1）投资设想阶段的投资估算。在尚无工艺流程图、平面布置图，也未进行设备分析的情况下，即根据假想条件比照同类已投产项目的投资额，并考虑涨价因素编制项目所需投资额。这一阶段称为毛估阶段，或称为比照估算。这一阶段投资估算的意义是判断一个项目是否需要进行下一步工作，此阶段对投资估算精度的要求较低，允许误差大于±30%。

（2）投资机会研究阶段的投资估算。此时应有初步的工艺流程图、主要生产设备的生产能力及项目建设的地理位置等条件，故可套用相近规模厂的单位生产能力建设费用来估算拟建项目所需的投资额，据以初步判断项目是否可行，或审查项目引起投资兴趣的程度。这一阶段称为粗估阶段，或称为因素估算，对投资估算精度的要求误差控制在±30%以内。

(3) 初步可行性研究阶段的投资估算。此时已具有设备规格表、主要设备的生产能力和尺寸、项目的总平面布置、各建筑物的大致尺寸、公用设施的初步位置等条件。此时期的投资估算额，可据以决定拟建项目是否可行，或据以列入投资计划。这一阶段称为初步估算阶段，或称为认可估算，对投资估算精度的要求为误差控制在±20%以内。

(4) 详细可行性研究阶段的投资估算。此时项目的细节已清楚，并已进行了建筑材料、设备的询价，也已进行了设计和施工的咨询，但工程图纸和技术说明尚不完备。可根据此时期的投资估算额进行筹款。这一阶段称为确定估算阶段，或称为控制估算阶段，对投资估算精度的要求为误差控制在±10%以内。

(5) 工程设计阶段的投资估算。此时应具有工程的全部设计图纸、详细的技术说明、材料清单、工程现场勘察资料等，故可根据单价逐项计算，从而汇总出项目所需的投资额。可据此投资估算控制项目的实际建设。这一阶段称为详细估算阶段，或称为投标估算阶段，对投资估算精度的要求为误差控制在±5%以内。

2. 我国项目投资估算的阶段划分与精度要求

投资估算是进行建设项目技术经济评价和投资决策的基础。在建设项目规划、项目建议书（投资机会研究)、预可行性研究、可行性研究阶段应编制投资估算。投资估算的准确性不仅影响可行性研究工作的质量和经济评价结果，还直接关系到下一阶段设计概算和施工图预算的编制。因此，准确编制投资估算尤为重要，项目决策的各个阶段编制投资估算的精度要求如下：

(1) 建设项目规划和项目建议书阶段的投资估算。在项目规划和项目建议书阶段，按项目建议书中的产品方案、项目建设规模、产品主要生产工艺、企业车间组成、初选建厂地点等，估算建设项目所需投资额。此阶段项目投资估算是审批项目建议书的依据，是判断项目是否需要进入下一阶段工作的依据，对投资估算精度的要求为误差控制在±30%以内。

(2) 预可行性研究阶段的投资估算。预可行性研究阶段，在掌握更详细、更深入的资料的条件下，估算建设项目所需投资额。此阶段项目投资估算是初步明确项目方案，为项目进行技术经济论证提供依据，同时是判断是否进行可行性研究的依据，对投资估算精度的要求为误差控制在±20%以内。

(3) 可行性研究阶段的投资估算。可行性研究阶段的投资估算尤为重要，是对项目进行较详细的技术经济分析，决定项目是否可行，并比选出最佳投资方案的依据，此阶段的投资估算经审查批准后，即是工程设计任务书中规定的项目投资限额，对工程设计概算起控制作用，对投资估算精度的要求为误差控制在±10%以内。

根据《建设项目投资估算编审规程》CECA/GC 1—2015 的规定，有时在方案设计（包括概念方案设计和报批方案设计）以及项目申请报告中也可能需要编制投资估算。

(三) 投资估算的内容

投资估算按照编制估算的工程对象划分，包括建设项目投资估算、单项工程投资估算和单位工程投资估算等。投资估算文件一般由封面、签署页、编制说明、投资估算分析、总投资估算表、单项工程估算表、主要技术经济指标等内容组成。

1. 投资估算编制说明

投资估算编制说明一般包括以下内容：

（1）工程概况。

（2）编制范围。说明建设项目总投资估算中所包括的和不包括的工程项目和费用，如有几个单位共同编制时，说明分工编制的情况。

（3）编制方法。

（4）编制依据。

（5）主要技术经济指标，包括投资、用地和主要材料用量指标。当设计规模有远、近期不同的考虑时，或者土建与安装的规模不同时，应分别计算后再综合。

（6）有关参数、率值选定的说明，如征地拆迁、供电供水、考察咨询等费用的费率标准选用情况。

（7）特殊问题的说明（包括采用新技术、新材料、新设备、新工艺）；必须说明的价格的确定；进口材料、设备、技术费用的构成与技术参数；采用特殊结构的费用估算方法；安全、节能、环保、消防等专项投资占总投资的比重；建设项目总投资中未计算项目或费用的必要说明等。

（8）采用限额设计的工程还应对投资限额和投资分解做进一步说明。

（9）采用方案比选的工程还应对方案比选的估算和经济指标做进一步说明。

（10）资金筹措方式。

2. 投资估算分析

投资估算分析应包括以下内容：

（1）工程投资比例分析。一般民用项目要分析土建及装修、给排水、消防、采暖、通风空调、电气等主体工程和道路、广场、围墙、大门、室外管线、绿化等室外附属/总体工程占建设项目总投资的比例；一般工业项目要分析主要生产系统（需列出各生产装置）、辅助生产系统、公用工程（给排水、供电和通信、供气、总图运输等）、服务性工程、生活福利设施、厂外工程等占建设项目总投资的比例。

（2）各类费用构成占比分析。分析设备及工器具购置费、建筑工程费、安装工程费、工程建设其他费用、预备费占建设项目总投资的比例；分析引进设备费用占全部设备费用的比例等。

（3）分析影响投资的主要因素。

（4）与类似工程项目的比较，对投资总额进行分析。

3. 总投资估算

总投资估算包括汇总单项工程估算、工程建设其他费用、基本预备费、价差预备费、计算建设期利息等。

4. 单项工程投资估算

单项工程投资估算中，应按建设项目划分的各个单项工程分别计算组成工程费用的建筑工程费、设备及工器具购置费和安装工程费。

5. 工程建设其他费用估算

工程建设其他费用估算应按预期将要发生的工程建设其他费用种类，逐项详细估算其费用金额。

6. 主要技术经济指标

工程造价人员应根据项目特点，计算并分析整个建设项目、各单项工程和主要单位工程的主要技术经济指标。

三、投资估算的编制

(一) 投资估算的编制依据、要求及步骤

1. 投资估算的编制依据

建设项目投资估算编制依据是指在编制投资估算时所遵循的计量规则、市场价格、费用标准及工程计价有关参数、率值等基础资料，主要有以下几个方面：

(1) 国家、行业和地方政府的有关法律、法规或规定；政府有关部门、金融机构等发布的价格指数、利率、汇率、税率等有关参数。

(2) 行业部门、项目所在地工程造价管理机构或行业协会等编制的投资估算指标、概算指标（定额）、工程建设其他费用定额（规定）、综合单价、各类工程造价指标、指数和有关造价文件等。

(3) 类似工程的各种技术经济指标和参数。

(4) 工程所在地同期的人工、材料、机具市场价格，建筑、工艺及附属设备的市场价格和有关费用。

(5) 与建设项目有关的工程地质资料、设计文件、图纸或有关设计专业提供的主要工程量和主要设备清单等。

(6) 委托单位提供的其他技术经济资料。

2. 投资估算的编制要求

建设项目投资估算编制时，应满足以下要求：

(1) 应根据主体专业设计的阶段和深度，结合各行业的特点，所采用生产工艺流程的成熟性，以及国家及地区、行业或部门、市场相关投资估算基础资料和数据的合理、可靠、完整程度，采用合适的方法，对建设项目投资估算进行编制，并对主要技术经济指标进行分析。

(2) 应做到工程内容和费用构成齐全，不重不漏，不提高或降低估算标准，计算合理。

(3) 应充分考虑拟建项目设计的技术参数和投资估算所采用的估算系数、估算指标，在质和量方面所综合的内容，应遵循口径一致的原则。

(4) 参考工程造价管理部门发布的投资估算指标或各类工程造价指标和指数等，依据工程所在地市场价格水平，结合项目实体情况及科学合理的建造工艺，全面反映建设项目建设前期和建设期的全部投资。对于建设项目的边界条件，如建设用地费和外部交通、水、电、通信条件，或市政基础设施配套条件等差异所产生的与主要生产内容投资无必然关联的费用，应结合建设项目的实际情况进行修正。

(5) 应对影响造价变动的因素进行敏感性分析，分析市场的变动因素，充分估计物价上涨因素和市场供求情况对项目造价的影响，确保投资估算的编制质量。

(6) 投资估算精度应能满足控制初步设计概算要求，并尽量减少投资估算的误差。

3. 投资估算的编制步骤

根据投资估算的不同阶段，主要包括项目建议书阶段及可行性研究阶段的投资估算。可行性研究阶段的投资估算的编制一般包含静态投资部分、动态投资部分与流动资金估算三部分，主要包括以下步骤：

（1）分别估算各单项工程所需建筑工程费、设备及工器具购置费、安装工程费，在汇总各单项工程费用的基础上，估算工程建设其他费用和基本预备费，完成工程项目静态投资部分的估算。

（2）在静态投资部分的基础上，估算价差预备费和建设期利息，完成工程项目动态投资部分的估算。

（3）估算流动资金。

（4）估算建设项目总投资。

投资估算编制的具体流程图，如图 3.1.1 所示。

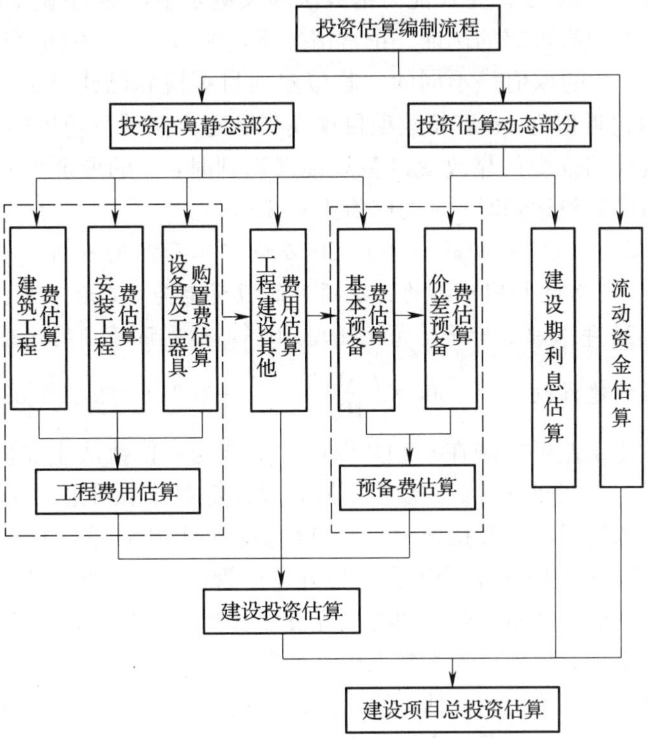

图 3.1.1　建设项目投资估算编制流程

（二）静态投资部分的估算方法

静态投资部分估算的方法很多，各有其适用的条件和范围，而且误差程度也不相同。一般情况下，应根据项目的性质、占有的技术经济资料和数据的具体情况，选用适宜的估算方法。在项目建议书阶段，投资估算的精度较低，可采取简单的匡算法，如生产能力指数法、系数估算法、比例估算法或混合法等，在条件允许时，也可采用指标估算法；在可行性研究阶段，投资估算精度要求高，需采用相对详细的投资估算方法，如指标估算法等。

1. 项目建议书阶段投资估算方法

(1) 生产能力指数法，又称为指数估算法，是根据已建成的类似项目生产能力和投资额来粗略估算同类但生产能力不同的拟建项目静态投资额的方法，其计算公式为：

$$C_2=C_1\left(\frac{Q_2}{Q_1}\right)^x\cdot f \tag{3.1.1}$$

式中：C_1——已建成类似项目的静态投资额；

C_2——拟建项目静态投资额；

Q_1——已建类似项目的生产能力；

Q_2——拟建项目的生产能力；

f——不同时期、不同地点的定额、单价、费用和其他差异的综合调整系数；

x——生产能力指数。

上式表明造价与规模（或容量）呈非线性关系，且单位造价随工程规模（或容量）的增大（减小）而减小（增大）。生产能力指数法的关键是生产能力指数的确定，一般要结合行业特点确定，并应有可靠的例证。正常情况下，$0\leqslant x\leqslant 1$。不同生产率水平的国家和不同性质的项目中，x 的取值是不同的。若拟建项目规模和已建类似项目规模的比值为 0.5～2 时，x 的取值近似为 1；若拟建项目规模与已建类似项目规模的比值为 0.02～50，且拟建项目生产规模的改变仅靠改变设备规模来达到时，x 的取值为 0.6～0.7；若是靠改变相同规格设备的数量达到时，x 的取值为 0.8～0.9。

【例 3.1.1】 某地 2024 年拟建一年产 20 万吨化工产品的项目。根据调查，该地区 2022 年建设的年产 10 万吨相同产品的已建项目的投资额为 5 000 万元。生产能力指数为 0.6，2022 年至 2024 年工程造价平均每年递增 10%。估算该项目的建设投资。

解： 拟建项目的建设投资$=5\ 000\times\left(\frac{20}{10}\right)^{0.6}\times(1+10\%)^2=9\ 170.085\ 2$（万元）

生产能力指数法误差可控制在±20%以内。生产能力指数法主要应用于设计深度不足，拟建建设项目与类似建设项目的规模不同，设计定型并系列化，行业内相关指数和系数等基础资料完备的情况。一般拟建项目与已建类似项目生产能力比值不宜大于 50，以在 10 倍内效果较好，否则误差就会增大。另外，尽管该办法估价误差仍较大，但有其独特的好处，即这种估价方法不需要详细的工程设计资料，只需要知道工艺流程及规模就可以，在总承包工程报价时，承包人大都采用这种方法。

(2) 系数估算法，也称为因子估算法，是以拟建项目的主体工程费或主要设备购置费为基数，以其他辅助配套工程费与主体工程费或设备购置费的百分比为系数，依此估算拟建项目静态投资的方法。本办法主要应用于设计深度不足，拟建建设项目与类似建设项目的主体工程费或主要设备购置费比重较大，行业内相关系数等基础资料完备的情况。在我国国内常用的方法有设备系数法和主体专业系数法，世行项目投资估算常用的方法是朗格系数法。

1) 设备系数法，是指以拟建项目的设备购置费为基数，根据已建成的同类项目的建筑安装工程费用和其他工程费等与设备价值的百分比，求出拟建项目建筑安装工程费用和其他工程费，进而求出项目的静态投资，其计算公式为：

$$C=E\ (1+f_1P_1+f_2P_2+f_3P_3+\cdots)\ +I \tag{3.1.2}$$

式中： C——拟建项目的静态投资；

E——拟建项目根据当时当地价格计算的设备购置费；

P_1，P_2，P_3，…——已建成类似项目中建筑安装工程费用及其他工程费等与设备购置费的比例；

f_1，f_2，f_3，…——不同建设时间、地点而产生的定额、价格、费用标准等差异的调整系数；

I——拟建项目的其他费用。

2）主体专业系数法，是指以拟建项目中投资比重较大，并与生产能力直接相关的工艺设备投资为基数，根据已建同类项目的有关统计资料，计算出拟建项目各专业工程（总图、土建、采暖、给排水、管道、电气、自控等）与工艺设备投资的百分比，据以求出拟建项目各专业投资，然后加总即为拟建项目的静态投资，其计算公式为：

$$C=E\ (1+f_1P'_1+f_2P'_2+f_3P'_3+\cdots)\ +I \tag{3.1.3}$$

式中： E——与生产能力直接相关的工艺设备投资；

P'_1，P'_2，P'_3，…——已建项目中各专业工程费用与工艺设备投资的比重。

其他符号同公式（3.1.2）。

3）朗格系数法，即以设备购置费为基数，乘以适当系数来推算项目的静态投资。这种方法在国内不常见，是世行项目投资估算常采用的方法。该方法的基本原理是将项目建设中的总成本费用中的直接成本和间接成本分别计算，再合为项目的静态投资，其计算公式为：

$$C=E\cdot(1+\sum K_i)\cdot K_c \tag{3.1.4}$$

式中：K_i——管线、仪表、建筑物等项费用的估算系数；

K_c——管理费、合同费、应急费等间接费用在内的总估算系数。

其他符号同公式（3.1.3）。

静态投资与设备购置费之比为朗格系数 K_L，即：

$$K_L=\ (1+\sum K_i)\cdot K_c \tag{3.1.5}$$

朗格系数包含的内容见表 3.1.1。

表 3.1.1 朗格系数包含的内容

项 目		固体流程	固流流程	流体流程
朗格系数 K		3.1	3.63	4.74
内容	(a) 包括基础、设备、绝热、油漆及设备安装费	$E\times1.43$		
	(b) 包括上述在内和配管工程费	(a)×1.1	(a)×1.25	(a)×1.6
	(c) 装置直接费	(b)×1.5		
	(d) 包括上述在内和间接费，总投资 C	(c)×1.31	(c)×1.35	(c)×1.38

朗格系数法是国际上估算一个工程项目或一套装置的费用时，采用较为广泛的方法。但是应用朗格系数法进行工程项目或装置估价的精度仍不是很高，主要原因为：装置规模大小发生变化；不同地区自然地理条件的差异；不同地区经济地理条件的差异；不同地区

气候条件的差异；主要设备材质发生变化时，设备费用变化较大而安装费变化不大。

尽管如此，由于朗格系数法是以设备购置费为计算基础，而设备费用在一项工程中所占的比重较大，对于石油、石化、化工工程而言占 45%～55%，同时一项工程中每台设备所含有的管道、电气、自控仪表、绝热、油漆、建筑等，都有一定的规律。所以，只要对各种不同类型工程的朗格系数掌握得准确，估算精度仍可较高。朗格系数法估算误差在 10%～15%。

【例 3.1.2】 某地 2024 年拟建一座年产 40 万吨的某产品的化工厂。根据调查，该地区 2022 年已建年产 30 万吨相同产品项目，建筑工程费为 4 000 万元，安装工程费为 2 000 万元，设备购置费为 8 000 万元。已知按 2024 年该地区价格计算的拟建项目设备购置费为 9 500 万元，征地拆迁等其他费用为 1 000 万元，且该地区 2022 年至 2024 年建筑安装工程费用平均每年递增 4%，求该拟建项目的静态投资估算。

解：此题是用设备购置费作基数，将建筑工程费、安装工程费等均折算为设备购置费的一定比例，从而求出拟建项目的静态投资。

建筑工程费与设备购置费的比例＝4 000/8 000＝0.5

安装工程费与设备购置费的比例＝2 000/8 000＝0.25

拟建项目的静态投资估算＝9 500×［1＋（0.5＋0.25）×（1＋4%)^2］＋1 000＝18 206.4（万元）

（3）比例估算法，是根据已知的同类建设项目主要设备购置费占整个建设项目静态投资的比例，先逐项估算出拟建项目主要设备购置费，再按比例估算拟建项目的静态投资的方法。本办法主要应用于设计深度不足，拟建建设项目与类似建设项目的主要设备购置费比重较大，行业内相关系数等基础资料完备的情况，其计算公式为：

$$I=\frac{1}{K}\sum_{i=1}^{n}Q_iP_i \tag{3.1.6}$$

式中：I——拟建项目的静态投资；

K——已建项目主要设备购置费占已建项目静态投资的比例；

n——主要设备种类数；

Q_i——第 i 种主要设备的数量；

P_i——第 i 种主要设备的购置单价（到厂价格）。

（4）混合法，是根据主体专业设计的阶段和深度，投资估算编制者所掌握的各类主体发布的相关投资估算基础资料和数据，以及其他统计和积累的可靠的相关造价基础资料，对一个拟建项目采用上述多种方法混合估算其静态投资额的方法。

2. 可行性研究阶段投资估算方法

指标估算法是投资估算的主要方法，为了保证编制精度，可行性研究阶段建设项目投资估算原则上应采用指标估算法。指标估算法是指依据投资估算指标，对各单位工程或单项工程费用进行估算，进而估算建设项目总投资的方法。首先，把拟建建设项目以单项工程或单位工程为单位，按建设内容纵向划分为各个主要生产系统、辅助生产系统、公用工程、服务性工程、生活福利设施，以及各项其他工程费用；同时，按费用性质横向划分为建筑工程费、设备购置费、安装工程费等。其次，根据各种具体的投资估算指标，进行各单位工程或单项工程投资的估算，在此基础上汇集编制成拟建项目的各个单项工程费用和拟建项目的工程费用投资估算。最后，再按相关规定估算工程建设其他费用、基本预备费等，形成拟建项目静态投资。

在条件具备时，对于对投资有重大影响的主体工程应估算出分部分项工程量，套用相应综合单价进行编制。对于子项单一的大型民用公共建筑，主要单项工程估算应细化到单位工程估算书。

可行性研究阶段投资估算均应满足项目的可行性研究与评估需要，并最终满足国家和地方相关部门批复或备案的要求。预可行性研究阶段、方案设计阶段项目建设投资估算视设计深度，宜参照可行性研究阶段的编制办法进行。当采用指标估算法时，可行性研究阶段投资估算的具体编制方法是：

（1）建筑工程费估算。建筑工程费是指为建造永久性建筑物和构筑物所需要的费用。主要采用单位实物工程量投资估算法，是以单位实物工程量的建筑工程费乘以实物工程总量来估算建筑工程费的方法。当无适当估算指标或类似工程造价资料时，可采用计算主体实物工程量套用相关综合定额或概算定额的方法进行估算，但通常需要较为详细的工程资料，工作量较大。实际工作中可根据具体条件和要求选用。建筑工程费估算通常应根据不同的专业工程选择不同的实物工程量计算方法。

1）工业与民用建筑物以"m^2"或"m^3"为单位，套用规模相当、结构形式和建筑标准相适应的投资估算指标或类似工程造价资料进行估算；构筑物以"延长米""m^2""m^3"或"座"为单位，套用技术标准、结构形式相适应的投资估算指标或类似工程造价资料进行估算。

2）大型土方、总平面竖向布置、道路及场地铺砌、室外综合管网和线路、围墙大门等，分别以"m^3""m^2""延长米"或"座"为单位，套用技术标准、结构形式相适应的投资估算指标或类似工程造价资料进行估算。

3）矿山井巷开拓、露天剥离工程、坝体堆砌等，分别以"m^3""延长米"为单位，套用技术标准、结构形式、施工方法相适应的投资估算指标或类似工程造价资料进行估算。

4）公路、铁路、桥梁、隧道、涵洞设施等，分别以"公里"（铁路、公路）、"100 平方米桥面（桥梁）""100 平方米断面（隧道）""道（涵洞）"为单位，套用技术标准、结构形式、施工方法相适应的投资估算指标或类似工程造价资料进行估算。

（2）设备及工器具购置费估算。设备购置费根据项目主要设备表及价格、费用资料编制，工器具及生产家具购置费按设备费的一定比例计取。对于价值高的设备应按单台（套）估算购置费，价值较小的设备可按类估算，国内设备和进口设备应分别估算。具体估算方法见本书第一章第二节。

（3）安装工程费估算。安装工程费包括安装主材费和安装费。其中，安装主材费可以根据行业和地方相关部门定期发布的价格信息或市场询价进行估算；安装费根据设备专业属性，可按以下方法估算：

1）工艺设备安装费估算，以单项工程为单元，根据单项工程的专业特点和各种具体的投资估算指标，采用按设备费百分比估算指标进行估算；或根据单项工程设备总重，采用以"t"为单位的综合单价指标进行估算，即：

$$安装工程费=设备原价\times设备安装费率 \quad (3.1.7)$$

安装工程费＝设备吨重×单位重量（t）安装费指标 (3.1.8)

2）工艺非标准件、金属结构和管道安装费估算，以单项工程为单元，根据设计选用的材质、规格，以“t”为单位，套用技术标准、材质和规格、施工方法相适应的投资估算指标或类似工程造价资料进行估算，即：

安装工程费＝重量总量×单位重量安装费指标 (3.1.9)

3）工业炉窑砌筑和保温工程安装费估算，以单项工程为单元，以“t”“m^3”或“m^2”为单位，套用技术标准、材质和规格、施工方法相适应的投资估算指标或类似工程造价资料进行估算。

安装工程费＝重量（体积、面积）总量×单位重量（“m^3”“m^2”）安装费指标 (3.1.10)

4）电气设备及自控仪表安装费估算，以单项工程为单元，根据该专业设计的具体内容，采用相适应的投资估算指标或类似工程造价资料进行估算，或根据设备台套数、变配电容量、装机容量、桥架重量、电缆长度等工程量，采用相应综合单价指标进行估算，即：

安装工程费＝设备工程量×单位工程量安装费指标 (3.1.11)

(4) 工程建设其他费用估算。工程建设其他费用的估算应结合拟建项目的具体情况，有合同或协议明确的费用按合同或协议列入；无合同或协议明确的费用，根据国家和各行业部门、工程所在地地方政府的有关工程建设其他费用定额（规定）和计算办法估算，没有定额或计算办法的，参照市场价格标准计算。

(5) 基本预备费估算。基本预备费的估算一般是以建设项目的工程费用和工程建设其他费用之和为基础，乘以基本预备费率进行计算［如公式（3.1.12）所示］。基本预备费率的大小，应根据建设项目的设计阶段和具体的设计深度，以及在估算中所采用的各项估算指标与设计内容的贴近度、项目所属行业主管部门的具体规定确定。

基本预备费＝（工程费用＋工程建设其他费用）×基本预备费率 (3.1.12)

(6) 指标估算法注意事项。使用指标估算法，应注意以下事项：

1）影响投资估算精度的因素主要包括价格变化、现场施工条件、项目特征的变化等。因而，在应用指标估算法时，应根据不同地区、建设年代、条件等进行调整。因为地区、年代不同，人工、材料与设备的价格均有差异，调整方法可以以人工、主要材料消耗量或“工程量”为计算依据，也可以按不同的工程项目的“万元工料消耗定额”确定不同的系数。在有关部门颁布定额或人工、材料价差系数（物价指数）以及其他各类工程造价指数时，可以据其调整。

2）使用估算指标法进行投资估算绝不能生搬硬套，必须对工艺流程、定额、价格及费用标准进行分析，经过实事求是的调整与换算后，才能提高其精确度。

(7) 投资估算方法的发展趋势。随着工程造价信息化进程的加速，工程造价信息资源建设日渐成熟和丰富，估价人员也可以借助多元主体发布的各类市场价格信息、造价指标、指数、工程案例信息等进行投资估算的编制。例如，通过工程造价指标中的建设投资指标，结合拟建项目的建设规模，按照指标给定的单位建设规模单价，就能计算出建设项目的各项工程费用、工程建设其他费用、基本预备费，进而形成静态投资总额及各项费用占比。再如，通过对来自工程实际和市场的个性化工程数据进行收集、挖掘和分析，提炼工程特征要素，进一步将原始数据进行标准化、结构化处理，加工成工程造价数据库，通过工程造价数据库中按照拟建项目的主要特征检索选取类似工程案例的造价数据，通过适当的分解与换算，再综合考虑当前项目建设期的工料机等市场价格，用类比的方法得出较为可靠的工程投资估算额。随着 BIM 的深度应用和造价管理的数字化发展，可以利用模型化指标数据库协助投资估算。例如，根据项目用途等标准化的项目特征描述，依据标准分类的项目清单库、构件库和指标库，快速建立符合建设意图的模拟项目 BIM 模型，数字化平台可根据模型及造价指标自动生成项目投资估算和各项控制性指标。总之，数字化、智能化将是未来发展的必然趋势。

（三）动态投资部分的估算方法

动态投资部分包括价差预备费和建设期利息两部分。动态部分的估算应以基准年静态投资的资金使用计划为基础来计算，而不是以编制年的静态投资为基础计算。

1. 价差预备费

价差预备费计算可详见第一章第五节。除此之外，如果是涉外项目，还应该计算汇率的影响。汇率是两种不同货币之间的兑换比率，汇率的变化意味着一种货币相对于另一种货币的升值或贬值。在我国，人民币与外币之间的汇率采取以人民币表示外币价格的形式给出，如 1 美元＝7.2 元人民币。由于涉外项目的投资中包含人民币以外的币种，需要按照相应的汇率把外币投资额换算为人民币投资额，所以汇率变化就会对涉外项目的投资额产生影响。

（1）外币对人民币升值。项目从国外市场购买设备材料所支付的外币金额不变，但换算成人民币的金额增加；从国外借款，本息所支付的外币金额不变，但换算成人民币的金额增加。

（2）外币对人民币贬值。项目从国外市场购买设备材料所支付的外币金额不变，但换算成人民币的金额减少；从国外借款，本息所支付的外币金额不变，但换算成人民币的金额减少。

估计汇率变化对建设项目投资的影响，是通过预测汇率在项目建设期内的变动程度，以估算年份的投资额为基数，相乘计算求得。

2. 建设期利息

建设期利息包括银行借款和其他债务资金的利息，以及其他融资费用。其他融资费用是指某些债务融资中发生的手续费、承诺费、管理费、信贷保险费等融资费用，一般情况下应将其单独计算并计入建设期利息；在项目前期研究的初期阶段，也可做粗略估算并计入建设投资；对于不涉及国外贷款的项目，在可行性研究阶段，也可做粗略估算并计入建设投资。建设期利息的计算可详见第一章第五节。

（四）流动资金的估算

1. 流动资金估算方法

流动资金是指项目运营需要的流动资产投资，指生产经营性项目投产后，为进行正常生产运营，用于购买原材料、燃料，支付工资及其他经营费用等所需的周转资金。流动资金估算一般采用分项详细估算法，个别情况或者小型项目可采用扩大指标法。

（1）分项详细估算法。流动资金的显著特点是在生产过程中不断周转，其周转额的大小与生产规模及周转速度直接相关。分项详细估算法是根据项目的流动资产和流动负债，估算项目所占用流动资金的方法。其中，流动资产的构成要素一般包括存货、库存现金、应收账款和预付账款；流动负债的构成要素一般包括应付账款和预收账款。流动资金等于流动资产和流动负债的差额，计算公式为：

$$\text{流动资金}=\text{流动资产}-\text{流动负债} \tag{3.1.13}$$

$$\text{流动资产}=\text{应收账款}+\text{预付账款}+\text{存货}+\text{库存现金} \tag{3.1.14}$$

$$\text{流动负债}=\text{应付账款}+\text{预收账款} \tag{3.1.15}$$

$$\text{流动资金本年增加额}=\text{本年流动资金}-\text{上年流动资金} \tag{3.1.16}$$

进行流动资金估算时，首先计算各类流动资产和流动负债的年周转次数，然后再分项估算占用资金额。

1）周转次数，是指流动资金的各个构成项目在一年内完成多少个生产过程，可用1年天数（通常按360天计算）除以流动资金的最低周转天数计算，则各项流动资金年平均占用额度为流动资金的年周转额度除以流动资金的年周转次数，即：

$$\text{周转次数}=\frac{360}{\text{流动资金最低周转天数}} \tag{3.1.17}$$

各类流动资产和流动负债的最低周转天数，可参照同类企业的平均周转天数并结合项目特点确定，或按部门（行业）的规定。另外，在确定最低周转天数时应考虑储存天数、在途天数，并考虑适当的保险系数。

2）应收账款，是指企业对外赊销商品、提供劳务尚未收回的资金，其计算公式为：

$$\text{应收账款}=\frac{\text{年经营成本}}{\text{应收账款周转次数}} \tag{3.1.18}$$

3）预付账款，是指企业为购买各类材料、半成品或服务所预先支付的款项，其计算公式为：

$$\text{预付账款}=\frac{\text{外购商品或服务年费用金额}}{\text{预付账款周转次数}} \tag{3.1.19}$$

4）存货，是指企业为销售或者生产耗用而储备的各种物资，主要有原材料、辅助材料、燃料、低值易耗品、维修备件、包装物、商品、在产品、自制半成品和产成品等。为简化计算，仅考虑外购原材料、燃料、其他材料、在产品和产成品，并分项进行计算，其计算公式为：

$$\text{存货}=\text{外购原材料、燃料}+\text{其他材料}+\text{在产品}+\text{产成品} \tag{3.1.20}$$

$$\text{外购原材料、燃料}=\frac{\text{年外购原材料、燃料费用}}{\text{分项周转次数}} \tag{3.1.21}$$

$$\text{其他材料}=\frac{\text{年其他材料费用}}{\text{其他材料周转次数}} \tag{3.1.22}$$

$$\text{在产品}=\frac{\text{年外购原材料、燃料费用}+\text{年工资及福利费}+\text{年修理费}+\text{年其他制造费用}}{\text{在产品周转次数}} \tag{3.1.23}$$

$$\text{产成品}=\frac{\text{年经营成本}-\text{年其他营业费用}}{\text{产成品周转次数}} \tag{3.1.24}$$

5）现金，项目流动资金中的现金是指货币资金，即企业生产运营活动中停留于货币形态的那部分资金，包括企业库存现金和银行存款，计算公式为：

$$现金=\frac{年工资及福利费+年其他费用}{现金周转次数} \tag{3.1.25}$$

$$年其他费用=制造费用+管理费用+营业费用-（以上三项费用中所含的工资及福利费、折旧费、摊销费、修理费） \tag{3.1.26}$$

6）流动负债估算，是指在一年或者超过一年的一个营业周期内，需要偿还的各种债务，包括短期借款、应付票据、应付账款、预收账款、应付工资、应付福利费、应付股利、应交税金、其他暂收应付款、预提费用和一年内到期的长期借款等。在可行性研究中，流动负债的估算可以只考虑应付账款和预收账款两项，计算公式为：

$$应付账款=\frac{外购原材料、燃料动力费及其他材料年费用}{应付账款周转次数} \tag{3.1.27}$$

$$预收账款=\frac{预收的营业收入年金额}{预收账款周转次数} \tag{3.1.28}$$

（2）扩大指标估算法，是根据现有同类企业的实际资料，求得各种流动资金率指标，亦可依据行业或部门给定的参考值或经验确定比率。将各类流动资金率乘以相对应的费用基数来估算流动资金。一般常用的基数有营业收入、经营成本、总成本费用和建设投资等，究竟采用何种基数依行业习惯而定，其计算公式为：

$$年流动资金额=年费用基数\times各类流动资金率 \tag{3.1.29}$$

扩大指标估算法简便易行，但准确度不高，适用于项目建议书阶段的估算。

2. 流动资金估算应注意的问题

（1）在采用分项详细估算法时，应根据项目实际情况分别确定现金、应收账款、预付账款、存货、应付账款和预收账款的最低周转天数，并考虑一定的保险系数。因为最低周转天数减少，将增加周转次数，从而减少流动资金需用量，因此，必须切合实际地选用最低周转天数。对于存货中的外购原材料和燃料，要分品种和来源，考虑运输方式和运输距离，以及占用流动资金的比重大小等因素确定。

（2）流动资金属于长期性（永久性）流动资产，流动资金的筹措可通过长期负债和资本金（一般要求占30%）的方式解决。流动资金一般要求在投产前一年开始筹措，为简化计算，可规定在投产的第一年开始按生产负荷安排流动资金需用量。其借款部分按全年计算利息，流动资金利息应计入生产期间财务费用，项目计算期末收回全部流动资金（不含利息）。

（3）用扩大指标估算法计算流动资金，可能需以经营成本及其中的某些科目为基数，因此实际上流动资金估算应在经营成本估算之后进行。

（4）在不同生产负荷下的流动资金，应按不同生产负荷所需的各项费用金额，根据上述公式分别估算，而不能直接按照100%生产负荷下的流动资金乘以生产负荷百分比求得。

（五）投资估算文件的编制

根据《建设项目投资估算编审规程》CECA/GC 1—2015的规定，单独成册的投资估算文件应包括封面、签署页、目录、编制说明、有关附表等，与可行性研究报告（或项目建议书）统一装订的应包括签署页、编制说明、有关附表等。在编制投资估算文件的过程中，一般需要编制建设投资估算表、建设期利息估算表、流动资金估算表、单项工程投资估算汇总表、总投资估算汇总表和分年度总投资估算表等。对于对投资有重大影响的单位工程或分部分项工程的投资估算应另附主要单位工程或分部分项工程投资估算表，列出主要分部分项工程量和综合单价进行详细估算。

1. 建设投资估算表的编制

建设投资是项目投资的重要组成部分，也是项目财务分析的基础数据。当估算出建设投资后需编制建设投资估算表，按照费用归集形式，建设投资可按概算法或按形成资产法分类。

(1) 概算法。按照概算法分类，建设投资由工程费用、工程建设其他费用和预备费三部分构成。其中工程费用又由建筑工程费、设备及工器具购置费（含工器具及生产家具购置费）和安装工程费构成；工程建设其他费用内容较多，随行业和项目的不同而有所区别；预备费包括基本预备费和价差预备费。按照概算法编制的建设投资估算表，如表 3.1.2 所示。

表 3.1.2 建设投资估算表（概算法）

人民币单位：万元　　　　　　　　　　　　　　　　　　　　外币单位：

序号	工程或费用名称	估算价值/万元					技术经济指标	
		建筑工程费	设备购置费	安装工程费	工程建设其他费用	合计	其中：外币	比例/%
1	工程费用							
1.1	主体工程							
1.1.1	×××							
	……							
1.2	辅助工程							
1.2.1	×××							
	……							
1.3	公用工程							
1.3.1	×××							
	……							
1.4	服务性工程							
1.4.1	×××							
	……							
1.5	厂外工程							
1.5.1	×××							
	……							
1.6	×××							
2	工程建设其他费用							

续表 3.1.2

序号	工程或费用名称	估算价值/万元					技术经济指标	
		建筑工程费	设备购置费	安装工程费	工程建设其他费用	合计	其中：外币	比例/%
2.1	×××							
	……							
3	预备费							
3.1	基本预备费							
3.2	价差预备费							
4	建设投资合计							
	比例/%							

(2) 形成资产法。按照形成资产法分类，建设投资由形成固定资产的费用、形成无形资产的费用、形成其他资产的费用和预备费四部分组成。固定资产费用是指项目投产时将直接形成固定资产的建设投资，包括工程费用和工程建设其他费用中按规定将形成固定资产的费用，后者被称为固定资产其他费用，主要包括项目建设管理费、工程咨询服务费、场地准备及临时设施费、工程保险费、联合试运转费、特殊设备安全监督检验费和配套设施费等；无形资产费用是指将直接形成无形资产的建设投资，主要是专利权、非专利技术、商标权、土地使用权和商誉等；其他资产费用是指建设投资中除形成固定资产和无形资产以外的部分，如生产准备费等。按形成资产法编制的建设投资估算表，如表 3.1.3 所示。

表 3.1.3　建设投资估算表（形成资产法）

人民币单位：万元　　　　外币单位：

序号	工程或费用名称	估算价值/万元					技术经济指标	
		建筑工程费	设备购置费	安装工程费	工程建设其他费用	合计	其中：外币	比例/%
1	固定资产费用							
1.1	工程费用							
1.1.1	×××							
1.1.2	×××							
1.1.3	×××							
	……							
1.2	固定资产其他费用							
1.2.1	×××							
	……							

续表 3.1.3

序号	工程或费用名称	估算价值/万元					技术经济指标	
		建筑工程费	设备购置费	安装工程费	工程建设其他费用	合计	其中：外币	比例/%
2	无形资产费用							
2.1	×××							
	……							
3	其他资产费用							
3.1	×××							
	……							
4	预备费							
4.1	基本预备费							
4.2	价差预备费							
5	建设投资合计							
	比例/%							

2. 建设期利息估算表的编制

在估算建设期利息时，需要编制建设期利息估算表，见表 3.1.4。建设期利息估算表主要包括建设期发生的各项借款及其债券等项目，期初借款余额等于上年借款本金和应计利息之和，即上年期末借款余额；其他融资费用主要指融资中发生的手续费、承诺费、管理费、信贷保险费等融资费用。

表 3.1.4 建设期利息估算表 人民币单位：万元

序号	项 目	合计	建 设 期					
			1	2	3	4	…	n
1	借款							
1.1	建设期利息							
1.1.1	期初借款余额							
1.1.2	当期借款							
1.1.3	当期应计利息							
1.1.4	期末借款余额							
1.2	其他融资费用							
1.3	小计（1.1+1.2）							
2	债券							
2.1	建设期利息							

续表 3.1.4

序号	项　　目	合计	建　设　期					
			1	2	3	4	…	n
2.1.1	期初债务余额							
2.1.2	当期债务金额							
2.1.3	当期应计利息							
2.1.4	期末债务余额							
2.2	其他融资费用							
2.3	小计（2.1+2.2）							
3	合计（1.3+2.3）							
3.1	建设期利息合计（1.1+2.1）							
3.2	其他融资费用合计（1.2+2.2）							

3. 流动资金估算表的编制

可行性研究阶段，根据详细估算法估算的各项流动资金估算的结果，编制流动资金估算表，见表 3.1.5。

表 3.1.5　流动资金估算表　　人民币单位：万元

序号	项　　目	最低周转天数	周转次数	计　算　期					
				1	2	3	4	…	n
1	流动资金								
1.1	应收账款								
1.2	存货								
1.2.1	原材料								
1.2.2	×××								
	……								
1.2.3	燃料								
1.2.4	×××								
	……								
1.2.5	在产品								
1.2.6	产成品								
1.3	现金								
1.4	预付账款								
2	流动负债								
2.1	应付账款								

续表 3.1.5

序号	项　　目	最低周转天数	周转次数	计　算　期					
				1	2	3	4	…	n
2.2	预收账款								
3	流动资金（1−2）								
4	流动资金当期增加额								

4. 单项工程投资估算汇总表的编制

按照指标估算法，可行性研究阶段根据各种投资估算指标，进行各单位工程或单项工程投资的估算。单项工程投资估算应按建设项目划分的各个单项工程分别计算组成工程费用的建筑工程费、设备及工器具购置费和安装工程费。形成单项工程投资估算汇总表，见表 3.1.6。

表 3.1.6　单项工程投资估算汇总表

工程名称：

序号	工程和费用名称	估算价值/万元						技术经济指标			
		建筑工程费	设备及工器具购置费	安装工程费		其他费用	合计	单位	数量	单位价值	比例/%
				安装费	主材费						
一	工程费用										
(一)	主要生产系统										
1	××车间										
	一般土建及装修										
	给排水										
	采暖										
	通风空调										
	照明										
	工艺设备及安装										
	工艺金属结构										
	工艺管道										
	工艺筑炉及保温										
	工艺非标准件										
	变配电设备及安装										
	仪表设备及安装										
	……										

续表 3.1.6

序号	工程和费用名称	估算价值/万元						技术经济指标			
		建筑工程费	设备及工器具购置费	安装工程费		其他费用	合计	单位	数量	单位价值	比例/%
				安装费	主材费						
	小计										
	……										
2	×××										
	……										

5. 项目总投资估算汇总表的编制

将上述投资估算内容和估算方法所估算的各类投资进行汇总，编制项目总投资估算汇总表，见表 3.1.7。项目建议书阶段的投资估算一般只要求编制总投资估算表。总投资估算表中工程费用的内容应分解到主要单项工程；工程建设其他费用可在总投资估算表中分项计算。

表 3.1.7 项目总投资估算汇总表

工程名称：

序号	费用名称	估算价值/万元					技术经济指标			
		建筑工程费	设备及工器具购置费	安装工程费	其他费用	合计	单位	数量	单位价值	比例/%
一	工程费用									
(一)	主要生产系统									
1	××车间									
2	××车间									
3	……									
(二)	辅助生产系统									
1	××车间									
2	××仓库									
3	……									
(三)	公用及福利设施									
1	变电所									
2	锅炉房									
3	……									

续表 3.1.7

序号	费用名称	估算价值/万元					技术经济指标			
		建筑工程费	设备及工器具购置费	安装工程费	其他费用	合计	单位	数量	单位价值	比例/%
(四)	外部工程									
1	××工程									
2	……									
	小计									
二	工程建设其他费用									
1	……									
2	小计									
三	预备费									
1	基本预备费									
2	价差预备费									
	小计									
四	建设期利息									
五	流动资金									
	投资估算合计/万元									
	比例/%									

6. 项目分年投资计划表的编制

估算出项目总投资后，应根据项目计划进度的安排，编制项目分年投资计划表，见表 3.1.8。该表中的分年建设投资可以作为安排融资计划，估算建设期利息的基础。

表 3.1.8 项目分年投资计划表

人民币单位：万元　　　　外币单位：

序号	项　目	人民币			外币		
		第 1 年	第 2 年	……	第 1 年	第 2 年	……
	分年计划/%						
1	建设投资						
2	建设期利息						
3	流动资金						
4	项目投入总资金（1+2+3）						

第二节　设计概算的编制

根据《建筑工程设计文件编制深度规定（2016 年版）》（建质函〔2016〕247 号），对于工业厂房、民用建筑、仓库及配套工程的新建、改建、扩建工程设计，一般应分为方案设计、初步设计和施工图设计三个阶段；对于技术要求相对简单的民用建筑工程，当有关主管部门在初步设计阶段没有审查要求，且合同中没有做初步设计的约定时，可在方案设计审批后直接进入施工图设计阶段。

一、设计阶段影响工程造价的主要因素

国内外相关资料研究表明，设计阶段的费用只占工程全部费用不到 1%，但在项目决策正确的前提下，它对工程造价影响程度高达 75%以上。根据工程项目类别的不同，在设计阶段需要考虑的影响工程造价的因素也有所不同，以下就工业建设项目和民用建设项目分别介绍影响工程造价的因素。

（一）影响工业建设项目工程造价的主要因素

1. 总平面设计

总平面设计主要指总图运输设计和总平面布置，主要内容包括：厂址方案、占地面积、土地利用情况；总图运输、主要建筑物和构筑物及公用设施的配置；外部运输、水、电、气及其他外部协作条件等。

总平面设计是否合理对于整个设计方案的经济合理性有重大影响。正确合理的总平面设计可大幅减少建筑工程量，节约建设用地，节省建设投资，加快建设进度，降低工程造价和项目运行后的使用成本，并为企业创造良好的生产组织、经营条件和生产环境，还可以为城市建设或工业区创造完美的建筑艺术整体。

总平面设计中影响工程造价的主要因素包括：

（1）现场条件。现场条件是制约设计方案的重要因素之一，对工程造价的影响主要体现在：地质、水文、气象条件等影响基础形式的选择、基础的埋深（持力层、冻土线）；地形地貌影响平面及室外标高的确定；场地大小、邻近建筑物地上附着物等影响平面布置、建筑层数、基础形式及埋深。

（2）占地面积。占地面积的大小一方面影响征地费用的高低，另一方面也影响管线布置成本和项目建成运营的运输成本。因此在满足建设项目基本使用功能的基础上，应尽可能节约用地。

（3）功能分区。无论是工业建筑还是民用建筑都有许多功能，这些功能之间相互联系、相互制约。合理的功能分区既可以使建筑物的各项功能充分发挥，又可以使总平面布置紧凑、安全。比如在建筑施工阶段避免大挖大填，可以减少土石方量和节约用地，降低工程造价。对于工业建筑，合理的功能分区还可以使生产工艺流程顺畅，从全生命周期造价管理考虑还可以使运输简便，降低项目建成后的运营成本。

（4）运输方式。运输方式决定运输效率及成本，不同运输方式的运输效率和成本不同。例如，有轨运输的运量大，运输安全，但是需要一次性投入大量资金；无轨运输无须一次性大规模资金，但运量小、安全性较差。因此，要综合考虑建设项目生产工艺流程和

功能区的要求以及建设场地等具体情况，选择经济合理的运输方式。

2. 工艺设计

工艺设计阶段影响工程造价的主要因素包括：建设规模、标准和产品方案；工艺流程和主要设备的选型；主要原材料、燃料供应情况；生产组织及生产过程中的劳动定员情况；“三废”治理及环保措施等。

按照建设程序，建设项目的工艺流程在可行性研究阶段已经确定。设计阶段的任务就是严格按照批准的可行性研究报告的内容进行工艺技术方案的设计，确定具体的工艺流程和生产技术。在具体项目工艺设计方案的选择时，应以提高投资的经济效益为前提，深入分析、比较，综合考虑各方面的因素。

3. 建筑设计

在进行建筑设计时，设计单位及设计人员应首先考虑业主所要求的建筑标准，根据建筑物、构筑物的使用性质、功能及业主的经济实力等因素确定；其次应在考虑施工条件和施工过程的合理组织的基础上，决定工程的立体平面设计和结构方案的工艺要求。

建筑设计阶段影响工程造价的主要因素包括：

（1）平面形状。一般来说，建筑物平面形状越简单，单位面积造价就越低。当一座建筑物的形状不规则时，将导致室外工程、排水工程、砌砖工程及屋面工程等复杂化，增加工程费用。即使在同样的建筑面积下，建筑平面形状不同，建筑周长系数 $K_{周}$（建筑物周长与建筑面积比，即单位建筑面积所占外墙长度）便不同。通常情况下建筑周长系数越低，设计越经济。圆形、正方形、矩形、T 形、L 形建筑的 $K_{周}$ 依次增大。但是圆形建筑物施工复杂，施工费用一般比矩形建筑增加 20%～30%，所以其墙体工程量所节约的费用并不能使建筑工程造价降低。虽然正方形建筑既有利于施工，又能降低工程造价，但是若不能满足建筑物美观和使用要求，则毫无意义。因此，建筑物平面形状的设计应在满足建筑物使用功能的前提下，降低建筑周长系数，充分注意建筑平面形状的简洁、布局的合理，从而降低工程造价。

（2）流通空间。在满足建筑物使用要求的前提下，应将流通空间减少到最小，这是建筑物经济平面布置的主要目标之一。因为门厅、走廊、过道、楼梯以及电梯井的流通空间都不能为了获利目的而加以使用，但是却需要相当多的采光、采暖、装饰、清扫等方面的费用。

（3）空间组合，包括建筑物的层高、层数、室内外高差等因素。

1）层高。在建筑面积不变的情况下，建筑层高的增加会引起各项费用的增加。如墙与隔墙及其有关粉刷、装饰费用的提高；楼梯造价和电梯设备费用的增加；供暖空间体积的增加；卫生设备、上下水管道长度的增加等。另外，由于施工垂直运输量增加，可能增加屋面造价；由于层高增加而导致建筑物总高度增加很多时，还可能增加基础造价。

2）层数。建筑物层数对造价的影响，因建筑类型、结构和形式的不同而不同。层数不同，则荷载不同，对基础的要求也不同，同时也影响占地面积和单位面积造价。如果增加一个楼层不影响建筑物的结构形式，单位建筑面积的造价可能会降低。但是当建筑物超过一定层数时，结构形式就要改变，单位造价通常会增加。建筑物越高，电梯及楼梯的造价将有提高的趋势，建筑物的维修费用也将增加，但是采暖费用有可能下降。

3）室内外高差。室内外高差过大，则建筑物的工程造价提高；高差过小又影响使用及卫生要求等。

(4) 建筑物的体积与面积。建筑物尺寸的增加，一般会引起单位面积造价的降低。对于同一项目，固定费用不一定会随着建筑体积和面积的扩大而有明显的变化，一般情况下，单位面积固定费用会相应减少。对于工业建筑，厂房、设备布置紧凑合理，可提高生产能力，采用大跨度、大柱距的平面设计形式，可提高平面利用系数，从而降低工程造价。

(5) 建筑结构，即建筑工程中由基础、梁、板、柱、墙、屋架等构件所组成的起骨架作用的、能承受直接和间接荷载的空间受力体系。建筑结构因所用的建筑材料不同，可分为砌体结构、钢筋混凝土结构、钢结构、轻型钢结构、木结构和组合结构等。

建筑结构的选择既要满足力学要求，又要考虑其经济性。对于五层以下的建筑物一般选用砌体结构；对于大中型工业厂房一般选用钢筋混凝土结构；对于多层房屋或大跨度建筑，选用钢结构明显优于钢筋混凝土结构；对于高层或者超高层建筑，框架结构和剪力墙结构比较经济。由于各种建筑体系的结构各有利弊，在选用结构类型时应结合实际，因地制宜，就地取材，采用经济合理的结构形式。

(6) 柱网布置。对于工业建筑，柱网布置对结构的梁板配筋及基础的大小会产生较大的影响，从而对工程造价和厂房面积的利用效率都有较大的影响。柱网布置是确定柱子的跨度和间距的依据。柱网的选择与厂房中有无吊车、吊车的类型及吨位、屋顶的承重结构以及厂房的高度等因素有关。对于单跨厂房，当柱间距不变时，跨度越大单位面积造价越低。因为除屋架外，其他结构架分摊在单位面积上的平均造价随跨度的增大而减小。对于多跨厂房，当跨度不变时，中跨数目越多越经济，这是因为柱子和基础分摊在单位面积上的造价减少。

4. 材料选用

建筑材料的选择是否合理，不仅直接影响到工程质量、使用寿命、耐火抗震性能，而且对施工费用、工程造价有很大的影响。建筑材料一般占直接费的 70%，降低材料费用，不仅可以降低直接费，还可以降低间接费。因此，设计阶段合理选择建筑材料，控制材料单价或工程量，是控制工程造价的有效途径。

5. 设备选用

现代建筑越来越依赖于设备。对于住宅来说，楼层越多设备系统越庞大，例如，高层建筑物内部空间的交通工具电梯，室内环境的调节设备如空调、通风、采暖等，各个系统的分布占用空间都在考虑之列，既有面积、高度的限额，又有位置的优选和规范的要求。因此，设备配置是否得当，直接影响建筑产品整个寿命周期的成本。

设备选用的重点因设计形式的不同而不同，应选择能满足生产工艺和生产能力要求的最适用的设备和机械。设备方案设计对工程造价的影响较大，设备的选用应充分考虑自然环境对能源节约的有利条件，如果能从建筑产品的整个寿命周期分析，能源节约是一笔不可忽略的费用。

(二) 影响民用建设项目工程造价的主要因素

民用建设项目设计是根据建筑物的使用功能要求，确定建筑标准、结构形式、建筑物空间与平面布置以及建筑群体的配置等。民用建筑设计包括住宅设计、公共建筑设计以及住宅小区设计。住宅建筑是民用建筑中最大量、最主要的建筑形式。

1. 住宅小区建设规划中影响工程造价的主要因素

在进行住宅小区建设规划时，要根据小区的基本功能和要求，确定各构成部分的合理层次与关系，据此安排住宅建筑、公共建筑、管网、道路及绿地的布局，确定合理人口与建筑密度、房屋间距和建筑层数，布置公共设施项目、规模及服务半径，以及水、电、热、煤气的供应等，并划分包括土地开发在内的上述各部分的投资比例。小区规划设计的核心问题是提高土地利用率。

（1）占地面积。居住小区的占地面积不仅直接决定着土地费的高低，而且影响着小区内道路、工程管线长度和公共设备的多少，而这些费用对小区建设投资的影响通常很大。因而，用地面积指标在很大程度上影响小区建设的总造价。

（2）建筑群体的布置形式。建筑群体的布置形式对用地的影响不容忽视，通过采取高低搭配、点条结合、前后错列以及局部东西向布置、斜向布置或拐角单元等手法节省用地。在保证小区居住功能的前提下，适当集中公共设施，提高公共建筑的层数，合理布置道路，充分利用小区内的边角用地，有利于提高建筑密度，降低小区的总造价。或者通过合理压缩建筑的间距、适当提高住宅层数或高低层搭配以及适当增加房屋长度等方式节约用地。

2. 民用住宅建筑设计中影响工程造价的主要因素

（1）建筑物平面形状和周长系数。与工业项目建筑设计类似，如按使用指标，虽然圆形建筑 $K_{周}$ 最小，但由于施工复杂，施工费用较矩形建筑增加 20％～30％，故其墙体工程量的减少不能使建筑工程造价降低，而且使用面积有效利用率不高以及用户使用不便。因此，一般都建造矩形和正方形住宅，既有利于施工，又能降低造价和使用方便。在矩形住宅建筑中，又以长∶宽＝2∶1 为佳。一般住宅单元以 3～4 个住宅单元、房屋长度 60～80m 较为经济。

在满足住宅功能和质量前提下，适当加大住宅宽度。这是由于宽度加大，墙体面积系数相应减少，有利于降低造价。

（2）住宅的层高和净高。住宅的层高和净高，直接影响工程造价。根据不同性质的工程综合测算住宅层高每降低 10cm，可降低造价 1.2％～1.5％。层高降低还可提高住宅区的建筑密度，节约土地成本及市政设施费。但是，层高设计中还需考虑采光与通风问题，层高过低不利于采光及通风，因此，民用住宅的层高一般不宜超过 2.8m。

（3）住宅的层数。在民用建筑中，在一定幅度内，住宅层数的增加具有降低造价和使用费用以及节约用地的优点。表 3.2.1 分析了砖混结构的住宅单方造价与层数之间的关系。

表 3.2.1 砖混结构多层住宅层数与造价的关系

住宅层数	一	二	三	四	五	六
单方造价系数/％	138.05	116.95	108.38	103.51	101.68	100
边际造价系数/％	—	−21.1	−8.57	−4.87	−1.83	−1.68

由表 3.2.1 可知，随着住宅层数的增加，单方造价系数在逐渐降低，即层数越多越经济。但是边际造价系数也在逐渐减小，说明随着层数的增加，单方造价系数下降幅度减

缓，根据《住宅设计规范》GB 50096—2011 的规定，7 层及 7 层以上住宅或住户入口层楼面距室外设计地面的高度超过 16m 时必须设置电梯，需要较多的交通面积（过道、走廊要加宽）和补充设备（供水设备和供电设备等）。当住宅层数超过一定限度时，要经受较强的风力荷载，需要提高结构强度，改变结构形式，使工程造价大幅度上升。

(4) 住宅单元组成、户型和住户面积。据统计三居室住宅的设计比两居室的设计降低 1.5%左右的工程造价。四居室的设计又比三居室的设计降低 3.5%的工程造价。

衡量单元组成、户型设计的指标是结构面积系数（住宅结构面积与建筑面积之比），系数越小设计方案越经济。因为，结构面积小，有效面积就增加。结构面积系数除与房屋结构有关外，还与房屋外形及其长度和宽度有关，同时也与房间平均面积大小和户型组成有关。房屋平均面积越大，内墙、隔墙在建筑面积所占比重就越小。

(5) 住宅建筑结构的选择。随着我国工业化水平的提高，住宅工业化建筑体系的结构形式多种多样，考虑工程造价时应根据实际情况，因地制宜、就地取材，采用适合本地区经济合理的结构形式。

(三) 影响工程造价的其他因素

除以上因素之外，在设计阶段影响工程造价的因素还包括其他内容，如：

1. 设计单位和设计人员的知识水平

设计单位和人员的知识水平对工程造价的影响是客观存在的。为了有效地降低工程造价，设计单位和人员首先要能够充分利用现代设计理念，运用科学的设计方法优化设计成果；其次要善于将技术与经济相结合，运用价值工程理论优化设计方案；最后，设计单位和人员应及时与造价咨询单位进行沟通，使造价咨询人员能够在前期设计阶段就参与项目，达到技术与经济的完美结合。

2. 项目利益相关者的利益诉求

设计单位和人员在设计过程中要综合考虑业主、承包人、监管机构、咨询单位、运营单位等利益相关者的要求和利益，并通过利益诉求的均衡以达到和谐的目的，避免后期出现频繁的设计变更而导致工程造价的增加。

3. 风险因素

设计阶段承担着重大的风险，它对后面的工程招标和施工有着重要的影响。该阶段是确定建设工程总造价的一个重要阶段，决定着项目的总体造价水平。

二、设计概算的概念及其编制内容

(一) 设计概算的含义及作用

1. 设计概算的概念

设计概算是以初步设计文件为依据，按照规定的程序、方法和依据，对建设项目总投资及其构成进行的概略计算。具体而言，设计概算是在投资估算的控制下根据初步设计（扩大初步设计）的图纸及说明，利用相关概算指标、概算定额、综合指标、预算定额、各项费用定额或取费标准（指标），以及各类工程造价指标指数或其他价格信息和建设地区自然、技术经济条件和设备、材料预算价格等资料，按照设计要求，对建设项目从筹建至竣工交付使用所需全部费用进行的预计。设计概算的成果文件称作设计概算书，也简称设计概算。

设计概算的编制内容包括静态投资和动态投资两个层次。静态投资作为评价和选择设计方案的依据；动态投资作为项目筹措、供应和控制资金使用的限额。

政府投资项目的设计概算经批准后，一般不得调整。各级政府投资管理部门对概算的管理都有相应规定。《政府投资条例》（国令第712号）规定：经投资主管部门或者其他有关部门核定的投资概算是控制政府投资项目总投资的依据。初步设计提出的投资概算超过经批准的可行性研究报告提出的投资估算10%的，项目单位应当向投资主管部门或者其他有关部门报告，投资主管部门或者其他有关部门可以要求项目单位重新报送可行性研究报告。政府投资项目建设投资原则上不得超过经核定的投资概算。因国家政策调整、价格上涨、地质条件发生重大变化等原因确需增加投资概算的，项目单位应当提出调整方案及资金来源，按照规定的程序报原初步设计审批部门或者投资概算核定部门核定。

概算调增幅度超过原批复概算10%的，概算核定部门原则上先商请审计机关进行审计，并依据审计结论进行概算调整。一个工程只允许调整一次概算。

2. 设计概算的作用

设计概算是工程造价在初步设计阶段的表现形式，用于衡量建设投资是否超过估算并控制下一阶段费用支出。具体表现为：

（1）设计概算是编制固定资产投资计划、确定和控制建设项目投资的依据。按照国家有关规定，政府投资项目编制年度固定资产投资计划，确定计划投资总额及其构成数额，要以批准的初步设计概算为依据，没有批准的初步设计文件及其概算，建设工程不能列入年度固定资产投资计划。

政府投资项目设计概算一经批准，将作为控制建设项目投资的最高限额。在工程建设过程中，年度固定资产投资计划安排、银行拨款或贷款、施工图设计及其预算、竣工决算等，未经规定程序批准，都不能突破这一限额，确保对国家固定资产投资计划的严格执行和有效控制。

（2）设计概算是控制施工图设计和施工图预算的依据。经批准的设计概算是政府投资建设工程项目的最高投资限额。设计单位必须按批准的初步设计和总概算进行施工图设计，施工图预算不得突破设计概算，设计概算批准后不得任意修改和调整；如需修改或调整时，须经原批准部门重新审批。竣工结算不能突破施工图预算，施工图预算不能突破设计概算。

（3）设计概算是衡量设计方案技术经济合理性和选择最佳设计方案的依据。设计部门在初步设计阶段要选择最佳设计方案，设计概算是从经济角度衡量设计方案经济合理性的重要依据。因此，设计概算是衡量设计方案技术经济合理性和选择最佳设计方案的依据。

（4）设计概算是编制最高投标限价的依据。以设计概算进行招标投标的工程，招标单位以设计概算作为编制最高投标限价的依据。

（5）设计概算是签订建设工程合同和贷款合同的依据。建设工程合同价款是以设计概、预算价为依据，且总承包合同不得超过设计总概算的投资额。银行贷款累计总额不能超过设计概算。如果项目投资计划所列支投资额与贷款突破设计概算时，必须查明原因，之后由建设单位报请上级主管部门调整或追加设计概算总投资。凡未获批准之前，银行对其超支部分不予贷款。

（6）设计概算是考核建设项目投资效果的依据。通过设计概算与竣工决算对比，可以分析和考核建设工程项目投资效果的好坏，同时还可以验证设计概算的准确性，有利于加强设计概算管理和建设项目的造价管理工作。

(二) 设计概算的编制内容

按照《建设项目设计概算编审规范》T/CCEAS 005—2023 的相关规定，设计概算文件的编制应采用单位工程概算、单项工程综合概算、建设项目总概算三级概算编制形式。当建设项目为一个单项工程时，可采用单位工程概算、总概算两级概算编制形式。三级概算之间的相互关系和费用构成，如图 3.2.1 所示。

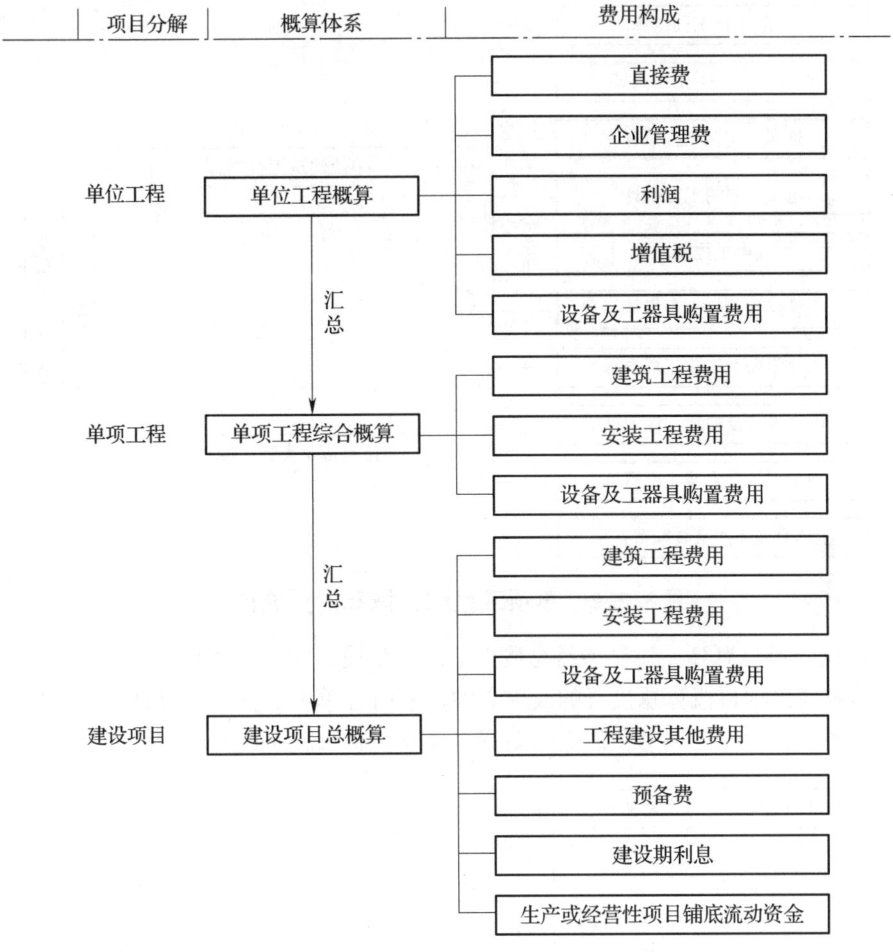

图 3.2.1　三级概算之间的相互关系和费用构成

(1) 单位工程概算。单位工程是指具有独立的设计文件，能够独立组织施工，但不能独立发挥生产能力或使用功能的工程项目，是单项工程的组成部分。单位工程概算是以初步设计文件为依据，按照规定的程序、方法和依据，计算单位工程费用的成果文件，是编制单项工程综合概算（或项目总概算）的依据，是单项工程综合概算的组成部分。单位工程概算按其工程性质可分为建筑工程概算和设备及安装工程概算两大类。建筑工程概算包括一般土建工程概算，给排水、采暖工程概算，通风、空调工程概算，电气、照明工程概算，弱电工程概算，特殊构筑物工程概算等；设备及安装工程概算包括机械设备及安装工程概算，电气设备及安装工程概算，热力设备及安装工程概算，工器具及生产家具购置费概算等。

（2）单项工程综合概算。单项工程是指在一个建设项目中，具有独立的设计文件，建成后能够独立发挥生产能力或使用功能的工程项目。单项工程是建设项目的组成部分，如生产车间、办公楼、食堂、图书馆、学生宿舍、住宅楼、配水厂等。单项工程综合概算是以初步设计文件为依据，在单位工程概算的基础上汇总单项工程费用的成果文件，由单项工程中的各单位工程概算汇总编制而成，是建设项目总概算的组成部分。单项工程综合概算的组成内容，如图 3.2.2 所示。

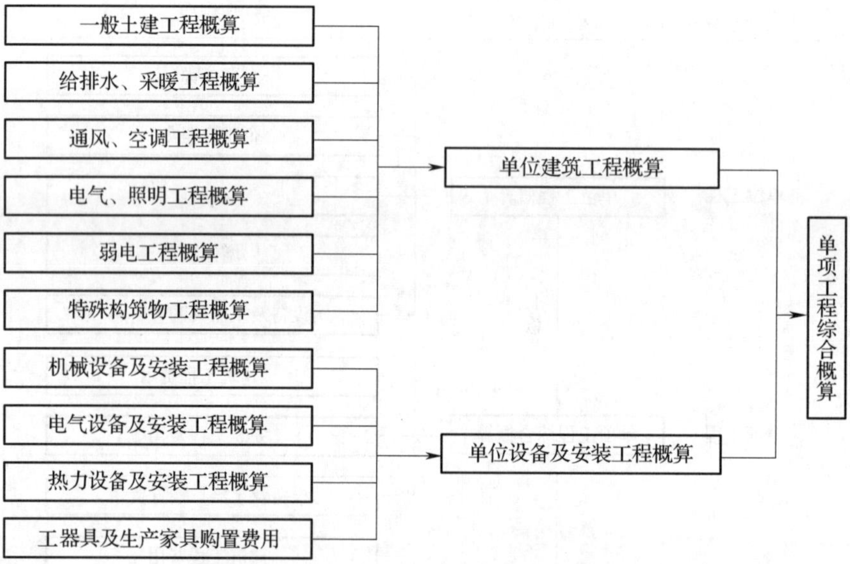

图 3.2.2 单项工程综合概算的组成内容

（3）建设项目总概算。建设项目总概算是以初步设计文件为依据，在单项工程综合概算的基础上计算建设项目概算总投资的成果文件，是由各单项工程综合概算、工程建设其他费用概算、预备费、建设期利息和铺底流动资金概算汇总编制而成的，如图 3.2.3 所示。

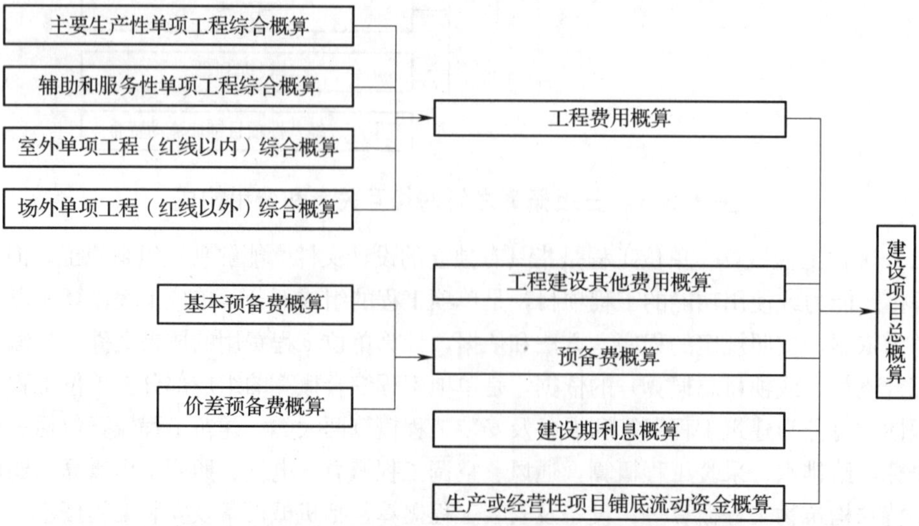

图 3.2.3 建设项目总概算的组成内容

若干个单位工程概算汇总后成为单项工程概算，若干个单项工程概算和工程建设其他费用、预备费、建设期利息、铺底流动资金等概算文件汇总后成为建设项目总概算。单项工程概算和建设项目总概算仅是一种归纳、汇总性文件，因此，最基本的计算文件是单位工程概算书。若建设项目为一个独立单项工程，则单项工程综合概算书与建设项目总概算书可合并编制，并以总概算书的形式出具。

三、设计概算的编制

（一）设计概算的编制依据及要求

1. 设计概算的编制依据

（1）国家、行业和地方有关规定。

（2）概算定额（或指标），费用定额，各类工程造价指标，类似工程造价数据。

（3）工程勘察与设计文件。

（4）拟定或常规的施工组织设计和施工方案。

（5）建设项目资金筹措方案。

（6）工程所在地编制同期的人工、材料、机具台班市场价格信息，以及设备供应方式及供应价格信息。

（7）建设项目的技术复杂程度，新技术、新材料、新工艺以及专利使用情况等。

（8）建设项目批准的相关文件、合同、协议等。

（9）政府有关部门、金融机构等发布的价格指数、利率、汇率、税率及工程建设其他费用，以及各类工程造价指数等。

（10）委托单位提供的其他技术经济资料。

2. 设计概算的编制要求

（1）设计概算应按编制时项目所在地的价格水平编制，总投资应完整地反映编制时建设项目实际投资；

（2）设计概算应考虑建设项目施工条件等因素对投资的影响；

（3）设计概算应按项目合理建设期限预测建设期价格水平，以及资产租赁和贷款的时间价值等动态因素对投资的影响。

（二）单位工程概算的编制

单位工程概算应根据单项工程中所属的每个单体按专业分别编制，一般分土建、装饰、采暖通风、给排水、照明、工艺安装、自控仪表、通信、道路、总图竖向等专业或工程分别编制。总体而言，单位工程概算包括单位建筑工程概算和单位设备及安装工程概算两类。其中，建筑工程概算常用的编制方法有：概算定额法、概算指标法、类似工程预算法等；设备及安装工程概算常用的编制方法有：预算单价法、扩大单价法、设备价值百分比法和综合吨位指标法等。

我国不同行业工程概算的编制均有具体的规定，但基本原理和方法较为接近，本书以房屋建筑工程为例，介绍设计概算的编制方法。

1. 概算定额法

概算定额法又称扩大单价法或扩大结构定额法，是套用概算定额编制建筑工程概算的方法。运用概算定额法，要求初步设计必须达到一定深度，建筑结构尺寸比较明确，能按照初步设计的平面图、立面图、剖面图纸计算出楼地面、墙身、门窗和屋面等扩大分项工程（或扩大结构构件）项目的工程量时，方可采用。

建筑工程概算表的编制，按构成单位工程的主要分部分项工程和措施项目编制，根据初步设计工程量按工程所在省、自治区、直辖市颁发的概算定额（指标）或行业概算定额（指标），以及工程费用定额计算。概算定额法编制设计概算的步骤如下：

（1）收集基础资料、熟悉设计图纸和了解有关施工条件和施工方法。

（2）按照概算定额子目，列出单位工程中分部分项工程项目名称并计算工程量。一般借助工程计价软件，经过建模的方式由软件系统自动计算工程量，点选适合的定额子目，以确保软件系统对工程的计量是按概算定额中规定的工程量计算规则进行，估计人员应注意输入系统的原始数据必须以初步设计图纸所标识的尺寸或初步设计图纸能读出的尺寸为准。

（3）确定各分部分项工程费。建模完成工程量计算后，通过套用定额各子目的综合单价，形成合价。各子目的综合单价包括人工费、材料费、施工机具使用费、管理费和利润。之后便可生成综合单价表和单位工程概算表。如遇设计图中的分项工程项目名称、内容与采用的概算定额手册中相应的项目有某些不相符时，则按规定对定额进行换算后方可套用。

（4）计算措施项目费。措施项目费应以该单位工程的分部分项工程费为基数乘以相应费率或以“项”为单位按总额计算。

（5）计算汇总单位工程概算造价：

如采用综合单价，则：

单位工程概算造价＝分部分项工程费＋措施项目费＋增值税 (3.2.1)

（6）编写概算编制说明。单位建筑工程概算按照规定的表格形式进行编制，以综合单价法为例，具体格式参见表 3.2.2，所使用的综合单价应编制综合单价分析表（见表 3.2.3）。

表 3.2.2 建筑工程概算表

单项工程概算编号： 单项工程名称： 共 页 第 页

序号	项目编码	工程项目或费用名称	项目特征	单位	数量	综合单价/元	合价/元
一		分部分项工程					
（一）		土石方工程					
1	××	×××××					
2	××	×××××					
（二）		砌筑工程					
1	××	×××××					
（三）		楼地面工程					
1	××	×××××					

续表 3.2.2

序号	项目编码	工程项目或费用名称	项目特征	单位	数量	综合单价/元	合价/元
(四)		××工程					
		分部分项工程费小计					
二		措施项目费					
1		安全生产措施费					
2		夜间施工增加费					
3		二次搬运费					
4		冬雨季施工增加费					
5		文明施工费					
	××	×××××					
		措施项目费小计					
三		增值税					
		合计					

编制人：　　　　　　　　　　审核人：　　　　　　　　　　审定人：

注：建筑工程概算表应以单项工程为对象进行编制，表中综合单价应通过综合单价分析表计算获得。

表 3.2.3　建筑工程设计概算综合单价分析表

单项工程概算编号：　　　　　　　　单项工程名称：　　　　　　　　共　页　第　页

<table>
<tr><td>项目编码</td><td></td><td>项目名称</td><td colspan="2"></td><td>计量单位</td><td></td><td>工程数量</td><td></td></tr>
<tr><td colspan="9">综合单价组成分析</td></tr>
<tr><td rowspan="2">定额编号</td><td rowspan="2">定额名称</td><td rowspan="2">定额单位</td><td colspan="3">直接费单价/元</td><td colspan="3">直接费合价/元</td></tr>
<tr><td>人工费</td><td>材料费</td><td>机具费</td><td>人工费</td><td>材料费</td><td>机具费</td></tr>
<tr><td></td><td></td><td></td><td></td><td></td><td></td><td></td><td></td><td></td></tr>
<tr><td rowspan="4">企业管理费及利润增值税计算</td><td>类别</td><td>取费基数描述</td><td colspan="2">取费基数</td><td>费率/%</td><td colspan="2">金额/元</td><td>备注</td></tr>
<tr><td>管理费</td><td>如：人工费</td><td colspan="2"></td><td></td><td colspan="2"></td><td></td></tr>
<tr><td>利润</td><td>如：直接费</td><td colspan="2"></td><td></td><td colspan="2"></td><td></td></tr>
<tr><td>增值税</td><td></td><td colspan="2"></td><td></td><td colspan="2"></td><td></td></tr>
<tr><td colspan="4">综合单价/元</td><td colspan="5"></td></tr>
<tr><td rowspan="4">概算定额工料机消耗量和单价分析</td><td colspan="2">工料机项目名称及规格、型号</td><td>单位</td><td>消耗量</td><td>单价/元</td><td>合价/元</td><td colspan="2">备注</td></tr>
<tr><td></td><td></td><td></td><td></td><td></td><td></td><td></td><td></td></tr>
<tr><td></td><td></td><td></td><td></td><td></td><td></td><td></td><td></td></tr>
<tr><td></td><td></td><td></td><td></td><td></td><td></td><td></td><td></td></tr>
</table>

编制人：　　　　　　　　　　审核人：　　　　　　　　　　审定人：

注：1. 本表适用于采用概算定额法的分部分项工程项目的综合单价分析；

2. 在进行概算定额消耗量和单价分析时，消耗量应采用定额消耗量，单价应为报告编制期的市场价。

2. 概算指标法

概算指标法是用拟建的厂房、住宅的建筑面积或体积乘以技术条件相同或基本相同的概算指标而得出工料机费，然后按规定计算出企业管理费、利润和增值税等，得出单位工程概算的方法。

（1）概算指标法适用的情况包括：

1）在方案设计中，由于设计无详图而只有概念性设计时，或初步设计深度不够，不能准确地计算出工程量，但工程设计采用的技术比较成熟时可以选用与该工程相似类型的概算指标编制概算。

2）设计方案急需造价概算而又有类似工程概算指标可以利用的情况。

3）图样设计间隔很久后再来实施，概算造价不适用于当前情况而又急需确定造价的情形下，可按当前概算指标来修正原有概算造价。

4）通用设计图设计可组织编制通用图设计概算指标，来确定造价。

（2）拟建工程结构特征与概算指标相同时的计算。在使用概算指标法时，如果拟建工程在建设地点、结构特征、地质及自然条件、建筑面积等方面与概算指标相同或相近，就可直接套用概算指标编制概算。在直接套用概算指标时，拟建工程应符合以下条件：

1）拟建工程的建设地点与概算指标中的工程建设地点相同；

2）拟建工程的工程特征和结构特征与概算指标中的工程特征、结构特征基本相同；

3）拟建工程的建筑面积与概算指标中工程的建筑面积相差不大。

根据选用的概算指标内容，以指标中所规定的工程每平方米、每立方米的工料单价，根据管理费、利润率确定该子目的综合单价，乘以拟建单位工程建筑面积或体积，即可求出单位工程的概算造价。

$$\text{单位工程概算造价}=\text{概算指标每平方米（每立方米）综合单价}\times\text{拟建工程建筑面积（体积）}+\text{增值税} \tag{3.2.2}$$

（3）拟建工程结构特征与概算指标有局部差异时的调整。在实际工作中，经常会遇到拟建对象的结构特征与概算指标中规定的结构特征有局部不同的情况，因此，必须对概算指标进行调整后方可套用。调整方法如下：

1）调整概算指标中的每平方米（每立方米）综合单价。这种调整方法是将原概算指标中的综合单价进行调整，扣除每平方米（每立方米）原概算指标中与拟建工程结构不同部分的造价，增加每平方米（每立方米）拟建工程与概算指标结构不同部分的造价，使其成为与拟建工程结构相同的综合单价。计算公式如下：

$$\text{结构变化调整概算指标（元/m}^2\text{）}=J+Q_1P_1-Q_2P_2 \tag{3.2.3}$$

式中：J——原概算指标综合单价；

Q_1——概算指标中换入结构的工程量；

Q_2——概算指标中换出结构的工程量；

P_1——换入结构的综合单价；

P_2——换出结构的综合单价。

若概算指标中的单价为工料单价，则应根据管理费率、利润率确定该子目的综合单价，再计算拟建工程造价为：

单位工程概算造价＝调整后的概算指标综合单价×拟建工程建筑面积（体积）＋增值税

（3.2.4）

2）调整概算指标中的工料机数量。这种方法是将原概算指标中每 $100m^2$（$1\ 000m^3$）建筑面积（体积）中的工料机数量进行调整，扣除原概算指标中与拟建工程结构不同部分的工料机消耗量，增加拟建工程与概算指标结构不同部分的工料机消耗量，使其成为与拟建工程结构相同的每 $100m^2$（$1\ 000m^3$）建筑面积（体积）工料机数量，计算公式如下：

结构变化调整概算指标的工料机数量＝原概算指标的工料机数量＋换入结构件工程量×相应定额工料机消耗量－换出结构件工程量×相应定额工料机消耗量　（3.2.5）

将调整后的概算指标结合报告编制期的工料机要素价格的变化，以及管理费、利润率确定该子目的综合单价。

以上两种方法，前者是直接调整概算指标单价，后者是调整概算指标工料机数量。调整之后，方可按上述方法分别套用。

概算指标可视为工程造价指标的一种特殊类型，如利用其他类型的造价指标也可以进行概算编制。例如，根据《建设工程造价指标指数分类与测算标准》GB/T 51290—2018，单位工程造价指标能反映单位建设规模的人工费、材料费、施工机具使用费、企业管理费、利润等单位造价（例如，元/m^2），因而在已知单位工程建设规模时，可以利用适用的单位工程造价指标计算出人工、材料、施工机具等各项费用的数额，再计算增值税并汇总为单位工程的建筑安装费总额。另外，费用的计算也可以具体到分项工程的精度上，各类专业工程经济指标能反映单位建设规模的各分项工程费用标准，例如，房屋建筑工程经济指标能反映构成其的土石方、地基、基础等主要分项工程单位指标（元/m^2），因而在已知单位工程面积时，可以利用适用的房屋建筑工程经济指标，计算出各分项工程的费用数额，并汇总为单位工程的建筑安装费总额。总之，随着多样化的造价指标出现，概算可采用灵活的方式进行编制。

【例 3.2.1】 假设新建单身宿舍一座，其建筑面积为 $3\ 500m^2$，按概算指标和地区材料预算价格等算出综合单价为 738 元/m^2，其中：一般土建工程 640 元/m^2，采暖工程 32 元/m^2，给排水工程 36 元/m^2，照明工程 30 元/m^2。但新建单身宿舍设计资料与概算指标相比较，其结构构件有部分变更。设计资料表明，外墙为 1.5 砖外墙，而概算指标中外墙为 1 砖墙。根据当地土建工程预算定额计算，外墙带形毛石基础的综合单价为 147.87 元/m^3，1 砖外墙的综合单价为 177.10 元/m^3，1.5 砖外墙的综合单价为 178.08 元/m^3；概算指标中每 $100m^2$ 中含外墙带形毛石基础为 $18m^3$，1 砖外墙为 $46.5m^3$。新建工程设计资料表明，每 $100m^2$ 中含外墙带形毛石基础为 $19.6m^3$，1.5 砖外墙为 $61.2m^3$。请计算调整后的概算综合单价和新建宿舍的概算造价。

解： 土建工程中对结构构件的变更和单价调整见表 3.2.4。

其余的单价指标都不变，因此经调整后的概算综合单价为 669＋32＋36＋30＝767（元/m^2）。

新建宿舍的概算造价＝767×3 500×（1＋9%）＝2 926 105（元）。

表 3.2.4 结构变化引起的单价调整

<table>
<tr><td rowspan="3">序号</td><td>结构名称</td><td>单位</td><td>数量（每 100m² 含量）</td><td>单价/元</td><td>合价/元</td></tr>
<tr><td>土建工程单位面积造价</td><td></td><td></td><td></td><td>640</td></tr>
<tr><td>换出部分</td><td></td><td></td><td></td><td></td></tr>
<tr><td>1</td><td>外墙带形毛石基础</td><td>m³</td><td>18</td><td>147.87</td><td>2 661.66</td></tr>
<tr><td>2</td><td>1 砖外墙</td><td>m³</td><td>46.5</td><td>177.10</td><td>8 235.15</td></tr>
<tr><td></td><td>合计</td><td>元</td><td></td><td></td><td>10 896.81</td></tr>
<tr><td></td><td>换入部分</td><td></td><td></td><td></td><td></td></tr>
<tr><td>3</td><td>外墙带形毛石基础</td><td>m³</td><td>19.6</td><td>147.87</td><td>2 898.25</td></tr>
<tr><td>4</td><td>1.5 砖外墙</td><td>m³</td><td>61.2</td><td>178.08</td><td>10 898.5</td></tr>
<tr><td></td><td>合计</td><td>元</td><td></td><td></td><td>13 796.75</td></tr>
<tr><td colspan="6">单位造价调整系数：640−10 896.81/100+13 796.75/100=669（元）</td></tr>
</table>

3. 类似工程预算法

类似工程预算法是利用技术条件与设计对象相类似的已完工程或在建工程的工程造价资料来编制拟建工程设计概算的方法。

当拟建工程初步设计与已完工程或在建工程的设计相类似而又没有可用的概算指标时可以采用类似工程预算法。

（1）类似工程预算法的编制步骤如下：

1）根据设计对象的各种特征参数，选择最为接近的类似工程预算；

2）根据本地区现行的人、材、机价格和费用标准计算类似工程预算的人工费、材料费、施工机具使用费、企业管理费调整系数；

3）根据类似工程预算调整系数和以上四项费用占预算成本的比重，计算预算成本总调整系数，并计算出调整后的类似工程平方米预算成本；

4）根据类似工程调整后的平方米预算成本和编制概算地区的利税率计算调整后的类似工程平方米造价；

5）根据拟建工程的建筑面积和调整后的类似工程平方米造价，计算拟建工程概算造价；

6）编制概算编写说明。

（2）差异调整。类似工程预算法对条件有所要求，也就是可比性，即拟建工程项目在建筑面积、结构构造特征要与已建工程基本一致，如层数相同、面积相似、结构相似、工程地点相似等，采用此方法时必须对建筑结构差异和价差进行调整。

1）建筑结构差异的调整。结构差异调整方法与概算指标法的调整方法相同。即先确定有差别的部分，然后分别按每一项目算出结构构件的工程量和单位价格（按编制概算工程所在地区的单价），然后以类似工程中相应（有差别）的结构构件的工程数量和单价为基础，算出总差价。将类似预算的工料机费总额减去（或加上）这部分差价，就得到结构差异换算后的工料机费，再取费得到结构差异换算后的造价。

2）价差调整。类似工程造价的价差调整可以采用两种方法。

①当类似工程造价资料有具体的人工、材料、机具台班的用量时，可按类似工程预算造价资料中的主要材料、工日、机具台班数量乘以拟建工程所在地的主要材料预算价格、人工单价、机具台班单价，计算出工料机费，再计算企业管理费、利润和增值税，即可得出所需的综合单价。

②类似工程造价资料只有人工、材料、施工机具使用费和企业管理费等费用或费率时，可按下面公式调整：

$$D=A\cdot K \tag{3.2.6}$$

$$K=a\%K_1+b\%K_2+c\%K_3+d\%K_4 \tag{3.2.7}$$

式中：D——拟建工程成本单价；

A——类似工程成本单价；

K——成本单价综合调整系数；

$a\%$、$b\%$、$c\%$、$d\%$——类似工程预算的人工费、材料费、施工机具使用费、企业管理费占预算成本的比重，如 $a\%$＝类似工程人工费/类似工程预算成本×100%，$b\%$、$c\%$、$d\%$类同；

K_1、K_2、K_3、K_4——拟建工程地区与类似工程预算成本在人工费、材料费、施工机具使用费、企业管理费之间的差异系数，如 K_1＝拟建工程概算的人工费（或工资标准）/类似工程预算人工费（或地区工资标准），K_2、K_3、K_4类同。

以上综合调价系数是以类似工程中各成本构成项目占总成本的百分比为权重，按照加权的方式计算的成本单价的调价系数，根据类似工程预算提供的资料，也可按照同样的计算思路计算出工料机费综合调整系数，通过系数调整类似工程的工料单价，再按照相应取费基数和费率计算企业管理费、利润和增值税，也可得出所需的综合单价。随着工程造价指标指数建设的完善，各个地区、各种工程类型、各类建筑结构等的人工、材料、项目等造价指数的编制和发布，上述调价方法的应用将更为灵活和便捷。

【例 3.2.2】 某地拟建一工程，与其类似的已完工程单方工程造价为 4 500 元/m^2，其中人工、材料、施工机具使用费分别占工程造价的 15%、55%和 10%，拟建工程地区与类似工程地区人工、材料、施工机具使用费差异系数分别为 1.05、1.03 和 0.98。假定以工料机费用之和为基数取费，综合费率为 25%。用类似工程预算法计算拟建工程适用的综合单价。

解： 先使用调差系数计算出拟建工程的工料单价。

类似工程的工料单价＝4 500×80%＝3 600（元/m^2）

在类似工程的工料单价中，人工、材料、施工机具使用费的比重分别为 18.75%、68.75%和 12.5%。

拟建工程的工料单价＝3 600×(18.75%×1.05＋68.75%×1.03＋12.5%×0.98)

＝3 699（元/m^2）

因此，拟建工程适用的综合单价＝3 699×(1＋25%)＝4 623.75（元/m^2）

4. 单位设备及安装工程概算编制方法

单位设备及安装工程概算包括单位设备及工器具购置费概算和单位设备安装工程费概算两大部分。

（1）设备及工器具购置费概算。设备及工器具购置费是根据初步设计的设备清单计算出设备原价，并汇总求出设备总原价，然后按有关规定的设备运杂费率乘以设备总原价，两项相加再考虑工器具及生产家具购置费即为设备及工器具购置费概算。有关设备及工器具购置费概算可参见第一章第二节的计算方法。设备及工器具购置费概算的编制依据包括设备清单、工艺流程图，各部、省、自治区、直辖市规定的现行设备价格和运费标准、费用标准。

（2）设备安装工程费概算。设备安装工程费概算的编制方法应根据初步设计深度和要求所明确的程度而采用，主要编制方法有：

1）预算单价法。当初步设计较深，有详细的设备清单时，可直接按安装工程预算定额单价编制安装工程概算，概算编制程序与安装工程施工图预算程序基本相同。该法的优点是计算比较具体，精确性较高。

2）扩大单价法。当初步设计深度不够，设备清单不完备，只有主体设备或仅有成套设备重量时，可采用主体设备、成套设备的综合扩大安装单价来编制概算。

上述两种方法的具体编制步骤与建筑工程概算相类似。

3）设备价值百分比法，又称为安装设备百分比法。当初步设计深度不够，只有设备出厂价而无详细规格、重量时，安装费可按占设备费的百分比计算。其百分比值（即安装费率）由相关管理部门制定或由设计单位根据已完类似工程确定。该法常用于价格波动不大的定型产品和通用设备产品，其计算公式为：

$$\text{设备安装费}=\text{设备原价}\times\text{安装费费率}\ (\%) \qquad (3.2.8)$$

4）综合吨位指标法。当初步设计提供的设备清单有规格和设备重量时，可采用综合吨位指标编制概算，其综合吨位指标由相关主管部门或由设计单位根据已完类似工程的资料确定。该法常用于设备价格波动较大的非标准设备和引进设备的安装工程概算，其计算公式为：

$$\text{设备安装费}=\text{设备吨重}\times\text{每吨设备安装费指标}\ (\text{元/吨}) \qquad (3.2.9)$$

单位设备及安装工程概算要按照规定的表格格式进行编制，采用预算单价法和扩大单价法时，表格格式如表 3.2.5 所示。

表 3.2.5 设备及安装工程概算表

单项工程概算编号： 单项工程名称： 共 页 第 页

序号	项目编码	工程项目或费用名称	项目特征	单位	数量	综合单价/元		合价/元	
						设备购置费	安装工程费	设备购置费	安装工程费
一		分部分项工程							
(一)		机械设备安装工程							
1	××	×××××							
2	××	×××××							
(二)		电气工程							
1	××	×××××							

续表 3.2.5

序号	项目编码	工程项目或费用名称	项目特征	单位	数量	综合单价/元		合价/元	
						设备购置费	安装工程费	设备购置费	安装工程费
(三)		给排水工程							
1	××	×××××							
(四)		××工程							
		分部分项工程费小计							
二		措施项目费							
1		安全生产措施费							
2		夜间施工增加费							
3		二次搬运费							
4		冬雨季施工增加费							
5		文明施工费							
	××	×××××							
		措施项目费小计							
		合计							

编制人： 审核人： 审定人：

注：1. 设备及安装工程概算表应以单项工程为对象进行编制，表中综合单价应通过综合单价分析表计算获得；

2. 按《建设工程计价设备材料划分标准》GB/T 50531—2009，应计入设备费的装置性主材计入设备费。

5. 概算编制的市场化发展趋势

根据《工程造价改革工作方案》（建办标〔2020〕38 号）的要求，建设工程的各阶段计价应逐渐进行市场化改革，以保证计价结果的准确性并反映市场的实际供需状况，以达到合理管控工程造价的目标，概算编制的市场化改革应包括三个方面的内容：

（1）根据设计深度的不同合理选择概算编制方法。根据《建筑工程设计文件编制深度规定（2016 年版）》（建质函〔2016〕247 号），方案设计阶段主要负责确定场地范围、建筑总尺寸等基础工作；初步设计阶段需要对整体建筑设计方案进行全面考量，解决方案设计审批时存在的主要问题。除了需要详细绘制各建筑的平（立、剖）面图的布局外，还需细化建筑、结构、建筑电气、给水排水、供暖通风与空调功能、热能动力等各专业的布置内容，并提供各专业的设计图纸和计算书等。在概算编制时，需要根据设计达到的深度情况，选择最合适的概算编制方法，才能够保证概算的精度要求。

（2）充分利用市场化的造价数据。市场化的造价数据包括两个方面，一是利用本书第二章第六节中提及的不同分类、不同层级的工程造价指标，根据项目达到的设计深度建立建设项目分解清单，根据项目分解情况通过项目特征匹配寻找可参考使用的工程造价指标，根据项目情况进行调整后完成概算编制；二是借助数字化技术为具有个性化工程特征的工程匹配类似工程样本，利用或参考样本工程的个性化造价数据，建立“个性化数据—个性化工程”的“数据对标”关系，为工程对象匹配合理的综合单价或生产要素价格，进行对标计价和造价分析；三是充分进行市场化的询价，重点针对基础性建材价格信息和劳务用工市场价格信息建立完成询价规则和机制，避免泛泛而问、撒网问价的“假询价”现象，通过保证基本建设资源价格的准确性和市场性来提高概算的精度。

（3）充分利用数智化技术。基于BIM的概算编制也是未来发展趋势，将BIM模型分解为不同细度的BIM模型组件，如单项工程模型、单位工程模型、分部工程模型、分项工程模型、单构件模型，积累形成种类齐全、不同精度的模型化指标数据库。通过构建初步设计的BIM模型，直接完成工程计量，调用相应的指标数据库价格信息，即可形成初步设计深度的概算文件。数字化、智能化仍将是工程概算编制的发展方向。

（三）单项工程综合概算的编制

单项工程综合概算是确定单项工程建设费用的综合性文件，是由该单项工程所属的各专业单位工程概算汇总而成的，是建设项目总概算的组成部分。

仍以房屋建筑工程为例，单项工程综合概算采用综合概算表（含其所附的单位工程概算表和建筑材料表）进行编制。对单一的、具有独立性的单项工程建设项目，按照两级概算编制形式，直接编制总概算。

综合概算表是根据单项工程所辖范围内的各单位工程概算等基础资料，按照规定的统一表格进行编制。对工业建筑而言，其概算包括建筑工程和设备及安装工程；对民用建筑而言，其概算包括土建工程、给排水、采暖、通风及电气照明工程等。

综合概算一般应包括建筑工程费、安装工程费、设备及工器具购置费。单项工程综合概算表如表3.2.6所示。

表3.2.6 单项工程综合概算表

综合概算编号： 工程名称（单项工程）： 单位：万元 共 页 第 页

序号	概算编号	工程项目或费用名称	设计规模或主要工程量	建筑工程费	设备及工器具购置费	安装工程费	合计	其中：引进部分		主要技术经济指标		
								美元	折合人民币	单位	数量	单位价值
一		主要工程										
1	×	×××××										
2	×	×××××										
二		辅助工程										
1	×	×××××										
2	×	×××××										
三		配套工程										
1	×	×××××										
2	×	×××××										
		单项工程概算费用合计										

编制人： 审核人： 审定人：

(四) 建设项目总概算的编制

建设项目总概算是设计文件的重要组成部分，是预计整个建设项目从筹建到竣工交付使用所花费的全部费用的文件。它是由各单项工程综合概算、工程建设其他费用、建设期利息、预备费和经营性项目的铺底流动资金概算所组成，按照主管部门规定的统一表格进行编制而成的。

设计总概算文件应包括：编制说明、总概算表、各单项工程综合概算书、工程建设其他费用概算表、主要建筑安装材料汇总表。独立装订成册的总概算文件宜加封面、签署页（扉页）和目录。

(1) 封面、签署页及目录。

(2) 编制说明。

1) 工程概况。简述建设项目性质、特点、生产规模、建设周期、建设地点、主要工程量、工艺设备等情况。引进项目要说明引进内容以及与国内配套工程等主要情况。

2) 编制依据。包括国家和有关部门的规定、设计文件、现行概算定额或概算指标、设备材料的预算价格和费用指标等。

3) 编制方法。说明设计概算是采用概算定额法，还是采用概算指标法或其他方法。

4) 主要设备、材料的数量。

5) 主要技术经济指标。主要包括项目概算总投资（有引进的给出所需外汇额度）及主要分项投资、主要技术经济指标（主要单位投资指标）等。

6) 工程费用计算表。主要包括建筑工程费计算表、工艺安装工程费计算表、配套工程费计算表、其他涉及的工程的工程费用计算表。

7) 引进设备材料有关费率取定及依据。主要是关于国际运输费、国际运输保险费、关税、增值税、国内运杂费、其他有关税费等。

8) 引进设备材料从属费用计算表。

9) 其他必要的说明。

(3) 总概算表。总概算表格式如表 3.2.7 所示（适用于采用三级编制形式的总概算）。

表 3.2.7　总概算表

总概算编号：　　　　　　工程名称：　　　　　　单位：万元　　　　　　共　页　第　页

序号	概算编号	工程项目或费用名称	建筑工程费	设备购置费	安装工程费	其他费用	合计	其中：引进部分		占总投资比例/%
								美元	折合人民币	
一		工程费用								
1		主要工程								
2		辅助工程								
3		配套工程								

续表 3.2.7

序号	概算编号	工程项目或费用名称	建筑工程费	设备购置费	安装工程费	其他费用	合计	其中：引进部分		占总投资比例/%
								美元	折合人民币	
二		工程建设其他费用								
1										
2										
三		预备费								
四		建设期利息								
五		铺底流动资金								
		建设项目概算总投资								

编制人： 审核人： 审定人：

（4）工程建设其他费用概算表。工程建设其他费用概算按国家或地区或部委所规定的项目和标准确定，并按统一格式编制，见表 3.2.8。应按具体发生的工程建设其他费用项目填写，需要说明和具体计算的费用项目依次相应在说明及计算式栏内填写或具体计算。填写时注意以下事项：

1）土地征用及拆迁补偿费应填写土地补偿单价、数量和安置补助费标准、数量等，列式计算所需费用，填入金额栏。

2）项目建设管理费按“工程费用×费率”或有关定额列式计算。

3）研究试验费应根据设计需要进行研究试验的项目分别填写项目名称及金额或列式计算或进行说明。

（5）单项工程综合概算表和建筑安装单位工程概算表。

（6）主要建筑安装材料汇总表。针对每一个单项工程列出钢筋、型钢、水泥、木材等主要建筑安装材料的消耗量。

表 3.2.8 工程建设其他费用概算表

工程名称： 单位：万元 共 页 第 页

序号	费用项目编号	费用项目名称	费用计算基数	费率	金额	计算公式	备注
1							
2							
	合计						

编制人： 审核人： 审定人：

第三节　施工图预算的编制

一、施工图预算的概念及其编制内容

（一）施工图预算的含义及作用

1. 施工图预算的含义

施工图预算是以施工图设计文件为依据，在工程施工前对工程项目的投资进行的预测与计算。施工图预算的成果文件称为施工图预算书，简称施工图预算。

施工图预算既可以是工程招标投标前或招标投标时，基于施工图纸，按照预算定额、取费标准、各类工程计价信息等计算得到的计划或预期价格，也可以是工程中标后施工企业根据自身的企业定额、资源市场价格以及市场供求及竞争状况计算得到的实际预算价格。

2. 施工图预算的作用

（1）施工图预算对投资方的作用。

1）施工图预算是设计阶段控制工程造价的重要环节，是控制施工图设计不突破设计概算的重要措施。

2）施工图预算是控制造价及资金合理使用的依据。施工图预算确定的预算造价是工程的计划成本，投资方按施工图预算造价筹集建设资金，合理安排建设资金计划，确保建设资金的有效使用，保证项目建设顺利进行。

3）施工图预算是确定工程最高投标限价的依据。在设置最高投标限价的情况下，最高投标限价通常是在施工图预算的基础上考虑工程的特殊施工措施、工程质量要求、计划工期、招标工程范围以及自然条件等因素进行编制的。

4）施工图预算可以作为确定合同价款、拨付工程进度款及办理工程结算的基础。

（2）施工图预算对施工企业的作用。

1）施工图预算是建筑施工企业投标报价的基础。在激烈的建筑市场竞争中，建筑施工企业在施工图预算的基础上，结合企业定额和采取的投标策略，确定投标报价。

2）施工图预算是建筑工程预算包干的依据和签订施工合同的主要内容。在采用总价合同的情况下，施工单位通过与建设单位协商，可在施工图预算的基础上，考虑设计或施工变更后可能发生的费用与其他风险因素，增加一定系数作为工程造价一次性包干价。同样，施工单位与建设单位签订施工合同时，其中工程价款的相关条款也以施工图预算为依据。

3）施工图预算是施工企业安排调配施工力量、组织材料供应的依据。施工企业在施工前，可以根据施工图预算的工料机分析，编制资源计划，组织材料、机具、设备和劳动力供应，并编制进度计划，统计完成的工作量，进行经济核算并考核经营成果。

4）施工图预算是施工企业控制工程成本的依据。根据施工图预算确定的中标价格是施工企业收取工程款的依据，企业只有合理利用各项资源，采取先进技术和管理方法，将成本控制在施工图预算价格以内，才能获得良好的经济效益。

（3）施工图预算对其他方面的作用。

1）对于工程咨询单位而言，客观、准确地为委托方做出施工图预算，不仅体现出其水平、素质和信誉，而且强化了投资方对工程造价的控制，有利于节省投资，提高建设项目的投资效益。

2）对于工程造价管理部门而言，施工图预算是编制工程造价指标指数、构建建设工程造价数据库的数据资源，也是合理确定工程造价、审定工程最高投标限价的依据。

3）在履行合同的过程中发生经济纠纷时，施工图预算还是有关仲裁、管理、司法机关按照法律程序处理、解决问题的依据。

（二）施工图预算的编制内容

1. 施工图预算文件的组成

施工图预算由建设项目总预算、单项工程综合预算和单位工程预算组成。建设项目总预算由单项工程综合预算汇总而成，单项工程综合预算由组成本单项工程的各单位工程预算汇总而成，单位工程预算包括建筑工程预算和设备及安装工程预算。

施工图预算根据建设项目实际情况可采用三级预算编制或二级预算编制形式。当建设项目有多个单项工程时，应采用三级预算编制形式，三级预算编制形式由建设项目总预算、单项工程综合预算、单位工程预算组成。当建设项目只有一个单项工程时，应采用二级预算编制形式，二级预算编制形式由建设项目总预算和单位工程预算组成。

采用三级预算编制形式的工程预算文件包括：封面、签署页及目录、编制说明，总预算表、综合预算表、单位工程预算表、附件等内容。采用二级预算编制形式的工程预算文件包括：封面、签署页及目录、编制说明，总预算表、单位工程预算表、附件等内容。

2. 施工图预算的内容

按照预算文件的不同，施工图预算的内容有所不同。建设项目总预算是反映施工图设计阶段建设项目投资总额的造价文件，是施工图预算文件的主要组成部分。由组成该建设项目的各个单项工程综合预算和相关费用组成。具体包括：建筑安装工程费用、设备及工器具购置费、工程建设其他费用、预备费、建设期利息及铺底流动资金。施工图总预算应控制在已批准的设计总概算投资范围以内。

单项工程综合预算是反映施工图设计阶段一个单项工程（设计单元）造价的文件，是总预算的组成部分，由构成该单项工程的各个单位工程施工图预算组成。其编制的费用项目是各单项工程的建筑安装工程费用和设备及工器具购置费总和。

单位工程预算是依据单位工程施工图设计文件、现行预算定额以及人工、材料和施工机具台班价格等，按照规定的计价方法编制的工程造价文件。以房屋建筑工程为例，包括单位建筑工程预算和单位设备及安装工程预算。单位建筑工程预算是建筑工程各专业单位工程施工图预算的总称，按其工程性质分为一般土建工程预算，给排水工程预算，采暖通风工程预算，煤气工程预算，电气照明工程预算，弱电工程预算，特殊构筑物如烟窗、水塔等工程预算以及工业管道工程预算等。安装工程预算是安装工程各专业单位工程预算的总称，安装工程预算按其工程性质分为机械设备安装工程预算、电气设备安装工程预算、工业管道安装工程预算和热力设备安装工程预算等。

二、施工图预算的编制

(一) 施工图预算的编制依据和原则

1. 施工图预算的编制依据

施工图预算的编制一般采用以下编制依据：

(1) 国家、行业和地方有关规定；

(2) 预算定额或企业定额、单位估价表等；

(3) 施工图设计文件及相关标准图集和规范；

(4) 项目相关文件、合同、协议等；

(5) 工程所在地的人工、材料、施工机具单价、各类工程造价指标指数、类似工程造价数据等；

(6) 合理施工工期及常规施工工艺、顺序；

(7) 项目的管理模式、发包模式及施工条件；

(8) 其他应提供的资料。

2. 施工图预算的编制原则

(1) 施工图预算的编制应保证编制依据的适用性和时效性。

(2) 完整、准确地反映设计内容的原则。编制施工图预算时，要认真了解设计意图，根据设计文件、图纸准确计算工程量，避免重复和漏算。

(3) 坚持结合拟建工程的实际，反映工程所在地当时价格水平的原则。编制施工图预算时，要求实事求是地对工程所在地的建设条件、可能影响造价的各种因素进行认真的调查研究。按照现行工程造价的构成，考虑建设期的价格变化因素，使施工图预算尽可能地反映设计内容、实际施工条件和实际价格。

(二) 单位工程施工图预算的编制

1. 建筑安装工程费用计算

以房屋建筑工程为例，单位工程施工图预算包括建筑工程费、安装工程费和设备及工器具购置费。建筑安装工程费用常用计算方法有实物量法和单价法，其中单价法分为工料单价法和综合单价法。

实物量法是依据施工图纸和预算定额的项目划分及工程量计算规则，先计算出分项工程量，然后套用预算定额（或企业定额）来编制施工图预算的方法。工料单价法是用事先编制好的分项工程的单位估价表来编制施工图预算的方法。综合单价法是指根据招标人按照国家统一的工程量计算规则提供的工程数量，采用综合单价的形式计算工程造价的方法。在单价法中，使用较多的还是工料单价法。

目前，我国以政府投资为主的工程项目，例如电力、铁路、公路等工程，仍主要采用定额计价的方法编制施工图预算，不同行业对施工图预算编制均有具体的规定，但基本原理和方法较为接近，本节以房屋建筑工程为例，介绍实物量法和工料单价法。

(1) 实物量法。用实物量法编制单位工程施工图预算，就是根据施工图计算的各分项工程量分别乘以预算定额（或企业定额）中人工、材料、施工机具台班的定额消耗量，分类汇总得出该单位工程所需的全部人工、材料、施工机具台班消耗数量，然后乘以当时当地人工工日单价、各种材料单价、施工机械台班单价、施工仪器仪表台班单价，求出相应的直接费。在此基础上，通过取费的方式计算企业管理费、利润和增值税等费用。实物量法编制施工图预算的公式如下：

单位工程直接费＝综合工日消耗量×综合工日单价＋∑（各种材料消耗量×相应材料单价）＋∑（各种施工机械消耗量×相应施工机械台班单价）＋∑（各施工仪器仪表消耗量×相应施工仪器仪表台班单价） （3.3.1）

单位工程预算造价＝单位工程直接费＋企业管理费＋利润＋增值税 （3.3.2）

1）准备资料、熟悉施工图纸。

①收集编制施工图预算的编制依据。包括预算定额或企业定额，取费标准，当时当地人工、材料、施工机具市场价格等。

②熟悉施工图等基础资料。熟悉施工图纸、有关的通用标准图、图纸会审记录、设计变更通知等资料，并检查施工图纸是否齐全、尺寸是否清楚，了解设计意图，掌握工程全貌。

③了解施工组织设计和施工现场情况。全面分析各分项工程，充分了解施工组织设计和施工方案，如工程进度、施工方法、人员使用、材料消耗、施工机械、技术措施等内容，注意影响费用的关键因素；核实施工现场情况，包括工程所在地地质、地形、地貌等情况，工程实地情况、当地气象资料、当地材料供应地点及运距等情况；了解工程布置、地形条件、施工条件、料场开采条件、场内外交通运输条件等。

2）列项并计算工程量。按照预算定额（或企业定额）子目将单位工程划分为若干分项工程，按照施工图纸尺寸和定额规定的工程量计算规则进行工程量计算。一般借助工程计价软件，通过建模的方式由软件系统自动计算工程量，点选适合的定额，以确保软件系统对工程的计量是按预算定额中规定的工程量计算规则进行；计量单位应与定额中相应的分项工程的计量单位保持一致；输入系统的原始数据应以施工图纸上的设计尺寸及有关数据为准，注意分项子目不能重复列项计算，也不能漏项少算。

3）套用预算定额（或企业定额），计算人工、材料、机具台班消耗量。根据预算定额（或企业定额）所列单位分项工程人工工日、材料、施工机具台班的消耗数量，分别乘以各分项工程的工程量，统计汇总出完成各分项工程所需消耗的各类人工工日、各类材料和各类施工机具台班数量。此步骤也通过计价软件进行统计计算。

4）计算并汇总直接费。调用当时当地人工工资单价、材料预算单价、施工机械台班单价、施工仪器仪表台班单价，分别乘以人工、材料、机具台班消耗量，汇总即得到单位工程直接费。

5）计算其他各项费用，汇总造价。根据规定的税率、费率和相应的计取基础，分别计算企业管理费、利润和增值税。将上述所有费用汇总即可得到单位工程预算造价。与此同时，计算工程的技术经济指标，如单方造价等。费率标准可在计价软件中设定，上述计算过程由系统自动完成。

6）复核、填写封面、编制说明。检查人工、材料、机具台班的消耗量计算是否准确，有无漏算、重算或多算；检查采用的人工、材料、机具台班实际价格是否合理。封面应写明工程编号、工程名称、预算总造价和单方造价等，撰写编制说明，将封面、编制说明、预算费用汇总表、工料机实物量汇总表、工程预算分析表等按顺序编排并装订成册，便完成了单位施工图预算的编制工作。

【例 3.3.1】 某市一住宅楼土建工程，该工程主体设计采用七层轻框架结构、钢筋混凝土筏式基础，单位工程预算采用该市当时的建筑工程预算定额及单位估价表编制，以基础部分为例，用实物量法编制的施工图预算的结果见表 3.3.1～表 3.3.4。

表 3.3.1　某住宅建筑工程基础部分预算书（实物量法）人工实物量汇总表

项目编号	工程或费用名称	计量单位	工程量	人工实物量	
				单位用量	合计用量
1	平整场地	m^2	1 393.59	0.058	80.828 2
2	挖土机挖土（砂砾坚土）	m^3	2 781.73	0.029 8	82.895 6
3	干铺土石屑层	m^3	892.68	0.444	396.349 9
4	C10 混凝土基础垫层（10cm 内）	m^3	110.03	2.211	243.276 3
5	C20 带形钢筋混凝土基础（有梁式）	m^3	372.32	2.097	780.755 0
6	C20 独立式钢筋混凝土基础	m^3	43.26	1.813	78.430 4
7	C20 矩形钢筋混凝土柱（1.8m 外）	m^3	9.23	6.323	58.361 3
8	矩形柱与异形柱差价	元	61.00		
9	M5 砂浆砌砖基础	m^3	34.99	1.053	36.844 5
10	C10 带形无筋混凝土基础	m^3	54.22	1.8	97.596 0
11	满堂脚手架（3.6m 内）	m^2	370.13	0.093 2	34.496 1
12	槽底钎探	m^2	1 233.77	0.057 8	71.311 9
13	回填土（夯填）	m^3	1 260.94	0.22	277.406 8
14	基础抹隔潮层（有防水粉）	元	130.00		
	合计				2 238.55

表 3.3.2　机具台班实物量汇总表

项目编号	工程或费用名称	计量单位	工程量	机械实物量							
				蛙式打夯机/台班		挖土机/台班		推土机/台班		其他机具费/元	
				单位用量	合计用量	单位用量	合计用量	单位用量	合计用量	单位用量	合计用量
1	平整场地	m^2	1 393.59								

续表 3.3.2

项目编号	工程或费用名称	计量单位	工程量	机械实物量							
				蛙式打夯机/台班		挖土机/台班		推土机/台班		其他机具费/元	
				单位用量	合计用量	单位用量	合计用量	单位用量	合计用量	单位用量	合计用量
2	挖土机挖土（砂砾坚土）	m^3	2 781.73			0.024	66.76	0.001	2.78		
3	干铺土石屑层	m^3	892.68	0.024	21.42						
4	C10 混凝土基础垫层（10cm 内）	m^3	110.03							3.68	404.91
5	C20 带形钢筋混凝土基础（有梁式）	m^3	372.32							5.53	2 058.93
6	C20 独立式钢筋混凝土基础	m^3	43.26							4.90	211.97
7	C20 矩形钢筋混凝土柱（1.8m 外）	m^3	9.23							17.19	158.66
8	矩形柱与异型柱差价	元	61.00								
9	M5 砂浆砌砖基础	m^3	34.99							0.61	21.34
10	C10 带形无筋混凝土基础	m^3	54.22							4.60	249.40
11	满堂脚手架（3.6m 内）	m^2	370.13							0.09	33.31
12	槽底钎探	m^2	1 233.77								
13	回填土（夯填）	m^3	1 260.94	0.059	74.40						
14	基础抹隔潮层（有防水粉）	元	130.00								
	合计				95.82		66.76		2.78		3 138.52

表 3.3.3 材料实物量汇总表

项目编号	工程或费用名称	计量单位	工程量	材料实物量													
				土石屑/m³		C10 素混凝土/m³		C20 钢筋混凝土/m³		M5 主体砂浆/m³		机砖/千块		脚手架材料费/元		黄土/m³	
				单位用量	合计用量	单位用量	合计用量	单位用量	合计用量	单位用量	合计用量	单位用量	合计用量	单位用量	合计用量	单位用量	合计用量
1	平整场地	m^2	1 393.59														
2	挖土机挖土（砂砾坚土）	m^3	2 781.73														
3	干铺土石屑层	m^3	892.68	1.34	1 196.19												
4	C10 混凝土基础垫层（10cm 内）	m^3	110.03			1.01	111.13										
5	C20 带形钢筋混凝土基础（有梁式）	m^3	372.32					1.015	377.90								
6	C20 独立式钢筋混凝土基础	m^3	43.26					1.015	43.91								
7	C20 矩形钢筋混凝土柱（1.8m 外）	m^3	9.23					1.015	9.37								
8	矩形柱与异型柱差价	元	61.00														

续表 3.3.3

项目编号	工程或费用名称	计量单位	工程量	材料实物量													
				土石屑/m^3		C10 素混凝土/m^3		C20 钢筋混凝土/m^3		M5 主体砂浆/m^3		机砖/千块		脚手架材料费/元		黄土/m^3	
				单位用量	合计用量	单位用量	合计用量	单位用量	合计用量	单位用量	合计用量	单位用量	合计用量	单位用量	合计用量	单位用量	合计用量
9	M5 砂浆砌砖基础	m^3	34.99							0.24	8.40	0.51	17.84				
10	C10 带形无筋混凝土基础	m^3	54.22			1.015	55.03										
11	满堂脚手架（3.6m 内）	m^2	370.13											0.26	96.23		
12	槽底钎探	m^2	1 233.77														
13	回填土（夯填）	m^3	1 260.94													1.5	1 891.41
14	基础抹隔潮层（有防水粉）	元	130.00														
	合计				1 196.19		166.16		431.18		8.40		17.84		96.23		1 891.41

表 3.3.4　某住宅楼建筑工程基础部分预算书（实物量法）
人工、材料、机具费用汇总表

序号	人工、材料、机具或费用名称	计量单位	实物工程数量	价值/元	
				当时当地单价	合价
1	人工	工日	2 238.55	95.00	212 662.25
2	土石屑	m^3	1 196.19	140.00	167 466.60
3	C10 素混凝土	m^3	166.16	345.00	57 325.20
4	C20 钢筋混凝土	m^3	431.18	900.00	388 062.00
5	M5 主体砂浆	m^3	8.40	194.97	1 637.75
6	机砖	千块	17.84	580.00	10 347.20
7	脚手架材料费	元	96.23		96.23
8	黄土	m^3	1 891.41	15.00	28 371.15
9	蛙式打夯机	台班	95.82	10.28	985.03
10	挖土机	台班	66.76	892.10	59 556.60
11	推土机	台班	2.78	452.70	1 258.51
12	其他机具费	元	3 138.52		3 138.52
13	矩形柱与异型柱差价	元	61.00		61.00
14	基础抹隔潮层费	元	130.00		130.00
	工料机费小计	元			931 098.04

注：其他各项费用在土建工程预算书汇总时计列。

（2）工料单价法。工料单价法采用的分项工程单价为工料单价，将各分项工程量乘以对应分项工程单价后的合计值汇总后，再计取企业管理费、利润和增值税，汇总各项费用得到单位工程的施工图预算造价。工料单价法中的单价一般采用单位估价表中的各分项工程工料单价（定额基价）。工料单价法计算公式如下：

$$\text{单位工程预算造价}=\sum(\text{分项工程量}\times\text{分项工程工料单价})+\text{企业管理费}+\text{利润}+\text{增值税} \quad (3.3.3)$$

1）准备工作。本步骤与实物量法基本相同，不同的是需要收集适用的单位估价表，定额中已含有定额基价的则无需单位估价表。

2）列项并计算工程量。本步骤与实物量法相同。

3）套用定额单价，计算直接费。核对工程量计算结果后，套用单位估价表中的工料单价（或定额基价），用工料单价乘以工程量得出合价，汇总合价得到单位工程直接费。套用工料单价时，若分项工程的主要材料品种与单位估价表（或预算定额）中所列材料不一致，需要按实际使用材料价格换算工料单价后再套用，分项工程施工工艺条件与单位估价表（或定额）不一致而造成人工、机具的数量增减时，需要调整用量后再套用。上述工作同样可通过计价软件进行套用和计算。

4）编制工料分析表。依据单位估价表（或定额），将各分项工程对应的定额项目表中每项材料和人工的定额消耗量分别乘以该分项工程工程量，得到该分项工程工料消耗量，将各分项工程工料消耗量按类别加以汇总，得出单位工程人工、材料的消耗数量。借助计价软件可完成工料分析统计工作，分项工程工料分析表如表 3.3.5 所示。

表 3.3.5　分项工程工料分析表

项目名称：　　　　　　　　　　　　　　　　　　　　　　　　　　编号：

序号	定额编号	分项工程名称	单位	工程量	人工/工日	主要材料			其他材料费/元
						材料 1	材料 2	……	

编制人：　　　　　　　　　　　　　　　审核人：

5）计算主材费并调整直接费。许多定额项目基价为不完全价格，即未包括主材费用在内。因此还应单独计算出主材费，计算完成后将主材费的价差并入工料机费用合计。主材费按当时当地的市场价格计取。由于工料单价法采用的是事先编制好的单位估价表，其价格水平不能代表预算编制时的价格水平，一般需采用调价系数或指数进行调价，将价差并入直接费费用合计。

6）按计价程序计取其他费用，并汇总造价。本步骤与实物量法相同。

7）复核，填写封面、编制说明。本步骤与实物量法相同。

工料单价法与实物量法首尾部分的步骤基本相同，所不同的主要是中间两个步骤，即：

①实物量法套用的是预算定额（或企业定额）人工工日、材料、施工机具台班消耗量，工料单价法套用的是单位估价表工料单价或定额基价。

②实物量法采用的是当时当地的各类人工工日、材料、施工机具台班的实际单价，工料单价法采用的单位估价表或定额编制时期的各类人工工日、材料、施工机具台班单价，需要用调价系数或指数进行调整。

【例 3.3.2】 仍以例 3.3.1 所示工程为例来说明工料单价法编制施工图预算的过程。表 3.3.6 是采用工料单价法编制的单位工程（基础部分）施工图预算表。

表 3.3.6　某住宅楼建筑工程基础部分预算书（工料单价法）

工程定额编号	工程或费用名称	计量单位	工程量	价值/元	
				工料单价	合价
(1)	(2)	(3)	(4)	(5)	(6)
1042	平整场地	m^2	1 393.59	3.04	4 236.51
1063	挖土机挖土（砂砾坚土）	m^3	2 781.73	9.74	27 094.05
1092	干铺土石屑层	m^3	892.68	145.8	130 152.74
1090	C10 混凝土基础垫层（10cm 内）	m^3	110.03	388.78	42 777.46
5006	C20 带形钢筋混凝土基础（有梁式）	m^3	372.32	1 103.66	410 914.69

续表 3.3.6

工程定额编号	工程或费用名称	计量单位	工程量	价值/元	
				工料单价	合价
(1)	(2)	(3)	(4)	(5)	(6)
5014	C20 独立式钢筋混凝土基础	m^3	43.26	929	40 188.54
5047	C20 矩形钢筋混凝土柱（1.8m 外）	m^3	9.23	599.72	5 535.42
13002	矩形柱与异型柱差价	元	61.00		61.00
3001	M5 砂浆砌砖基础	m^3	34.99	523.17	18 305.72
5003	C10 带形无筋混凝土基础	m^3	54.22	423.23	22 947.53
4028	满堂脚手架（3.6m 内）	m^2	370.13	11.06	4 093.64
1047	槽底钎探	m^2	1 233.77	6.65	8 204.57
1040	回填土（夯填）	m^3	1 260.94	30	37 828.20
3004	基础抹隔潮层（有防水粉）	元	130.00		130.00
	工料机费小计				752 370.07

注：其他各项费用在土建工程预算书汇总时计列。

（3）预算编制的市场化发展趋势。从工程计价基本原理上看，施工图预算编制和设计概算编制本质上没有太大区别，主要体现在项目设计深度不同以及计价子目划分详细程度不同。因此在上一节提到的概算编制的市场化改革问题也同样适用于施工图预算编制。

需要注意的是，施工图预算编制除对各类造价指标、价格信息以及数智化技术的应用之外，工程造价的市场化改革机制有可能会对施工图预算本身的定位产生影响。《工程造价改革工作方案》（建办标〔2020〕38 号）中明确提出了“逐步停止发布预算定额”的改革要求。主要原因是，越来越多的项目工程交易时点前移，导致在施工图设计完成前已经完成了发承包过程，因此在工程造价管理体系中，出现了由双方交易形成的合同价格逐渐代替施工图预算作为造价管控目标的发展趋势。虽然目前施工图预算依然在造价管理体系中占有比较重要的地位，但随着工程造价改革的市场化越来越深入，施工图预算在造价管理中的重要性有可能逐渐降低，甚至逐渐成为在约定的合同价格下承包人进行施工成本管理的主要依据。

2. 设备及工器具购置费计算

设备购置费由设备原价和设备运杂费构成；未到达固定资产标准的工器具购置费一般以设备购置费为计算基数，按照规定的费率计算。设备及工器具购置费编制方法及内容可参照设计概算相关内容。

3. 单位工程施工图预算书编制

单位工程施工图预算由建筑安装工程费用和设备及工器具购置费组成，将计算好的建筑安装工程费用和设备及工器具购置费相加，即得到单位工程施工图预算，即：

$$\text{单位工程施工图预算}=\text{建筑安装工程预算}+\text{设备及工器具购置费} \tag{3.3.4}$$

单位工程施工图预算由单位建筑工程预算书和单位设备及安装工程预算书组成。单位建筑工程预算书主要由建筑工程预算表和建筑工程取费表构成，单位设备及安装工程预算书则主要由设备及安装工程预算表和设备及安装工程取费表构成，具体表格形式如表 3.3.7～表 3.3.10 所示。

表 3.3.7 建筑工程预算表

单项工程预算编号： 工程名称（单位工程）： 共 页 第 页

序号	定额号	工程项目或定额名称	单位	数量	单价/元	其中：人工费/元	合价/元	其中：人工费/元
一		土石方工程						
1	××	×××××						
2	××	×××××						
二		砌筑工程						
1	××	×××××						
2	××	×××××						
三		楼地面工程						
1	××	×××××						
2	××	×××××						
		工料机费合计						

编制人： 审核人：

表 3.3.8 建筑工程取费表

单项工程预算编号： 工程名称（单位工程）： 共 页 第 页

序号	工程项目或费用名称	表达式	费率/%	合价/元
1	工料机费			
2	其中：人工费			
3	其中：材料费			
4	其中：机具费			
5	企业管理费			
6	利润			
7	增值税			
8	单位建筑工程费			

编制人： 审核人：

表 3.3.9　设备及安装工程预算表

单项工程预算编号：　　　　　　　　　工程名称（单位工程）：　　　　　　　　　共　页　第　页

序号	定额号	工程项目或定额名称	单位	数量	单价/元	其中：人工费/元	合价/元	其中：人工费/元	其中：设备费/元	其中：主材费/元
一		设备安装								
1	××	×××××								
2	××	×××××								
二		管道安装								
1	××	×××××								
2	××	×××××								
三		防腐保温								
1	××	×××××								
2	××	×××××								
		工料机费合计								

编制人：　　　　　　　　　　　　　　　审核人：

表 3.3.10　设备及安装工程取费表

单项工程预算编号：　　　　　　　　　工程名称（单位工程）：　　　　　　　　　共　页　第　页

序号	工程项目或费用名称	表达式	费率/%	合价/元
1	工料机费			
2	其中：人工费			
3	其中：材料费			
4	其中：机械费			
5	其中：设备费			
6	企业管理费			
7	利润			
8	增值税			
9	单位设备及安装工程费			

编制人：　　　　　　　　　　　　　　　审核人：

（三）单项工程综合预算的编制

单项工程综合预算造价由组成该单项工程的各个单位工程预算造价汇总而成。

单项工程综合预算书主要由综合预算表构成，综合预算表格式如表 3.3.11 所示。

表 3.3.11　综合预算表

综合预算编号：　　　　工程名称：　　　　单位：万元　　　　共　页　第　页

序号	预算编号	工程项目或费用名称	设计规模或主要工程量	建筑工程费	设备及工器具购置费	安装工程费	合计	其中：引进部分	
								美元	折合人民币
一		主要工程							
1		×××××							
2		×××××							
二		辅助工程							
1		×××××							
2		×××××							
三		配套工程							
1		×××××							
2		×××××							
		各单项工程预算费用合计							

编制人：　　　　审核人：　　　　项目负责人：

（四）建设项目总预算的编制

建设项目总预算由组成该建设项目的各个单项工程综合预算，以及经计算的工程建设其他费用、预备费和建设期利息和铺底流动资金汇总而成。三级预算编制中总预算由综合预算和工程建设其他费用、预备费、建设期利息及铺底流动资金汇总而成。

工程建设其他费用、预备费、建设期利息及铺底流动资金具体编制方法可参照第一章相关内容。以建设项目施工图预算编制时为界线，若上述费用已经发生，按合理发生金额列计，如果还未发生，按照原概算内容和本阶段的计费原则计算列入。

采用三级预算编制形式的工程预算文件包括：封面、签署页及目录、编制说明、总预算表、综合预算表、单位工程预算表、附件七项内容。其中，总预算表的格式如表 3.3.12 所示。

表 3.3.12 总预算表

总预算编号： 工程名称： 单位：万元 共 页 第 页

序号	预算编号	工程项目或费用名称	建筑工程费	设备及工器具购置费	安装工程费	其他费用	合计	其中：引进部分		占总投资比例/%
								美元	折合人民币	
一		工程费用								
1		主要工程								
		×××××								
		×××××								
2		辅助工程								
		×××××								
3		配套工程								
		×××××								
二		其他费用								
1		×××××								
2		×××××								
三		预备费								
四		专项费用								
1		×××××								
2		×××××								
		建设项目预算总投资								

编制人： 审核人： 项目负责人：

第四章　建设项目发承包阶段合同价款的约定

建设工程发承包既是完善市场经济体制的重要举措，也是维护工程建设市场竞争秩序的有效途径。建设工程分为招标发包与直接发包，但不论采用哪种方式，在确立发承包关系过程中均需进行工程计价，《建设工程工程量清单计价标准》GB/T 50500—2024要求计价活动应遵循客观公正、平等自愿、诚实守信、法定优先，有约从约的原则，承发包双方通过签订合同来明确双方的权利和义务，而合同价款的约定是实现项目预期建设目标的核心内容。

对于招标发包的项目，即以招标投标方式签订的合同中，应以中标时确定的金额为签约合同价；对于直接发包的项目，如按初步设计总概算投资包干时，应以经审批的概算投资中与承包内容相应部分的投资（包括相应的预备费）为签约合同价；如按施工图预算包干，则应以审查后的施工图预算或综合预算为签约合同价。

在建设工程领域，招标投标是优选合作伙伴、确定发承包关系的主要方式，也是优化资源配置、实现市场有序竞争的交易行为。《中华人民共和国民法典》关于建设工程合同中第七百九十条规定“建设工程的招标投标活动，应当依照有关法律的规定公开、公平、公正进行”。在工程项目招标投标中，招标人发布招标文件，是一种要约邀请行为，在招标文件中招标人要对投标人的投标报价进行约束，这一约束就是最高投标限价。招标人在招标时，把合同条款的主要内容纳入招标文件中，对投标报价的编制办法和要求及合同价款的约定、调整和支付方式做详细说明，如采用“单价计价”方式、“总价计价”方式或“成本加酬金计价”的方式发包，在招标文件内均已明确。投标人递交投标文件是一种要约行为，投标文件要包括投标报价这一实质内容，投标人在获得招标文件后按其中的规定和要求、根据自行拟定的技术方案和市场因素等确定投标报价，报价应满足招标人的要求且不高于最高投标限价。招标人组织评标委员会对合格的投标文件进行评审，确定中标候选人或中标人，经过评审修正后的中标人的投标报价即为中标价，招标人发出中标通知书是一种承诺行为。招标人和中标人签订合同，依据中标价确定签约合同价，并在合同中载明，完成合同价款的约定过程。

第一节　招标工程量清单与最高投标限价的编制

一、招标文件的组成内容及其编制要求

招标文件是指导整个招标投标工作全过程的纲领性文件。按照《招标投标法》和《招标投标法实施条例》等法律法规的规定，招标文件应当包括招标项目的技术要求，对投标人资格审查的标准、投标报价要求和评标标准等所有实质性要求和条件以及拟签合同的主要条款。建设项目招标文件由招标人（或其委托的咨询机构）编制，由招标人发布，它既

是投标单位编制投标文件的依据，也是招标人与中标人签订工程承包合同的基础。招标文件中提出的各项要求，对整个招标工作乃至发承包双方都具有约束力，因此招标文件的编制及其内容必须符合有关法律法规的规定。建设工程招标文件的编制内容，根据招标范围不同略有不同，本节重点介绍施工招标文件的内容。

（一）施工招标文件的编制内容

根据《标准施工招标文件》等文件规定，施工招标文件包括以下内容：

（1）招标公告（或投标邀请书）。当未进行资格预审时，招标文件中应包括招标公告。当进行资格预审时，招标文件中应包括投标邀请书，该邀请书可代替资格预审通过通知书，以明确投标人已具备了在某具体项目某具体标段的投标资格，其他内容包括招标文件的获取、投标文件的递交等。

（2）投标人须知，主要包括对于项目概况的介绍和招标过程的各种具体要求，在正文中的未尽事宜可以通过“投标人须知前附表”进行进一步明确，由招标人根据招标项目具体特点和实际需要编制和填写，但务必与招标文件的其他章节相衔接，并不得与投标人须知正文的内容相抵触，否则抵触内容无效。投标人须知包括如下 10 个方面的内容：

1）总则，主要包括项目概况、资金来源和落实情况、招标范围、计划工期和质量要求的描述，对投标人资格要求的规定，对费用承担、保密、语言文字、计量单位等内容的约定，对踏勘现场、投标预备会的要求，以及对分包和偏离问题的处理。项目概况中主要包括项目名称、建设地点以及招标人和招标代理机构的情况等。

2）招标文件，主要包括招标文件的构成以及澄清和修改的规定。

3）投标文件，主要包括投标文件的组成，投标报价编制的要求，投标有效期和投标保证金的规定，需要提交的资格审查资料，是否允许提交备选投标方案，以及投标文件编制所应遵循的标准格式要求。

4）投标，主要规定投标文件的密封和标识、递交、修改及撤回的各项要求。在此部分中应当确定投标人编制投标文件所需要的合理时间，即投标准备时间，是指自招标文件开始发出之日起至投标人提交投标文件截止之日止的期限，最短不得少于 20 天。

5）开标，规定开标的时间、地点和程序。

6）评标，说明评标委员会的组建方法，评标原则和采取的评标办法。

7）合同授予，说明拟采用的定标方式，中标通知书的发出时间，要求承包人提交的履约担保和合同的签订时限。

8）重新招标和不再招标，规定重新招标和不再招标的条件。

9）纪律和监督，主要包括对招标过程各参与方的纪律要求。

10）需要补充的其他内容。

（3）评标办法，评标办法可选择经评审的最低投标价法和综合评估法。

（4）合同条款及格式，包括本工程拟采用的通用合同条款、专用合同条款以及各种合同附件的格式。

（5）工程量清单（最高投标限价），即表现拟建工程分部分项工程项目、措施项目和其他项目等名称和相应数量的明细清单，以满足工程项目具体量化和计量支付的需要；是招标人编制最高投标限价和投标人编制投标报价的重要依据。

如按照规定应编制最高投标限价的项目，其最高投标限价应在发布招标文件时一并公布。

（6）图纸，是指应由招标人提供的用于计算最高投标限价和投标人计算投标报价所必需的各种详细程度的图纸。

（7）技术标准和要求，招标文件规定的各项技术标准应符合国家强制性规定。招标文件中规定的各项技术标准均不得要求或标明某一特定的专利、商标、名称、设计、原产地或生产供应者，不得含有倾向或者排斥潜在投标人的其他内容。如果必须引用某一生产供应商的技术标准才能准确或清楚地说明拟招标项目的技术标准时，则应当在参照后面加上“或相当于”的字样。

（8）投标文件格式，提供各种投标文件编制所应依据的参考格式。

（9）投标人须知前附表规定的其他材料。

（二）招标文件的澄清和修改

1. 招标文件的澄清

投标人应仔细阅读和检查招标文件的全部内容。如发现缺页或附件不全，应及时向招标人提出，以便补齐。如有疑问，应在规定的时间前以书面形式（包括信函、电报、传真等可以有形地表现所载内容的形式），要求招标人对招标文件予以澄清。

招标文件的澄清应在规定的投标截止时间 15 天前以书面形式发给所有获取招标文件的投标人，但不指明澄清问题的来源。如果澄清发出的时间距投标截止时间不足 15 天，相应推迟投标截止时间。

投标人在收到澄清后，应在规定的时间内以书面形式通知招标人，确认已收到该澄清。招标人要求投标人收到澄清后的确认时间，可以采用一个相对的时间，如招标文件澄清发出后 12 小时以内；也可以采用一个绝对的时间，如 2025 年 1 月 19 日中午 12：00 以前。

2. 招标文件的修改

招标人若对已发出的招标文件进行必要的修改，应当在投标截止时间 15 天前，招标人可以书面形式修改招标文件，并通知所有已获取招标文件的投标人。如果修改招标文件的时间距投标截止时间不足 15 天，相应推后投标截止时间。投标人收到修改内容后，应在规定的时间内以书面形式通知招标人，确认已收到该修改文件。

二、招标工程量清单的编制

招标工程量清单是招标人依据国家标准、招标文件、设计文件以及施工现场实际情况编制的，随招标文件发布、供投标报价的工程量清单，包括编制说明、工程量计算规则使用说明、工程量清单及计价表格等。编制招标工程量清单，应充分体现“量价分离”和“风险分担”的原则。招标阶段，由招标人或其委托的工程造价咨询人根据工程招标图纸及相关资料，编制出招标工程项目的工程量清单，并将其作为招标文件的组成部分。投标人应结合企业自身实际、参考市场有关价格信息完成报价。《建设工程工程量清单计价标准》GB/T 50500—2024 规定，采用工程量清单计价方式既可以签订单价合同，也可以签订总价合同。后文若不加以明确说明，默认在采用工程量清单计价方式时签订的是单价合同。

(一)招标工程量清单编制原则、依据及准备工作

1. 编制工程量清单的原则

工程量清单应按国家及行业工程量计算标准的清单项目分类、计量单位和工程量计算规则,依据设计图纸及技术标准规范的要求,遵循清单项目列项明确、边界清晰、便于计价和支付的原则进行编制,可按正常施工程序编排清单项目,按工程量计算标准的规定进行清单列项,其编码宜从小到大排列。

2. 招标工程量清单的编制依据

招标工程量清单的编制依据如下:

(1)《建设工程工程量清单计价标准》GB/T 50500—2024 以及相关工程国家及行业工程量计算标准;

(2)国家或省级、行业建设主管部门颁发的工程量计算与计价相关规定,以及根据工程需要补充的工程量计算规则;

(3)招标文件、拟订的合同条款及其相关资料;

(4)工程招标图纸及其相关资料;

(5)与建设工程有关的技术标准规范;

(6)施工现场情况、地勘水文资料、工程特点及交付标准;

(7)其他相关资料。

3. 招标工程量清单编制的准备工作

招标工程量清单编制的相关工作在收集资料包括编制依据的基础上,需进行如下工作:

(1)初步研究。对各种资料进行认真研究,为工程量清单的编制做准备。主要包括:

1)熟悉《建设工程工程量清单计价标准》GB/T 50500—2024、国家及行业工程量计算标准、当地计价规定及相关文件;熟悉设计文件,掌握工程全貌,便于清单项目列项的完整、工程量的准确计算及清单项目的准确描述,对设计文件中出现的问题应及时提出。

2)熟悉招标文件、招标图纸,确定工程量清单编审的范围及需要设定的暂估价;收集相关市场价格信息,为暂估价的确定提供依据。

3)对《建设工程工程量清单计价标准》GB/T 50500—2024 缺项的新材料、新技术、新工艺,收集足够的基础资料,为补充项目的制定提供依据。

(2)现场踏勘。为了了解常规的施工工艺、顺序,准确计算工程量,需进行现场踏勘,以充分了解施工现场情况及工程特点,主要对以下两方面进行调查:

1)自然地理条件:工程所在地的地理位置、地形、地貌、用地范围等;气象、水文情况,包括气温、湿度、降雨量等;地质情况,包括地质构造及特征、承载能力等;地震、洪水及其他自然灾害情况。

2)施工条件:工程现场周围的道路、进出场条件、交通限制情况;工程现场施工临时设施、大型施工机具、材料堆放场地安排情况;工程现场邻近建筑物与招标工程的间距、结构形式、基础埋深、新旧程度、高度;市政给排水管线位置、管径、压力,废水、污水处理方式,市政、消防供水管道管径、压力、位置等;现场供电方式、方位、距离、电压等;工程现场通信线路的连接和铺设;当地政府有关部门对施工现场管理的一般要求、特殊要求及规定等。

(二)分部分项工程项目清单编制

1. 分部分项工程项目清单的标准格式

分部分项工程项目清单所反映的是拟建工程分部分项工程项目名称和相应数量的明细清单，招标人负责包括项目编码、项目名称、项目特征、计量单位和工程量在内的五项内容。具体形式如表 4.1.1 所示。

表 4.1.1 分部分项工程项目清单计价表

工程名称： 标段： 第 页 共 页

序号	项目编码	项目名称	项目特征描述	计量单位	工程量	金额/元	
						综合单价	合价
本页小计							
合 计							

注：招标人应在工程量清单中提供材料暂估单价，并说明拟用暂估价材料的清单项目，投标人应将材料暂估单价计入工程量清单综合单价。

2. 分部分项工程项目清单的编制要素

(1) 项目编码。项目编码是分部分项工程和措施项目清单名称的阿拉伯数字标识。清单项目编码以五级编码设置，用十二位阿拉伯数字表示。一、二、三、四级编码为全国统一，即一至九位应按工程量计算标准附录的规定设置；第五级即十至十二位为清单项目编码，应根据拟建工程的工程量清单项目名称设置，同一招标工程中的同一单项工程的项目编码不得有重码。

编制工程量清单时，若出现工程量计算标准附录中未包括的项目，编制人可做补充，并应符合下列规定：

1) 补充项目的编码由工程量计算标准的代码（01～09）与 B 和三位阿拉伯数字组成，并从 001 起顺序编制。

2) 补充的工程量清单应附有补充项目的项目名称、项目特征、计量单位、工程量计算规则、工作内容。

(2) 项目名称。分部分项工程项目清单的项目名称应按专业工程量计算标准附录的项目名称，结合拟建工程的实际确定。

工程量计算标准附录表中的“项目名称”为分项工程项目名称，是形成分部分项工程项目清单项目名称的基础。即在编制分部分项工程项目清单时，以附录中的分项工程项目名称为基础，考虑该项目的规格、型号、材质等特征要求，结合拟建工程的实际情况，使其工程量清单项目名称具体化、细化，以反映影响工程造价的主要因素。

(3) 项目特征描述。工程量清单的项目特征是确定分部分项工程项目清单综合单价不可缺少的重要依据，在编制工程量清单时，必须对项目特征进行准确和全面的描述。当有些项目特征用文字往往难以准确和全面描述时，为达到规范、简洁、准确、全面描述项目特征的要求，应按以下原则进行：

1）项目特征描述的内容应按附录中的规定，结合拟建工程的实际，满足确定综合单价的需要。

2）项目特征中，不再反映由施工自行考虑的内容，如“运距”“安装高度”“吊装重量”等无法按设计图纸准确描述、由投标人需要根据施工现场实际情况自行考虑的特征描述。

3）若采用标准图集或施工图纸能够全部或部分满足项目特征描述的要求，项目特征描述可直接采用“详见××图集”或“详见××图号”的方式。对不能满足项目特征描述要求的部分，仍应用文字描述。

（4）计量单位。分部分项工程项目清单的计量单位应选用基本单位，遵守工程量计算标准的规定。附录中规定的工程量计算单位具有唯一性，计量单位的有效位数应遵守下列规定：

1）以“t”为单位，应保留三位小数，第四位小数四舍五入。

2）以“m^3”“m^2”“m”“kg”为单位，应保留两位小数，第三位小数四舍五入。

3）以“个”“项”等为单位，应取整数。

（5）工程量。分部分项工程项目清单中所列工程量应按专业工程量计算标准规定的工程量计算规则计算。工程量计算规则主要采用设计图示尺寸计算实体工程量的原则，某些图纸虽然没有，但施工规范有规定的仍需要计算工程量，如计算挖基础土石方的工程量时，将工作面并入计算，但不计算放坡工程量，需由投标人在投标报价中综合考虑。

工程量的计算是一项繁杂而细致的工作，为了快速准确计算并尽量避免漏算或重算，必须依据一定的计算原则及方法：

1）计算口径一致。根据施工图列出的工程量清单项目，必须与工程量计算标准中相应清单项目的口径相一致。

2）按工程量计算规则计算。工程量计算规则是综合确定各项消耗指标的基本依据，也是具体工程测算和分析资料的基准。

3）按图纸计算。工程量按每一分项工程，根据设计图纸进行计算，计算时采用的原始数据必须以施工图纸所表示的尺寸或施工图纸能读出的尺寸为准进行计算，不得任意增减。

4）按一定顺序计算。计算分部分项工程量时，可以按照清单分部分项编目顺序或按照施工图专业顺序依次进行计算。对于计算同一张图纸的分项工程量时，一般可采用以下几种顺序：按顺时针或逆时针顺序计算；按先横后纵顺序计算；按轴线编号顺序计算；按施工先后顺序计算。

3. 不同合同类型下的分部分项工程项目清单责任划分

采用单价合同的工程，分部分项工程项目清单的准确性、完整性应由发包人负责，但以项计价的分部分项工程项目清单应按总价合同的计价规定执行。

采用总价合同的工程，如分部分项工程项目清单存在缺陷的，清单缺陷引起的价款变化应视为已包含在合同总价内，合同履行中不予调整。

（三）措施项目清单编制

措施项目清单应结合招标工程的实际情况和相关部门的有关规定，依据生活、安全、环境保护、临时设施、文明施工等非工程实体方面的要求，考虑水文、气象等要素，按相关工程国家及行业工程量计算标准的措施项目分类规则，以及补充的工程量计算规则，结合招标文件及合同条款要求进行编制。其中安全生产措施项目应按国家及省级、行业主管部门的管理要求和招标工程的实际情况列项。《建设工程工程量清单计价标准》GB/T 50500—2024 取消了单价措施项目，改为全部按项计算，模板以及发包人提供设计图纸并要求承包人按图施工的措施项目，应列入分部分项工程量清单中。措施项目可以采用总价计价或费率计价方式，如表 4.1.2 所示。

表 4.1.2 措施项目清单计价表

工程名称： 标段： 第 页 共 页

序号	项目编码	项目名称	工作内容	价格/元	备注
					详见明细表
本页小计					
合 计					

注：措施项目费应按价格构成进行明细分析，具体分析内容详见本章第二节。

(四) 其他项目清单的编制

其他项目清单是应招标人的特殊要求而发生的与拟建工程有关的其他费用项目和相应数量的清单。工程建设标准的高低、工程的复杂程度、工程的工期长短、工程的组成内容、发包人对工程管理要求等都直接影响到其具体内容。当出现未包含在表格中的内容的项目时，可根据实际情况补充其他项目清单的内容，主要包括暂列金额、专业工程暂估价、计日工、总承包服务费，以及合同中可能约定的其他项目。其他项目清单具体形式如表 4.1.3 所示。

表 4.1.3 其他项目清单计价表

工程名称： 标段： 第 页 共 页

序号	项目名称	暂估（暂定）金额/元	结算（确定）金额/元	调整金额±/元	备注
1	暂列金额				详见表 4.1.4
2	专业工程暂估价				详见表 4.1.5
3	计日工				详见表 4.1.6
4	总承包服务费				详见表 4.1.7
5	合同中约定的其他项目				
合 计					—

1. 暂列金额

暂列金额是发包人在工程量清单中暂定并包括在合同总价中，用于招标时尚未能确定或详细说明的工程、服务和工程实施中可能发生的合同价款调整等所预留的费用。暂列金额应根据工程特点按招标文件的要求列项，可按用于暂未明确或不能详细说明工程、服务的暂列金额（如有）和用于合同价款调整的暂列金额分别列项。用于暂未明确或不能详细说明工程、服务的暂列金额应提供项目及服务名称，并根据同类工程的市场竞争合理价格估算暂列金额；用于合同价款调整的暂列金额应按招标图纸设计深度及招标工程实施工期等因素对合同价款调整的影响程度，合理估算其合同价款调整的预留费用，暂列金额明细如表 4.1.4 所示。

表 4.1.4　暂列金额明细表

工程名称：　　　　　　　　　　　　　　标段：　　　　　　　　　　　　　　第　页　共　页

序号	项目名称	计算基础	费率/%	暂定金额/元	确定金额/元	调整金额±/元	备注
1	合同价格调整暂列金额						
2	未确定工程暂列金额						
2.1							
3	未确定服务暂列金额						
3.1							
4	未确定其他暂列金额						
4.1							
本页小计		—	—				—
合　计		—	—				—

注：1. 本表由招标人填写“暂定金额”总额，采用费率计价方式计算暂定金额的，应分别填写“计算基础”“费率”，并计算填写“暂定金额”；采用总价计价方式计算暂定金额的，可直接填写“暂定金额”。

2. 投标人应将上述暂定金额填写并计入投标总价。

3. 结算时应按合同约定计算并填写“确定金额”。

2. 专业工程暂估价

专业工程暂估价是指发包人在工程量清单中提供的，在招标时暂不能确定工程具体要求及价格而预估的含增值税的专业工程费用。在编制工程量清单时，专业工程暂估价应根据招标文件说明的专业工程分类别和（或）分专业列项，并列出明细表，明确其包含的主要内容。其暂估价可根据项目情况，结合同类工程的合理价格或概算金额估算。专业工程暂估价明细如表 4.1.5 所示。

表 4.1.5 专业工程暂估价明细表

工程名称： 标段： 第 页 共 页

序号	专业工程名称	暂估金额/元			确认金额/元			调整金额±/元	备注
		不含税价格	增值税	含税价格	不含税价格	增值税	含税价格		
		A_1	B_1	C_1	A_2	B_2	C_2	$D=C_2-C_1$	
本页小计									
合计									

注：本表“暂估金额”由招标人填写，投标人应将“暂估金额”填写并计入投标总价。结算时应按合同约定的价格填写“确认金额”。

3. 计日工

计日工是承包人完成发包人提出的零星项目或工作，但不宜按合同约定的计量与计价规则进行计价，而应依据经发包人确认的实际消耗人工工日、材料数量、施工机具台班等，按合同约定的单价计价的一种方式。编制计日工表格时，计日工应在项目特征中说明招标工程实施中可能发生的计日工性质的工种类别、材料及施工机具名称、零星工作项目、拆除修复项目等，并列出每一项目相应的名称、计量单位和合理暂估数量，如表 4.1.6 所示。

表 4.1.6 计日工表

工程名称： 标段： 第 页 共 页

编号	计日工名称	单位	暂定数量	实际数量	综合单价/元	合价/元		调整金额±/元
						暂定	实际	
						A_1	A_2	$B=A_2-A_1$
一	人工							
1								
2								
人工小计								
二	材料							
1								

续表 4.1.6

编号	计日工名称	单位	暂定数量	实际数量	综合单价 /元	合价/元		调整金额±/元
						暂定	实际	
						A_1	A_2	$B=A_2-A_1$
2								
材料小计								
三	施工机具							
1								
2								
施工机具小计								
总　　计								

注：1. 本表"计日工名称""暂定数量"应由招标人填写。编制最高投标限价时，单价应由招标人按有关计价规定确定；编制投标报价时，单价应由投标人自主报价，并按暂定数量计算合价计入投标总价中。

2. 工程结算时，应按发承包双方确认的实际数量计量合价。

4. 总承包服务费

总承包服务费是指按合同约定，承包人对发包人提供的材料履行保管及其配套服务所需的费用和（或）承包人对合同范围内的专业分包工程（承包人实施的除外）提供配合、协调、施工现场管理、已有临时设施使用、竣工资料汇总整理等服务所需的费用，以及（或）承包人对非合同范围内的发包人直接发包的专业工程履行协调及配合责任所需的费用。总承包服务的相关管理、协调及配合责任等应在招标文件及合同中详细说明。编制工程量清单时，发包人提供的材料、专业分包工程、直接发包的专业工程应分别列出总承包服务项目的名称、内容和要求，同时明确采用总价计价方式或费率计价方式。发包人提供的材料、专业分包工程的总承包服务费可按项或费率计量。按费率计量的，宜以暂估价作为计价基础；直接发包的专业工程的总承包服务费宜以项计量。具体形式如表 4.1.7 所示。

表 4.1.7　总承包服务费计价表

工程名称：　　　　　　　　　　　　　　标段：　　　　　　　　　　　　　　第　页　共　页

序号	项目名称	计算基础	费率/%	金额/元	确认计算基础	结算金额 /元	调整金额±/元	备注
		A_1	B	C_1	A_2	C_2	$D=C_2-C_1$	
1	发包人提供材料							详见表 4.1.8

续表 4.1.7

序号	项目名称	计算基础	费率/%	金额/元	确认计算基础	结算金额 /元	调整金额±/元	备注
		A_1	B	C_1	A_2	C_2	$D=C_2-C_1$	
2	专业分包工程							详见表 4.1.5
3	直接发包的专业工程							详见表 4.1.9
本页小计								
合　计		—	—					

注：1. 本表项目名称、服务内容应由招标人填写。

2. 编制最高投标限价及投标报价时，采用费率计价方式计算总承包服务费的，应分别填写“计算基础 A_1”“费率 B”，并计算填写“金额 C_1”，其中 $C_1=A_1\times B$；采用总价计价方式计算总承包服务费的，可直接填写“金额 C_1”。

3. 编制结算时，采用费率计价方式计算总承包服务费的，应填写“确认计算基础 A_2”，并计算填写“结算金额 C_2”，其中 $C_2=A_2\times B$；采用总价计价方式计算总承包服务费的，可直接填写“结算金额 C_2”。

(1) 发包人提供材料。发包人提供材料的可按承包人负责安装和承包人不负责安装分别列项，承包人负责安装的，发包人提供材料一览表（表 4.1.8）中需提供有效损耗率；发包人提供材料且材料供应方负责安装，而承包人不负责安装但提供配合及协调服务的，工程量清单不应列项也不计算其综合单价，但应在其他项目清单中计算其相应的总承包服务费用。

表 4.1.8　发包人提供材料一览表

工程名称：　　　　　　　　　　标段：　　　　　　　　　　第　页　共　页

序号	材料名称、规格、型号	单位	数量	单价/元	合价 /元	有效损耗率/%	备注
本页小计						—	—
合　计						—	—

(2) 专业分包工程。专业分包工程的金额主要参考专业工程暂估价明细表（表 4.1.5）。

(3) 直接发包的专业工程。直接发包的专业工程应根据招标文件说明发包人直接发包的各专业工程分别列项，并列出明细表（表 4.1.9）。

表 4.1.9　直接发包的专业工程明细表

工程名称：　　　　　　　　　　　　　　　标段：　　　　　　　　　　　　　　　第　页　共　页

序号	直接发包的专业工程名称	备注

注：本表应由招标人填写，用于计算直接发包的专业工程总承包服务费。

（五）增值税项目清单的编制

增值税应根据政府有关主管部门的规定列项，按增值税税率计算。增值税应以分部分项工程项目清单、措施项目清单、其他项目清单（专业工程暂估价除外）的合计金额作为计算基础，乘以政府主管部门规定的增值税税率计算增值税。具体形式如表 4.1.10 所示。

表 4.1.10　增值税计价表

工程名称：　　　　　　　　　　　　　　　标段：　　　　　　　　　　　　　　　第　页　共　页

序号	项目名称	计算基础说明	计算基础	税率/%	金额/元
合　计					

（六）工程量清单总说明的编制

工程量清单总说明包括以下内容：

（1）工程概况。工程概况中要对建设规模、工程特征、计划工期、施工现场实际情况、自然地理条件、环境保护要求等做出描述。其中建设规模是指建筑面积；工程特征应说明基础及结构类型、建筑层数、高度、门窗类型及各部位装饰、装修做法；计划工期是根据工程实际需要而安排的施工天数；施工现场实际情况是指施工场地的地表状况；自然地理条件是指建筑场地所处地理位置的气候及交通运输条件；环境保护要求是针对施工噪声及材料运输可能对周围环境造成的影响和污染所提出的防护要求。

（2）工程招标及分包范围。招标范围是指单位工程的招标范围，如建筑工程招标范围为“全部建筑工程”，装饰装修工程招标范围为“全部装饰装修工程”，或招标范围不含桩基础、幕墙、门窗等。工程分包是指特殊工程项目的分包，如招标人自行采购安装“铝合金门窗”等。

（3）工程量清单编制依据。包括建设工程工程量清单计价标准、设计文件、招标文件、施工现场情况、工程特点等。

（4）其他需要说明的事项。

（七）招标工程量清单编制示例

随招标文件发布供投标报价的工程量清单，称为招标工程量清单，通常用表格形式表示并加以说明。由于招标人所用工程量清单表格与投标人报价所用表格是同一表格，招标人发布的表格中，除暂列金额、专业工程暂估价列有“金额”外，只是列出工程量，该工程量是根据工程量计算标准的规则所得。

【例 4.1.1】 计算××中学教学楼工程分部分项工程量，并列表。

解： 根据《房屋建筑与装饰工程工程量计算标准》GB/T 50854—2024，对现浇混凝土基础联系梁的混凝土、钢筋、脚手架等工程量进行计算并列表。

(1) 现浇混凝土基础联系梁工程量。根据附录 E.2 现浇混凝土构件中“基础联系梁”的工程量计算规则，现浇混凝土基础联系梁的工程量按设计图示尺寸截面面积乘以梁长以体积计算，梁长指所联系基础之间的净长度。项目特征：1. 混凝土种类；2. 混凝土强度等级。工作内容：1. 混凝土输送、浇筑、振捣、养护；2. 预留孔眼二次灌浆。

(2) 钢筋工程量。根据附录 E.6 钢筋及螺栓、铁件中“现浇混凝土基础及联系梁钢筋”的工程量计算规则，钢筋工程量为按设计图示钢筋中心线长度乘以单位理论质量计算，设计（包括规范规定）标明的搭接和锚固长度应并入计算。项目特征：钢筋种类、规格。工作内容：①钢筋制作；②钢筋安装、固定；③钢筋连接。

(3) 脚手架。脚手架工程按项计算，包括按照相关规范要求及满足施工作业的需求所搭设的全部脚手架。工作内容：搭设脚手架、斜道、上料平台，铺设安全网，铺（翻）脚手板，转运、改制、维修维护，拆除、堆放、整理，外运、归库等。

(4) 分部分项工程项目清单列表。填列工程量清单的表格见表 4.1.11 和表 4.1.12。需要说明的是，表中带括号的数据属于随招标文件公布的最高投标限价的内容，即招标人提供招标工程量清单时，表中带括号数据的单元格内容为空白。

表 4.1.11 分部分项工程项目清单计价表（招标工程量清单）

工程名称：××中学教学楼工程　　　　标段：　　　　第　页　共　页

序号	项目编码	项目名称	项目特征描述	计量单位	工程量	金额/元	
						综合单价	合价
		……					
		0105 混凝土及钢筋混凝土工程					
6	010502005001	基础联系梁	C30 预拌混凝土	m^3	208	(367.05)	(76 346)
7	010506001001	现浇混凝土基础及联系梁钢筋	螺纹钢 Q235，ϕ14	t	200	(4 821.35)	(964 270)
		……					
本页小计							(2 496 270)
合　计							6 709 337

表 4.1.12 措施项目清单计价表（招标工程量清单）

工程名称：××中学教学楼工程　　　　标段：　　　　第　页　共　页

序号	项目编码	项目名称	工作内容	价格/元	备注
		……			
2	011601001001	脚手架	搭设脚手架、斜道、上料平台，铺设安全网，铺（翻）脚手板，转运、改制、维修维护，拆除、堆放、整理，外运、归库等	(228 099)	详见明细表
		……			
本页小计				(462 480)	
合　计				(462 480)	

三、最高投标限价的编制

《招标投标法实施条例》规定，招标人可以自行决定是否编制标底，一个招标项目只能有一个标底，标底必须保密。同时规定，招标人设有最高投标限价的，应当在招标文件中明确最高投标限价（或者最高投标限价的计算方法），招标人不得规定最低投标限价。

（一）最高投标限价的编制规定与依据

最高投标限价是指根据国家或省级建设行政主管部门颁发的有关计价依据和办法，依据拟订的招标文件和招标工程量清单，结合工程具体情况发布的招标工程的最高投标限价。根据住房城乡建设部颁布的《建筑工程施工发包与承包计价管理办法》（住建部令第16号）的规定，国有资金投资的建筑工程招标的，应当设有最高投标限价；非国有资金投资的建筑工程招标的，可以设有最高投标限价或者招标标底。

1. 最高投标限价与标底的关系

最高投标限价是推行工程量清单计价过程中对传统标底概念的性质进行界定后所设置的专业术语，它使招标时评标定价的管理方式发生了很大的变化。设标底招标、无标底招标以及最高投标限价招标的利弊分析如下：

（1）设标底招标。

1）设标底时易发生泄露标底及暗箱操作的现象，失去招标的公平公正性，容易诱发违法违规行为；

2）编制的标底价是预期价格，因较难考虑不同投标人施工方案、技术措施对造价的影响，容易与市场造价水平脱节，不利于引导投标人理性竞争；

3）标底在评标过程的特殊地位使标底价成为左右工程造价的杠杆，不合理的标底会使合理的投标报价在评标中显得不合理，有可能成为地方或行业保护的手段；

4）将标底作为衡量投标人报价的基准，导致投标人尽力地去迎合标底，往往招标投标过程反映的不是投标人实力的竞争，而是投标人编制预算文件能力的竞争，或者各种合法或非法的“投标策略”的竞争。

（2）无标底招标。

1）容易出现围标串标现象，各投标人哄抬价格，给招标人带来投资失控的风险。

2）容易出现低价中标后偷工减料，以牺牲工程质量来降低工程成本，或产生先低价中标，后高额索赔等不良后果。

3）评标时，招标人对投标人的报价没有参考依据和评判基准。

（3）最高投标限价招标。

1）采用最高投标限价招标的优点：

①可有效控制投资，防止恶性哄抬报价带来的投资风险；

②可提高透明度，避免暗箱操作与寻租等违法活动的产生；

③可使各投标人根据自身实力和施工方案自主报价，符合市场规律形成公平竞争。

2）采用最高投标限价招标也可能出现如下问题：

①若“最高限价”大幅高于市场平均价时，就预示中标后利润很丰厚，只要投标不超过公布的限额都是有效投标，从而可能诱导投标人串标围标。

②若公布的最高限价远远低于市场平均价，就会影响招标效率。即可能出现只有1～2人投标或出现无人投标的情况，因为按此限额投标将无利可图，超出此限额投标又成为无效投标，导致招标失败或使招标人不得不进行二次招标。

2. 编制最高投标限价的规定

（1）建设工程招标设有最高投标限价的，应按国家有关规定编制最高投标限价，并在发布招标文件时公布最高投标限价及其编制依据。招标人应当拒绝高于最高投标限价的投标报价，即投标人的投标报价若超过公布的最高投标限价，则其投标应被否决。

（2）最高投标限价应由具有编制能力的招标人或受其委托的工程造价咨询人编制。工程造价咨询人不得就同一工程既接受招标人委托编制工程量清单、最高投标限价，又接受投标人委托编制投标报价。

（3）招标人可依据招标文件要求、工程实际情况，结合类似工程合理的施工方案及工期数据合理确定计划工期。最高投标限价应基于合理计划工期内完成招标工程所需的费用进行编制，招标人可依据招标工程量清单及同类工程的价格信息和造价资讯等，按相关主管部门规定确定招标工程可接受的最高价格。

（4）最高投标限价超过批准的概算时，招标人应将其报原概算审批部门审核。这是由于我国对国有资金投资项目的投资控制实行的是设计概算审批制度，国有资金投资的工程原则上不能超过批准的设计概算。

（5）投标人经复核认为招标人公布的最高投标限价未按招标文件的要求和国家及行业有关规定进行编制或存在不合理的，可在规定时间内以书面形式向招标人提出异议，招标人应在规定的时间内对投标人的异议做出答复。招标人不在规定的时间内回复，或投标人在得到招标人的异议回复后，认为最高投标限价仍然未按招标文件的要求和国家及行业有关规定进行编制或存在不合理的，可在投标截止前规定时间内向有关行政监督管理部门反映。如最高投标限价经有关行政监督管理部门复查，其结论与原公布的最高投标限价偏差较大的，招标人应做出说明并对其不合理内容进行修订。招标人根据最高投标限价复查结论需要修订及重新公布最高投标限价的，若重新公布之日距原投标截止期不足15天的应延长投标截止期。

3. 最高投标限价的编制依据

最高投标限价的编制依据是指在编制最高投标限价时需要进行工程量计量、价格确认、工程计价的有关参数、费率的确定等工作时所需的基础性资料。最高投标限价的编制依据主要包括：

（1）现行《建设工程工程量清单计价标准》GB/T 50500—2024 和相关国家及行业工程量计算标准；

（2）招标文件（包括招标工程量清单、合同条件、招标图纸、技术标准规范等）及其补遗、澄清或修正。

（3）国家及省级、行业建设主管部门颁发的工程计量与计价相关规定，以及根据工程需要补充的工程量计算规则。

（4）与招标工程相关的技术标准规范。

（5）工程特点及交付标准、地勘水文资料、现场情况。

（6）合理施工工期及常规施工工艺、顺序。

（7）工程价格信息及造价资讯、工程造价数据及指数。

（8）其他相关资料。

（二）最高投标限价的编制内容

建设工程的最高投标限价由分部分项工程费、措施项目费、其他项目费和增值税组成。

1. 分部分项工程费的编制

（1）综合单价的确定方法。分部分项工程项目的综合单价应根据招标文件和招标工程量清单明确的承包人提供材料、发包人提供材料、材料暂估价、按项计价要求等，结合类似工程的价格信息、价格指数及市场造价资讯等确定。通常考虑的工程价格信息及造价资讯包括：

1）近期完成的类似工程最高投标限价、施工图预算、设计概算、成本估算的价格。

2）近期获得的类似工程市场竞争合理投标单价。

3）近期确定的类似清单项目结算单价。

4）近期签订的类似工程合同价格。

5）通过市场询价获得的人工、材料、施工机具、清单项目综合单价等相关合理工程价格。

6）近期人工、材料、施工机具使用的市场价格和相关价格指数或投标价格指数等。

若招标工程的实际情况与类似工程价格信息及造价资讯存在差异的，应依据其建设时期、建设地点、建设规模、交付标准、招标方式、主要材料来源、建筑工人来源等的差异影响，在合理调整价格后计算。

（2）综合单价中的风险因素。为使最高投标限价与投标报价所包含的内容一致，综合单价中应包括招标文件中要求投标人所承担的风险内容及其范围（幅度）产生的风险费用。

1）对于技术难度较大和管理复杂的项目，可考虑一定的风险费用，并纳入综合单价中。

2）对于材料价格的市场风险，应依据招标文件的规定，工程所在地或行业工程造价管理机构的有关规定，以及市场价格趋势考虑一定比率的风险费用，纳入综合单价中。

3）增值税和法律、法规、规章和政策变化等风险费用不应纳入综合单价。

2. 措施项目费的编制

（1）措施项目费中的安全生产措施费的计算应符合国家或省级、行业主管部门的规定，该部分不得作为竞争性费用。

（2）可竞争的措施项目费可根据招标文件和招标工程量清单、工程实施要求及常规的施工工艺措施、合同条款等，并结合类似工程的措施项目价格信息及市场造价资讯等确定。参照类似工程确定最高投标限价中措施项目时，可依据下列计算方法，对比修正与招标工程的差异后进行编制：

1）房屋建筑工程用类似工程相应措施项目费用总额除以总建筑面积得到的每平方米单价；

2）道路工程用类似工程相应措施项目费用总额除以道路总长度得到的每米单价；

3）其他工程用类似工程相应措施项目费用总额除以分部分项工程合同价款总额得到的百分比。

3. 其他项目费的编制

（1）暂列金额。暂列金额按招标工程量清单中列出的相关金额计价。

（2）专业工程暂估价。专业工程暂估价按招标工程量清单中列出的相关金额计价。

（3）计日工。计日工按招标工程量清单中列出的工程内容和要求确定不含增值税的计日工综合单价，包括考虑计日工项目随时、少量特性的影响。

（4）总承包服务费。总承包服务费按招标工程量清单列出的，需要投标人提供服务的发包人提供材料、专业分包工程、直接发包的专业工程，结合招标工程的建筑业态、建设规模、交付标准、招标文件内的合同条款规定承包人应承担的相关合同责任，以及类似工程价格信息和造价资讯等分别确定各清单项目的服务费或费率并计价。参照类似工程确定最高投标限价中总承包服务费时，可依据下列计算方法，对比修正与招标工程的差异后进行编制：

1）房屋建筑工程用类似工程相应总承包服务项目费用总额除以总建筑面积得到的每平方米单价。

2）道路工程用类似工程相应总承包服务项目费用总额除以道路总长度得到的每米单价。

3）其他工程用类似工程相应总承包服务项目费用总额除以分部分项工程合同价款总额得到的百分比。

4. 增值税的编制

增值税应以分部分项工程项目清单、措施项目清单、其他项目清单（专业工程暂估价除外）的合计金额作为计算基础，乘以政府主管部门规定的增值税税率计算税金。

5. 最高投标限价的市场化编制发展趋势

统一定额已经不是编制最高投标限价的法定依据，最高投标限价也逐渐走向由市场决定的发展方向。为实现最高投标限价能真正反映市场实际价格水平的目的，可以在编制方法、编制依据和编制手段三个方面进行改革。

（1）编制方法的改革。优化招标工程量清单的编制方法。为便于市场化计价，招标工程量清单在编制时，可参考市场常用的做法，在现行国标工程量清单的基础上，调整清单项目划分，优化清单工作内容和特征描述，合理确定清单综合单价组成内容，简化清单综合单价分析表，不再通过与定额的关联对综合单价的工料机含量进行分析。

（2）编制依据的改革。倡导多元化组价形式，明确统一定额的参考地位，针对不同类型项目的特点，分别可按照参考定额、参照历史数据、市场询价、工程造价指标定价等多种清单组价方式。价格组成应与招标工程量清单要求相匹配。具体内容包括：

1）采用通用施工工艺的常规工程量清单项目，根据企业自身的消耗量和自身经验确定综合单价，对于工料机价格根据市场取定，地方发布的人工定额价、材料信息价和机械台班价仅作参考。

2）土石方、幕墙等专业化、市场化程度高的工程量清单项目，可参考类似项目的专业承包市场价格确定综合单价，或以专业分包总包价的形式进行组价，并综合考虑利润和管理费。

3）应用新材料、新结构、新技术、新工艺的工程量清单项目，既可以采用市场询价确定综合单价，也可以分包综合总价的形式进行组价，并综合考虑管理费和利润。

4）通过可靠、有效、完全的工程造价指标和指数体系的构建，作为最高投标限价的编制、复核和合同价款调整的参考。

5）采用参考类似工程、市场询价方式确定价格的，最终选定价格数据应保证数据来源达到一定数量标准（通常不应少于 3 个），施工危险性较大的部分采用数据来源中的最高价进行编制。

（3）编制手段的改革。随着互联网、大数据、人工智能的快速发展，在编制手段上，除了充分利用现有的造价软件外，还应借助数据库技术、BIM 技术、数字造价等技术优势，保证编制最高投标限价的准确性，并提高编制工作效率。

（三）编制最高投标限价时应注意的问题

（1）应该正确、全面地选用行业和地方的计价依据、标准、办法和市场化的工程造价信息。其中采用的材料价格应是通过市场调查确定。

（2）施工机械设备的选型直接关系到综合单价水平，应根据工程项目特点和施工条件，本着经济适用的原则确定。

（3）安全生产措施费和增值税等非竞争性费用应按国家有关规定计算。

第二节 投标报价的编制

投标报价是投标人响应招标工程设计文件及技术标准规范、招标工程量清单、招标文件的合同条款等要求，在投标文件中的投标总价及已标价工程量清单中标明的合价及其综合单价等价格。为使投标报价更加合理并具有竞争性，通常投标报价的编制应遵循一定的程序，如图 4.2.1 所示。

一、投标报价前期工作

（一）研究招标文件

投标人取得招标文件后，为保证工程量清单报价的合理性，应对投标人须知、合同条

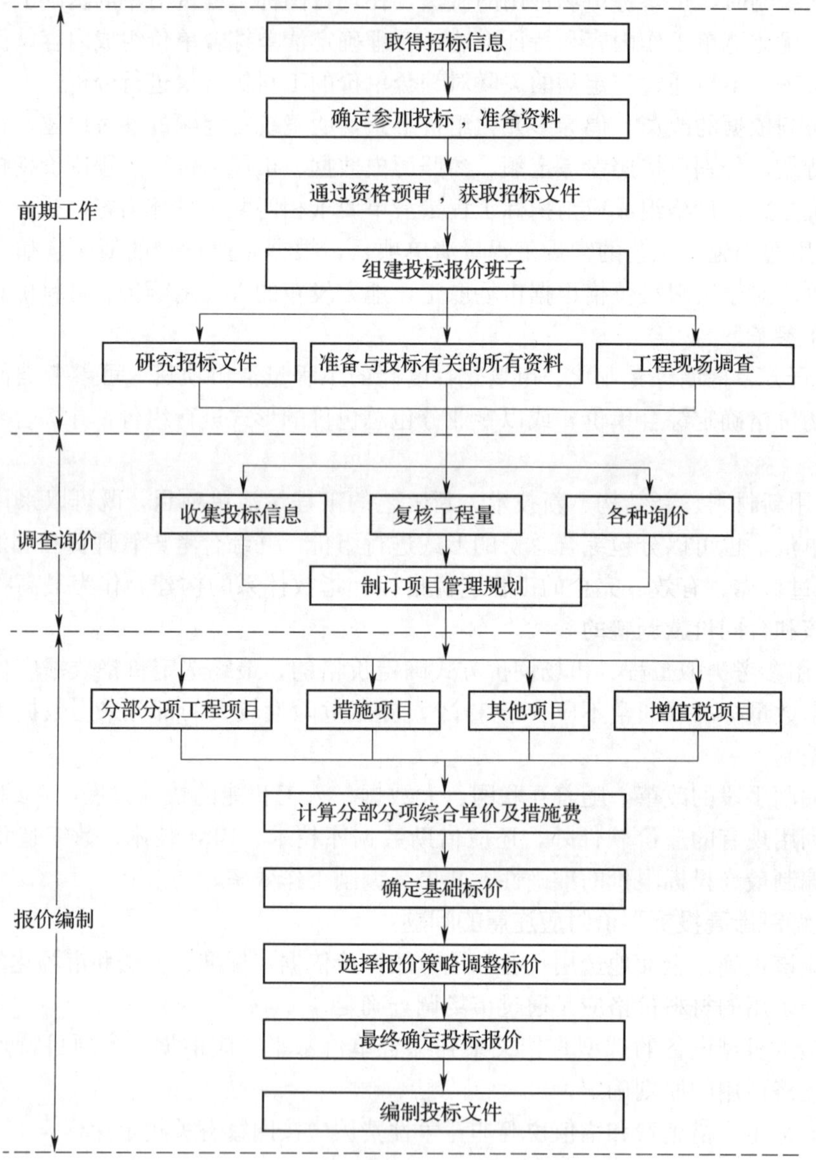

图 4.2.1 投标报价编制流程图

件、技术标准规范、招标图纸和工程量清单等重点内容进行分析，准确理解招标文件的要求和招标人的意图。

1. 投标人须知

投标人须知反映了招标人对投标的要求，特别要注意项目的资金来源、投标书的编制和递交、投标保证金、是否允许递交备选方案、评标方法等，重点在于防止投标被否决。

2. 合同分析

（1）合同背景分析。投标人有必要了解与拟承包工程有关的合同背景，了解监理方式，了解合同的法律依据，为报价和合同实施及索赔提供依据。

(2) 合同形式分析，主要分析承包方式（如分项承包、施工承包、设计与施工总承包和管理承包等）；计价方式（如单价方式、总价方式、成本加酬金方式等）。

(3) 合同条款分析，主要包括：

1）承包人的任务、工作范围和责任。

2）工程变更及相应的合同价款调整。

3）付款方式、时间。应注意合同条款中关于工程预付款、材料预付款的规定。根据这些规定和预计的施工进度计划，计算出占用资金的数额和时间，从而计算出需要支付的利息数额并计入投标报价。

4）施工工期。合同条款中关于合同工期、开竣工日期、部分工程分期交付工期等规定，这是投标人制定施工进度计划的依据，也是报价的重要依据。要注意合同条款中有无工期奖罚的规定，尽可能做到在工期符合要求的前提下报价有竞争力，或在报价合理的前提下工期有竞争力。

5）业主责任。投标人所制定的施工进度计划和做出的报价，都是以业主履行责任为前提的。所以应注意合同条款中关于业主责任措辞的严密性，以及关于索赔的有关规定。

3. 工程技术标准规范分析

工程技术标准规范是按工程类型来描述工程技术和工艺内容特点，对设备、材料、施工和安装方法等所规定的技术要求，有的是对工程质量进行检验、试验和验收所规定的方法和要求。它们与工程量清单中各子项工作密不可分，报价人员应在准确理解招标人要求的基础上对有关工程内容进行报价。任何忽视技术标准的报价都是不完整、不可靠的，有时可能导致工程承包重大失误和亏损。

4. 图纸分析

图纸是确定工程范围、内容和技术要求的重要文件，也是投标者确定施工方法等施工计划的主要依据。

图纸的详细程度取决于招标人提供的施工图设计所达到的深度和所采用的合同形式。详细的设计图纸可使投标人比较准确地估价，而不够详细的图纸则需要估价人员采用综合估价方法，其结果一般不很精确。

（二）调查工程现场

招标人在招标文件中一般会明确是否组织工程现场踏勘以及组织进行工程现场踏勘的时间和地点。投标人对一般区域调查重点注意以下几个方面：

1. 自然条件调查

自然条件调查主要包括对气象资料，水文资料，地震、洪水及其他自然灾害情况，地质情况等的调查。

2. 施工条件调查

施工条件调查的内容主要包括：工程现场的用地范围、地形、地貌、地物、高程，地上或地下障碍物，现场的三通一平情况；工程现场周围的道路、进出场条件、有无特殊交通限制；工程现场施工临时设施、大型施工机具、材料堆放场地安排的可能性，是否需要二次搬运；工程现场邻近建筑物与招标工程的间距、结构形式、基础埋深、新旧程度、高度；市政给水及污水、雨水排放管线位置、高程、管径、压力、废水、污水处理方式，市政、消防供水管道管径、压力、位置等；当地供电方式、方位、距离、电压等；当地煤气供应能力，管线位置、高程等；工程现场通信线路的连接和铺设；当地政府有关部门对施工现场管理的一般要求、特殊要求及规定，是否允许节假日和夜间施工等。

3. 其他条件调查

其他条件的调查主要包括各种构件、半成品及商品混凝土的供应能力和价格，以及现场附近的生活设施、治安环境等情况的调查。

二、询价与复核

（一）询价

询价是投标报价中的一个重要环节。工程投标活动中，投标人不仅要考虑投标报价能否中标，还应考虑中标后所承担的风险。因此，在报价前必须通过各种渠道，采用各种方式对所需人工、材料、施工机具等要素进行系统的调查，掌握各要素的价格、质量、供应时间、供应数量等数据。这个过程称为询价。询价除需要了解生产要素价格外，还应了解影响价格的各种因素，这样才能够为报价提供可靠的依据。询价时要特别注意两个问题，一是产品质量必须可靠，并满足招标文件的有关规定；二是供货方式、时间、地点，有无附加条件和费用。

1. 询价的渠道

（1）直接与生产厂商联系；

（2）了解生产厂商的代理人或从事该项业务的经纪人；

（3）了解经营该项产品的销售商；

（4）向咨询公司进行询价。通过咨询公司所得到的询价资料比较可靠，但需要支付一定的咨询费用，也可向同行了解；

（5）通过互联网查询；

（6）自行进行市场调查或信函询价。

2. 生产要素询价

（1）材料询价。材料询价的内容包括调查对比材料价格、供应数量、运输方式、保险和有效期、不同买卖条件下的支付方式等。在施工方案初步确定后，立即发出材料询价单，并催促材料供应商及时报价。收到询价单后，应将从各种渠道所询得的材料报价及其他有关资料汇总整理。对同种材料从不同经销部门所得到的所有资料进行比较分析，选择合适、可靠的材料供应商的报价。

（2）施工机具询价。在外地施工需用的施工机具，有时在当地租赁或采购可能更为有利，因此，事前有必要进行施工机具的询价。必须采购的施工机具，可向供应厂商询价。对于租赁的施工机具，可向专门从事租赁业务的机构询价，并应详细了解其计价方法。例如，各种施工机具每台班的租赁费、最低计费起点、施工机具停滞时租赁费及进出场费的计算，燃料费及机上人员工资是否在台班租赁费之内，如需另行计算，这些费用项目的具体数额为多少等。

（3）劳务询价。如果承包人准备在工程所在地招募工人，则劳务询价是必不可少的。劳务询价主要有两种情况：一种是成建制的劳务公司，相当于劳务分包，一般费用较高，但素质较可靠，工效较高，承包人的管理工作较轻；另一种是劳务市场招募零散劳动力，这种方式虽然劳务价格低廉，但有时素质达不到要求或工效较低，且承包人的管理工作较繁重。投标人应在对劳务市场充分了解的基础上决定采用哪种方式，并以此为依据进行投标报价。

3．分包询价

承包人可以确定拟分包的项目范围，将拟分包的专业工程施工图纸和技术说明送交预先选定的分包单位，请他们在约定的时间内报价，以便进行比较选择，最终选择合适的分包人。对分包人询价应注意以下几点：分包标函是否完整；分包工程单价所包含的内容；分包人的工程质量、信誉及可信赖程度；质量保证措施；分包报价。

（二）复核工程量清单

工程量清单作为招标文件的组成部分，是由招标人提供的。工程量的大小是投标报价最直接的依据。复核工程量的准确程度，将影响承包人的经营行为：一是根据复核后的工程量与招标文件提供的工程量之间的差距，从而考虑相应的投标策略，决定报价裕度；二是根据工程量的大小采取合适的施工方法，选择适用、经济的施工机具设备、投入使用相应的劳动力数量等。复核工程量应注意以下几方面：

（1）投标人应认真根据招标说明、图纸、地质资料等招标文件资料，计算主要清单工程量，复核工程量清单。其中特别注意，按一定顺序进行，避免漏算或重算；正确划分分部分项工程项目，与“清单计价标准”保持一致。

（2）对于由发包人承担工程量清单缺陷责任的部分，复核工程量的目的不是修改工程量清单，即使有误，投标人也不能修改招标工程量清单中的工程量，因为修改了清单将导致在评标时认为投标文件未响应招标文件而被否决；对于承包人承担工程量清单缺陷责任的部分，可根据复核结果对工程量清单进行增补列项。

（3）针对招标工程量清单中工程量的遗漏或错误，是否向招标人提出修改意见取决于投标策略。投标人可以向招标人提出，由招标人统一修改并把修改情况通知所有投标人；也可以运用一些报价的技巧提高报价的质量，争取在中标后能获得更大的收益。

（4）通过工程量计算复核还能准确地确定订货及采购物资的数量，防止由于超量或少购等带来的浪费、积压或停工待料。

在核算完全部招标工程量清单中的细目后，投标人应按大项分类汇总主要工程总量，以便把握整个工程的施工规模，并据此研究采用合适的施工方法，选择适用的施工设备等。

（三）复核计划工期

投标人应在接收招标文件后，在规定时间内根据招标文件说明的工程特点及合同要求复查招标文件中计划工期的可行性及其风险与影响，对计划工期存有疑问或异议的，应按招标文件的规定以书面形式提请招标人澄清或修正。投标人对计划工期或招标人澄清或修正后的计划工期无疑问或无异议的，投标人应根据自身的实施方案、施工技术、管理水平、合同履约风险及专业分包工程工期等合理确定投标工期并投标报价。投标工期不得超过招标人的计划工期或澄清修正的计划工期。

三、投标报价的编制原则与依据

投标报价是投标人希望达成工程承包交易的期望价格，在不高于最高投标限价的前提下，既保证有合理的利润空间又使之具有一定的竞争性。作为投标报价计算的必要条件，应预先确定施工方案和施工进度，此外，投标报价计算还必须与采用的合同形式相协调。

（一）投标报价的编制原则

报价是投标的关键性工作，报价是否合理不仅直接关系到投标的成败，还关系到中标后企业的盈亏。投标报价的编制原则如下：

（1）自主报价原则。投标人应依据相关计量与计价标准的规定及自身条件自主确定投标报价，并承担不合理报价引起的风险。投标报价应由投标人或受其委托的工程造价咨询人编制。

（2）不低于成本原则。《招标投标法》第四十一条规定："中标人的投标应当符合下列条件……（二）能够满足招标文件的实质性要求，并且经评审的投标价格最低；但是投标价格低于成本的除外。"《评标委员会和评标方法暂行规定》（七部委第12号令）第二十一条规定："在评标过程中，评标委员会发现投标人的报价明显低于其他投标报价或者在设有标底时明显低于标底的，使其投标报价可能低于其个别成本的，应当要求该投标人做出书面说明并提供相关证明材料。投标人不能合理说明或者不能提供相关证明材料的，由评标委员会认定该投标人以低于成本报价竞标，应当否决该投标人的投标"。根据上述法律、规章的规定，特别要求投标人的投标报价不得低于工程成本。

（3）风险分担原则。投标报价要以招标文件中设定的发承包双方责任划分，作为考虑投标报价费用项目和费用计算的基础，发承包双方的责任划分不同，会导致合同风险不同的分摊，从而导致投标人选择不同的报价；根据工程发承包模式考虑投标报价的费用内容和计算深度。

（4）发挥自身优势原则。以施工方案、技术措施等作为投标报价计算的基本条件；以反映企业技术和管理水平的企业定额作为计算人工、材料和机具台班消耗量的基本依据；充分利用现场考察、调研成果、市场价格信息和行情资料，编制基础标价。

（5）科学严谨原则。报价计算方法要科学严谨，简明适用。

（二）投标报价的编制依据

《建设工程工程量清单计价标准》GB/T 50500—2024规定，投标报价应根据下列依据编制：

（1）本标准和相关工程国家及行业工程量计算标准。

（2）招标文件（包括招标工程量清单、合同条件、招标图纸、技术标准规范等）及其补遗、答疑、异议澄清或修正。

（3）国家及省级、行业建设主管部门颁发的工程计量与计价相关规定，以及根据工程需要补充的工程量计算规则。

（4）与招标工程相关的技术标准规范等技术资料。

（5）工程特点及交付标准、地勘水文资料、现场踏勘情况。

（6）投标人的工程实施方案及投标工期。

（7）投标人企业定额、工程造价数据、市场价格信息及价格变动预期、装备及管理水平、造价资讯等。

（8）其他相关资料。

四、投标报价的编制方法和内容

投标报价的编制过程，应首先根据招标人提供的工程量清单编制分部分项工程项目清单计价表和措施项目清单计价表，其他项目清单计价表和增值税计价表，编制完成后，汇总得到工程项目清单汇总表，从而形成投标总价，其过程如图 4.2.2 所示。

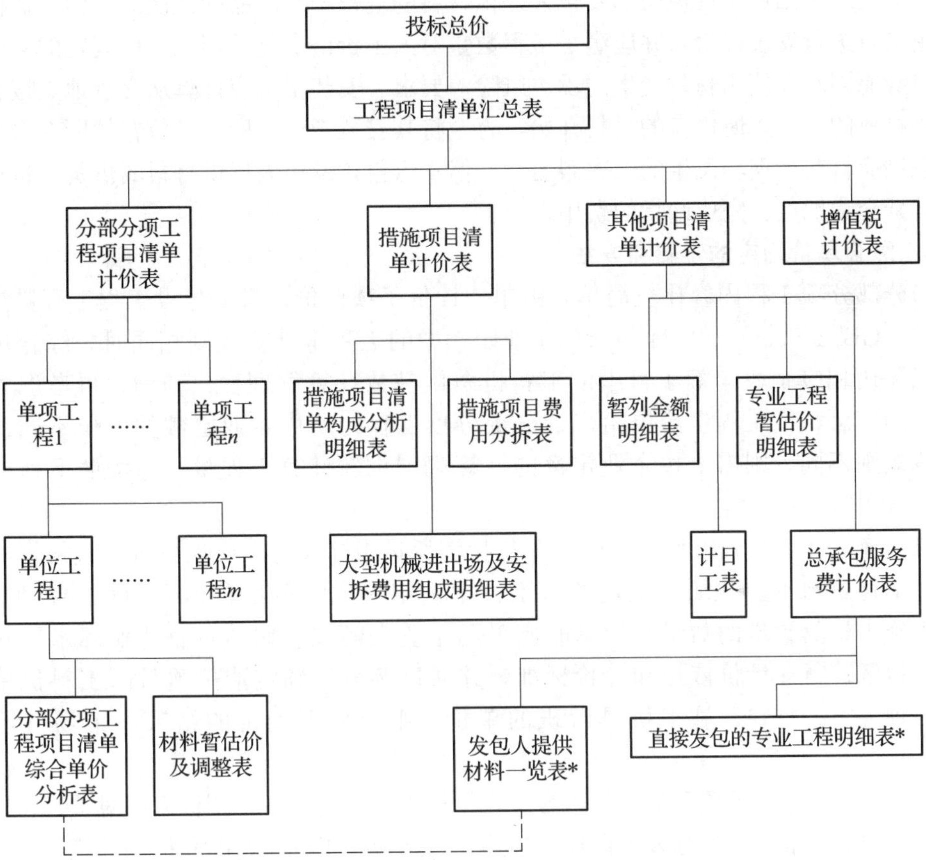

图 4.2.2　建设项目施工投标总价组成

注：图中标注“*”号的“发包人提供材料一览表”和“直接发包的专业工程明细表”本身并不是工程项目清单汇总表的组成部分，只是作为确定总承包服务费的计算基数。

(一) 分部分项工程清单项目计价表的编制

承包人投标报价中的分部分项工程费应按招标文件中分部分项工程项目清单计价表的特征描述确定综合单价计算。因此确定综合单价是分部分项工程项目清单计价表编制过程中最主要的内容。综合单价包括完成一个规定清单项目所需的人工费、材料费、施工机具使用费、企业管理费、利润，并考虑风险费用的分摊。

综合单价＝人工费＋材料费＋施工机具使用费＋企业管理费＋利润　(4.2.1)

1. 确定综合单价时的注意事项

(1) 投标人应按国家及行业工程量计算标准规定和补充的工程量计算规则，并考虑到工程数量对材料采购及人工价格的影响，对分部分项工程项目清单的所有清单项目进行报价。

（2）材料暂估价的处理。对分部分项工程项目清单中载明材料暂估价的清单项目，应按工程量清单载明的材料暂估单价（不含增值税）计入综合单价。投标人对分部分项工程项目清单中的材料暂估价清单项目的报价应满足工程数量对人工价格变化的要求。

（3）发包人提供材料的处理。对分部分项工程项目清单中发包人提供材料的清单项目，投标人应按招标文件说明的发包人提供材料的规格型号、品牌档次对发包人提供材料的清单项目进行安装报价，并应满足工程数量对人工价格变化、招标文件规定的有效损耗率、自身原因超耗使用材料产生的承包风险等要求。安装报价应计算从交货地点接收发包人提供材料的供应人所供应的材料开始，直至将其安装于设计所要求位置的所有费用，包括接收供应材料后现场发生的二次搬运费，但不应包含发包人提供材料的供货人将相关的材料运抵交货地点、完成卸货的费用。

2. 综合单价确定的步骤和方法

当分部分项工程内容比较简单，由单一计价子项计价，且《建设工程工程量清单计价标准》GB/T 50500—2024 与所用企业定额中的工程量计算规则相同时，综合单价的确定只需用相应企业定额子目中的工料机费做基数计算管理费、利润，再考虑相应的风险费用即可；当工程量清单给出的分部分项工程与所用企业定额的单位不同或工程量计算规则不同，则需要按企业定额的计算规则重新计算工程量，并按照下列步骤来确定综合单价。

（1）确定计算基础。计算基础主要包括消耗量指标和生产要素单价。应根据本企业的实际消耗量水平，并结合拟定的施工方案确定完成清单项目需要消耗的各种人工、材料、施工机具台班的数量。计算时应采用企业定额或参照与本企业实际水平相近的国家、地区、行业计价依据和计价标准，并通过调整来确定清单项目的工料机单位用量。各种人工、材料、施工机具台班的单价，则应根据询价的结果和市场行情综合确定。

（2）分析每一清单项目的工程内容。在招标工程量清单中，招标人已对项目特征进行了准确、详细的描述，投标人根据这一描述，再结合施工现场情况和拟定的施工方案确定完成各清单项目实际应发生的工程内容，必要时可参照国家及行业工程量计算标准中提供的工程内容。

（3）计算工程内容的工程数量与清单单位的含量。每一项工程内容都应根据企业定额的工程量计算规则计算其工程数量，当企业定额的工程量计算规则与清单的工程量计算规则相一致时，可直接以工程量清单中的工程量作为工程内容的工程数量。

当采用清单单位含量计算人工费、材料费、施工机具使用费时，还需要计算每一计量单位的清单项目所分摊的工程内容的工程数量，即清单单位含量。

$$\text{清单单位含量}=\frac{\text{某工程内容的企业定额工程量}}{\text{清单工程量}} \tag{4.2.2}$$

（4）分部分项工程人工、材料、施工机具使用费用的计算。以完成每一计量单位的清单项目所需的人工、材料、施工机具用量为基础计算，即：

$$\begin{matrix}\text{每一计量单位清单项目}\\\text{某种资源的使用量}\end{matrix}=\begin{matrix}\text{该种资源的}\\\text{企业定额单位用量}\end{matrix}\times\begin{matrix}\text{相应企业定额条目的}\\\text{清单单位含量}\end{matrix} \tag{4.2.3}$$

再根据预先确定的各种生产要素的单位价格可计算出每一计量单位清单项目的分部分项工程的人工费、材料费与施工机具使用费。

$$人工费=\frac{完成单位清单项目}{所需人工的工日数量}\times 人工工日单价 \tag{4.2.4}$$

$$材料费=\sum\left(\frac{完成单位清单项目所需}{各种材料、半成品的数量}\times 各种材料、半成品单价\right) \tag{4.2.5}$$

$$施工机具使用费=\sum\left(\frac{完成单位清单项目所需}{各种机械的台班数量}\times 各种机械的台班单价\right)+\sum\left(\frac{完成单位清单项目所需}{各种仪器仪表的台班数量}\times 各种仪器仪表的台班单价\right) \tag{4.2.6}$$

当招标人提供的其他项目清单中列示了材料暂估价时，应根据招标人提供的价格计算材料费，并在分部分项工程项目清单与计价表中表现出来。

(5) 计算综合单价。企业管理费和利润的计算可按照规定的取费基数以及一定的费率取费计算，若以人工费与施工机具使用费之和为取费基数，则：

$$企业管理费=(人工费+施工机具使用费)\times 企业管理费费率 \tag{4.2.7}$$

$$利润=(人工费+施工机具使用费)\times 利润率 \tag{4.2.8}$$

将上述五项费用汇总，并考虑合理的风险费用后，即可得到清单综合单价。根据计算出的综合单价，可编制分部分项工程项目清单计价表，如表 4.2.1 所示。

表 4.2.1　分部分项工程项目清单计价表（已标价工程量清单）

工程名称：××中学教学楼工程　　　　标段：　　　　第　页　共　页

序号	项目编码	项目名称	项目特征描述	计量单位	工程量	金额/元	
						综合单价	合价
		……					
		0105 混凝土及钢筋混凝土工程					
6	010502005001	基础联系梁	C30 预拌混凝土	m^3	208	356.14	74 077.12
7	010506001001	现浇混凝土基础及联系梁钢筋	螺纹钢 Q235，ϕ14	t	200	4 787.16	957 432
		……					
本页小计							2 432 419.12
合　　计							5 362 497.40

3. 工程量清单综合单价分析表的编制

为表明综合单价的合理性，投标人应对其进行单价分析，以作为评标时的判断依据。综合单价分析表的编制应反映上述综合单价的编制过程，并按照规定的格式进行，根据工程招标要求和合同约定，可编制分部分项工程项目清单综合单价分析表（见表 4.2.2）或分部分项工程项目清单综合单价分析表（简版）（见表 4.2.3）。

表 4.2.2 分部分项工程项目清单综合单价分析表

工程名称：××中学教学楼工程　　　　标段：　　　　第 页 共 页

项目编码	010506001001	项目名称	现浇混凝土基础及联系梁钢筋		计量单位		t
项目特征	螺纹钢 Q235，ϕ14						
序号	费用项目	单位	数量	计算基础/元	费率/%	单价/元	合价/元
1	人工费	工日	1.68			175.24	294.75
2	材料费						4 327.70
2.1	螺纹钢 Q235，ϕ14	t	1.07			4 000.00	4 280.00
2.2	焊条	kg	8.64			4.00	34.56
	其他材料费						13.14
3	施工机具使用费						62.42
3.1	钢筋切断机	台班	0.63			45.71	28.80
3.2	钢筋弯曲机	台班	0.85			25.45	21.63
	其他施工机具使用费						11.99
4	1+2+3 小计						4 684.87
5	管理费			294.75	20		58.95
6	利润			294.75	14.7		43.34
综合单价							4 787.16

表 4.2.3 分部分项工程项目清单综合单价分析表（简版）

工程名称：××中学教学楼工程　　　　标段：　　　　第 页 共 页

序号	项目编码	项目名称	项目特征描述	计量单位	综合单价组成明细/元					
					人工费	材料费	施工机具使用费	管理费	利润	综合单价
……										
7	010506001001	现浇混凝土基础及联系梁钢筋	螺纹钢 Q235，ϕ14	t	294.75	4 327.70	62.42	58.95	43.34	4 787.16
……										

（二）措施项目清单计价表的编制

1. 措施项目清单的复核与修正

招标工程无论是采用单价合同还是总价合同，措施项目清单的完整性及准确性均应由投标人负责，投标人应承担其报价合理性的风险。因此投标人应在接收招标文件后，在规定时间内根据工程特点、合同要求及现场踏勘情况，复查措施项目清单列项的完整性和适用性。如投标人对措施项目清单有疑问或异议的，可按招标文件的规定以书面形式提请招标人澄清或修正，若投标人认为需要增加措施项目的，可在措施项目中补充列项及报价。

2. 措施项目清单报价时应考虑的因素

投标人应按自身的工程实施方案及投标工期对措施项目清单进行自主报价，其中安全生产措施费应符合国家及省级、行业主管部门的相关规定。措施项目清单的报价应满足下列因素对价格影响的要求：

（1）招标工程的特点及其标段划分和完工交付标准。

（2）工程地质条件、邻近建筑物、现场设施情况、周边道路、交通、水文、环境。

（3）招标文件说明的相关合同责任。

（4）招标文件规定的承包风险。

（5）发包人提供材料的货物供应、专业分包工程、直接发包的专业工程的总承包管理服务（仅适用于总承包合同的投标报价）。

（6）除工程变更、暂列金额中未能完全预见或详细说明的工程、新增工程、工程索赔等引起的措施项目费用调整外，执行措施项目费用包干引起的承包风险。

投标报价时措施项目清单计价的编制如表 4.2.4 所示。

3. 措施项目费用构成明细表以及费用分拆表的编制

为表明措施项目报价的合理性，投标人编制措施项目清单构成明细分析表（见表 4.2.5），对其措施项目报价进行构成明细分析，以作为评标时的判断依据。同时，为履约阶段措施项目调价的需要，还应编制措施项目费用分拆表（见表 4.2.6），将措施项目费分解为初始设立费用、中期运行费用和后期拆除费用，此分拆表可用于过程结算以及措施费的调整补偿，当工程变更或发包人责任事件引起合同工期实质性延长或缩短的，只能就其中的中期运行费用按工期延长的比例予以补偿。

表 4.2.4　措施项目清单计价表

工程名称：××中学教学楼工程　　　　标段：　　　　第　页　共　页

序号	项目编码	项目名称	工作内容	价格/元	备注
1	011601001001	脚手架	搭设脚手架、斜道、上料平台，铺设安全网，铺（翻）脚手板，转运、改制、维修维护，拆除、堆放、整理，外运、归库等	216 612	详见表 4.2.5 和表 4.2.6
2	011601009001	安全生产	施工现场安全施工所需的各项措施	209 649	详见表 4.2.5

续表 4.2.4

序号	项目编码	项目名称	工作内容	价格/元	备注
3	011601010001	冬雨季施工增加费	在冬季或雨季施工，引起防寒、保温、防滑、防潮和排除雨雪等措施的增加，人工、施工机械效率的降低等内容	5 032	
4	011601013001	二次搬运费	因施工场地条件及施工程序限制而发生的材料、构配件、半成品等一次运输不能到达对方地点，必须进行二次或多次搬运所发生的费用	8 386	
	……				
			本页小计	458 259	
			合　计	458 259	

表 4.2.5　措施项目清单构成明细分析表

工程名称：××中学教学楼工程　　　　标段：　　　　第　页　共　页

序号	项目编码	措施项目名称	计算基础	费率/%	价格/元	价格构成明细/元					备注
						人工费	材料费	施工机具使用费	管理费	利润	
		……									
1.1	011601001001	脚手架			216 612	58 485.24	90 977.04	30 325.68	25 993.44	10 830.60	
1.2	011601009001	安全生产	6 988 300	3	209 649						
		……									
合　计											

注：采用费率计价方式的，应分别填写“计算基础”“费率”“价格”列数值；采用总价计价方式的，可只填写“价格”列数值。

表 4.2.6　措施项目费用分拆表

工程名称：××中学教学楼工程　　　　　　标段：　　　　　　第　页　共　页

序号	项目编码	措施项目名称	价格/元	1. 初始设立费用		2. 中期运行费用		3. 后期拆除费用	
				占比/%	金额/元	占比/%	金额/元	占比/%	金额/元
		……							
1.1	011601001001	脚手架	216 612	42	90 977.04	22	43 322.40	36	77 980.32
		……							
本页小计									
合　计									

（三）其他项目清单计价表的编制

其他项目费主要由暂列金额、暂估价、计日工以及总承包服务费组成，如表 4.2.7 所示。

表 4.2.7　其他项目清单计价表

工程名称：××中学教学楼工程　　　　　　标段：　　　　　　第　页　共　页

序号	项目名称	暂估（暂定）金额/元	结算（确定）金额/元	调整金额±/元	备注
1	暂列金额	350 000			详见表 4.2.8
2	专业工程暂估价	218 000			详见表 4.2.9
3	计日工	26 528			详见表 4.2.10
4	总承包服务费	14 000			详见表 4.2.11
5	合同中约定的其他项目				
合　计		608 528			—

投标人对其他项目费投标报价时应遵循以下原则：

（1）暂列金额应按照招标工程量清单中列出的金额填写，不得变动，如表 4.2.8 所示。

表 4.2.8　暂列金额明细表

工程名称：××中学教学楼工程　　　　　　标段：　　　　　　第　页　共　页

序号	项目名称	计算基础	费率/%	暂定金额/元	确定金额/元	调整金额±/元	备注
1	合同价格调整暂列金额			200 000			
2	未确定工程暂列金额			100 000			
2.1	自行车棚工程			100 000			
3	未确定服务暂列金额						
4	未确定其他暂列金额			50 000			

续表 4.2.8

序号	项目名称	计算基础	费率/%	暂定金额/元	确定金额/元	调整金额±/元	备注
4.1	其他			50 000			
本页小计				350 000			
合　计				350 000			

(2) 专业工程暂估价应按照招标工程量清单中提供的金额填写，不得变动，准确填报在相应投标总价内，如表 4.2.9 所示。

(3) 计日工应按照招标工程量清单中列出的项目和暂定数量，自主确定各项综合单价并计算费用，如表 4.2.10 所示。

表 4.2.9　专业工程暂估价明细表

工程名称：××中学教学楼工程　　　　标段：　　　　第　页　共　页

序号	专业工程名称	暂估金额/元			确认金额/元			调整金额±/元	备注
		不含税价格	增值税	含税价格	不含税价格	增值税	含税价格		
		A_1	B_1	C_1	A_2	B_2	C_2	$D=C_2-C_1$	
1	消防工程	200 000	18 000	218 000					
本页小计		200 000	18 000	218 000					
合　计		20 000	18 000	218 000					

表 4.2.10　计日工表

工程名称：××中学教学楼工程　　　　标段：　　　　第　页　共　页

编号	计日工名称	单位	暂定数量	实际数量	综合单价 /元	合价/元		调整金额±/元
						暂定	实际	
						A_1	A_2	$B=A_2-A_1$
一	人工							
1	普工	工日	100		80	8 000		
2	技工	工日	60		110	6 600		
人工小计						14 600		
二	材料							
1	钢筋（规格见施工图）	t	1		4 000	4 000		
2	水泥 42.5	t	2		600	1 200		

续表 4.2.10

编号	计日工名称	单位	暂定数量	实际数量	综合单价 /元	合价/元		调整金额±/元
						暂定	实际	
						A_1	A_2	$B=A_2-A_1$
3	中砂	m^3	10		80	800		
4	砾石（5～40mm）	m^3	5		42	210		
5	页岩砖(240mm×115mm×53mm)	千匹	1		300	300		
材料小计						6 510		
三	施工机具							
1	自升式塔吊起重机	台班	5		550	2 750		
2	灰浆搅拌机（400L）	台班	2		20	40		
施工机具小计						2 790		
总　　计						23 900		

（4）总承包服务费应按工程实施方案，各专业分包工程、发包人直接发包的专业工程的工期安排，以及对发包人提供材料的供应履行的管理及协调责任、对各专业分包工程履行管理和协调及配合责任、对各直接发包的专业工程履行协调及配合责任等招标文件规定的总承包服务内容及要求，进行合理自主报价，如表 4.2.11 所示。

表 4.2.11　总承包服务费计价表

工程名称：××中学教学楼工程　　　　标段：　　　　第　页　共　页

序号	项目名称	计算基础	费率/%	金额/元	确认计算基础	结算金额/元	调整金额±/元	备注
		A_1	B	C_1	A_2	C_2	$D=C_2-C_1$	
1	发包人提供材料							
2	专业分包工程	200 000	7	14 000				详见表 4.2.9
3	直接发包的专业工程							
本页小计				14 000				
合　　计		—	—	14 000				

(四)增值税计价表的编制

投标人依据完成报价的分部分项工程项目清单、措施项目清单、其他项目清单(扣除专业工程暂估价)的清单总价汇总后,将其汇总的项目清单总价乘以增值税税率确定增值税报价,如表 4.2.12 所示。

表 4.2.12 增值税计价表

工程名称:××中学教学楼工程 标段: 第 页 共 页

序号	项目名称	计算基础说明	计算基础	税率/%	金额/元
	分部分项工程项目		5 362 497.40	9	482 624.77
	措施项目费		458 259	9	41 243.31
	其他项目费	扣除专业工程暂估价	390 528	9	35 147.52
合 计					559 015.60

(五)投标报价的汇总

投标人的投标总价应当与分部分项工程项目清单、措施项目清单、其他项目清单、增值税的合价总额一致,如投标总价与合价总额不相符的,应在保持投标总价不变的前提下,按第三节中关于投标报价澄清或说明的规定调整已标价工程量清单。汇总后的工程项目清单汇总如表 4.2.13 所示。

表 4.2.13 工程项目清单汇总表

工程名称:××中学教学楼工程 标段: 第 页 共 页

序号	项目内容	金额/元
1	分部分项工程项目	5 362 497.40
1.1	单项工程 1(分部分项工程项目)	……
1.1.1	单位工程 1(分部分项工程项目)	……
1.1.2	单位工程 2(分部分项工程项目)	……
1.2	单项工程 2(分部分项工程项目)	……
1.2.1	单位工程 1(分部分项工程项目)	……
1.2.2	单位工程 2(分部分项工程项目)	……
2	措施项目	458 259
2.1	安全生产措施项目	209 649
3	其他项目	608 528
3.1	暂列金额	350 000
3.2	专业工程暂估价	218 000

续表 4.2.13

序号	项目内容	金额/元
3.3	计日工	26 528
3.4	总承包服务费	14 000
3.5	合同中约定的其他项目	
4	增值税	559 015.60
合　计		6 988 300

注：1. 专业工程暂估价为已含税价格，在计算增值税计算基础时不应包含专业工程暂估价金额；

2. 本表宜用于按合同标的为工程量清单编制对象的工程汇总计算，以单项工程、单位工程等为工程量清单编制对象的工程可按本表汇总计算。

五、编制与递交投标文件

（一）投标文件的内容

投标人应当按照招标文件的要求编制投标文件。投标文件应当包括下列内容：

（1）投标函及投标函附录；

（2）法定代表人身份证明或附有法定代表人身份证明的授权委托书；

（3）联合体协议书（如工程允许采用联合体投标）；

（4）投标保证金；

（5）已标价工程量清单；

（6）施工组织设计；

（7）项目管理机构；

（8）拟分包项目情况表；

（9）资格审查资料；

（10）招标文件要求提供的其他材料。

（二）投标文件编制时应遵循的规定

（1）投标文件应按“投标文件格式”进行编写，如有必要，可以增加附页，作为投标文件的组成部分。其中，投标函附录在满足招标文件实质性要求的基础上，可以提出比招标文件要求更能吸引招标人的承诺。

（2）投标文件应当对招标文件有关工期、投标有效期、质量要求、技术标准和要求、招标范围等实质性内容做出响应。

（3）投标文件应由投标人的法定代表人或其委托代理人签字和盖单位章。委托代理人签字的，投标文件应附法定代表人签署的授权委托书。投标文件应尽量避免涂改、行间插字或删除。如果出现上述情况，改动之处应加盖单位章或由投标人的法定代表人或其授权的代理人签字确认。

（4）投标文件正本一份，副本份数按招标文件有关规定。正本和副本的封面上应清楚地标记“正本”或“副本”的字样。投标文件的正本与副本应分别装订成册，并编制目录。当副本和正本不一致时，以正本为准。

（5）除招标文件另有规定外，投标人不得递交备选投标方案。允许投标人递交备选投标方案的，只有中标人所递交的备选投标方案方可予以考虑。评标委员会认为中标人的备选投标方案优于其按照招标文件要求编制的投标方案的，招标人可以接受该备选投标方案。

（三）投标文件的递交

投标人应当在招标文件规定的提交投标文件的截止时间前，将投标文件密封送达投标地点。招标人收到招标文件后，应当向投标人出具标明签收人和签收时间的凭证，在开标前任何单位和个人不得开启投标文件。在招标文件要求提交投标文件的截止时间后送达或未送达指定地点的投标文件，为无效的投标文件，招标人不予受理。有关投标文件的递交还应注意以下问题：

1. 投标保证金与投标有效期

（1）投标人在递交投标文件的同时，当招标文件要求提交投标保证金的，应按规定的日期、金额、形式递交投标保证金，并作为其投标文件的组成部分。联合体投标的，其投标保证金由牵头人或联合体各方递交，并应符合规定。投标保证金除现金外，可以是银行出具的银行保函、保兑支票、银行汇票或现金支票。投标保证金的数额不得超过项目估算价的 2%，具体标准可遵照各行业规定。依法必须进行招标的项目的境内投标单位，以现金或者支票形式提交的投标保证金应当从其基本账户转出。投标人不按要求提交投标保证金的，其投标文件应被否决。

出现下列情况的，投标保证金将不予返还：

1）投标人在规定的投标有效期内撤销或修改其投标文件；

2）中标人在收到中标通知书后，无正当理由拒签合同协议书或未按招标文件规定提交履约担保。

（2）投标有效期。投标有效期是招标人对投标人发出的邀约作出承诺的期限，也是投标人就其提交的投标文件承担相关义务的期限。投标有效期从投标截止时间起开始计算，主要用作组织评标委员会评标、招标人定标、发出中标通知书以及签订合同等工作，一般考虑以下因素：

1）组织评标委员会完成评标需要的时间；

2）确定中标人需要的时间；

3）签订合同需要的时间。

投标有效期的期限可根据项目特点确定，一般项目投标有效期为 60～90 天。投标保证金的有效期应与投标有效期保持一致。

出现特殊情况需要延长投标有效期的，招标人以书面形式通知所有投标人延长投标有效期。投标人同意延长的，应相应延长其投标保证金的有效期，但不得要求或被允许修改其投标文件的实质性内容；投标人拒绝延长的，其投标失效，但投标人有权收回其投标保证金。

2. 投标文件的递交方式

（1）投标文件的密封和标识。投标文件的正本与副本应分开包装，加贴封条，并在封套上清楚标记“正本”或“副本”字样，于封口处加盖投标人单位章。

（2）投标文件的修改与撤回。在规定的投标截止时间前，投标人可以修改或撤回已递交的投标文件，但应以书面形式通知招标人。在招标文件规定的投标有效期内，投标人不得要求撤销或修改其投标文件。

(3) 费用承担与保密责任。投标人准备和参加投标活动发生的费用自理。参与招标投标活动的各方应对招标文件和投标文件中的商业和技术等秘密保密，违者应对由此造成的后果承担法律责任。

(四) 对投标行为的限制性规定

1. 联合体投标

两个以上法人或者其他组织可以组成一个联合体，以一个投标人的身份共同投标。联合体投标需遵循以下规定：

(1) 联合体各方应按招标文件提供的格式签订联合体协议书，联合体各方应当指定牵头人，授权其代表所有联合体成员负责投标和合同实施阶段的主办、协调工作，并应当向招标人提交由所有联合体成员法定代表人签署的授权书。

(2) 联合体各方签订共同投标协议后，不得再以自己名义单独投标，也不得组成新的联合体或参加其他联合体在同一项目中投标。联合体各方在同一招标项目中以自己名义单独投标或者参加其他联合体投标的，相关投标均无效。

(3) 招标人接受联合体投标并进行资格预审的，联合体应当在提交资格预审申请文件前组成。资格预审后联合体增减、更换成员的，其投标无效。

(4) 由同一专业的单位组成的联合体，按照资质等级较低的单位确定资质等级。

(5) 联合体投标的，应当以联合体各方或者联合体中牵头人的名义提交投标保证金。以联合体中牵头人名义提交的投标保证金，对联合体各成员具有约束力。

2. 串通投标

在投标过程有串通投标行为的，招标人或有关管理机构可以认定该行为无效。

(1) 有下列情形之一的，属于投标人相互串通投标：

1) 投标人之间协商投标报价等投标文件的实质性内容；

2) 投标人之间约定中标人；

3) 投标人之间约定部分投标人放弃投标或者中标；

4) 属于同一集团、协会、商会等组织成员的投标人按照该组织要求协同投标；

5) 投标人之间为谋取中标或者排斥特定投标人而采取的其他联合行动。

(2) 有下列情形之一的，视为投标人相互串通投标：

1) 不同投标人的投标文件由同一单位或者个人编制；

2) 不同投标人委托同一单位或者个人办理投标事宜；

3) 不同投标人的投标文件载明的项目管理成员为同一人；

4) 不同投标人的投标文件异常一致或者投标报价呈规律性差异；

5) 不同投标人的投标文件相互混装；

6) 不同投标人的投标保证金从同一单位或者个人的账户转出。

(3) 有下列情形之一的，属于招标人与投标人串通投标：

1) 招标人在开标前开启投标文件并将有关信息泄露给其他投标人；

2) 招标人直接或者间接向投标人泄露标底、评标委员会成员等信息；

3) 招标人明示或者暗示投标人压低或者抬高投标报价；

4) 招标人授意投标人撤换、修改投标文件；

5）招标人明示或者暗示投标人为特定投标人中标提供方便；

6）招标人与投标人为谋求特定投标人中标而采取的其他串通行为。

第三节 中标价及合同价款的约定

建设工程发承包有两项重要工作，一是发包人对承包人的选择，我国相关法规对于开标的时间和地点、出席开标会议的一系列规定、开标的顺序以及否决投标等，评标原则和评标委员会的组建、评标程序和方法，定标的条件与做法，均做出了明确而清晰的规定。二是通过优选确定中标人为承包人后，就必须通过一种法律行为即合同来明确双方当事人的权利义务，其中合同价款的约定是建设工程计价的重要内容。

一、评标程序及评审标准

（一）清标与初步评审

评标活动应遵循公平、公正、科学、择优的原则，招标人应当采取必要的措施，保证评标在严格保密的情况下进行。评标是招标投标活动中一个十分重要的环节，如果对评标过程不进行保密，则影响公正评标的不正当行为有可能发生。

评标委员会成员名单一般应于开标前确定，而且该名单在中标结果确定前应当保密。评标委员会在评标过程中是独立的，任何单位和个人都不得非法干预、影响评标过程和结果。

1. 清标

清标是指招标人或工程造价咨询人在开标后至定标前，对投标人的投标报价是否响应招标文件、违反国家有关规定，以及报价的合理性、算术性错误等进行审查并出具意见的活动。清标工作主要包含下列内容：

（1）对招标文件的实质性响应。

（2）错漏项分析。

（3）分部分项工程项目清单项目综合单价的合理性分析。

（4）措施项目清单的完整性和合理性分析，以及其中不可竞争性费用的正确性分析。

（5）其他项目清单完整性和合理性分析。

（6）不平衡报价分析。

（7）暂列金额、暂估价正确性复核。

（8）总价与合价的算术性复核及修正建议。

（9）其他应分析和澄清的问题。

2. 初步评审及标准

根据《评标委员会和评标方法暂行规定》和《标准施工招标文件》的规定，我国目前评标中主要采用的方法包括经评审的最低投标价法和综合评估法，两种评标方法在初步评审阶段，其内容和标准是一致的。

（1）初步评审标准。初步评审的标准包括以下四个方面：

1）形式评审标准。包括投标人名称与营业执照、资质证书、安全生产许可证一致；投标函上有法定代表人或其委托代理人签字并加盖单位章；投标文件格式符合要求；联合体投标人（如有）已提交联合体协议书，并明确联合体牵头人；报价唯一，即只能有一个有效报价等。

2）资格评审标准。如果是未进行资格预审的，应具备有效的营业执照，具备有效的安全生产许可证，并且资质等级、财务状况、类似项目业绩、信誉、项目经理、其他要求、联合体投标人等，均符合规定。如果是已进行资格预审的，仍按资格审查办法中详细审查标准来进行。

3）响应性评审标准。主要的评审内容包括投标报价校核，审查全部报价数据计算的正确性，分析报价构成的合理性，并与最高投标限价进行对比分析，还有工期、工程质量、投标有效期、投标保证金、权利义务、已标价工程量清单、技术标准和要求、分包计划等，均应符合招标文件的有关要求。即投标文件应实质上响应招标文件的所有条款、条件，无显著的差异或保留。所谓显著的差异或保留包括以下情况：对工程的范围、质量及使用性能产生实质性影响；偏离了招标文件的要求，而对合同中规定的招标人的权利或者投标人的义务造成实质性的限制；纠正这种差异或者保留将会对提交了实质性响应要求的投标书的其他投标人的竞争地位产生不公平影响。

4）施工组织设计和项目管理机构评审标准。主要包括施工方案与技术措施、质量管理体系与措施、安全管理体系与措施、环境保护管理体系与措施、工程进度计划与措施、资源配备计划、技术负责人、其他主要人员、施工设备、试验、检测仪器设备等，符合有关标准。

（2）投标文件的澄清和说明。评标委员会可以书面方式要求投标人对投标文件中含义不明确的内容做必要的澄清、说明或补正，但是澄清、说明或补正不得超出投标文件的范围或者改变投标文件的实质性内容。对投标文件的相关内容做出澄清、说明或补正，其目的是有利于评标委员会对投标文件的审查、评审和比较。澄清、说明或补正包括投标文件中含义不明确、对同类问题表述不一致或者有明显文字和计算错误的内容。但评标委员会不得向投标人提出带有暗示性或诱导性的问题，或向其明确投标文件中的遗漏和错误。同时，评标委员会不接受投标人主动提出的澄清、说明或补正。

投标文件不响应招标文件的实质性要求和条件的，招标人应当否决，并不允许投标人通过修正或撤销其不符合要求的差异或保留，使之成为具有响应性的投标。

评标委员会对投标人提交的澄清、说明或补正有疑问的，可以要求投标人进一步澄清、说明或补正，直至满足评标委员会的要求。

（3）投标文件存在算术性误差及细微偏差时的修正。投标人的投标文件存在算术性误差及细微偏差的，可按下列规定修正，但投标总价不得做任何调整，修正报价汇总后的总价应与投标函内填报的投标总价一致：

1）投标函内填报的投标总价大写金额与小写金额不一致的，应以大写金额为准，修正相应的小写金额。

2）投标人所报的投标总价与已标价工程量清单项目填报的价格累计总额不一致的，应以投标总价为准，修正工程量清单项目报价累计总额。

3）投标总价中所列的暂列金额、专业工程暂估价、材料暂估价与招标工程量清单内提供的金额不一致的，应以招标工程量清单内提供的金额为准，如不作为无效投标处理的，应按招标工程量清单内提供的金额修正其报价。

4）投标人所报的已标价工程量清单项目的合价与其清单项目数量乘以综合单价计算结果不一致的，应以清单项目综合单价为准，修正合价。但如相应清单项目的合价除以其工程数量得到的综合单价与已标价工程量清单内相同清单项目的综合单价相符，或清单项目的综合单价小数点有明显错误的，应以清单项目合价为准，修正其综合单价。

5）投标人所报的单价计价的已标价工程量清单项目综合单价与其综合单价分析表中的综合单价不一致，应以已标价工程量清单的清单项目综合单价为准，修正其分析表的报价。

6）增值税应依据修正后的分部分项工程项目清单、措施项目清单、其他项目清单（专业工程暂估价除外）的算术总价乘以税率修正其报价。

7）按上述条款完成修正的算术正确投标总价与投标函内的投标总价存在误差的，应按总误差金额占分部分项工程项目清单报价总额（不含材料暂估价项目）的比率分摊到各分部分项工程清单项目的综合单价及其合价上，经分摊调整后的修正综合单价及其合价可作为中标后合同约定过程结算款计算和工程变更等合同价款调整计价的依据，但分摊后综合单价内所含的材料暂估价仍应按招标工程量清单提供的材料暂估价计算。

（4）投标报价不完整时的修正原则。投标人存在下列未按要求完整（漏报或未报）填写投标报价的，可要求投标人澄清或说明：

1）未按要求填报单价合同中分部分项工程清单项目的综合单价及合价的，可要求投标人澄清或说明未填报清单项目的综合单价及合价，并确认由此增加的清单项目合价从措施项目清单的报价总额中扣减，且扣减的措施项目费用视为不影响投标人按合同要求履行措施项自责任及其费用包干的约定，如措施项目清单的报价总额不足以扣除，不足部分可按比例分摊到各分部分项工程量清单项目的综合单价和合价中。

2）未按要求填报措施清单项目的价格、按项计价的分部分项工程清单项目的价格，其费用可视为已包含在其他的清单项目综合单价、合价及投标总价中，工程结算时不做重新计价及调整。

（5）经初步评审后否决投标的情况。评标委员会应当审查每一投标文件是否对招标文件提出的所有实质性要求和条件做出响应。未能在实质上响应的投标，评标委员会应当否决其投标。具体情形包括：

1）投标文件未经投标单位盖章和单位负责人签字；

2）投标联合体没有提交共同投标协议；

3）投标人不符合国家或者招标文件规定的资格条件；

4）同一投标人提交两个以上不同的投标文件或者投标报价，但招标文件允许提交备选投标的除外；

5）投标报价低于成本或者高于招标文件设定的最高投标限价，对报价是否低于工程成本的异议，评标委员会可以参照国务院有关主管部门和省、自治区、直辖市有关主管部门发布的有关规定进行评审；

6）投标文件没有对招标文件的实质性要求和条件做出响应；

7）投标人有串通投标、弄虚作假、行贿等违法行为。

（二）详细评审标准与方法

经初步评审合格的投标文件，评标委员会应当根据招标文件确定的评标标准和方法，对其技术部分和商务部分做进一步评审、比较。详细评审的方法包括经评审的最低投标价法和综合评估法两种。

1. 经评审的最低投标价法

经评审的最低投标价法是指评标委员会对满足招标文件实质要求的投标文件，根据详细评审标准规定的量化因素及标准进行价格折算，按照经评审的投标价由低到高的顺序推荐中标候选人，或根据招标人授权直接确定中标人，但投标报价低于其成本的除外。经评审的投标价相等时，投标报价低的优先；投标报价也相等的，优先条件由招标人事先在招标文件中确定。

（1）经评审的最低投标价法的适用范围。按照《评标委员会和评标方法暂行规定》的规定，经评审的最低投标价法一般适用于具有通用技术、性能标准或者招标人对其技术、性能没有特殊要求的招标项目。

（2）详细评审标准及规定。采用经评审的最低投标价法的，评标委员会应当根据招标文件中规定的量化因素和标准进行价格折算，对所有投标人的投标报价以及投标文件的商务部分做必要的价格调整。根据《标准施工招标文件》的规定，主要的量化因素包括单价遗漏和付款条件等，招标人可以根据项目具体特点和实际需要，进一步删减、补充或细化量化因素和标准。另外如世界银行贷款项目采用此种评标方法时，通常考虑的量化因素和标准包括：一定条件下的优惠（借款国国内投标人有 7.5%的评标优惠）；工期提前的效益对报价的修正；同时投多个标段的评标修正等。所有的这些修正因素都应当在招标文件中有明确的规定。对同时投多个标段的评标修正，一般的做法是，如果投标人的某一个标段已被确定为中标，则在其他标段的评标中按照招标文件规定的百分比（通常为 4%）乘以报价额后，在评标价中扣减此值。

根据经评审的最低投标价法完成详细评审后，评标委员会应当拟定一份“价格比较一览表”，连同书面评标报告提交招标人。“价格比较一览表”应当载明投标人的投标报价、对商务偏差的价格调整和说明以及已评审的最终投标价。

【例 4.3.1】 某高速公路项目招标采用经评审的最低投标价法评标，招标文件规定对同时投多个标段的评标修正率为 4%。现有投标人甲同时投标 $1^{\#}$、$2^{\#}$ 标段，其报价依次为 6 300 万元、5 000 万元，若甲在 $1^{\#}$ 标段已被确定为中标，则其在 $2^{\#}$ 标段的评标价应为多少万元？

解： 投标人甲在 $1^{\#}$ 标段中标后，其在 $2^{\#}$ 标段的评标可享受 4%的评标优惠，具体做法应是将其 $2^{\#}$ 标段的投标报价乘以 4%，在评标价中扣减该值。因此，投标人甲 $2^{\#}$ 标段的评标价＝5 000×（1－4%）＝4 800（万元）。

2. 综合评估法

不宜采用经评审的最低投标价法的招标项目，一般应当采取综合评估法进行评审。综合评估法是指评标委员会对满足招标文件实质性要求的投标文件，按照规定的评分标准进行打分，并按得分由高到低顺序推荐中标候选人，或根据招标人授权直接确定中标人，但投标报价低于其成本的除外。综合评分相等时，以投标报价低的优先；投标报价也相等的，优先条件由招标人事先在招标文件中确定。

（1）详细评审中的分值构成与评分标准。综合评估法下评标分值构成分为四个方面，即施工组织设计，项目管理机构，投标报价，其他评分因素，总计分值为 100 分。各方面所占比例和具体分值由招标人自行确定，并在招标文件中明确载明。上述的四个方面标准具体评分因素如表 4.3.1 所示。

表 4.3.1 综合评估法下的评分因素和评分标准

分值构成	评分因素	评分标准
施工组织设计评分标准	内容完整性和编制水平	……
	施工方案与技术措施	……
	质量管理体系与措施	……
	安全管理体系与措施	……
	环境保护管理体系与措施	……
	工程进度计划与措施	……
	资源配备计划	……
项目管理机构评分标准	项目经理任职资格与业绩	……
	技术责任人任职资格与业绩	……
	其他主要人员	……
投标报价评分标准	偏差率	……
	……	……
其他因素评分标准	……	……

【例 4.3.2】 综合评估法各评审因素的权重由招标人自行确定，如可设定施工组织设计占 25 分，项目管理机构占 10 分，投标报价占 60 分，其他因素占 5 分。施工组织设计部分可进一步细分为：内容完整性和编制水平 2 分，施工方案与技术措施 12 分，质量管理体系与措施 2 分，安全管理体系与措施 3 分，环境保护管理体系与措施 3 分，工程进度计划与措施 2 分，其他因素 1 分等。各评审因素的标准由招标人自行确定，如对施工组织设计中的施工方案与技术措施可规定如下的评分标准：施工方案及施工方法先进可行，技术措施针对工程质量、工期和施工安全生产有充分保障 11～12 分；施工方案先进，方法可行，技术措施针对工程质量、工期和施工安全生产有保障 8～10 分；施工方案及施工方法可行，技术措施针对工程质量、工期和施工安全生产基本有保障 6～7 分；施工方案及施工方法基本可行，技术措施针对工程质量、工期和施工安全生产基本有保障 1～5 分。

（2）投标报价偏差率的计算。在评标过程中，可以对各个投标文件按公式（4.3.1）计算投标报价偏差率：

$$偏差率=\frac{投标人报价-评标基准价}{评标基准价}\times 100\% \tag{4.3.1}$$

评标基准价的计算方法应在投标人须知前附表中予以明确。招标人可依据招标项目的特点、行业管理规定给出评标基准价的计算方法，确定时也可适当考虑投标人的投标报价。

（3）详细评审过程。评标委员会按分值构成与评分标准规定的量化因素和分值进行打分，并计算出各标书综合评估得分。

1）按规定的评审因素和标准对施工组织设计计算出得分 A；

2）按规定的评审因素和标准对项目管理机构计算出得分 B；

3）按规定的评审因素和标准对投标报价计算出得分 C；

4）按规定的评审因素和标准对其他部分计算出得分 D。

评分分值计算保留小数点后两位，小数点后第三位“四舍五入”。投标人得分计算公式是：投标人得分＝A＋B＋C＋D。由评委对各投标人的标书进行评分后加以比较，最后以总得分最高的投标人为中标候选人。

根据综合评估法完成评标后，评标委员会应当拟定一份“综合评估比较表”，连同书面评标报告提交招标人。“综合评估比较表”应当载明投标人的投标报价、所做的任何修正、对商务偏差的调整、对技术偏差的调整、对各评审因素的评估以及对每一投标的最终评审结果。

二、中标人的确定

（一）评标报告的内容及提交

评标委员会完成评标后，应当向招标人提交书面评标报告，并抄送有关行政监督部门。评标报告应当如实记载以下内容：

（1）基本情况和数据表；

（2）评标委员会成员名单；

（3）开标记录；

（4）符合要求的投标一览表；

（5）否决投标情况说明；

（6）评标标准、评标方法或者评标因素一览表；

（7）经评审的价格或者评分比较一览表；

（8）经评审的投标人排序；

（9）推荐的中标候选人名单与签订合同前要处理的事宜；

（10）澄清、说明、补正事项纪要。

评标报告由评标委员会全体成员签字。对评标结果有不同意见的评标委员会成员应当以书面方式阐述其不同意见和理由，评标报告应当注明该不同意见。评标委员会成员拒绝在评标报告上签字且不陈述其不同意见和理由的，视为同意评标结论。评标委员会应当对此做出书面说明并记录在案。

（二）公示中标候选人

为维护公开、公平、公正的市场环境，鼓励各招投标当事人积极参与监督，按照《招标投标法实施条例》的规定，依法必须进行招标的项目，招标人需对中标候选人进行公示，对中标候选人的公示需明确以下几个方面：

（1）公示范围：公示的项目范围是依法必须进行招标的项目，其他招标项目是否公示中标候选人由招标人自主决定。

（2）公示媒体：招标人在确定中标人之前，应当将中标候选人在交易场所和指定媒体上公示。

（3）公示时间（公示期）：招标人应当自收到评标报告之日起 3 日内公示中标候选人，公示期不得少于 3 日。

（4）公示内容：招标人需对中标候选人全部名单及排名进行公示，而不是只公示排名第一的中标候选人。同时，对有业绩信誉条件的项目，在投标报名或开标时提供的作为资格条件或业绩信誉情况，应一并进行公示，但不含投标人的各评分要素的得分情况。依法必须招标项目的中标候选人公示应当载明以下内容：

1）中标候选人排序、名称、投标报价、质量、工期（交货期）以及评标情况；

2）中标候选人按照招标文件要求承诺的项目负责人姓名及其相关证书名称和编号；

3）中标候选人响应招标文件要求的资格能力条件；

4）提出异议的渠道和方式；

5）招标文件规定公示的其他内容。

（5）异议处置：投标人或者其他利害关系人对依法必须进行招标的项目的评标结果有异议的，应当在中标候选人公示期间提出。招标人应当自收到异议之日起 3 日内做出答复；做出答复前，应当暂停招标投标活动。经核查后发现在招投标过程中确有违反相关法律法规且影响评标结果公正性的，招标人应当重新组织评标或招标。招标人拒绝自行纠正或无法自行纠正的，则根据《招标投标法实施条例》第六十条的规定向行政监督部门提出投诉。对故意虚构事实，扰乱招投标市场秩序的，则按照有关规定进行处理。

（三）确定中标人

1. 中标人的条件及确定原则

除招标文件中特别规定了授权评标委员会直接确定中标人外，招标人应依据评标委员会推荐的中标候选人确定中标人，评标委员会提交中标候选人的人数应符合招标文件的要求，应当不超过 3 人，并标明排列顺序。中标人的投标应当符合下列条件之一：

（1）能够最大限度满足招标文件中规定的各项综合评价标准；

（2）能够满足招标文件的实质性要求，并且经评审的投标价格最低，但是投标价格低于成本的除外。

对国有资金占控股或者主导地位的项目，招标人应当确定排名第一的中标候选人为中标人。排名第一的中标候选人放弃中标，因不可抗力提出不能履行合同，或者招标文件规定应当提交履约保证金而在规定的期限内未能提交，或者被查实存在影响中标结果的违法行为等情形，不符合中标条件的，招标人可以按照评标委员会提出的中标候选人名单排序依次确定其他中标候选人为中标人。依次确定其他中标候选人与招标人预期差距较大，或者对招标人明显不利的，招标人可以重新招标。

招标人可以授权评标委员会直接确定中标人。

招标人不得向中标人提出压低报价、增加工作量、缩短工期或其他违背中标人意愿的要求，即不得以此作为发出中标通知书和签订合同的条件。

2. “评定分离”方法的推行

“评定分离”方法，即将招投标程序中的“评标委员会评标”与“招标人定标”作为相对独立的两个环节进行分离。根据《住房城乡建设部关于进一步加强房屋建筑和市政基础设施工程招标投标监管的指导意见》（建市规〔2019〕11 号）的规定，评标委员会对投标文件的技术、质量、安全、工期的控制能力等因素提供技术咨询建议，向招标人推荐合格的中标候选人。由招标人按照科学、民主决策原则，建立健全内部控制程序和决策约束机制，根据报价情况和技术咨询建议，择优确定中标人，实现招标投标过程的规范透明，结果的合法公正，并依法依规接受监督。

“评定分离”方法的操作细则包括三个方面：

（1）定标委员会的组建。定标委员会由招标人负责组建和管理，成员为 5 人以上单数，本单位在编人员不得少于成员总数的三分之二，成员名单在中标结果确定前应当保密。定标委员会应当推荐定标组长，招标人（不含代理机构）的法定代表人或者主要负责人参加定标委员会的，由其直接担任定标委员会组长，定标委员会名单在中标结果公告前应当保密。定标委员会的组成、定标地点、定标方法和标准等内容应当在招标文件中明确。

（2）定标委员会的工作职责。评标委员会负责对投标文件进行评审，对投标人的技术、质量、安全、工期的控制能力等因素提供技术咨询建议，推荐不排序中标候选人；定标委员会的职责是根据评标委员会的评标报告，综合考虑报价、技术、信用、招标人的清标和前期考察结果等因素，按照招标文件规定的定标程序和规则，从评标委员会推荐的中标候选人中择优确定中标人。定标委员会应当按照招标文件确定的定标因素进行定标并对定标活动及其结果负责，必要时可以要求评标委员会予以澄清或说明，但不得改变已确定的评标结果。

（3）定标方法。目前常用的定标方法包括价格竞争定标法、票决定标法、集体议事法等。价格竞争定标法是指以投标价格作为定标主要依据的方法，具体方法由招标人在招标文件中加以规定，该方法可以引申出多种定标方法，比如最低投标价法、次低价法、第 N（事先约定的数字）低价法、平均值法等；票决定标法是指以直接票决或者逐轮票决等方式确定中标人的方法；集体议事法是指定标委员会进行集体商议，定标委员各自发表意见，最终由定标委员会组长确定中标人的定标方法，该方法的实质是赋予招标人的法定代表人或者主要负责人个人定标权。

（四）中标通知及签约准备

1. 发出中标通知书

中标人确定后，招标人应当向中标人发出中标通知书，并同时将中标结果通知所有未中标的投标人。中标通知书对招标人和中标人具有法律效力。中标通知书发出后，招标人改变中标结果，或者中标人放弃中标项目的，应当依法承担法律责任。招标人自行招标的，应当自确定中标人之日起 15 日内，向有关行政监督部门提交招标投标情况的书面报告。书面报告中至少应包括下列内容：

（1）招标方式和发布资格预审公告、招标公告的媒介；

（2）招标文件中投标人须知、技术规格、评标标准和方法、合同主要条款等内容；

（3）评标委员会的组成和评标报告；

（4）中标结果。

2. 履约担保

在签订合同前，招标文件要求中标人提交履约担保的，中标人应当提交。履约担保属于中标人向招标人提供用以保障其履行合同义务的担保。中标人以及联合体的中标人应按招标文件规定的金额、担保形式和提交时间，向招标人提交履约担保。履约担保有现金、支票、汇票、履约担保书和银行保函等形式，可以选择其中一种作为招标项目的履约担保，履约担保金额最高不得超过中标合同金额的10%。中标人不能按要求提交履约担保的，视为放弃中标，其投标保证金不予退还，给招标人造成的损失超过投标保证金数额的，中标人还应当对超过部分予以赔偿。履约担保的有效期自合同生效之日起至合同约定的中标人主要义务履行完毕止。

招标人要求中标人提供履约担保的，招标人应当同时向中标人提供工程款支付担保。中标后的承包人应保证其履约担保在发包人颁发工程接收证书前一直有效。发包人应在工程接收证书颁发后28天内将履约担保退还给承包人。

三、合同价款的约定

合同价款是合同文件的核心要素，建设项目不论是招标发包还是直接发包，合同价款的具体数额均在“合同协议书”中载明。

（一）签约合同价与中标价的关系

签约合同价是指合同双方签订合同时在协议书中列明的合同价格，对于以单价合同形式招标的项目，工程量清单中各种价格的总计即为合同价。合同价就是中标价，因为中标价是指评标时经过算术修正的、并在中标通知书中载明招标人接受的投标价格。法理上，经公示后招标人向投标人所发出的中标通知书（投标人向招标人回复确认中标通知书已收到），中标人的中标价就受到法律保护，招标人不得以任何理由反悔。这是因为，合同价格属于招投标活动中的核心内容，根据《招标投标法》第四十六条有关“招标人和中标人应当……按照招标文件和中标人的投标文件订立书面合同，招标人和中标人不得再行订立背离合同实质性内容的其他协议”之规定，发包人应根据中标通知书确定的价格签订合同。

（二）合同价款约定的规定和内容

1. 合同签订的时间及规定

招标人和中标人应当在投标有效期内并在自中标通知书发出之日起30日内，按照招标文件和中标人的投标文件订立书面合同。中标人无正当理由拒签合同的，招标人取消其中标资格，其投标保证金不予退还；给招标人造成的损失超过投标保证金数额的，中标人还应当对超过部分予以赔偿。发出中标通知书后，招标人无正当理由拒签合同的，招标人向中标人退还投标保证金；给中标人造成损失的，还应当赔偿损失。招标人最迟应当在与中标人签订合同后5日内，向中标人和未中标的投标人退还投标保证金及银行同期存款利息。

2. 合同价款类型的选择

实行招标的工程合同价款应由发承包双方依据招标文件和中标人的投标文件在书面合同中约定。合同约定不得违背招、投标文件中关于工期、造价、质量等方面的实质性内容。招标文件与中标人投标文件不一致的地方，以投标文件为准。

不实行招标的工程合同价款，在发承包双方认可的合同价款基础上，由发承包双方在合同中约定。

根据《建筑工程施工发包与承包计价管理办法》（住建部第16号令），实行工程量清单计价的建筑工程，鼓励发承包双方采用单价方式确定合同价款；建设规模较小，技术难度较低，工期较短的建设工程，发承包双方可以采用总价方式确定合同价款；紧急抢险、救灾以及施工技术特别复杂的建设工程，发承包双方可以采用成本加酬金方式确定合同价款。这些旨在推进工程量清单方式在我国落地实施，并鼓励采用单价合同，有效控制总价合同带来的风险。

3. 合同价款约定的内容

发承包双方应在合同条款中对下列事项进行约定：

（1）发承包双方的合同义务、责任。

（2）工程保险的类型、范围、投保责任及保险费用支付。

（3）办理工程保函的类型、保证金金额及相关保函的撤回时间。

（4）工程质量标准，以及主要材料设备要求。

（5）工期变化的适用情况，以及工期奖励与承包人原因造成的误期赔偿费。

（6）人工费的金额或比例、支付方式、支付周期和建筑工人工资专用账户。

（7）预付款的比例或金额、支付时间和扣回方式。

（8）过程结算的节点和计量、计价、支付的依据、程序、比例、时限。

（9）工程质量保证的方式和金额、预留方式及其时限。

（10）工程量清单缺陷、暂列金额、暂估价、总承包服务费、计日工、物价变化、法律法规及政策性变化、工程变更、工程索赔等合同价款调整的内容、方法、程序、支付及时限。

（11）违约责任以及发生合同价款争议的解决方式、时间。

（12）竣工结算计量、计价、支付的依据、程序、方法、时限。

（13）与合同履行及工程价款相关的其他事项。

第四节　工程总承包及国际工程合同价款的约定

随着社会经济的发展及业主对建设工程需求的综合性和集成性越来越高，工程总承包及国际工程承包（走出国门承接工程或国内工程允许外国公司承包）已成为工程发承包的主流模式，其合同价款的约定既是发承包双方有效履行合同的重要保障，也是规范建筑市场公平交易的客观要求。

一、工程总承包合同价款的约定

根据《房屋建筑和市政基础设施项目工程总承包管理办法》（建市规〔2019〕12 号）的规定，工程总承包是指承包单位按照与建设单位签订的合同，对工程设计、采购、施工或者设计、施工等阶段实行总承包，并对工程的质量、安全、工期和造价等全面负责的工程建设组织实施方式。根据《国务院办公厅关于促进建筑业持续健康发展的意见》（国办发〔2017〕19 号），要求政府投资工程带头推行工程总承包，装配式建筑原则上应采用工程总承包模式，鼓励非政府投资工程推行工程总承包。

（一）工程总承包的分类与特点

1. 工程总承包的类型

工程总承包的范围、承包方式、责权利等由工程总承包合同界定。工程总承包主要有如下模式：

（1）设计采购施工（Engineering-Procurement-Construction，EPC）总承包。EPC 总承包即工程总承包人按照合同约定，承担工程项目的设计、采购、施工、试运行服务等工作，并对承包工程的质量、安全、工期、造价全面负责。

（2）交钥匙（Turnkey）总承包。交钥匙总承包是设计采购施工总承包业务和责任的延伸，最终向业主提交一个满足使用功能、具备使用条件的工程，不仅承包工程项目的建设实施任务，而且提供建设项目前期工作和运营准备工作的综合服务。

1）交钥匙总承包的范围包括：项目前期的投资机会研究、项目发展策划、建设方案及可行性研究和经济评价；工程勘察、总体规划方案和工程设计；工程采购和施工；项目动用准备和生产运营组织；项目维护及物业管理的策划与实施等。

2）交钥匙总承包与其他工程总承包方式相比，交钥匙总承包的优越性：能满足某些业主的特殊要求；承包人承担的风险比较大，但获利的机会比较多，有利于调动总包的积极性；业主介入的程度比较浅，有利于发挥承包人的主观能动性；业主与承包人之间的关系简单。

（3）阶段性总承包。根据工程项目的不同规模、类型和业主要求，工程总承包还可采用设计—施工总承包（Design-Build，D—B）、设计—采购总承包（Engineering-Procurement，E—P）和采购—施工总承包（Procurement-Construction，P—C）等方式。其中设计—施工总承包方式又最为常见，是指工程总承包人按照合同约定，承担工程项目的设计和施工，并对承包工程的质量、安全、工期、造价全面负责。D—B 工程总承包的基本出发点是促进设计与施工的早期结合，以便有可能发挥设计和施工双方的优势，提高项目的经济性。D—B工程总承包一般适用于建筑工程项目，而大型土（石）方工程及道路工程等设计工作量少的项目较少采用。

工程总承包的分类及特点见表 4.4.1。

表 4.4.1　工程总承包的分类及特点

<table>
<tr><th colspan="2" rowspan="3">总承包类型</th><th colspan="8">承担工程项目建设程序中的工作</th></tr>
<tr><th rowspan="2">可行性研究</th><th rowspan="2">项目决策</th><th colspan="3">设计</th><th rowspan="2">材料设备采购</th><th rowspan="2">施工</th><th rowspan="2">试运行</th></tr>
<tr><th>方案设计</th><th>初步设计</th><th>施工图设计</th></tr>
<tr><td colspan="2">设计采购施工总承包</td><td></td><td></td><td>•</td><td>•</td><td>•</td><td>•</td><td>•</td><td>•</td></tr>
<tr><td colspan="2">交钥匙总承包</td><td>•</td><td>•</td><td>•</td><td>•</td><td>•</td><td>•</td><td>•</td><td>•</td></tr>
<tr><td rowspan="3">阶段性总承包</td><td>设计—施工总承包</td><td></td><td></td><td>•</td><td>•</td><td>•</td><td></td><td>•</td><td></td></tr>
<tr><td>设计—采购总承包</td><td></td><td></td><td>•</td><td>•</td><td>•</td><td>•</td><td></td><td></td></tr>
<tr><td>采购—施工总承包</td><td></td><td></td><td></td><td></td><td></td><td>•</td><td>•</td><td></td></tr>
</table>

2. 工程总承包的发展及主要特点

（1）工程总承包的发展过程。发达国家工程总承包已经历了 100 多年，我国于改革开放之初就提出了建立工程“总承包企业”的设想。1997 年颁布的《建筑法》第二十四条，确立了工程总承包的法律地位，2011 年《招标投标法实施条例》第二十九条，为总承包提供了实施依据；同年，住房城乡建设部、国家工商行政管理总局制定了《建设项目工程总承包合同示范文本（试行）》（GF－2011－0216）。随后，国务院及住房城乡建设部相继发文，全面提出了加快推行工程总承包的各项具体要求，并将其作为建筑业改革的重点内容推进。2012 年九部委联合颁发了《标准设计施工总承包招标文件》（2012 年版），标志着我国工程总承包市场逐渐走向了成熟完善的阶段。2017 年住房城乡建设部发布了国家标准《建设项目工程总承包管理规范》GB/T 50358—2017，2019 年住房城乡建设部、国家发改委印发了《房屋建筑和市政基础设施项目工程总承包管理办法》（建市规〔2019〕12 号），2020 年住房城乡建设部、国家市场监管总局印发了《建设项目工程总承包合同（示范文本）》（GF－2020－0216），随着关于总承包规范文件的完善与细化，为加快推行工程总承包，促进行业转型升级，有效提升建筑业企业的核心竞争力，在“一带一路”大背景下，为实施“走出去”战略奠定了坚实的基础。

（2）工程总承包的主要特点。

1）有利于优化工程建设组织方式。在工程总承包合同环境下，业主将规定范围内的工程项目实施任务，通过合同约定，一揽子委托给工程总承包人负责设计和施工的规划、组织、指挥、协调和控制，总承包人利用自身很强的技术和管理综合能力，协调自己内部及分包商之间的关系，业主的组织和协调任务量少。这样的工程建设组织方式有利于提升建设效率和项目绩效。

2）有利于设计和施工深度交叉，降低工程造价。在传统承包模式下，施工和设计是分离的，双方难以及时协调，经常产生造价和使用功能上的损失。设计和施工过程的深度交叉，能够在保证工程质量的前提下，最大幅度地降低成本。同时，进行设计修改优化的成本是很低的，但是对项目投资的影响却是决定性的。因此设计与施工的一体化完成可以从源头上实现发包人投资管控的目的。

3）有利于缩短建设周期，提高工程质量。实现设计、采购、施工、试运行全过程的质量控制，能够在很大程度上消除质量不稳定因素。同时设计、采购、施工、试运行各阶段的深度合理交叉，在设计阶段就积极引用新技术、新工艺，考虑到施工的便于操作性，最大限度地在施工前发现图纸存在的问题，有利于保证工程质量，对于缩短建设周期也大有裨益。

4）有利于提高承包人的市场竞争力。当采用参照类似已完工程做估算投资包干的情况下，虽然对总承包人而言风险大，但相应地会带来更利于发挥自身技术和管理综合实力、获取更高预期经营效益的机遇，以及从设计到施工安装提供最终工程产品所带来的社会效应和知名度。工程总承包符合工程建设的客观规律，有利于发挥工程建设责任主体技术管理优势，有利于提升建筑业企业的核心竞争力，通过创新承包模式和经营手段，能在建筑市场上拓展增长空间，提升市场竞争力。

3. 工程总承包模式的选择

总承包模式的选择与发包时点有关。可行性研究报告批准后发包的，宜采用设计采购施工总承包（EPC）模式；方案设计批准后发包的，可采用设计采购施工总承包（EPC）模式或设计施工总承包（DB）模式；初步设计批准后发包的，宜采用设计施工总承包（DB）模式。但具有下列情形时，发包人不宜采用设计采购施工总承包（EPC）模式，而推荐采用设计施工总承包（DB）模式。

(1) 投标人没有足够的时间或信息仔细审核发包人要求，或没有足够的时间或信息进行设计、风险评估和估价；

(2) 施工涉及实质性地下工程或投标人无法检查地区其他区域的工程；

(3) 发包人要密切监督或控制承包人的工作，或审查大部分施工图纸。

(二) 工程总承包招标文件的编制

根据《房屋建筑和市政基础设施项目工程总承包管理办法》(建市规〔2019〕12号)的规定，建设单位应当在发包前完成项目审批、核准或者备案程序。采用工程总承包方式的企业投资项目，应当在核准或者备案后进行工程总承包项目发包。采用工程总承包方式的政府投资项目，原则上应当在初步设计审批完成后进行工程总承包项目发包。其中，按照国家有关规定简化报批文件和审批程序的政府投资项目，应当在完成相应的投资决策审批后进行工程总承包项目发包。

1. 工程总承包招标文件的编制内容

综合《标准设计施工总承包招标文件》《房屋建筑和市政基础设施项目工程总承包管理办法》和《建设项目工程总承包计价规范》T/CCEAS 001—2022的规定，工程总承包招标文件的编制由以下内容组成：

(1) 招标公告（或投标邀请书）。与建设项目施工招标的有关规定类似，当总承包招标未进行资格预审时，招标文件内容应包括招标公告。当进行资格预审时，招标文件中应包括投标邀请书，此邀请书可代替设计施工总承包资格预审通过通知书。

(2) 投标人须知。除投标人须知前附表外，投标人须知由总则、招标文件、投标文件、投标、开标、评标、合同授予、纪律和监督、电子招标投标等内容组成。

1) 总则。主要包括项目概况，项目的资金来源和落实情况，招标范围、计划工期和质量标准，对投标人的资格要求，对费用承担和设计成果补偿、保密、语言文字、计量单位等方面的规定，对踏勘现场、投标预备会的要求，以及对分包和偏离问题的处理。

2) 招标文件。主要包括招标文件的组成以及澄清和修改的规定。

3) 投标文件。主要包括投标文件的组成，投标报价编制的规定，投标有效期和投标保证金的规定，需提交的资格审查资料，是否允许提交备选投标方案，以及投标文件编制所应遵循的规定等。

4) 投标。主要包括投标文件密封和标记的规定，投标文件的递交以及投标文件的修改与撤回。

5) 开标。主要包括开标时间和地点、开标程序以及对开标异议的处理。

6) 评标。主要包括评标委员会的组成、评标原则和所采取的评标办法。

7) 合同授予。主要包括定标方式、对中标候选人的公示方式、中标通知书的发出时间以及要求承包人提交的履约担保和签订合同的时限。

8) 纪律和监督。主要包括对招标人、投标人、评标委员会成员以及与评标活动有关的工作人员的纪律要求。

9) 电子招标投标。主要包括采用电子招标投标时，对投标文件的编制、密封和标记、递交、开标、评标等具体要求。

10) 需要补充的其他内容。

(3) 评标办法和标准。与施工招标类似，评标办法可选择综合评估法或经评审的最低投标价法。

(4) 拟签订合同的主要条款。除《标准设计施工总承包招标文件》中的合同条款外,《房屋建筑和市政基础设施项目工程总承包管理办法》推荐使用由住房城乡建设部会同有关部门制定的工程总承包合同示范文本。《建设项目工程总承包合同(示范文本)》(GF-2020-0216)包括合同协议书、通用合同条件、专用合同条件(含附件)等内容。但应注意的是,《建设项目工程总承包合同(示范文本)》是推荐使用的非强制性使用文本。

(5) 发包人要求。发包人要求应尽可能清晰准确,列明项目的目标、范围、功能需求、设计和其他技术标准,对于可以进行定量评估的工作,发包人要求不仅应明确,并且要规定偏离的范围和计算方法,以及检验、试验、试运行的具体要求。主要包括:项目的内容、范围、规模、标准、功能、质量、安全、节约能源、生态环境保护、工期、验收等的明确要求。对于承包人负责提供的有关设备和服务,对发包人人员进行培训和提供一些消耗品等,在发包人要求中应一并明确规定。

(6) 项目清单。项目清单可根据不同的发承包阶段,分为可行性研究或方案设计后清单、初步设计后清单。项目清单主要用于确定工程总承包费用项目,工程总承包费用项目通常应根据专业工程总承包工程量计算规范,按照不同发承包阶段的发包范围和内容确定。

(7) 发包人提供的资料和条件。发包人通常应提供下列资料:

1) 施工场地及毗邻区域内的供水、排水、供电、供气、供热、通信、广播电视等地下管线资料、气象和水文观测资料,相邻建筑物和构筑物、地下工程的有关资料,以及其他与建设工程有关的原始资料,包括水文地质、工程地质、地形等勘察资料。

2) 定位放线的基准点、基准线和基准标高。

3) 发包人取得的有关审批、核准和备案材料,如规划许可证。

4) 其他资料。根据工程总承包发包时点的不同,可能包括可行性研究报告、方案设计文件或者初步设计文件等。

(8) 投标文件格式。提供投标文件的各部分编制所应依据的参考格式。

(9) 规定的其他资料。如需要其他资料,应在投标人须知前附表中予以规定。

2. 工程总承包招标文件编制时应注意的问题

(1) 充分利用投标人须知前附表。设计施工一体化的总承包项目,其招标文件应当根据《标准设计施工总承包招标文件》(2012年版)编制。其中,"投标人须知前附表"用于进一步明确"投标人须知"中的未尽事宜,招标人或招标代理机构应结合招标项目的具体特点和实际需要编制和填写,但不得与"投标人须知"正文内容相抵触,否则抵触内容无效。

(2) 合同条款的选择。

1) 选择《标准设计施工总承包招标文件》中的通用合同条款。根据《关于印发简明标准施工招标文件和标准设计施工总承包招标文件的通知》(发改法规〔2011〕3018号)的规定,依法必须进行招标的设计施工一体化的总承包项目,其招标文件应当根据《标准设计施工总承包招标文件》编制。其中"通用合同条款"应当不加修改地引用。此时应注意合理选用通用合同条款中的可选条款。《标准设计施工总承包招标文件》在总结各行各业设计施工总承包共同特点的基础上,将设计、采购、施工等内容进行有机整合,对不同类型的总承包做出了有针对性的规定。其中最突出的特点是在通用合同条款中提供了可选择的条款，即考虑到设计—施工总承包项目的投资主体、工作内容等方面的差异，创造性地采取了由合同当事人选择约定（A）条款或（B）条款方法。合同双方当事人可以根据不同建设项目在合同执行过程中可能出现的情况选择其中之一，在专用合同条款中通过谈判、协商，对相应通用条款的原则性约定加以细化、完善、补充、修改或另行约定。

《标准设计施工总承包招标文件》提供的（A）（B）条款较多，如发包人要求中的错误、发包人提供的材料和工程设备、计日工、暂估价、物价波动引起的调整、竣工后试验等。

2）选用《建设项目工程总承包合同（示范文本）》。在房屋建筑和市政基础设施项目工程总承包发承包活动中，合同当事人可结合建设工程具体情况，参照《建设项目工程总承包合同（示范文本）》（GF-2020-0216）订立合同，并按照法律法规和合同约定承担相应的法律责任及合同权利义务。具体内容将在本书第五章中详细介绍。

（三）工程总承包投标文件的编制

1. 工程总承包投标文件的内容

根据《标准设计施工总承包招标文件》的规定，工程总承包投标文件的编制由以下内容组成：

（1）投标函及投标函附录；

（2）法定代表人身份证明或附有法定代表人身份证明的授权委托书；

（3）联合体协议书（如接受联合体投标）；

（4）投标保证金；

（5）价格清单，由承包人按发包人要求或按发包人提供的项目清单格式填写并标明价格的项目报价明细；

（6）承包人建议书，包括图纸、工程详细说明、设备方案、分包方案、对发包人要求错误的说明等；

（7）承包人实施计划，包括概述、总体实施方案、项目实施要点、项目管理要点等；

（8）资格审查资料，包括投标人基本情况表、近年财务状况表、近年完成的类似设计施工总承包项目情况表、正在实施和新承接的项目情况表、近年发生的重大诉讼及仲裁情况等；

（9）投标人须知前附表规定的其他资料。

2. 工程总承包投标文件编制与递交时应遵循的规定

（1）工程总承包投标文件的编制。编制时要特别注意"发包人要求"的内容，同时还应当按照发包人提供的载明了工程内容的各项费用和数量的项目明细编制"价格清单""承包人建议书""承包人实施计划"等来响应发包人的要求。

（2）工程总承包文件的递交。递交时同样需要遵循投标保证金以及投标有效期的有关规定，规定内容与施工投标基本相同。只是由于实施工程总承包的项目通常比较复杂，因此除投标人须知前附表另有规定外，投标有效期均为120天。

3. 工程总承包投标报价

（1）工程总承包投标报价构成。根据团体标准《建设项目工程总承包计价规范》T/CCEAS 001—2022的规定，工程总承包投标报价由工程费用、工程总承包其他费以及预备费组成。

1）工程费用是指建设项目总投资中包括的，用于完成建设项目发生的建筑工程、安装工程和设备购置所需的费用。

2）工程总承包其他费是指建设项目总投资中工程建设其他费用中包括的与工程总承包范围相关的费用，主要包括勘察费、设计费、研究试验费、场地准备及临时设施费、试运转费、工程保险费、工程总承包管理费、代办服务费和其他专项费等。

3）预备费。包括基本预备费和价差预备费，用于项目建设期内不可预见的情形以及市场价格变化的调整。

（2）工程总承包投标报价要求。投标人应根据招标文件、发包人要求、项目清单、补充通知、招标答疑、可行性研究、方案设计或初步设计文件、本企业积累的同类或类似工程的价格自主确定投标报价，但不得低于成本。报价时应注意下列问题：

1）勘察费、设计费的计取。考虑到工程总承包招标时点和发包范围的不同，可根据以下工作分别计取勘察费、设计费：

①可行性研究报告批准或方案设计后发包，由发包人负责可行性研究勘察和初步勘察；承包人负责详细勘察和施工勘察以及初步设计和施工图设计、专项设计工作，按规定取得相关部门的批准。

②初步设计后发包的，由发包人负责详细勘察；承包人负责施工勘察以及施工图设计、专项设计工作，按规定取得相关部门的批准。

2）当约定了合同价款调整事项时，预备费应按招标文件中列出的金额填写，不得变动，并应列入投标总价中。当采用固定总价合同时，预备费由投标人自主报价，并应在合同专用条款中约定，预备费为风险包干费用，归承包人所有。

（四）工程总承包的评标办法

工程总承包的评标办法包括综合评估法和经评审的最低投标价法。

1. 综合评估法

综合评估法是指评标委员会对满足招标文件实质性要求的投标文件，按照招标文件中规定的评分标准进行打分，并按得分由高到低顺序推荐中标候选人，或根据招标人授权直接确定中标人，但投标报价低于其成本的除外。综合评分相等时，以投标报价低的优先；投标报价也相等的，由招标人或者经招标人授权评标委员会自行确定。

（1）初步评审标准。综合评估法下的初步评审标准包括形式评审标准、资格评审标准和响应性评审标准三个方面。

1）形式评审标准。主要的评审内容包括投标人名称与营业执照、资质证书是否一致，投标函是否有法定代表人或其委托代理人签字并加盖单位章，投标文件格式是否符合规定要求，联合体投标人是否提交了联合体协议书并明确了联合体牵头人，报价是否唯一。

2）资格评审标准。主要的评审内容包括营业执照、资质等级、财务状况、类似项目业绩、信誉、项目经理、设计负责人、施工负责人、施工机械设备、项目管理机构及人员、联合体投标人等各个方面是否符合投标人须知的规定。

3）响应性评审标准。主要的评审内容包括投标报价、投标内容、工期、质量标准、投标有效期、投标保证金、权利义务、承包人建议等各个方面是否符合招标文件的规定。

（2）详细评审。综合评估法的详细评审分别从承包人建议书、资信业绩、承包人实施计划、投标报价和其他评分因素等各个方面进行综合评定。

1）承包人建议书评分标准。评分标准通常包括图纸、工程详细说明、设备方案等因素。

2）资信业绩评分标准。评分标准通常包括信誉、类似项目业绩、项目经理业绩、设计负责人业绩、施工负责人业绩、其他主要人员业绩等因素。

3）承包人实施计划评分标准。评分标准通常包括总体实施方案、项目实施要点、项目管理要点等因素。

4）投标报价评分标准。评分标准主要包括偏差率等。偏差率的计算同本章第三节公式（4.3.1）。

2. 经评审的最低投标价法

经评审的最低投标价法是指评标委员会对满足招标文件实质要求的投标文件，根据招标文件规定的量化因素及标准进行价格折算，按照经评审的投标价由低到高的顺序推荐中标候选人，或根据招标人授权直接确定中标人，但投标报价低于其成本的除外。经评审的投标价相等时，投标报价低的优先；投标报价也相等的，由招标人或者招标人授权的评标委员会自行确定。

（1）初步评审标准。经评审的最低投标价法的初步评审标准包括形式评审标准、资格评审标准、响应性评审标准、承包人建议书评审标准、承包人实施方案评审标准五个方面。其中形式评审标准、资格评审标准、响应性评审标准的内容与综合评估法基本相同。

1）承包人建议书评审标准。主要的评审内容包括投标人在图纸、工程详细说明、设备方案等各个方面是否满足招标人的要求。

2）承包人实施方案评审标准。主要的评审内容包括投标人在总体实施方案、项目实施要点、项目管理要点等各个方面是否满足招标人的要求。

（2）详细评审标准。详细评审标准主要是将招标文件中确定需要考虑的量化因素按照既定的量化标准进行折算，从而得到各标书经评审的投标价。按照《标准设计施工总承包招标文件》的规定，考虑的量化因素主要有付款条件，招标人可根据需要在招标文件中增列量化因素和量化标准。

3. 评标结果

综合评估法下，除招标人授权评标委员会直接确定中标人外，评标委员会按照得分由高到低的顺序推荐中标候选人。

经评审的最低投标价法下，除招标人授权评标委员会直接确定中标人外，评标委员会按照经评审的价格由低到高的顺序推荐中标候选人。

评标委员会完成评标后，应当向招标人提交书面评标报告。

（五）工程总承包的签约合同价

（1）合同价格与“签约合同价”的含义。《标准设计施工总承包招标文件》合同协议书中称合同价格为“签约合同价”，即指中标通知书明确的并在签订合同时于合同协议书中写明的，包括了暂列金额、暂估价的合同总金额。而“合同价格”是指承包人按合同约定完成了包括缺陷责任期内的全部承包工作后，发包人应付给承包人的金额，包括在履行合同过程中按合同约定进行的变更和调整。

（2）合同价格形式的选择及风险分担方式。根据《房屋建筑和市政基础设施项目工程总承包管理办法》（建市规〔2019〕12 号）的规定，企业投资项目的工程总承包宜采用总价合同，政府投资项目的工程总承包应当合理确定合同价格形式。由于总承包招标的时点选择不同，招标时达到的设计深度也不尽相同。同时考虑到发包人的风险偏好以及对投资管控的需求，总承包项目可以选择不同的合同价格方式。在我国的工程实践中，主要采用明确发包人要求下的总价合同和模拟工程量清单下的单价合同。

1）总价合同。总价合同既是工程总承包中最基本，也是最常用的合同价格形式，同时还是《建设项目工程总承包计价规范》T/CCEAS 001—2022 推荐使用的合同价格形式，在这种合同价格形式下，除根据合同约定的在工程实施过程中需进行增加的款项外，合同价格不予调整。但固定总价并非无限风险合同，也有其风险边界范围，超出风险边界范围的事项可调整合同价款。对于初步设计完成后进行招标的项目，如果发包人要求可准确描述，项目的规模、方案和标准发生变更的可能性很小，可以采用初步设计概算为控制指标进行招标，采用总价合同。采用总价合同的，除合同约定可以调整的情形外，合同总价一般不予调整。同时应注意，由于工程总承包范围内的设计、采购、施工分别适用不同增值税税率，为了避免视为兼营从高适用税率，应在合同中对于设计、采购、施工的委托范围和造价、税率、支付等条件分别约定。发包人和总承包人应当加强风险管理，合理分担风险。发包人承担的风险主要包括：

①主要工程材料、设备、人工价格与招标时基期价相比，波动幅度超过合同约定幅度的部分；

②因国家法律法规政策变化引起的合同价格的变化；

③不可预见的地质条件造成的工程费用和工期的变化；

④因发包人原因产生的工程费用和工期的变化；

⑤不可抗力造成的工程费用和工期的变化。

同时，改变“发包人要求”所造成的工程变更也应由发包人承担责任。总价合同也可在专用合同条件中约定，将发承包时无法把握施工条件变化的某些项目单独列项，按照应予计量的实际工程量和单价进行结算支付。

2）单价合同。单价合同的选择需要在总承包招标时提供模拟工程量清单，模拟工程量清单是在方案设计、初步设计阶段以及施工图纸不完备的情况下，参照类似工程项目或者标准化清单编制本项目清单，并估算工程量用以招标。模拟工程量清单方式适用于设计标准化、有类似工程或对标工程的项目。模拟工程量清单形成的单价合同工程量是不固定的，单价是固定的，结算时工程量按实际结算。因此在单价合同下，工程总承包合同的风险分担方式与施工合同基本相似。

除上述两种最主要的合同计价方式外，总承包项目还可以使用平方米单价、费率下浮、限额总价、混合计价等不同的合同计价方式。

二、国际工程招标投标及合同价款的约定

国际工程承包是指一个国家的政府部门、公司、企业或项目所有人（一般称业主或发包人）委托国外的工程承包人负责按规定的条件承担某项工程任务。近年来，随着“一带一路”的不断推进，沿线国家诸多大型工程正在大批兴建，为实施“走出去”战略、开拓国际市场创造了良好的机遇，同时在工程承包过程中成功的招标投标经验和有效地合同纠

纷处理，也为国际工程承包合同价款的约定提供了典型示范作用。在国际工程中，通过招标投标选择承包人是最重要的发包方式，许多国际机构都制定了招标投标程序，其中世界银行的招标投标程序最为完善、最有影响、适用范围也最大。

（一）世界银行贷款项目的采购原则

世界银行贷款项目的采购原则和采购程序由《国际复兴开发银行贷款和国际开发协会信贷采购指南》（简称《采购指南》）规定，既适用于土建工程，也适用于货物和咨询服务，其基本原则为：

（1）在项目采购中，必须注意经济性和效率性。

（2）世界银行贷款项目为合格的投标人承包项目提供平等的竞争机会，无论投标人来自发达国家还是发展中国家。

（3）世界银行作为一个开发机构，其贷款项目应促进借款国的制造业和承包业的发展。

（二）国际竞争性招标

国际竞争性招标（International Competitive Bidding，ICB），是指邀请世界银行成员国的承包人参加投标，从而确定最低评标价的投标人为中标人，并与之签订合同的整个程序和过程，世界银行贷款项目采购程序如下。

1. 总采购公告

公开通告投标机会是世界银行及其他国际开发机构所要求的，目的是使所有合格而且有能力、符合要求的投标人不受歧视地能有公平的投标机会，同时使业主或购货人能进一步了解市场供应情况，有助于经济、有效地达到采购的目的。

世界银行要求，贷款项目中心以国际竞争性方式采购的货物和工程，借款人必须准备并交世界银行一份总采购公告。当某一项目的资金来源已经初步确定（如已初步确定由世界银行提供贷款，本国配套资金也已基本落实），项目初步设计已经完成，项目评估已经或接近完成，在项目评估阶段已经确定了须以国际竞争性招标方法进行采购的那部分设备和工程，就可以准备这样一份总采购通告，并及早送交世界银行，安排免费在联合国出版的《发展商务报》上刊登。送交世界银行的时间最迟不应迟于招标文件已经准备好、将向投标人公开发售之前60天，以便及早安排刊登，使可能的投标人有时间考虑，并表示他们对这项采购的兴趣。

2. 资格预审和资格定审

凡采购大而复杂的工程，以及在例外情况下，采购专为用户设计的复杂设备或特殊服务，在正式投标前宜先进行资格预审，对投标人是否有资格和能力承包这项工程或制造这种设备先期进行审查，以便缩小投标人的范围。这样做也可以使不能胜任的承包人或供应商避免因准备投标而花费巨大的人力财力。一个项目的具体采购合同是否要进行资格预审，应由借款人和世界银行充分协商后，在贷款协定中明确规定。资格预审首先要确定投标人是否有投标资格（Eligibility），在有优惠待遇的情况下，也可确定其是否有资格享受本国或地区优惠待遇。

除了确定投标资格外，资格预审的目的是审定可能的投标人是否有能力承担该项采购任务。资格预审应预先规定评审标准及合格要求，并应将合同的规模和合格要求通知愿意参加预审的承包人或供应商。经过评审后，凡符合标准的，都应准予投标，而不应限定预审合格的投标人的数量。资格预审一结束，就应将招标文件发给预审合格的投标人，其间的时间间隔不宜太长。因为相距时间太长，时过境迁，原来已合格的可能不再合格，原来不合格的可能又具备了合格条件，这样，正式投标时将不得不重新进行资格预审或至少再进行资格定审。如果在投标前未进行过资格预审，则应在评标后对标价最低并拟授予合同的标书的投标人进行资格定审，以便审定他是否有足够的人力、财力资源有效地实施采购合同。资格定审的标准应在招标文件中明确规定，其内容与资格预审的标准相同。如果评标价最低的投标人不符合资格要求，就应拒绝这一投标，而对次低标的投标人进行资格定审。

3. 准备招标文件

招标文件是评标及签订合同的依据，也是向投标人提供与所需采购的货物或工程有关的一切情况、投标应注意的一切事项和评标的具体标准等内容的重要载体。它还规定了招标人与投标人之间的权利和义务，并提出了授予合同后业主与承包人或供应商之间的权利义务关系，作为今后签订正式合同的基础。招标文件的各项条款应符合《采购指南》的规定。世界银行虽然并不“批准”招标文件，但需其表示“无意见”（No objection）后招标文件才可以公开发售。在准备招标文件或世界银行审查过程中，也可能有忽略或产生错误。但招标文件一经制定，世界银行也已表示“无意见”，并已公开发售后，则除非有十分严重的不妥之处或错误，即使其中有些规定不符合《采购指南》，评标时也必须以招标文件为准。

招标文件的内容必须明白确切。应说明工程内容，工程所在地点，所需提供的货物，交货及安装地点，交货或竣工进程表，保修和维修要求，以及其他有关的条件和条款。如有必要，招标文件还应规定将采用的测试标准及方法，用于测定交付使用的设备是否符合规格要求。图纸与技术说明书内容必须一致。

招标文件还应说明在评标时除报价以外需考虑的其他因素，以及在评标时如何计量或用其他方法评定这些因素。如果允许对设计方案、使用原材料、支付条件、竣工日程等提出替代方案，招标文件应明确说明可以接受替代方案的条件和评标方法。招标文件发出后如有任何补充、澄清、勘误或更改，包括对投标人提出的问题所做出的答复，都必须在距投标截止期足够长的时间以前，发送原招标文件的每一个收件人。

4. 具体合同招标广告（投标邀请书）

除了总采购通告外，借款人应将具体合同的投标机会及时通知国际社会。为此，应及时刊登具体合同的招标广告，即投标邀请书。与总采购通告有所不同，这类具体合同招标广告不要求，但鼓励刊登在联合国《发展商务报》上。至少应刊登在借款人国内广泛发行的一种报纸上；如有可能，也应刊登在官方公报上。招标广告的副本，应转发给有可能提供所需采购的货物或工程的合格国家的驻当地代表（如使馆的商务处），也应发给那些看到总采购通告后表示感兴趣的国内外厂商。如系大型、专业性强或重要的合同，世界银行也可要求借款人把招标广告刊登在国际上发行很广的著名技术性杂志、报纸或贸易刊物上。

从发出广告到投标人做出反应之间应有充分时间，以便投标人进行准备。一般，从刊登招标广告或发售招标文件（两个时间中以较晚的时间为准）算起，给予投标商准备投标的时间不得少于 45 天。

对大型工程和复杂的设备，为了使预期的投标人熟悉情况，便于准备投标，应鼓励业主在投标前召集投标准备会议，组织现场考察，以求投标更切合实际。

5. 开标

在招标文件“投标人须知”中应明确规定投交标书地址、投标截止时间和开标时间及地点。投交标书的方式不得加以限制（如规定必须寄交某邮政信箱），以免延误。应该允许投标人亲自或派代表投交标书。开标时间一般应是投标截止时间或紧接在截止时之后。招标人应规定时间当众开标。应允许投标人或其代表出席开标会议，对每份标书都应当众读出其投标人、报价和交货或完工期；如果要求或允许提出替代方案，也应读出替代方案的报价及完工期。标书是否附有投标保证金或保函也应当众读出。不能因为标书未附投标保证金或保函而拒绝开启。标书的详细内容是不可能也不必全部读出的。开标应做出记录，列明到会人员及宣读的有关标书的内容。如果世界银行有要求，还应将记录的副本送交世界银行。开标时一般不允许提问或做任何解释，但允许记录和录音。

在投标截止期以后收到的标书，尤其是已经开始宣读标书以后收到的标书，不论出于何种原因，都应加以拒绝。

上述公开开标的程序是竞争性招标最常采用的开标程序，也是世界银行要求其贷款项目采用国际竞争性招标方法时必须遵循的程序。公开开标也有其他变通办法，例如“两个信封制度”（Two envelope system），即要求投标书的技术性部分密封装入一个信封，而将报价装入另一个密封信封。第一次开标会时先开启技术性标书的信封；然后将各投标人的标书交评标委员会评比，视其是否在技术方面符合要求。这一步骤所需时间短至几小时，长至几个星期。如标书在技术上不符合要求，即通知该标书的投标人。第二次开标会时再将技术上符合要求的标书报价公开读出。技术上不符合要求的标书，其第二个信封不再开启。如果采购合同简单，两个信封也可能在一次会议上先后开启。

6. 评标

评标主要有审标、评标、资格定审三个步骤。

(1) 审标。审标是先将各投标人提交的标书就一些技术性、程序性的问题加以澄清并初步筛选。例如，投标人是否具备投标资格，是否附有要求交纳的投标保证金，是否已按规定签字，是否在主要方面均符合招标文件提出的要求，是否有重大的计算错误，其他方面是否都符合规定等。

(2) 评标。按招标文件所明确规定的标准和评标方法，评定各标书的评标价。评比时既要考虑报价，也要考虑其他因素。投标书如有各种与招标文件所列要求非重大偏离者，应按招标文件规定办法在评标中加以计算。有些问题则可以通过双方一同举行澄清会议，寻求一致意见，加以解决。然后按评标价高低，由低至高，评定各标书的评标次序。

(3) 资格定审。如果未经资格预审，则应对评标价最低的投标人进行资格定审。定审结果，如果认定他有资格，又有足够的人力、财力资源承担合同任务，就应报送世界银行，建议授予合同。如发现他不符合要求，则再对评标价次低的投标人进行资格定审。

评标只是对标书的报价和其他因素，以及标书是否符合招标程序要求和技术要求进行评比，而不是对投标人是否具备实施合同的经验、财务能力和技术能力的资格进行评审。对投标人的资格审查应在资格预审或定审中进行。评标考虑的因素中，不应把属于资格审查的内容包括进去。

7. 授予合同或拒绝所有投标

按照招标文件规定的标准，对所有符合要求的标书进行评标，得出结果后，应将合同授予其标书评标价最低，并有足够的人力财力资源的投标人。在正式授予合同之前，借款人应将评标报告，连同授予合同的建议，送交世界银行审查，征得其同意。

招标文件一般都规定借款人有拒绝所有投标的权利。借款人在采取这样的行动之前应先与世界银行磋商。借款人不能仅为了希望以更低价格采购到所需设备或工程而拒绝所有投标，再以同样的技术规格要求重新招标。但如果评标价最低的投标报价也大幅超出了原来的预算，则可以废弃所有投标而重新招标。或者，作为替代办法，可在废弃所有投标后再与最低标的投标人谈判协商，以求取得协议。如不成功，可与次低标的投标人谈判。如果所有投标均有重大方面不符合要求，或招标缺乏有效的竞争，借款人也可废弃所有投标而重新招标。

8. 合同谈判和签订合同

中标人确定后，应尽快通知中标的投标人准备谈判。在正式通知授予合同后，业主或购货人就须与承包人或供应商进行合同谈判。但合同谈判并不是重新谈判投标价格和合同双方的权利义务，因为对投标价格的必要的调整已在评标的过程中确定；双方间的权利义务以及其他有关商务条款，招标文件中都已明确规定。而且《采购指南》还规定："不应要求投标人承担技术规格书中没有规定的工作责任，也不得要求其修改投标内容作为授予合同的条件"。这就是说，合同价格是不容谈判的。也不得在谈判中要求投标人承担额外的任务。但有些技术性或商务性的问题是可以而且应该在谈判中确定的。例如：原招标文件中规定采购的设备、货物或工程的数量可能有所增减，合同总价也随之可按单价计算而有增减；投标人的投标，对原招标文件中提出的各种标准及要求，总会有一些非重大性的差异。如技术规格上某些的差别，交货或完工时间提前或推迟，工程预付款的多少及支付条件，损失赔偿的具体规定，价格调整条款及所依据的指数的确定等，都应在谈判中进一步明确。

合同谈判结束，中标人接到授标信后，即应在规定时间内提交履约担保。双方应在投标有效期内签署合同正式文本，一式两份，双方各执一份，并将合同副本送世界银行。

9. 采购不当

如果借款人不按照借款人与世界银行在贷款协定中商定的采购程序进行采购，世界银行的政策就认为这种采购属于"采购不当"。世界银行将不支付货物或工程的采购价款，并将从贷款中取消原分配给此项采购的那一部分贷款额。

（三）国际工程投标报价计算

国际工程的报价完全由投标人根据招标文件、技术规范、工程所在国有关的法律法规、税收政策、市场信息、现场情况及自己的技术力量、经营管理水平、投标策略等动态因素和恰当的计算方法来确定，力求计算出既能在竞争中获胜又能盈利的报价。

国际工程招标一般采用最低价中标或合理低价中标方式，工程投标报价可分为准备阶段和报价计算阶段的工作。准备阶段的工作包括组织投标团队、研究招标文件、调查研究工程现场、工程量复核、生产要素和分包工程询价、确定施工进度计划与施工方案。报价计算阶段的工作有基础单价的计算、直接费与间接费的计算、其他费用的计算、分项工程单价分析与报价汇总、报价分析与调整及报价决策等。在国际工程投标报价中，还应注意工程所在国当地成分的要求，即是否要求必须雇佣一定比例的当地工人；是否要求必须将一定比例的工程分包给当地承包商完成；是否要求必须取得工程所在国认可的资质等。

报价由直接费用、间接费用、其他费用、利润和风险费组成。

1. 直接费的计算

直接费是由工程本身因素决定的费用，其构成受市场现行物价的影响，但不受经营条件的影响。在直接费的计算中，主要的是确定人工、材料、机械台班的单价。

（1）人工工日单价的计算。人工工日单价需根据工人来源情况确定。在国际工程中，人工工日单价就是指国内派出工人和在工程所在国招募的工人每个工作日的平均工资单价。这是以两种工人完成工日所占比例加权得到的平均工资单价。其计算公式：

$$\text{综合人工工日单价}=\text{国内派出工人工日单价}\times\text{国内工人工日占总工日数百分比}+\text{当地工人工日单价}\times\text{当地工人工日占总工日数百分比} \tag{4.4.1}$$

1）国内派出工人工日单价。

$$\text{国内派出工人工日单价}=\frac{\text{一名工人出国期间的总费用}}{\text{工作年数}\times\text{年工作日}} \tag{4.4.2}$$

其中，出国期间的总费用包括出国准备到回国休整结束后的全部费用。主要包括：国外岗位工资；派出工人的企业收取的管理费；服装费、卧具及住房费；国内、国际差旅费；国外津贴、补贴费和伙食费；奖金及加班工资；劳保福利费；工资预涨费，每年上涨率一般可按5%～10%估计；保险费，按当地工人保险费标准计算。

2）当地雇佣工人工日单价。主要包括：基本工资，按当地政府或市场价格计算；带薪法定假日、带薪休假日工资，若月工资未包括此项，应另行计算；夜间施工、冬雨季施工或加班工资；税金和保险费，按当地规定计算；雇工招募和解雇应支付的费用，按当地规定计算；工人上下班交通费；工资预涨费等。

（2）材料、设备单价的计算。国外承包工程中的材料、设备的来源渠道有三种，即当地采购、国内采购和第三国采购。承包人在材料、设备采购中，采用哪一种采购方式，要根据材料、设备的价格、质量、供货条件、技术规范标准和当地有关规定等情况来确定。国际工程采购材料、设备的特点是供应商多、商业性强、价格差别大。投标者应向多方询价、货比三家，确定其单价。

1）当地采购的材料、设备单价的计算。国际工程中，当地材料、设备商供应到现场的材料、设备单价一般以供应商的报价为依据，并考虑其预涨费（当工期较长时）的因素，综合计算单价。自行采购的材料、设备单价的计算公式：

$$\text{材料、设备单价}=\text{市场价格}+\text{运杂费}+\text{采购保管费}+\text{运输保管损耗费} \tag{4.4.3}$$

2）本国或第三国采购的材料、设备单价。从本国或第三国采购材料、设备，除本身的采购价格之外，又受海关税、港口税和进口数量等因素的影响，因此，要对比后做出决策，其价格计算公式：

$$\text{材料、设备单价}=\text{到岸价}+\text{海关税}+\text{港口费}+\text{运杂费}+\text{采购保管费}+\text{运输保管损耗费}+\text{其他费} \tag{4.4.4}$$

到岸价是指物资到达海（空）港的价格，包括原价与运杂费等；海关税是一切进口物资都应向进口国交纳的，按所在国规定执行；港口费是指物资在港口期间（指规定时间）

所发生的费用，一般都按规定计算。用此公式确定的材料、设备单价未考虑市场变化等因素。由于从报价起到工程开工时，实际采购的市场材料与设备的价格可能发生变化，故在确定材料、设备的单价时，应适当考虑预涨费。

如果同一材料有不同的供应来源，则按各种来源所占比例计算加权平均单价，作为统一的计算单价。

(3) 施工机械台班单价的计算。在计算施工机械台班单价时，其中基本折旧费的计算一般应根据当时的工程情况考虑5年折旧期，较大工程甚至一次折旧完毕。因此，也就不计算检修费。在国外承包工程，承包人必须在开工时投入资金自行购买施工机械（租赁机械除外)。施工机械台班单价的计算公式：

台班单价＝(年基本折旧费＋装拆费＋维护费＋保险费＋机上人工费＋燃料动力费）/年台班数　(4.4.5)

2. 间接费的计算

国际工程的间接费项目多、费率变化大，报价的高低几乎取决于间接费的取费水平。在计算间接费之前，应仔细研究招标文件中是否已列入了相关的费用，如临时道路费、保险费等，如已计列就不再计入间接费中。不同的工程，间接费包括的内容可能有所不同，常见的费用包括以下几种。

(1) 现场管理费。包括现场职员工资和补贴、办公费、差旅交通费、医疗费、文体费、劳动保护费、临时设施工程费及生活设施使用费、固定资产使用费、工具用具使用费、检验和试验费等，应根据实际需要逐项计算其费用。

(2) 投标费用。如购买招标文件费、投标期间差旅费、投标文件编制费等。投标费用在确定报价时大多已发生，可据实计算。

(3) 保函手续费。如承包工程的履约保函、预付款保函、保留金保函等。在为承包人出具这些保函时，银行要按保函金额收取一定的手续费。如中国银行一般收取保函金额0.4%～0.6%的年手续费，外国银行一般收取保函金额1%的年手续费。

(4) 保险费。承包工程中一般保险项目有工程保险、第三者责任险、人身意外保险、材料和永久设备运输保险、施工机械设备保险，其中后三种险已计入人工、材料和永久设备、施工机械单价中，不能重复计算；工程保险指工程建设和维护期间，因发生自然灾害或意外事故造成物质损失得到赔偿而投保的险种，一般保险费率约为工程总造价的0.2%～0.4%；第三者责任险指在进行工程建设和执行合同时造成第三者的财产损失和人身意外伤害事故，为免除责任而投保的险种。在招标文件中均会规定承包商必须投保第三者责任险及投保最低金额，有的招标文件规定不得少于合同总价的1%，有的则列出具体金额。

(5) 税金。应按招标文件规定及工程所在国的法律计算。如承包国外工程时，由于各国对承包工程的征税办法及税率相差极大，应预先做好调查。一般常见的税金项目有合同税、利润所得税、营业税、增值税、社会福利税、社会安全税、养路及车辆牌照税、关税等。

(6) 经营业务费。主要包括工程师在现场工作和生活开支的费用（如工程师办公费、交通车辆等）以及有关的加班工资、为争取中标或加快收取工程款的代理人佣金、法律顾问费、广告宣传费、考察联络费等。

(7) 贷款利息。主要指承包人为筹集维持正常施工预先垫付的流动资金所支付的利息。对于规模大、施工周期长而支付条件苛刻的项目，承包人在报价时应对这笔费用认真核算。

(8) 总部管理费。指上级单位管理部门或公司总部对现场施工项目经理部收取的管理费，一般按工程直接费的3%～5%收取。

3. 其他费用的计算

其他费用包括分包费、暂定金额、开办费等。

(1) 分包费。国际工程报价中，对分包费的处理有两种方法：一种是将分包费列入直接费中，即考虑间接费时包含了对分包的管理费；另一种是将分包费与直接费、间接费平行并列，在估算分包费时适当加入对分包商的管理费即可。

(2) 暂定金额。暂定金额是指发包人在招标文件中并在工程量清单中以备用金标明的金额，是供任何部分施工，或提供货物、材料、设备及服务，或供不可预料事件使用的一项金额。投标人的投标报价中只能把暂定金额列入工程总报价，不能以间接费的方式分摊进入各项目单价中。承包人无权使用此金额，而是按工程师的指示来决定是否动用。

(3) 开办费。开办费是指正式开始之前的各项现场准备工作所需的费用。在招标文件没有特殊要求的情况下，开办费一般单独列项，开办费的具体内容可详见本书第一章图1.3.2。

4. 利润和风险费

利润可根据工程具体情况灵活确定，也可根据投标策略可高可低，若采用低利政策，则可将毛利定在5%～10%。风险费是承包人对未知的诸如物价上涨、各种不可预见事件的发生而估计的金额。在风险费估计不足时，就要由承包人预计获得的利润来补贴。因此，承包人的报价中一定要认真预测利润率和风险费率，这既涉及承包人能否在竞争中夺标，又涉及承包人的盈利或亏损。如果工程所在国规定利润要交纳所得税，则应在计算利润时加以考虑。

5. 单价分析与报价汇总

投标报价的最终确定要经过报价的计算、分析直至汇总。报价的形成过程是先按照惯用的算标方法由算标人员计算待定报价，再由决策人员对该报价的盈利和风险进行多方面的分析研究，然后进行调整从而获得最终报价。

(1) 单价分析。单价分析也称为单价分解，即研究如何计算不同分项的直接费和分摊间接费、利润和风险费等得出分项工程的单价。一个有经验的承包人应该对那些工程量大、对工程成本起重大影响或没有经验的项目进行单价分解，使报价建立在一个可靠的基础上。

单价分析一般通过列表进行，表中往往包括人工费、材料设备费、机械台班使用费和间接费费率。直接费是利用人工费、材料设备费、机械台班使用费三者的基础单价分别乘以相应数量汇总而得。间接费以直接费为基数，间接费费率要根据工程所在国的法律、经济、物价、税收、银行、保险、运输、气候等因素及承包人自身的经营管理能力、技术能力等情况，认真分析研究后确定。

$$\text{分项工程单价}=\text{分项单位工程直接费}\times(1+\text{间接费费率}+\text{利润率}+\text{风险费率}) \tag{4.4.6}$$

分项工程合价＝分项工程单价×本分项工程量　　(4.4.7)

(2) 报价汇总。将分部分项工程单价与工程量相乘，得到各分部分项工程价格，汇总各分部分项工程价格，再加上其他费用即为总报价。有经验的承包人在汇总时常常将整个工程的人工费、材料设备费、机械台班使用费和间接费分别进行汇总，并计算出每项占总报价的比例，将此比例与公司过去的经验数据进行分析比较，然后视情况通过调整间接费费率，使各项费用更合理。

第五章　建设项目施工阶段合同价款的调整和结算

第一节　合同价款调整

发承包双方应当在施工合同中约定合同价款，实行招标工程的合同价款由合同双方依据中标通知书的中标价款在合同协议书中约定，不实行招标工程的合同价款由合同双方依据双方确定的金额在合同协议书中约定。在工程施工阶段，由于项目实际情况的变化，发承包双方在施工合同中约定的合同价款可能会出现变动。为合理分配双方的合同价款变动风险，有效地控制工程造价，发承包双方应当在施工合同中明确约定合同价款的调整事件、调整方法及调整程序。

合同履行过程中发生下列事项的，发承包双方应按照相关规定调整合同价款：法律法规及政策性变化、工程变更、新增工程、工程量清单缺陷、计日工、物价变化、暂估价、暂列金额、总承包服务费、工程索赔以及发承包双方约定的其他调整事项。

发承包双方对合同价款调整通过核对、复核仍不能达成一致意见的，在按相关规定解决争议期间，发承包双方应继续履行合同义务，也不影响发包人按规定支付过程结算款和已达成一致意见的合同调整价款。经发承包双方确认调整的追加（减）合同价款，应与施工过程结算款同期支付，且应按规定计算及调整增值税（专业工程暂估价除外）。

一、法律法规及政策性变化引起的合同价款调整

合同工程实施期间，在合同基准日后发生的法律法规及政策性变化引起合同价款增减变化和（或）工期延误的，发承包双方应按合同约定和国家、省级或行业建设主管部门及其授权的工程造价管理机构据此发布的规定调整合同价格及（或）工期。

1. 可调价的法律法规及政策性变化事件

（1）新增的法律法规及政策性规定。

（2）修改原有的法律法规及政策性规定。

（3）废止原有的法律法规及政策性规定。

（4）政府对相关法律法规的解释发生了变化。

2. 基准日的确定

合同基准日是指承包人在投标期内确定投标总价、工程量清单综合单价及其合价等价格的日期，该日期应作为执行物价变化价款调整、法律法规及政策性变化价款调整的价格基准日。如招标文件及合同未约定，招标工程的合同基准日为投标截止日前 28 天，非招标工程的合同基准日为合同签订日前 28 天。

3. 合同价款的调整内容

施工合同履行期间，基准日之后因执行相应的法律法规及政策性变化引起合同价款增

减变化的，应按实调整。

法律法规及政策性变化引起合同价款调整的，其合同总价及合同单价内的管理费及利润不应做调整。

合同履行过程中，如国家财税政策变化调整增值税税率的，调整税率实施后的工程计价及所支付的工程价款应按调整后的税率计算增值税，并与按原依据合同基准日税率计算的相应增值税的差额调整合同价款。

4. 工期延误期间的特殊处理

(1) 如果由于承包人的原因导致工期延长，在工程延长期间出现法律法规及政策性变化，造成合同价款增加的，合同价款不予调整；造成合同价款减少的，合同价款予以调整。

(2) 如果由于发包人的原因导致工期延长，在工程延长期间出现法律法规及政策性变化，造成合同价款减少的，合同价款不予调整；造成合同价款增加的，合同价款予以调整。

(3) 因非发承包双方原因导致工期延长，在工期延长期间出现法律法规及政策性变化的，合同价款应按实调整。

二、工程变更引起的合同价款调整

工程变更是合同实施过程中由发包人提出或由承包人提出，经发包人批准的对合同工程的工作内容、合同图纸、合同规范、位置与尺寸、施工顺序与时间、施工条件或其他特征等的改变。

(一) 工程变更的范围

在不同的合同文本中规定的工程变更的范围可能会有所不同，以《建设工程施工合同(示范文本)》(GF-2017-0201) 和《中华人民共和国标准施工招标文件》(2007 年版) 为例，两者规定的工程变更范围的差异如表 5.1.1 所示。

表 5.1.1 不同合同文本中工程变更范围的差异

施工合同示范文本	标准施工招标文件
(1) 增加或减少合同中任何工作，或追加额外的工作； (2) 取消合同中任何工作，但转由他人实施的工作除外； (3) 改变合同中任何工作的质量标准或其他特性； (4) 改变工程的基线、标高、位置和尺寸； (5) 改变工程的时间安排或实施顺序	(1) 取消合同中任何一项工作，但被取消的工作不能转由发包人或其他人实施； (2) 改变合同中任何一项工作的质量或其他特性； (3) 改变合同工程的基线、标高、位置或尺寸； (4) 改变合同中任何一项工作的施工时间或改变已批准的施工工艺或顺序； (5) 为完成工程需要追加的额外工作

(二) 工程变更引起的分部分项工程项目费调整

1. 工程变更的工程量计量

工程变更引起的应予计量的工程量，应按发包人颁发或确认的变更指令及实际施工图纸，根据合同约定的工程量计算规则、适用的国家及行业工程量计算标准重新计算分部分项工程清单项目及工程量，并与已纠正工程量清单缺陷的工程量清单项目及其工程量进行比较，确定增减变更项目及其工程量。

2. 分部分项工程项目综合单价的确定方法

(1) 因工程变更引起分部分项工程的清单项目变化（项目增减），或清单工程量发生变化且工程量变化不超出15%（含15%）时，发承包双方应按确认变化的工程量，按下列规定确定综合单价并计价，调整合同价款：

1）相同施工条件下实施相同项目特征的清单项目，应采用相应的合同单价。

2）相同施工条件下实施类似项目特征的清单项目或类似施工条件下实施相同项目特征的清单项目，应采用类似清单项目的合同单价换算调整后的综合单价。

3）相同施工条件下实施不同项目特征的清单项目或不同施工条件下实施相同项目特征的清单项目，可依据工程实施情况，结合类似项目的合同单价计价规则及报价水平，协商确定市场合理的综合单价。

4）不同施工条件下实施不同项目特征的清单项目，可依据工程实施情况，结合同类工程类似清单项目的综合单价，协商确定市场合理的综合单价。

5）因减少或取消清单项目的工程变更显著改变了实施中的工程施工条件，可根据实施工程的具体情况、市场价格、合同单价计价规则及报价水平协商确定工程变更的综合单价。

(2) 项目特征变化的判断。与项目特征变化相关的主要包括：

1）材料的变化。

2）施工方法的变化。

3）其他项目特征变化。

(3) 施工条件变化的判断。与施工条件变化相关的因素主要包括：

1）工程基础的变化。

2）工程高度的变化。

3）构件规格的变化。

4）施工季节的变化。

5）在已竣工的区域施工，成品保护措施的变化。

6）在工地进驻限制下施工的变化。

7）材料运输方式的变化。

8）其他施工条件变化。

(4) 因工程变更或工程量清单缺陷引起分部分项工程的清单工程量发生变化，且工程量变化超出15%（不含15%）时，发承包双方应按确认变化的工程量，按下列规定调整合同价款：

1）如工程变更或工程量清单缺陷引起增加清单项目及相应清单项目工程量的，可按照“(1)”的规定，并结合因增加工程数量引起的人工及材料采购价格优惠的影响，在合理下调其合同单价后，调整合同价款。

2）如工程变更或工程量清单缺陷引起减少清单项目及相应清单项目工程量的，可按照“(1)”的规定，并结合因减少工程数量引起的人工及材料采购价格失去优惠的影响，在合理上调其合同单价后，调整合同价款。

合同单价上调或下调后合同价款结算额的调整方法同本节“四、工程量清单缺陷引起的合同价款调整”。

（三）工程变更引起的措施项目费调整

1. 措施项目费的调整原则

由于工程变更引起的措施项目变化，应按发包人批准的承包人专为工程变更拟定的实施方案或实际发生内容，计算实际增加的施工措施费用。

2. 合同工期变化引起的措施项目费调整

工程变更或发包人责任事件引起合同工期实质性延长或缩短的，发承包双方可按公式（5.1.1）计算合同工期影响的措施项目调增（减）价款。

$$\text{措施项目调增（减）价款}=\frac{\text{延长（缩短）工期}\times\text{措施项目中期运行费用}}{\text{合同工期}} \tag{5.1.1}$$

工程变更或发包人责任事件引起合同工期实质性延长或缩短是指在关键线路上，非关键线路上引起的延期使用现有措施项目及现有施工管理人员的增加费用，应视为已包含在合同总价内的措施项目费用中。

3. 额外增加的措施项目费调整

为完成工程变更而需增加的额外措施项目，且该费用未包括在公式（5.1.1）的调整款项中，增加的措施项目费用应按以下规定计算：

（1）完成工程变更需增加的（现场没有的）施工机具，应按实际发生的施工机具的型号、台数及其耗用台班计量，并按计日工清单的相关施工机具单价进行计价。若没有相应的计日工清单，可参考租赁市场价格确定。

（2）完成工程变更所需增设置的（现场没有的）临时设施，应按实际发生的临时设施的类型、数量及使用时间进行计量，按发承包双方协商确定的合理市场价格进行计价。

（四）取消工程或工作的补偿

如果发包人提出的工程变更，因非承包人原因取消了合同中的某项原定工作或工程，且承包人发生的费用或（和）应得的收益没有包括在其他已支付或应支付的项目中或在任何替代的工作或工程中，则发包人应补偿承包人的损失费用及合理的预期收益。

三、新增工程引起的合同价款调整

新增工程是发包人要求并获得承包人接受的、不属于合同约定工程范围及（或）其完工交付要求范围的实体工程。

1. 新增工程的确认和实施

（1）合同或补充协议的签订。承包人按发包人要求完成合同约定工程范围外的新增工程，发承包双方可按合同约定的国家及行业工程量计算标准规定的清单项目列项要求、工程量计算规则和补充的工程量计算规则、合同单价及投标报价水平计算新增工程价款，也可重新协商确定新增工程计量与计价规则计算新增工程价款，并签订相关新增工程合同或补充协议。

（2）新增工程的实施。新增工程宜在发承包双方协商确定了新增工程的合同工期、合同单价、合同总价，并已签订了新增工程合同或补充协议后实施。新增工程不应影响原合同约定工程范围内的工期、缺陷责任期、施工过程结算及其价款支付、竣工结算及其价款支付、误期赔偿费等。

2. 新增工程价款的确定

(1) 新增工程价款的确定过程。承包人应在新增工程实施前将其施工组织设计或实施方案、施工进度计划、自身要求费用的报价单提交给发包人审核，发包人应在合理时间内予以审定。

(2) 新增工程分部分项工程项目费的确定。如采用合同工程范围内的相关清单项目的合同单价换算为新增工程分部分项工程项目综合单价的，可根据工程变更引起的合同价款调整方法计算，同时可参考下列差异因素对综合单价的影响：

1) 合同单价内包括的人工费、材料费、施工机具使用费的单价与新增工程实施时市场合理价格的差异。

2) 合同单价对应的清单项目工程量与新增工程相关项目工程量的差异引起的批量或少量采购对人工费、材料费的影响。

3) 合同单价内存在的偏低或偏高单价的修正。

4) 招标市场竞争确定的合同单价与协商确定的新增工程综合单价之间的差异。

(3) 新增工程措施项目费用的确定。新增工程的措施项目费用，应包括承包人完成新增工程所需发生的下列费用：

1) 增加的施工机具费包括延期使用现有相关施工机具及新增施工机具的费用。

2) 增加的临时设施费包括延期使用现有临时设施及新增工程专用临时设施的费用。

3) 增加的安全生产、文明施工、环境保护等措施费用，其中安全生产措施费的计算应符合国家及省级、行业主管部门和地方有关部门的规定。

4) 增加的与措施项目相关的现场管理人员费用。

5) 新增工程其他必要的措施项目费用。

四、工程量清单缺陷引起的合同价款调整

工程量清单缺陷是指工程量清单的分部分项工程项目清单中所列的清单项目与对应的合同图纸及合同规范所要求的清单项目在列项、项目特征、工程数量上存在的差异。包括工程量清单多列项、错漏项、项目特征不符、工程数量偏差等。

1. 单价合同下工程量清单缺陷的处理

(1) 分部分项工程综合单价的调整。采用单价合同的工程，应依据规定重新计量合同图纸的分部分项工程项目清单的工程量，其与已标价工程量清单存在差异的工程量清单缺陷引起的合同价款调整，按有关工程变更引起工程量变化调整价款的规定计算。当工程量变化超过15%（不含15%）时，对综合单价的调整原则为：当工程量增加15%以上时，其增加部分的工程量的综合单价应调低；当工程量减少15%以上时，减少后剩余部分的工程量的综合单价应调高。至于具体的调整方法，可参见公式（5.1.2）和公式（5.1.3）。

1) 当 $Q_1 > 1.15Q_0$ 时：

$$S = 1.15Q_0 \times P_0 + (Q_1 - 1.15Q_0) \times P_1 \tag{5.1.2}$$

2) 当 $Q_1 < 0.85Q_0$ 时：

$$S = Q_1 \times P_1 \tag{5.1.3}$$

式中：S——调整后的某一分部分项工程费结算价；

Q_1——最终完成的工程量；

Q_0——招标工程量清单中列出的工程量；

P_1——按照最终完成工程量重新调整后的综合单价；

P_0——承包人在已标价工程量清单中填报的综合单价。

（2）措施项目的处理。采用单价合同工程的措施项目，除安全生产措施项目按合同约定计算，在分部分项工程项目清单中列项的模板工程及合同约定应予计量的措施项目应予以调整外，其他措施项目不因工程量清单缺陷而调整。安全生产措施项目费用可按公式（5.1.4）调整。

$$\text{安全生产措施项目费用增加（减少）}=\frac{\text{工程量清单缺陷调增（减）的工程价款}\times\text{合同总价中的安全生产措施费用}}{\text{合同总价中的分部分项工程项目清单价款总额}} \tag{5.1.4}$$

2. 总价合同下工程量清单缺陷的处理

采用总价合同的工程，除合同约定的分部分项工程项目清单工程量为暂定数量单价计价的项目，合同价格及合同工期不应因工程量清单缺陷而调整。

五、计日工引起的合同价款调整

合同工程发生不宜按合同约定和相关工程国家及行业工程量清单计价标准等计价的，发承包双方可采用计日工方式计价。

1. 适合采用计日工计价的项目

除合同另有约定外，下列工程项目及零星工作可采用计日工计量计价：

（1）不能依据施工图纸、工程变更及合同约定计量规则进行计量的增加工程或替代工程。

（2）按发包人要求增加的短工期、零星、有限工程范围、少量工程数量的工程项目。

（3）极端变化的工作条件引起的非正常操作。

（4）进行紧急工程引起其他工程损坏的修复。

（5）按发包人要求打开已隐蔽的工程，但相关工程通过检测证明符合合同要求的。

（6）修复其他承包人完成工作后周边受影响工程的费用。

（7）因发包人暂缓（停）工程引起工程延期而必须更换材料的费用。

（8）合同范围外发包人特殊要求的清扫和清场工作。

（9）合同范围外发包人要求的测试运行。

（10）非承包人原因引起的修复和恢复被损坏的微小工程（大规模的损坏恢复应按工程变更规定计量与计价）。

2. 计日工项目费用的处理

计日工综合单价应包括计日工项目随机发生、少量发生等特点造成的额外增加费用和计日工项目发生的措施项目费用，不应另外再计算其措施项目费用。采用计日工计价的任何一项工作，在该项工作实施过程中的每一天，承包人应将每天发生计日工内容的下列报表和有关凭证报送发包人复核：

（1）工作名称、内容和数量。

（2）投入该工作所有人员的姓名、工种、级别和耗用工时。

（3）投入该工作的材料名称、类别、规格、品牌和数量。

（4）投入该工作的施工设备型号、台数和耗用台班。

（5）发包人要求提交的其他资料和凭证。

六、物价变化引起的合同价款调整

合同约定因物价变化引起合同清单的分部分项项目清单的人工费、材料费、施工机具使用费中的燃料动力费进行价格调整的，应依据合同约定的市场价格信息来源所发布的合同基准日与调价时间区段相关人工费、材料费、施工机具使用费中的燃料动力费市场价格信息所反映的价格波动幅度，计算调价区段超出合同约定幅度的人工费、材料费、施工机具使用费中的燃料动力费价差。如合同未约定幅度或约定不明，其市场价格波动幅度超出5%时，可调整合同价款。

（一）物价变化的调价方法

1. 价格指数调差法

采用价格指数调差法调整合同价款，主要适用于施工中所用的材料品种较少，但每种材料使用量较大的土木工程，如公路、水坝等。

（1）价格调整公式。因人工、材料、施工机具台班等价格波动影响合同价款时，根据招标人提供的承包人可调价主要材料表和投标函附录中的价格指数和权重表约定的数据，按公式（5.1.5）计算差额并调整合同价款：

$$\Delta P=P_0\left[A+\left(B_1\times\frac{F_{t1}}{F_{01}}+B_2\times\frac{F_{t2}}{F_{02}}+B_3\times\frac{F_{t3}}{F_{03}}+\cdots+B_n\times\frac{F_{tn}}{F_{0n}}\right)-1\right] \tag{5.1.5}$$

式中：ΔP——需调整的价格差额。

P_0——约定的计量周期中承包人应得到的不含增值税合同价金额。此项金额不应包括价格调整、不计质量保证金的扣留和支付、预付款的支付和扣回。已按现行价格计价的变更及其他金额也不应计算在内，但工程量清单缺陷及按中标价的工料机单价计算的变更及其他金额应计算在内。

A——定值权重（即不调部分的权重）。

B_1，B_2，B_3，…，B_n——各可调因子的变值占不含税签约合同价的权重（即可调部分的权重）。

F_{t1}，F_{t2}，F_{t3}，…，F_{tn}——各可调因子的现行价格指数。

F_{01}，F_{02}，F_{03}，…，F_{0n}——各可调因子的基本价格指数，指合同基准日的各可调因子的价格指数，如合同约定允许价格波动幅度的，基本价格指数应予以考虑此波动幅度系数。

以上价格调整公式中的各可调因子、定值和变值权重，以及基本价格指数及其来源由发包人根据工程情况测算确定其范围，并由投标人在投标函附录价格指数和权重表中约定。价格指数的来源或确定方式方法应由发承包双方在合同中约定。

（2）权重的调整。工程变更引起原定合同中的权重不合理需调整权重的，应由发承包双方协商调整。

【例 5.1.1】 某直辖市城区道路扩建项目进行施工招标，投标截止日期为 2024 年 8

月 1 日。通过评标确定中标人后，签订的施工合同总价为 80 000 万元，工程于 2024 年 9 月 20 日开工。施工合同中约定：①预付款为合同总价的 5%，分 10 次按相同比例从每月应支付的工程进度款中扣还。②工程进度款按月支付，进度款金额包括：当月完成的清单子目的合同价款；当月确认的变更、索赔金额；当月价格调整金额；扣除合同约定应当抵扣的预付款和扣留的质量保证金。③质量保证金从月进度付款中按 3%扣留，最高扣至合同总价的 3%。④工程价款结算时人工单价、钢材、水泥、沥青、砂石料以及机具使用费采用价格指数法给承包人以调价补偿，各项权重系数及价格指数如表 5.1.2 所列。根据表 5.1.3 所列工程前 4 个月的完成情况，计算 11 月应当实际支付给承包人的工程款数额。

表 5.1.2　工程调价因子权重系数及造价指数

指数	权重系数						
	0.12	0.10	0.08	0.15	0.12	0.10	0.33
	人工/（元/日）	钢材	水泥	沥青	砂石料	机具使用费	定值部分
2024 年 7 月指数	91.7	78.95	106.97	99.92	114.57	115.18	—
2024 年 8 月指数	91.7	82.44	106.80	99.13	114.26	115.39	—
2024 年 9 月指数	91.7	86.53	108.11	99.09	114.03	115.41	—
2024 年 10 月指数	95.96	85.84	106.88	99.38	113.01	114.94	—
2024 年 11 月指数	95.96	86.75	107.27	99.66	116.08	114.91	—
2024 年 12 月指数	101.47	87.80	128.37	99.85	126.26	116.41	—

表 5.1.3　2024 年 9—12 月工程完成情况　　单位：万元

支付项目	9 月	10 月	11 月	12 月
截至当月完成的清单子目价款	1 200	3 510	6 950	9 840
当月确认的变更金额（调价前）	0	60	−110	100
当月确认的索赔金额（调价前）	0	10	30	50

解：(1) 计算 11 月完成的清单子目的合同价款：6 950−3 510=3 440（万元）

(2) 计算 11 月的价格调整金额：

$$价格调整金额=(3\ 400-110+30)\times\left[\left(0.33+0.12\times\frac{95.96}{91.7}+0.10\times\frac{86.75}{78.95}+0.08\times\frac{107.27}{106.97}+0.15\times\frac{99.66}{99.92}+0.12\times\frac{116.08}{114.57}+0.10\times\frac{114.91}{115.18}\right)-1\right]$$

$$=3\ 360\times[(0.33+0.125\ 6+0.109\ 9+0.080\ 2+0.149\ 6+0.121\ 6+0.099\ 8)-1]$$

$$=3\ 360\times0.016\ 7=56.11\text{（万元）}$$

说明：由于当月的变更和索赔金额不是按照现行价格计算的，所以应当计算在调价基数内；基准日为2024年7月3日，所以应当选取7月的价格指数作为各可调因子的基本价格指数；人工费缺少价格指数，可以用相应的人工单价代替。

（3）计算11月应当实际支付的金额：

1）11月的应扣预付款：80 000×5%÷10=400（万元）

2）11月的应扣质量保证金：（3 440－110＋30＋56.11）×3%=102.48（万元）

3）11月应当实际支付的进度款金额＝（3 440－110＋30＋56.11－400－102.48）

＝2 913.63（万元）

2. 价格信息调差法

采用价格信息调差法调整价格差额，主要适用于使用的材料品种较多，相对而言每种材料使用量较小的房屋建筑与装饰工程。

（1）价格调整公式。物价变化引起合同价格调整采用价格信息调差法的，因人工、材料、施工机具价格波动影响合同价格时，应根据招标人提供的承包人可调价主要材料表，并由投标人在投标函附录中约定的价格数据，按公式（5.1.6）计算差额并调整合同价款：

$$\Delta P=\sum\left[(\Delta C-C_0\times r)\times Q\right] \tag{5.1.6}$$

式中：ΔP——需调整的价格差额；

ΔC——可调因子价差，即$\Delta C=C_i$（$i=1, \cdots, n$）$-C$，且满足条件$|\Delta C|>|C_0\times r|$；

C_0——基准价，即基准日的市场价格；

Q——可调因子的数量；

r——风险幅度系数，当$\Delta C>0$时，r为正值，当$\Delta C\leqslant 0$时，r为负值。

以上价格信息调差公式中的基准价（C_0）和计量周期市场价格（C_2）采用的价格方式、价格信息的来源及其确认、风险幅度系数的确认等应由发包人根据工程情况测算确定，并在招标文件明确，承包人有异议的，应在投标前规定时间内提请发包人澄清或修正。

（2）基准价的确认方法。基准价来源可为发包人确定最高投标限价时所采用的市场价格，或工程造价管理机构发布的当季（月）度信息价，或同类工程项目、同期（前1个月内）同条件、工程项目所在地交易中心公布的招标中标价。若采用基准日工程造价管理机构发布的信息价作为基准价，并以计量周期工程造价管理机构发布的信息价作为现行市场价格的，可调价因子价格变化应依据发承包双方约定的风险范围按下列规定调整合同价格：

1）承包人投标报价中可调价因子单价低于基准单价的，计量周期工程造价管理机构发布的单价涨幅以基准价为基础超出合同约定的风险幅度值，或单价跌幅以投标报价为基础超出合同约定的风险幅度值时，其超出部分按实调整。

2）承包人投标报价中可调价因子单价高于基准单价的，计量周期工程造价管理机构发布的单价跌幅以基准价为基础超出合同约定的风险幅度值，或单价涨幅以投标报价为基础超出合同约定的风险幅度值时，其超出部分按实调整。

3）承包人投标报价中可调价因子单价等于基准单价，计量周期工程造价管理机构发布的单价涨幅、跌幅以基准价为基础超出合同约定的风险幅度值时，其超出部分按实调整。

（3）计量周期市场价格的确认方法。现行市场价格可为经发承包双方确认的该计量周期的市场价格，或工程造价管理机构发布的当季（月）度信息价，或同类工程项目、同期（前1个月内）同条件、工程项目所在地交易中心公布的招标中标价。若计量周期内因物价波动形成多个市场价格的，可采用计量周期内的市场价格算术平均值，或市场价格与相应已完工程量的加权平均值，或主要用量施工期间的市场价格作为调整公式使用的现行价格。发承包双方应约定采用何种方法，或不同情况下采用方法的优先顺序。

【例 5.1.2】 施工合同中约定，承包人承担的钢筋价格风险幅度为±5%，超出部分依据《建设工程工程量清单计价标准》GB/T 50500—2024 价格信息法调差。已知投标人投标价格、基准期发布价格分别为 5 000 元/t、4 500 元/t，2024 年 12 月、2025 年 7 月的造价信息发布价分别为 4 200 元/t、5 400 元/t。则该两月钢筋的实际结算价格应分别为多少？

解：（1）2024 年 12 月信息价下降，应以较低的基准价基础计算合同约定的风险幅度值。

4 500×（1−5%）＝4 275（元/t）

因此，钢筋每吨应下浮价格＝4 275−4 200＝75（元/t）

2024 年 12 月实际结算价格＝5 000−75＝4 925（元/t）

（2）2025 年 7 月信息价上涨，应以较高的投标价格为基础计算合同约定的风险幅度值。

5 000×（1＋5%）＝5 250（元/t）

因此，钢筋每吨应上调价格＝5 400−5 250＝150（元/t）。

2025 年 7 月实际结算价格＝5 000＋150＝5 150（元/t）

（二）合同工期延长时物价变化引起的合同价款调整

合同工程出现工期延长的，应按下列规定确定及调整合同履行期由于物价变化影响的价格：

（1）因发包人原因引起工期延长的，计划进度日期后续工程的价格，采用计划进度日期与实际进度日期两者的较高者。

（2）因承包人原因引起工期延长的，计划进度日期后续工程的价格，采用计划进度日期与实际进度日期两者的较低者。

（3）因非发承包双方原因引起工期延长的，计划进度日期后续工程的价格应按与计划进度工期内相同的规定调整，合同另有约定或法律法规及政策另有规定除外。

（三）不应因物价变化而调整合同价款的范围

除合同另有约定外，承包人按合同履行及完成工程所发生的下列费用不应因物价变化而调整合同总价和合同单价：

（1）施工耗材费用。

（2）中小型工具使用费。

（3）措施项目费用。

（4）除按规定调整价格的施工机具使用费的燃料动力费外，其他的施工机具使用费用。

（5）除发承包双方在订立合同时无法预见的重大变化，且继续履行合同对于受不利影响的合同一方明显不公平的价格异常波动外，不属于合同约定调价项目的材料费。

（6）调价项目的物价变化幅度未超出规定的人工费、材料费、施工机具使用费的燃料动力费。

(7) 管理费及利润。

(8) 承包人自身原因产生的费用。

七、暂估价引起的合同价款调整

材料暂估价是发包人在工程量清单中提供的，用于支付设计图纸要求必须使用的材料，但在招标时暂不能确定其标准、规格、价格，而在工程量清单中预估到达施工现场的不含增值税的材料价格。专业工程暂估价是发包人在工程量清单中提供的，在招标时暂不能确定工程具体要求及价格而预估的含增值税的专业工程费用。

（一）属于依法必须招标的暂估价处理

1. 合同价款调整原则

由于材料暂估价为税前单价（不含增值税），而专业工程暂估价为含税价（含增值税），因此工程量清单中给定暂估价的材料和（或）暂估价的专业工程，属于依法必须招标的，应按下列规则替代暂估价，调整合同价款。

(1) 材料暂估价应以材料采购中标税前价格替代原材料暂估税前价格。

(2) 专业分包工程应以招标中标含税价格替代原专业工程暂估含税价格。

工程量清单中给定材料暂估价的清单项目价格调整，应只调整综合单价的材料暂估价，合同清单中该清单项目的综合单价的其他费用不宜做调整，调整后的合同单价可用于工程量清单缺陷、暂列金额、工程变更的计价。

2. 招标组织及费用承担方式

(1) 由发包人作为招标人进行暂估价材料、暂估价专业工程招标的，发包人应承担组织招标工作有关的费用。需要承包人配合的，承包人应自行承担其配合费用。

(2) 由承包人作为招标人进行暂估价材料、暂估价专业工程招标的，承包人应承担组织招标工作有关的费用，其费用应被认为已经包括在承包人的投标总价（签约合同价中）中。需要发包人配合的，发包人应自行承担其配合费用。

(3) 由发包人和承包人共同作为招标人进行暂估价材料、暂估价专业工程招标的，发承包双方应各自承担相应的费用。

承包人参加由发包人作为招标人的暂估价专业工程投标并中标的，应按规定扣减该专业工程的总承包服务费。

（二）不属于依法必须招标的暂估价处理

(1) 工程量清单中给定暂估价的材料不属于依法必须招标的，可由承包人进行市场采购询价或自主报价，经发包人确认价格后以税前价格取代暂估价，或可由发承包双方共同询价确认价格后以税前价格取代暂估价，并计算相应价格调整引起的增值税变化，调整合同价格。

(2) 工程量清单中给定暂估价的专业工程不属于依法必须招标的，可参照新增工程的相关规定确定含增值税专业工程价格，并以此取代专业工程暂估价，或可由发承包双方共同招标确定含增值税专业分包工程价格取代专业工程暂估价，调整合同价格。

八、暂列金额引起的合同价款调整

暂列金额虽然列入合同总价，但并不属于承包人所有，而应由发包人掌握，依据发包人发出的指令使用。只有按照合同约定实际发生后，才能成为承包人的应得工程款，纳入工程结算价款中，竣工结算时未使用的暂列金额应归发包人所有。

1. 用于未能完全预见或详细说明工程的暂列金额

合同总价内的暂列金额用于未能完全预见或详细说明的工程的，发承包双方应根据双方确认的施工图纸计算分部分项工程项目清单工程量，按合同单价计算调整价格；完成相关工程引起措施项目费用变化的，可按工程变更的规定计算调整。合同价款应按所确定的调整价格与暂列金额的差异进行调整。

2. 用于合同价款调整的暂列金额

合同总价内的暂列金额用于工程合同价格调整的，合同价款应按所确定的调整价格与暂列金额的差异进行调整。

除用于工程变更、未能完全预见和详细说明工程、新增工程、工程索赔而引起措施项目、合同工期变化外，发生其他用于合同价款调整的暂列金额事件的，合同清单的措施项目费与合同工期均不应作调整。

九、总承包服务费引起的合同价款调整

（一）材料提供责任变更调整总承包服务费

1. 发包人提供材料变更为承包人提供

发包人要求将合同中约定为发包人提供的材料变更为承包人负责采购的，发包人应征得承包人书面同意，承包人有权对其变更提出合理反对意见。如承包人接受其变更，承包人应按工程进度计划负责变更材料的采购及供应，并相应调整综合单价和总承包服务费。

（1）分部分项工程项目清单综合单价的调整。发包人提供材料变更为承包人提供的，变更材料价格可通过发承包双方共同招标采购或市场询价确定，相应分部分项工程项目清单变更后的综合单价按公式（5.1.7）计算：

$$\text{综合单价}=\text{合同单价}+\text{已确认材料价格}\times(1+\text{损耗率})\times(1+\text{管理费费率})\times(1+\text{利润率}) \tag{5.1.7}$$

公式（5.1.7）中的合同单价为已标价工程量清单中的安装单价，损耗率可按发包人在招标文件中明确的发包人提供材料的有效损耗率确定；管理费费率、利润率可按清单项目综合单价分析表中的取费费率计取。

（2）总承包服务费的调整。若合同约定的发包人提供材料变更为承包人提供的，应扣除合同总价中计取的相应发包人提供材料的总承包服务费。

2. 承包人提供材料变更为发包人提供

发包人要求将合同中约定由承包人提供的材料变更为发包人提供的，发包人应征得承包人的书面同意，承包人有权对其变更提出合理反对意见。如承包人接受其变更，应调整综合单价和总承包服务费。

（1）分部分项工程项目清单综合单价的调整。相关工程量清单项目综合单价中包含的材料费及其采购保管费等应予扣除，综合单价中所含的其他费用不做调整，扣除后的清单项目单价应为该清单项目的安装综合单价，合同总价中包含的扣除价款的增值税应予以扣减。

（2）总承包服务费的调整。发包人应向承包人支付该材料变更为发包人提供而需要承包人 协助协调、材料保管等相应服务的总承包服务费及增值税。发承包双方可依据合同

总价中包含的材料类别及交货期最接近的总承包服务清单项目，协商确定新增发包人提供材料项目的总承包服务费或费率。

（二）总承包服务范围变化引起的合同价款调整

（1）若合同履行过程中发生暂估价专业分包工程、发包人直接发包的专业工程取消，或确定由承包人负责完成，或在承包人的合同工程已竣工且撤离现场后进行的，发承包双方应扣除合同总价中计取的相应专业分包工程、直接发包的专业工程的总承包服务费。

（2）发包人批准的专业分包工程发生工程变更或发包人原因引起相关专业分包工程、直接发包的专业工程的实质性工期改变，发承包双方可按公式（5.1.8）计算调整受影响的专业分包工程（或直接发包专业工程）总承包服务费：

$$\begin{array}{c}\text{总承包服务费}\\\text{调整价款}\end{array}=\begin{array}{c}\text{受影响专业分包工程}\\\text{(或直接发包专业工程)}\\\text{总承包服务费}\end{array}\times\frac{\begin{array}{c}\text{受影响专业分包工程}\\\text{(或直接发包专业工程)}\\\text{延误的工期}\end{array}}{\begin{array}{c}\text{受影响专业分包工程}\\\text{(或直接发包专业工程)工期}\end{array}}\qquad(5.1.8)$$

十、工程索赔引起的合同价款调整

（一）工程索赔的概念及分类

1. 工程索赔的概念

工程索赔是指在工程合同履行过程中，当事人一方因非己方的原因而遭受经济损失或工期延误（或延长），按照合同约定或法律规定，应由对方承担责任，而向对方提出工期和（或）费用补偿要求的行为。

2. 工程索赔的分类

（1）按索赔的当事人分类。根据索赔的合同当事人不同，可以将工程索赔分为：

1）承包人与发包人之间的索赔。该类索赔发生在建设工程施工合同的双方当事人之间，既包括承包人向发包人的索赔，也包括发包人向承包人的索赔。但是在工程实践中，经常发生的索赔事件大都是承包人向发包人提出的，本书中所提及的索赔如果未做特别说明，即指此类情形。

2）总承包人和分包人之间的索赔。在建设工程分包合同履行过程中，索赔事件发生后，无论是发包人的原因还是总承包人的原因所致，分包人都只能向总承包人提出索赔要求，而不能直接向发包人提出。

（2）按索赔目的和要求分类。根据索赔的目的和要求不同，可以将工程索赔分为工期索赔和费用索赔。

1）工期索赔，一般是指工程合同履行过程中，由于非自身原因造成工期延误，按照合同约定或法律规定，承包人向发包人提出合同工期补偿要求的行为。工期顺延的要求获得批准后，不仅可以免除承包人承担拖期违约赔偿金的责任，而且承包人有可能因工期提前获得赶工补偿（或奖励）。

2）费用索赔，是指工程承包合同履行中，当事人一方因非己方原因而遭受费用损失，按合同约定或法律规定应由对方承担责任，而向对方提出增加费用要求的行为。

（二）常见的工程索赔事件类型和可索赔内容

1. 发包人责任事件引起的索赔

因发包人的责任原因发生下列事件，给承包人造成经济损失及费用增加和（或）工期延长的，承包人除可按规定进行经济损失及费用增加和（或）工期延误索赔外，还可索赔利润：

（1）发包人将合同中的某项工作改变为其他承包人负责完成。

（2）发包人延迟提供施工图纸或施工场地。

（3）发包人提供材料的质量不合格、延迟提供、改变交货地点等引起工程不合格。

（4）发包人原因引起承包人测量放线错误、工程返工。

（5）发包人对施工场地额外限制、未按时履约审批、干扰正常施工顺序等。

（6）发包人原因引起工期延误、暂停施工、工程暂停后无法按时复工。

（7）发包人在工程竣工前提前占用工程。

（8）发包人原因引起缺陷责任期内的工程缺陷或损坏的修复。

2. 发包人原因事件引起的索赔

因发包人的原因引起下列事件给承包人造成经济损失和（或）工期延长的，发包人应合理延长受影响的工期，并补偿给承包人造成的损失和（或）直接费用，不包括利润：

（1）按发包人或监理人的要求对材料和工程（包括已覆盖的隐蔽工程）进行重新检测，且检测结果质量合格引起的直接费用，以及修复受影响工程的费用。

（2）额外增加的检查、检验、试验等的直接费用。

（3）工程试运行失败引起的直接费用。

（4）其他情况的直接损失和（或）费用。

除上述事件外，在施工期间发现包括文物、古迹在内的不利物质条件，也可归为发包人原因事件（因为这些属于发包人在招标时应当披露而未披露或披露不准确的事件），承包人可以获得工期以及费用补偿，但不包括利润。

3. 不可抗力事件引起的索赔

不可抗力是指在合同签订时不能预见、合同实施时不能避免并不能克服的客观情况。不可抗力的范围一般包括因战争、敌对行动（无论是否宣战）、入侵、外敌行为、军事政变、恐怖主义、骚动、暴动、空中飞行物坠落或其他非合同双方当事人责任或原因造成的罢工、停工、爆炸、火灾等，以及当地气象、地震、卫生等部门规定的情形。发承包双方应当在施工合同中明确约定不可抗力的范围以及具体的判断标准。

（1）通常不可抗力事件可以获得的补偿。除合同约定发包人购买工程一切险及第三者责任险和（或）合同另有约定外，因不可抗力事件引起的人员伤亡、财产损失、费用增加和（或）工期延误等工程索赔，发承包双方应遵循下列原则承担相应损失及费用：

1）永久工程、已运至施工现场材料的损坏及修复费用，以及因不可抗力事件引起施工场地内及工程损坏造成的第三方人员伤亡和财产损失应由发包人承担。

2）承包人施工机具的损坏及停工损失和措施项目的损坏、清理、修复费用，以及因承包人原因发生的第三方人员伤亡和财产损失应由承包人承担。

3）发承包双方应承担各自人员伤亡和上述第 1）、第 2）项以外的其他财产的损失。

4）因不可抗力引起暂停施工的，停工期间按照发包人要求照管、清理、修复工程的费用和发包人要求留驻施工现场必要的管理与保卫人员工资，以及按发包人要求留驻现场待工人员的工资应由发包人承担。

5）因不可抗力影响承包人履行合同约定的义务，引起工期延误的，应当顺延工期，发包人要求赶工的，由此增加的赶工费用应由发包人承担。

（2）具有不可抗力性质的例外事件可以获得的补偿。除合同另有约定外，因发生具有不可抗力性质的下列事件引起工期延误的，受影响的工期应相应顺延，发承包双方应各自承担相应的损失：

1）动乱和暴动等类似事件（不包括工地现场发生的）。

2）因国家及地方政府主管部门要求而必需的停工、暂停（暂缓）施工、间断施工或区域性施工管控造成的影响。

3）国家及地方政府主管部门就安全、环保要求停止施工造成的影响。

4）国家及地方政府主管部门就健康卫生防疫管控要求停止施工造成的影响。

除上述事件外，异常恶劣气候也可视为具有不可抗力性质的例外事件，受影响的工期应相应顺延。

（3）因发承包双方中的任一方原因引起工期延长，且在延长的工期内发生不可抗力事件的，不可抗力事件产生的损失应由引起工期延长的责任方承担。发承包双方对工期延长均有责任，且在延长的工期内发生不可抗力事件的，可按双方责任分担比例承担相应责任。

4. 提前竣工事件引起的索赔

因发生提前竣工（赶工）事件引起的工程索赔，发承包双方可按下列原则承担相应费用，并调整合同价款和工期：

（1）发包人要求合同工程提前竣工的，承包人应制订合理的加快工程进度的措施并修订进度计划，经发包人同意后实施，由此增加的提前竣工费用（赶工补偿）应由发包人承担。

（2）非发包人要求，因承包人原因自行提前竣工的，应征得发包人的同意，由此增加的费用应由承包人承担。

5. 工程索赔的依据和前提条件

（1）工程索赔的依据。提出索赔和处理索赔都要依据下列文件或凭证：

1）工程施工合同文件。工程施工合同是工程索赔中最关键和最主要的依据，工程施工期间，发承包双方关于工程的洽商、变更等书面协议或文件，也是索赔的重要依据。

2）国家颁布实施的相关法律、行政法规。国家颁布实施的相关法律、行政法规，是工程索赔的法律依据。部门规章以及工程项目所在地的地方性法规或地方政府规章，如果在施工合同专用条款中约定为工程合同的适用法律的，也可以作为工程索赔的依据。

3）工程建设强制性标准。对于不属于强制性标准的其他标准、规范和计价依据，除施工合同中有明确约定外，不能作为工程索赔的依据。

4）工程施工合同履行过程中与索赔事件有关的各种凭证。这是承包人因索赔事件所遭受费用或工期损失的事实依据，它反映了工程的计划情况和实际情况的差异。

（2）工程索赔成立的条件。承包人工程索赔成立的基本条件包括：

1）索赔事件已造成了承包人直接经济损失或工期延误。

2）费用增加或工期延误的索赔事件是因非承包人的原因造成的。

3）承包人已经按照工程施工合同规定的期限和程序提交了索赔意向通知、索赔报告及相关证明材料。

（三）工程索赔的计算

1. 费用索赔的计算

（1）索赔费用的组成。对于不同原因引起的索赔，承包人可索赔的具体费用内容是不完全一样的。但归纳起来，索赔费用的要素与工程造价的构成基本类似。

1）人工费。人工费的索赔包括：由于完成合同之外的额外工作所花费的人工费用；超过工作时间加班劳动；人工工日单价的政策性调整；因非承包人原因导致工效降低所增加的人工费用；因非承包人原因导致已进场人员无法进行施工的人员窝工费用和工资上涨费等。在计算停工损失中人工费时，通常采取人工工日单价乘以折算系数计算。

2）材料费。材料费的索赔包括：由于索赔事件的发生造成材料实际用量超过计划用量而增加的材料费；由于发包人原因导致工程延长期间的材料价格上涨和超期储存费用。材料费中应包括运输费、保管费以及合理的损耗费用。如果由于承包人管理不善，造成材料损坏失效，则不能列入索赔款项内。

3）施工机具使用费。施工机械使用费的索赔包括：由于完成合同之外的额外工作所增加的机具使用费；非因承包人原因导致已进场无法进行施工的施工机具停滞费用；由于发包人或工程师指令错误或迟延导致机具停工的台班停滞费。在计算机具设备台班停滞费时，不能按机具设备台班费计算，因为台班费中包括设备使用费。如果机具设备是承包人自有设备，一般按台班折旧费、人工费与其他费之和计算；如果是承包人租赁的设备，一般按台班租金加上每台班分摊的施工机具进出场费计算。

4）现场管理费。现场管理费的索赔包括承包人完成合同之外的额外工作以及由于发包人原因导致工期延期期间的现场管理费，包括管理人员工资、办公费、通信费、交通费等。

现场管理费索赔金额的计算公式为：

$$\text{现场管理费索赔金额}=\text{索赔的直接成本费用}\times\text{现场管理费费率} \quad (5.1.9)$$

其中，现场管理费费率的确定可以选用下面的方法：合同百分比法，即管理费比率在合同中规定；行业平均水平法，即采用公开认可的行业标准费率；原始估价法，即采用投标报价时确定的费率；历史数据法，即采用以往相似工程的管理费率。

5）总部（企业）管理费。总部管理费的索赔主要指的是由于发包人原因导致工程延期期间所增加的承包人向公司总部提交的管理费，包括总部职工工资、办公大楼折旧、办公用品、财务管理、通信设施以及总部领导人员赴工地检查指导工作等开支。总部管理费索赔金额的计算，目前还没有统一的方法。通常可采用以下几种方法：

①按总部管理费的比率计算：

$$\text{总部管理费索赔金额}=(\text{直接费索赔金额}+\text{现场管理费索赔金额})\times\text{总部管理费比率}(\%) \quad (5.1.10)$$

其中，总部管理费比率可以按照投标书中的总部管理费比率计算（一般为3%～8%），也可以按照承包人公司总部统一规定的管理费比率计算。

②按已获补偿的工程延期天数为基础计算。该公式是在承包人已经获得工程延期索赔

的批准后，进一步获得总部管理费索赔的计算方法，计算步骤如下：

(a) 计算被延期工程应当分摊的总部管理费：

$$被延期工程应分摊的总部管理费=同期公司计划总部管理费\times\frac{延期工程合同价格}{同期公司所有工程合同总价} \quad (5.1.11)$$

(b) 计算被延期工程的日平均总部管理费：

$$被延期工程的日平均总部管理费=\frac{延期工程应分摊的总部管理费}{延期工程计划工期} \quad (5.1.12)$$

(c) 计算索赔的总部管理费：

$$索赔的总部管理费=延期工程的日平均总部管理费\times工程延期的天数 \quad (5.1.13)$$

6）保险费。因发包人原因导致工程延期时，承包人必须办理工程保险、施工人员意外伤害保险等各项保险的延期手续，对于由此而增加的费用，承包人可以提出索赔。

7）保函手续费。因发包人原因导致工程延期时，承包人必须办理相关履约保函的延期手续，对于由此而增加的手续费，承包人可以提出索赔。

8）利息。利息的索赔包括：发包人拖延支付工程款利息；发包人迟延退还工程质量保证金的利息；发包人错误扣款的利息等。至于具体的利率标准，双方可以在合同中明确约定，没有约定或约定不明的，可以按照同期同类贷款利率或同期贷款市场报价利率计算。

9）利润。一般来说，依据施工合同中明确规定可以给予利润补偿的索赔条款，承包人提出费用索赔时都可以主张利润补偿。索赔利润的计算通常是与原报价单中的利润百分率保持一致。

10）分包费用。由于发包人的原因导致分包工程费用增加时，分包人只能向总承包人提出索赔，但分包人的索赔款项应当列入总承包人对发包人的索赔款项中。分包费用索赔指的是分包人的索赔费用，一般也包括与上述费用类似的内容索赔。

(2) 费用索赔的计算方法。索赔费用的计算应以赔偿实际损失为原则，包括直接损失和间接损失。索赔费用的计算方法通常有三种，即实际费用法、总费用法和修正的总费用法。

1）实际费用法。实际费用法又称分项法，即根据索赔事件所造成的损失或成本增加，按费用项目逐项进行分析、计算索赔金额的方法。这种方法比较复杂，但能客观地反映施工单位的实际损失，比较合理，易于被当事人接受，在国际工程中被广泛采用。

由于索赔费用组成的多样化，不同原因引起的索赔，承包人可索赔的具体费用内容有所不同，必须具体问题具体分析。由于实际费用法所依据的是实际发生的成本记录或单据，因此，在施工过程中，系统而准确地积累记录资料是非常重要的。

2）总费用法。总费用法也被称为总成本法，就是当发生多次索赔事件后，重新计算工程的实际总费用，再从该实际总费用中减去投标报价时的估算总费用，即为索赔金额。总费用法计算索赔金额的公式如下：

$$索赔金额=实际总费用-投标报价估算总费用 \quad (5.1.14)$$

但是在总费用法的计算方法中，没有考虑实际总费用中可能包括由于承包人的原因（如施工组织不善）而增加的费用，投标报价估算总费用也可能由于承包人为谋取中标而导致过低的报价。因此，总费用法并不十分科学。只有在难以精确地确定某些索赔事件导致的各项费用增加额时，才可以采用总费用法。

3）修正的总费用法。修正的总费用法是对总费用法的改进，即在总费用计算的原则上，去掉一些不合理的因素，使其更为合理。修正的内容如下：

①将计算索赔款的时段局限于受到索赔事件影响的时间，而不是整个施工期；

②只计算受到索赔事件影响时段内的某项工作所受影响的损失，而不是计算该时段内所有施工工作所受的损失；

③与该项工作无关的费用不列入总费用中；

④对投标报价费用重新进行核算，即按受影响时段内该项工作的实际单价进行核算，乘以实际完成的该项工作的工程量，得出调整后的报价费用。

按修正后的总费用计算索赔金额的公式如下：

索赔金额＝某项工作调整后的实际总费用－该项工作的报价费用　（5.1.15）

修正的总费用法与总费用法相比，有了实质性的改进，它的准确程度已接近于实际费用法。

【例 5.1.3】 某施工合同约定，施工现场主导施工机械一台，由施工企业租得，台班单价为 300 元/台班，租赁费为 100 元/台班，人工工资为 140 元/工日，窝工补贴为 50 元/工日，以人工费为基数的综合费率为 35%，在施工过程中，发生了如下事件：①出现异常恶劣天气导致工程停工 2 天，人员窝工 30 个工日；②因恶劣天气导致场外道路中断抢修道路用工 20 工日；③场外大面积停电，停工 2 天，人员窝工 10 工日。为此，施工企业可向业主索赔费用为多少？

解： 各事件处理结果如下：

（1）异常恶劣天气导致的停工通常不能进行费用索赔。

（2）抢修道路用工的索赔额＝20×140×（1＋35%）＝3 780（元）

（3）停电导致的索赔额＝2×100＋10×50＝700（元）

总索赔费用＝3 780＋700＝4 480（元）

2. 工期索赔的计算

工期索赔一般是指承包人依据合同对由于非自身原因导致的工期延误向发包人提出的工期顺延要求。

（1）工期索赔中应当注意的问题。在工期索赔中特别应当注意以下问题：

1）划清施工进度拖延的责任。因承包人的原因造成施工进度滞后，属于不可原谅的延期；只有承包人不应承担任何责任的延误，才是可原谅的延期。有时工程延期的原因中可能包含有双方责任，此时监理人应进行详细分析，分清责任比例，只有可原谅延期部分才能批准顺延合同工期。可原谅延期，又可细分为可原谅并给予补偿费用的延期和可原谅但不给予补偿费用的延期；后者是指非承包人责任事件的影响并未导致施工成本的额外支出，大多属于发包人应承担风险责任事件的影响，如异常恶劣的气候条件影响的停工等。

2）被延误的工作应是处于施工进度计划关键线路上的施工内容。只有位于关键线路上工作内容的滞后，才会影响到竣工日期。但有时也应注意，既要看被延误的工作是否在批准进度计划的关键线路上，又要详细分析这一延误对后续工作的可能影响。因为若对非关键线路工作的影响时间较长，超过了该工作可用于自由支配的时间，也会导致进度计划中非关键线路转化为关键线路，其滞后将影响总工期的拖延。因此，当发生工期延误事件时，可根据批准的施工进度计划，确定该事件是否发生在关键线路上，以及是否引起关键线路上的工期延误，发承包双方计算索赔工期应符合下列规定：

①延误事件为关键线路上的工作，则延误的时间为索赔的工期；

②延误事件为非关键线路上的工作，当该工作由于延误超出总时差而成为关键线路上的工作时，其延误时间与总时差的差值为索赔的工期；

③工期延误后事件仍为非关键线路上的工作，则不发生工期索赔。

发包人对承包人的所有工期延误（或延长）的索赔费用应对每一索赔事件进行独立评估，不应包括前期发生的工期延误（或延长）对后期进行的工程造成相应延误（或延长）的费用索赔。

（2）工期索赔的计算方法。

1）直接法。如果某干扰事件直接发生在关键线路上，造成总工期的延误，可以直接将该干扰事件的实际干扰时间（延误时间）作为工期索赔值。

2）比例计算法。如果某干扰事件仅仅影响某单项工程、单位工程或分部分项工程的工期，要分析其对总工期的影响，可以采用比例计算法。

①已知受干扰部分工程的延期时间：

$$\text{工期索赔值}=\text{受干扰部分工期拖延时间}\times\frac{\text{受干扰部分工程的合同价格}}{\text{原同价格}} \tag{5.1.16}$$

②已知额外增加工程量的价格：

$$\text{工期索赔值}=\text{原合同总工期}=\frac{\text{额外增加的工程量的合同价格}}{\text{原合同总价}} \tag{5.1.17}$$

比例计算法虽然简单方便，但有时不符合实际情况，而且比例计算法不适用于变更施工顺序、加速施工、删减工程量等事件的索赔。

3）网络图分析法。网络图分析法是利用进度计划的网络图，分析其关键线路。如果延误的工作为关键工作，则延误的时间为索赔的工期；如果延误的工作为非关键工作，当该工作由于延误超过时差限制而成为关键工作时，可以索赔延误时间与时差的差值；若该工作延误后仍为非关键工作，则不存在工期索赔问题。

该方法通过分析干扰事件发生前和发生后网络计划的计算工期之差来计算工期索赔值，可以用于各种干扰事件和多种干扰事件共同作用所引起的工期索赔。

（3）共同延误的处理。在实际施工过程中，工期拖期很少是只由一方造成的，往往是两三种原因同时发生（或相互作用）而形成的，故称为“共同延误”。在这种情况下，要具体分析哪一种情况延误是有效的，应依据以下原则：

1）首先判断造成拖期的哪一种原因是最先发生的，即确定“初始延误”者，它应对工程拖期负责。在初始延误发生作用期间，其他并发的延误者不承担拖期责任。

2）如果初始延误者是发包人原因，则在发包人原因造成的延误期内，承包人既可得到工期补偿，又可得到经济补偿。

3）如果初始延误者是客观原因，则在客观因素发生影响的延误期内，承包人可以得到工期补偿，但很难得到费用补偿。

4）如果初始延误者是承包人原因，则在承包人原因造成的延误期内，承包人既不能得到工期补偿，也不能得到费用补偿。

第二节　工程合同价款支付与结算

工程结算是发承包双方根据国家有关法律、法规规定和合同约定，对合同工程实施中、解除时、竣工后的工程项目进行的合同价款计算、调整、确认和支付活动，包括工程预付款、施工过程结算、合同解除结算、竣工结算、最终结清等活动。

一、工程计量

对承包人已经完成且应予计量的合格工程进行计量并予以确认，是发包人支付工程价款的前提。因此，工程计量不仅是发包人控制施工阶段工程造价的关键环节，也是约束承包人履行合同义务的重要手段。

（一）工程计量的原则与成果

1. 工程计量的概念

所谓工程计量，就是发承包双方根据合同约定，对承包人完成合同工程的数量进行的计算和确认。具体地说，就是双方根据施工图纸、工程变更指令以及施工合同约定的计量方式和计算方法，对承包人已经完成的质量合格的工程实体数量进行测量与计算，并以物理计量单位或自然计量单位进行标识、确认的过程。

招标工程量清单中所列的数量，通常是根据设计图纸计算的数量，是对合同工程的估计工程量。工程施工过程中，通常会由于一些原因导致承包人实际完成工程量与工程量清单中所列工程量不一致，例如，招标工程量清单存在缺陷，工程变更，现场施工条件的变化，暂估价中的专业工程发包等。因此，在工程合同价款结算前，必须对承包人履行合同义务所完成的实际工程进行准确的计量。

2. 工程计量的原则

工程计量的原则包括下列三个方面：

（1）按节点计量。发承包双方应在合同约定的时间节点、工程形象目标节点或工程进度节点，按规定进行工程计量。

（2）按约定规则计量。工程数量应按发承包双方约定的相关工程国家及行业工程量计算标准及补充的工程量计算规则计算。

（3）承包人实施的下列工程及工作不予计量：

1）承包人为完成永久工程所实施的临时工程，合同约定应予计量的临时工程除外。临时工程是指为建设永久工程项目服务的，在施工过程中是必不可少的工程措施，当工程项目建成后，临时工程应予拆除，并恢复到原来的生态面貌。

2）承包人原因引起超出合同约定工程范围的工程。

3）承包人所完成、但不符合合同图纸及合同规范要求的工程。

4）承包人拆除及迁离不符合合同图纸及合同规范要求的工程或工作。

5）承包人责任造成的其他返工。

3. 工程计量的成果

发承包双方签署确认的工程计量成果应作为合同价款调整、工程结算的依据，合同另有约定或发承包双方明确仅作为工程进度款支付依据及工程计量成果为粗略估算的除外。

（二）工程计量的内容

1. 分部分项工程计量

分部分项工程项目清单工程量应按下列规定计算：

（1）分部分项工程项目清单的单价计价清单项目应依据发包人提供的工程实际施工图纸及颁发和确认的变更指令，按照合同约定的国家及行业工程量计算标准及补充的工程量计算规则进行重新计量，可作为计算分部分项工程项目清单合同价款的依据。但以项计价的分部分项工程清单项目不应重新计量及调整。合同清单的分部分项工程项目清单与合同图纸的差异视为工程量清单缺陷，合同图纸与实际施工图纸的差异视为工程变更。

（2）以综合单价形式计价，在分部分项工程项目清单中所列属于措施项目的模板等工程及合同约定应予计量的其他措施项目，可按分部分项工程的规定执行。

2. 措施项目计量

（1）除合同另有约定及下列规定外，已标价工程量清单的措施项目不应予计量调整：

1）在分部分项工程项目清单列项的措施工程及合同约定应予计量的措施项目。

2）安全生产措施费用应按合同约定执行。

3）工程变更引起的措施项目变化。

4）暂列金额项目中所含未能完全预见或详细说明的工程引起的措施项目变化。

（2）专业工程暂估价已包含其措施项目费用，不应另外计算。

3. 返工工程计量

（1）应予计量的返工工程。工程变更或发包人责任事件引起承包人已完成的部分或全部工程的返工，或引起承包人已采购及已加工的材料报损或报废的，承包人应在合同约定时间内以书面形式向发包人提出返工确认要求，并提供相关的证明资料。承包人未在约定时间内提出相关返工确认要求的，应视为相关工程变更指令或发包人责任事件未造成工程返工或已采购及已加工材料的报损或报废，返工工程量不应计量，相关的费用不应补偿。

（2）返工确认单的内容。发承包双方应在完成确认后签署相关的返工确认单。返工确认单应符合下列规定：

1）返工工程的工程量可以按相关的施工图纸或工程变更指令计量的，应在返工确认单中明确用于计算返工工程的施工图纸或变更指令。

2）返工工程的工程量不能按相关的施工图纸或工程变更指令计量的，发承包双方应在返工确认单中确定返工的项目及其工程量。

3）报损或报废的已采购及已加工材料，发承包双方应在返工确认单中确定其材料的名称、规格、品牌、数量、单价或总价及处理方式。

二、预付款

工程预付款是由发包人按照合同约定，由发包人预先支付给承包人，用于履行合同而预先采购材料、租赁或采购相关施工机具、搭设现场临时设施、组织施工人员进场等工程施工前发生的必要费用。发包人不应向承包人收取预付款的利息，承包人必须将预付款专用于合同工程。

1. 预付款的支付

工程预付款额度，各地区、各部门的规定不完全相同，主要是保证施工所需材料和构件的正常储备。工程预付款额度一般是根据施工工期、建筑安装工作量、主要材料和构件费用占建筑安装工程费用的比例以及材料储备周期等因素经测算来确定。

(1) 百分比法。发包人根据工程的特点、工期长短、市场行情、供求规律等因素，招标时在合同条件中约定工程预付款的百分比。包工包料工程的预付款的支付比例不得低于签约合同价（扣除暂列金额、计日工价款及专业工程暂估价）的10%，不宜高于签约合同价（扣除暂列金额、计日工价款及专业工程暂估价）的30%。跨年度实施的重大工程的预付款，可按已获发包人批准的承包人施工组织设计及年度工程进度计划、合同清单的合同价款等，分解形成相应年度计划中应完成工程的合同价款总额，并按不低于年度计划完成合同价款（扣除暂列金额、计日工价款及专业工程暂估价）的10%，不宜高于年度计划完成合同价款（扣除暂列金额、计日工价款及专业工程暂估价）的30%的比例逐年预付。

(2) 公式计算法。公式计算法是根据主要材料（含结构件等）占年度承包工程总价的比重，材料储备定额天数和年度施工天数等因素，通过公式计算预付款额度的一种方法。

其计算公式为：

$$\text{工程预付款数额}=\frac{\text{年度工程总价}\times\text{材料比例（\%）}}{\text{年度施工天数}}\times\text{材料储备定额天数} \quad (5.2.1)$$

其中，年度施工天数按365天日历天计算，材料储备定额天数由当地材料供应的在途天数、加工天数、整理天数、供应间隔天数、保险天数等因素决定。

2. 预付款的扣回

发包人支付给承包人的工程预付款属于预支性质，随着工程的逐步实施后，原已支付的预付款应以充抵工程价款的方式陆续扣回，抵扣方式应当由双方当事人在合同中明确约定。扣款的方法主要有以下两种：

(1) 按合同约定扣款。预付款的扣款方法由发包人和承包人通过洽商后在合同中予以确定，一般是在承包人完成金额累计达到合同总价的一定比例后，由承包人开始向发包人还款，发包人从每次应付给承包人的金额中扣回工程预付款，发包人至少在合同规定的完工期前将工程预付款的总金额逐次扣回。

(2) 起扣点计算法。从未施工工程尚需的主要材料及构件的价值相当于工程预付款数额时起扣，此后每次结算工程价款时，按材料所占比重扣减工程价款，至工程竣工前全部扣清。起扣点的计算公式如下：

$$T=P-\frac{M}{N} \quad (5.2.2)$$

式中：T——起扣点（即工程预付款开始扣回时）的累计完成工程金额；

P——承包工程合同总额；

M——工程预付款总额；

N——主要材料及构件所占比重。

该方法对承包人比较有利，最大限度地占用了发包人的流动资金，但是，显然不利于发包人资金使用。

3. 预付款担保

（1）预付款担保的概念及作用。预付款担保是指承包人与发包人签订合同后领取预付款前，承包人正确、合理使用发包人支付的预付款而提供的担保。其主要作用是保证承包人能够按合同规定的目的使用并及时偿还发包人已支付的全部预付金额。如果承包人中途毁约，中止工程，使发包人不能在规定期限内从应付工程款中扣除全部预付款，则发包人有权从该项担保金额中获得补偿。

（2）预付款担保的形式。预付款担保的主要形式为银行保函。预付款担保的担保金额通常与发包人的预付款是等值的。预付款一般逐月从工程进度款中扣除，预付款担保的担保金额也相应逐月减少。承包人的预付款保函的担保金额根据预付款扣回的数额相应扣减，但在预付款全部扣回之前一直保持有效。

预付款担保也可以采用发承包双方约定的其他形式，如由担保公司提供担保，或采取抵押等担保形式。

4. 安全生产措施费

发包人应在工程开工后的28天内预付不低于安全生产措施费总额的50%给承包人，其余部分按照提前安排的原则进行分解，与过程结算款款同期支付。对跨年度实施的重大工程，预付的安全生产措施费总额可按年度工程进度计划分解计算。

发包人没有按时支付安全生产措施费的，承包人可催告发包人支付；发包人在催告后的约定时间内仍未支付的，若发生安全事故，发包人应承担相应责任；承包人有权暂停施工，发包人应承担违约责任。

承包人对安全生产措施费应专款专用，不得挪作他用，并应在财务账目中单独列项备查，否则发包人有权责令其限期改正；逾期未改正的，可责令其暂停施工，由此增加的费用和（或）延误的工期由承包人承担。

三、施工过程结算

《工程造价改革工作方案》（建办标〔2020〕38号）指出，应“加强工程施工合同履约和价款支付监管，引导发承包双方严格按照合同约定开展工程款支付和结算，全面推行施工过程价款结算和支付”。施工过程结算主要针对当年开工、当年不能竣工的新开工项目，是指发承包双方通过合同约定，将施工过程按时间或进度节点划分施工周期，对周期内已完成且无争议的工程量（含变更、索赔等）进行工程进度款计算、确认和支付，支付金额不得超出已完工部分对应的批复概（预）算。经双方签署确认的施工过程结算文件，应作为工程竣工结算文件的组成部分，竣工结算不应对其重新计量、计价。

（一）施工过程结算款的计算

1. 施工过程结算款的编制依据

施工过程结算款应根据以下依据编制：

（1）工程施工合同文件及补充协议（包括已标价工程量清单及投标报价澄清或说明文件）。

（2）建设工程工程量清单计价标准和相关工程国家及行业工程量计算标准。

（3）合同图纸、实际施工图纸及相关工程勘察与设计资料。

（4）合同规范、发包人在施工过程中补充的技术规范。

（5）工程投标文件、招标文件。

(6) 经批准或确认的工程变更、计日工、工程索赔等资料。

(7) 发承包双方已确认计入当期施工过程结算的工程量及其价款。

(8) 发承包双方已确认计入当期施工过程结算的合同调整价款。

(9) 其他相关依据及资料。

合同约定进行施工过程结算的，发承包双方应将按规定计算且已确认的合同价款列入当期施工过程结算，并同期支付施工过程结算价款的支付比例应在合同中约定，不应低于当期施工过程结算价款的80%。

2. 措施项目费和总承包服务费的计算

(1) 措施项目费用可按发承包双方约定的支付分解方式计算累计完成的措施项目费，约定不明的，可按施工过程结算项目中的分部分项工程项目清单合价占合同工程分部分项工程项目清单总价的比例乘以合同工程措施项目费用总价计算施工过程结算价款。

(2) 施工过程结算时，可按发承包人确认的专业分包工程累计已完成的价款占专业分包工程合同价的比例乘以其按规定调整后的服务费总价计算各专业分包工程累计完成的施工过程结算的总承包服务费；发包人提供材料及直接发包的专业工程可按专业分包工程计价方法计算累计完成的总承包服务费。

(3) 按规定计算的措施项目费用和总承包服务费是暂付工程价款，不作为工程竣工结算价款确定的依据。在合同工程整体竣工后进行工程竣工结算时，措施项目费用和总承包服务费应依据合同约定重新计算确定，并按计算确认的结果相应调增或调减。

(二) 施工过程结算文件

1. 施工过程验收

承包人提交施工过程结算文件时，应同时提交施工过程结算项目的相关质量合格证明等验收资料。但施工过程验收不代替竣工验收，不能免除或减轻在工程竣工验收时质量不合格承包人应承担的整改义务，施工过程结算也不应影响缺陷责任期及质量保修期。

2. 施工过程结算款支付申请

施工过程结算价款确认后，承包人应向发包人提交施工过程结算款支付申请。支付申请的内容包括：

(1) 累计已完成的施工过程结算款：

1) 累计已完成的分部分项工程项目费的金额。

2) 累计已完成的措施项目费的金额。

3) 累计已完成的其他项目费的金额（包括用于未能完全预见或详细说明的工程、服务的暂列金额）。

4) 累计已完成合同价款调整的金额。

5) 累计应计算的增值税。

(2) 累计已支付的施工过程结算款。

(3) 本期合计应扣减的金额。

1) 本期应扣回的预付款。

2) 本期应扣回的已支付进度款。

3) 本期发包人应扣减的金额。

(4) 本周期实际应支付的施工过程结算款。

四、竣工结算

工程竣工结算是指工程项目完工并经竣工验收合格后，发承包双方按照施工合同的约定对所完成的工程项目进行的合同价款的计算、调整和确认。财政部、建设部于 2004 年 10 月发布的《建设工程价款结算暂行办法》规定，工程完工后，发承包双方应按照约定的合同价款及合同价款调整内容以及索赔事项，进行工程竣工结算。工程竣工结算分为单位工程竣工结算、单项工程竣工结算和建设项目竣工总结算。

（一）竣工结算文件的编制和审核

1. 竣工结算文件的编制

（1）竣工结算文件的提交。工程竣工后，承包人应在经发承包双方确认的施工过程结算的基础上，补充完善相关质量合格验收证明等资料，按合同约定及相关规定编制并向发包人提交完整的工程竣工结算文件。竣工结算价款可按照公式（5.2.3）计算。

$$\text{竣工结算价款} = \begin{array}{c}\text{累计施工过程结算价款}\\ \text{（不含措施项目费用和总承包服务费）}\end{array} + \begin{array}{c}\text{施工过程结算价款未计算的应计价款}\\ \text{（包括措施项目费用和总承包服务费）}\end{array} \tag{5.2.3}$$

（2）竣工结算价款的项目内容。工程竣工结算价款项目列项应符合下列规定，并应按其顺序编制相关的工程竣工结算文件：

1）合同清单总价。

2）工程量清单缺陷调整价款。

3）暂列金额调整价款（用于未能完全预见或详细说明的工程、服务）。

4）暂估价调整价款：包括材料暂估价调整价款和专业工程暂估价调整价款。

5）总承包服务费调整价款。

6）计日工调整价款。

7）物价变化调整价款。

8）法律法规及政策性变化调整价款。

9）工程变更增减价款。

10）新增工程价款。

11）工程索赔价款。

12）不按合同约定履行的违约金。

13）其他价款。

（3）措施项目费和总承包服务费的重新计算。工程竣工结算时，发承包双方应对施工过程结算文件的措施项目费用和总承包服务费重新计算确定，并应符合下列规定：

1）措施项目费用应按规定计算完成工程所含的全部措施项目费用，包括安全生产措施费的调整费用。

2）总承包服务费应按规定计算完成所有专业分包工程、直接发包的专业工程、发包人提供材料的总承包服务费。

（4）暂列金额。合同总价内的暂列金额用于工程合同价款调整的，合同履行过程中没有发生暂列金额调整事件的，合同总价包括的暂列金额应在结算时全部扣除；合同履行过程中发生了暂列金额调整事件的，合同总价中包括的暂列金额减去调整额后的余额应扣除。

2. 竣工结算文件的审核

(1) 发包人对竣工结算文件的审核。发包人在收到承包人提交的竣工结算文件后，应在约定时间内予以核对。发包人经核对，认为承包人应进一步补充资料和修改结算文件的，应在约定时间内向承包人提出核对意见，承包人应在收到核对意见后，在约定时间内按发包人提出的合理要求补充资料，修改竣工结算文件，再次提交给发包人复核确认。

发包人在收到承包人再次提交的竣工结算文件后，应在约定时间内予以复核，并将复核结果通知承包人，发承包双方对复核结果无异议的，应在约定时间内在工程竣工结算文件上签字并盖章确认，竣工结算确认完毕；发包人或承包人对复核结果存有异议的，无异议部分应按规定办理不完全竣工结算；有异议部分应由发承包双方协商解决，协商达不成一致意见的，可按争议解决方式处理。

发包人在收到承包人竣工结算文件后约定时间内，未按合同约定核对竣工结算或未提出核对意见的，应视为承包人提交的竣工结算文件已被发包人认可，竣工结算确认完毕。

(2) 发包人委托工程造价咨询人的审核。发包人委托工程造价咨询人核对竣工结算的，经委托人确认后应视同发包人的核对，工程造价咨询人应在约定时间内完成核对，核对结果与承包人竣工结算文件不一致的，应将核对结果提交给承包人复核，同时抄送给发包人；承包人应在约定时间内将同意核对结果或不同意见的说明提交发包人及工程造价咨询人。

工程竣工结算核对完成，发承包双方签字并盖章确认后，发包人不应要求承包人再与其他工程造价咨询人重复核对竣工结算。

(3) 竣工结算文件的确认。经发包人或发包人委托并确认的工程造价咨询人授权的人员与承包人授权的人员核对后无异议的竣工结算文件，发承包双方应签字并盖章确认。如其中一方不签认的，应承担违约责任，并承担由此造成的损失。

3. 质量争议工程的竣工结算

发包人对工程质量有异议，拒绝办理工程竣工结算的，按以下情形分别处理：

(1) 已经竣工验收或已竣工未验收但发包人擅自使用的工程，其质量争议按该工程保修合同或合同中有关工程保修条款执行，竣工结算按合同约定办理。

(2) 已竣工未验收且未实际投入使用的工程以及停工、停建工程的质量争议，双方应就有争议的部分委托有工程质量检测鉴定能力的检测机构进行检测，根据检测结果确定解决方案，或按工程质量监督机构的处理决定执行后办理竣工结算，无质量争议部分的竣工结算按合同约定办理。

(二) 竣工结算款的支付

1. 承包人提交竣工结算款支付申请

工程竣工结算价款确认后，承包人应根据竣工结算文件向发包人提交竣工结算价款支付申请。该申请应包括下列内容：

(1) 竣工结算价款总额。

(2) 累计已实际支付的金额。

(3) 应预留的质量保证金（已提供其他工程质量担保方式的除外）。

(4) 实际应支付的竣工结算款金额。

2. 发包人签发竣工结算支付证书

发包人应在收到承包人提交竣工结算款支付申请后规定时间内予以核实，向承包人签发竣工结算支付证书。

3. 支付竣工结算款

发包人签发竣工结算支付证书后的规定时间内，按照竣工结算支付证书列明的金额向承包人支付结算款。

发包人在收到承包人提交的竣工结算款支付申请后规定时间内不予核实，不向承包人签发竣工结算支付证书的，视为承包人的竣工结算款支付申请已被发包人认可；发包人应在收到承包人提交的竣工结算款支付申请规定时间内，按照承包人提交的竣工结算款支付申请列明的金额向承包人支付结算款。

发包人未按照规定的程序支付竣工结算款的，承包人可催告发包人支付，并有权获得延迟支付的利息。发包人在竣工结算支付证书签发后或者在收到承包人提交的竣工结算款支付申请规定时间内仍未支付的，除法律另有规定外，承包人可与发包人协商将该工程折价，也可直接向人民法院申请将该工程依法拍卖。承包人就该工程折价或拍卖的价款优先受偿。

（三）合同解除的价款结算与支付

发承包双方协商一致解除合同的，按照达成的协议办理解除合同结算，支付相应价款。

1. 不可抗力解除合同

因不可抗力引起合同无法履行，发承包双方按合同约定或法律法规规定解除合同的，发承包双方应协商确认下列发包人应支付的价款，并在约定时间内办理结算价款的支付，当发包人应扣减的金额超出了应支付的金额的，承包人应在确认结算价款后的约定时间内将其差额退还给发包人：

（1）合同解除前承包人已完成工程的价款。

（2）承包人为合同工程按施工进度计划合理订购且已交付的，或承包人有责任接受交付的材料和其他物品的价款。

（3）发包人要求承包人退货或解除订货合同而产生的费用，或因不能退货或解除合同而产生的损失。

（4）承包人撤离施工现场以及遣散承包人施工人员的费用。

（5）在合同解除前应支付给承包人的其他价款。

（6）发包人应扣减承包人的价款。

（7）发承包双方协商确定的其他价款。

2. 违约解除合同

（1）承包人违约。因承包人违约解除合同的，发包人应暂停向承包人支付任何价款。发包人同意解除合同的，应在合同解除后约定时间内核对承包人提出的合同解除时承包人已完成工程价款以及按施工进度计划已运至现场的材料货款，并核算承包人给发包人造成的损失或损害赔偿的索赔金额，并将结果通知承包人。发承包双方应在约定时间内予以确认或提出复核意见，并办理工程结算。发承包双方不能就解除合同后的结算达成一致的，按照合同约定的争议解决方式处理。因承包人违约解除合同的，不应免除承包人对其已完成工程的质量保证责任。

(2) 因发包人违约解除合同的，发包人除应按照有关不可抗力解除合同的规定向承包人支付各项价款，以及退还按合同约定的质量保证金外，还应核算发包人应支付的违约金以及给承包人造成损失或损害的索赔费用。索赔费用可由承包人提出，发包人核实并与承包人协商确认后，在规定时间内向承包人签发支付证书并支付价款。协商不能达成一致的，按照合同约定的争议解决方式处理。

五、质量保证金的处理

住房城乡建设部、财政部发布的《建设工程质量保证金管理办法》(建质〔2017〕138号) 规定，建设工程质量保证金是指发包人与承包人在建设工程承包合同中约定，从应付的工程款中预留，用以保证承包人在缺陷责任期内对建设工程出现的缺陷进行维修的资金。

(一) 缺陷责任期的确定

1. 缺陷责任期相关概念

(1) 缺陷。缺陷是指建设工程质量不符合工程建设强制标准、设计文件以及承包合同的约定。

(2) 缺陷责任期。缺陷责任期是指承包人按照合同约定承担缺陷修复义务，且发包人预留质量保证金（已缴纳履约保证金的除外）的期限。

2. 缺陷责任期的期限

从工程通过竣工验收之日起计，缺陷责任期一般为1年，最长不超过2年，由发承包双方在合同中约定。由于承包人原因导致工程无法按规定期限进行竣工验收的，缺陷责任期从实际通过竣工验收之日起计。由于发包人原因导致工程无法按规定期限进行竣工验收的，在承包人提交竣工验收报告90天后，工程自动进入缺陷责任期。

(二) 质量保证金的预留及返还

1. 质量保证金的预留

发包人应按照合同约定方式预留质量保证金，质量保证金总预留比例不得高于工程价款结算总额的3%。合同约定由承包人以银行保函替代预留质量保证金的，保函金额不得高于工程价款结算总额的3%。在工程项目竣工前，已经提供履约担保的，发包人不得同时预留工程质量保证金。采用工程质量保证担保、工程质量保险等其他方式的，发包人不得再预留质量保证金。

2. 质量保证金的使用

(1) 质量保证金的管理。缺陷责任期内，实行国库集中支付的政府投资项目，质量保证金的管理应按国库集中支付的有关规定执行。其他政府投资项目，质量保证金可以预留在财政部门或发包方。缺陷责任期内，如发包人被撤销，质量保证金随交付使用资产一并移交使用单位，由使用单位代行发包人职责。社会投资项目采用预留质量保证金方式的，发承包双方可以约定将质量保证金交由金融机构托管。

(2) 质量保证金的使用。缺陷责任期内，由承包人原因造成的缺陷，承包人应负责维修，并承担鉴定及维修费用。如承包人不维修也不承担费用，发包人可按合同约定从质量保证金或银行保函中扣除，费用超出质量保证金额的，发包人可按合同约定向承包人进行索赔。承包人维修并承担相应费用后，不免除对工程的损失赔偿责任。由非承包人原因造成的缺陷，发包人负责组织维修，承包人不承担费用，且发包人不得从质量保证金中扣除费用。

3. 质量保证金的返还

缺陷责任期内，承包人认真履行合同约定的责任，到期后，承包人向发包人申请返还质量保证金。

发包人在接到承包人返还质量保证金申请后，应于14天内会同承包人按照合同约定的内容进行核实。如无异议，发包人应当按照约定将质量保证金返还给承包人。对返还期限没有约定或者约定不明确的，发包人应当在核实后14天内将质量保证金返还承包人，逾期未返还的，依法承担违约责任。发包人在接到承包人返还质量保证金申请后14天内不予答复，经催告后14天内仍不予答复，视同认可承包人的返还保证金申请。

六、最终结清

所谓最终结清，是指合同约定的缺陷责任期终止后，承包人已按合同规定完成全部剩余工作且质量合格的，发包人与承包人结清全部剩余款项的活动。

1. 最终结清申请单

缺陷责任期终止后，承包人已按合同规定完成全部剩余工作且质量合格的，发包人签发缺陷责任期终止证书，承包人可按合同约定的份数和期限向发包人提交最终结清申请书，并提供相关证明材料，详细说明预留的质量保证金或担保保函、缺陷责任期内发生的修复费用、最终结清款。发包人应将质量担保保函或剩余的质量保证金返还给承包人，不应计算利息。发包人对最终结清申请单内容有异议的，可要求承包人进行修正和提供补充资料，由承包人向发包人提交修正后的最终结清申请书。

2. 最终支付证书

发包人应在收到承包人提交的最终结清申请单后的规定时间内予以核实，向承包人签发最终支付证书。发包人未在约定时间内核实，又未提出具体意见的，视为承包人提交的最终结清申请单已被发包人认可。

3. 最终结清付款

发包人应在签发最终结清支付证书后的规定时间内，按照最终结清支付证书列明的金额向承包人支付最终结清款。承包人按合同约定接受了竣工结算支付证书后，应被认为已无权再提出在合同工程接收证书颁发前所发生的任何索赔。承包人在提交的最终结清申请中，只限于提出工程接收证书颁发后发生的索赔。提出索赔的期限自接受最终支付证书时终止。发包人未按期支付的，承包人可催告发包人在合理的期限内支付，并有权获得延迟支付的利息。

最终结清时，如果承包人被扣留的质量保证金不足以抵减发包人工程缺陷修复费用的，承包人应承担不足部分的补偿责任。

最终结清付款涉及政府投资资金的，按照国库集中支付等国家相关规定和专用合同条款的约定办理。

承包人对发包人支付的最终结清款有异议的，按照合同约定的争议解决方式处理。

七、合同价款争议的处理

建设工程合同价款争议，是指发承包双方在合同履行过程中，对工程计量、合同价款调整、工程结算和与其事项相关的工程质量、工程变更、新增工程、工程索赔、工期延长或工期延误存在的争议。

（一）合同价款争议的解决途径

发承包双方发生合同价款争议的，应通过友好协商方式解决，并在协商一致后签订相关的补充（和解）协议，所签订的补充（和解）协议对双方均有约束力。如果经协商不能达成一致意见的，发承包双方应按合同约定处理，合同未约定或约定不明的，可选择的解决途径主要有四种：争议评审、调解、仲裁和诉讼。建设工程合同发生纠纷后，当事人可以通过委托争议评审或者调解解决合同争议。当事人未选择争议评审、调解方式或者不接受争议评审、调解结果的，可以根据仲裁协议向仲裁机构申请仲裁。当事人没有订立仲裁协议或者仲裁协议无效的，可以向人民法院起诉。当事人应当履行发生法律效力的法院判决或裁定、仲裁裁决、法院或仲裁调解书；拒不履行的，对方当事人可以请求人民法院执行。

1. 争议评审

（1）争议评审方式的选择。发承包双方采用评审方式解决争议的，应在合同中约定或在合同履行过程中共同确定争议评审委员会（或机构）的选择形式、人员构成与数量。

争议评审委员会（或机构）的评审人员应由具有良好职业道德、丰富造价管理经验、熟悉法律法规的造价工程师、工程造价调解员、律师或相关工程专业人士担任，其组成人数应为单数。

（2）争议评审的过程。发承包双方或任一方提出相关争议的，应在争议评审委员会（或机构）确定后，发承包双方共同将与争议事项相关的工程资料以书面形式提供给争议评审委员会（或机构），或提出相关争议的一方将与争议事项相关的工程资料以书面形式提供给争议评审委员会（或机构），同时提供一份给合同的另一方。

争议评审委员会（或机构）应在收到争议事项文件资料后，全面了解争议事项的发生实情，并在收到争议事项文件资料后的约定时间内将争议处理意见以书面形式同时提供给发承包双方，包括相关的详细说明和依据。

如发承包双方中的任一方对争议评审委员会（或机构）的意见提出异议的，提出的一方应在收到争议评审委员会（或机构）的意见后的规定时间内，将不认可理由的函件以书面形式提供给争议评审委员会（或机构），并同时抄送一份给合同的另一方，包括相关说明、依据及补充提供的支持性资料。争议评审委员会（或机构）应在收到函件后复查自身的意见，并在收到函件后，在约定时间内将维持原意见或修改意见的理由及决定以书面形式同时提供给发承包双方。

（3）争议评审结果的效力。如发承包双方对争议评审委员会（或机构）提出的争议解决意见或修改意见没有异议的，发承包双方应以书面形式签署确认，作为相关争议的和解协议，对发承包双方应均具有约束力，发承包双方都应遵守执行。

如发承包双方中任一方对争议评审委员会（或机构）的处理意见有异议，处理意见对发承包双方不应具有约束力。除合同另有约定或合同已经解除外，发承包双方仍应继续按合同约定实施工程，直至争议解决。

2. 调解

（1）调解方式的选择。如发承包双方采用调解方式解决合同履行过程中发生争议事项的，应在合同中约定或在合同履行过程中双方共同选择、确定具有调解能力的调解人（或机构），负责双方在合同履行过程中发生争议事项的调解。

调解人（或机构）的调解人员应由具有良好职业道德、丰富造价管理经验、熟悉法律法规的造价工程师、工程造价调解员、律师或相关工程专业人士担任，其组成人数应为单数。

合同履行期间，发承包双方可协议调换或终止任何调解人（或机构）。除非双方另有约定，在最终结清支付证书生效后，调解人（或机构）的任期应即终止。

（2）调解过程。

1）提出争议调解。发承包双方发生争议解决事项时，提出争议合理解决的任一方应将相关争议事项的所有文件、工程指令等以书面形式提交调解人（或机构），并书面抄送一份给合同的另一方，委托调解人（或机构）进行调解。

2）做出调解处理意见。发承包双方应按照调解人（或机构）提出的要求，提供其所需要的资料、进入现场的权利及相应工作设施条件。

调解人（或机构）收到争议事项文件资料后，应全面了解争议事项的发生实情，听取发承包双方的意见及协调双方的主张，并在收到争议事项文件资料后的约定时间内将自身的争议处理意见以书面形式提供给发承包双方，包括相关的详细说明和依据。

3）调解处理意见的调整。如发承包双方中的任何一方不认可调解人（或机构）的决定，提出异议的一方应在收到调解人（或机构）的决定后，在规定的时间内将不认可理由的函件以书面形式提交给调解人（或机构），并同时抄送一份给合同的另一方，包括相关的详细说明、依据及补充提供的支持性资料。调解人（或机构）应在收到函件后复查自身的意见及协调不认可的主张，并在收到函件后，在约定的时间内将维持决定或修改决定的调整意见书同时提供给发承包双方。

当发承包双方中任一方对调解人（或机构）的调解书有异议时，应在收到调解书后约定的时间内提出异议的事项和理由。当调解人（或机构）已就争议事项向发承包双方提交了调解书，而任一方在收到调解书后的约定时间内未发出表示异议的通知时，可视为已认可了调解书。

（3）调解结果的效力。

1）双方接受调解书。发承包双方接受调解人（或机构）提出的调解书的，双方应签署确认并作为合同的补充文件，对发承包双方应均具有约束力，双方都应遵守执行。

2）双方不接受调解书。发承包双方未共同签字确认的调解书，除调解协议另有约定或调解书在仲裁裁决、诉讼判决中予以确认外，对发承包双方均不应具有约束力。无论发承包双方是否确认调解人（或机构）的调解书，除非合同另有约定或合同已经解除，发承包双方仍应继续按合同要求实施工程。

3. 仲裁

仲裁是当事人根据在纠纷发生前或纠纷发生后达成的有效仲裁协议，自愿将争议事项提交双方选定的仲裁机构进行裁决的一种纠纷解决方式。

（1）仲裁方式的选择。在民商事仲裁中，有效的仲裁协议是申请仲裁的前提，没有仲裁协议或仲裁协议无效的，当事人就不能提请仲裁机构仲裁，仲裁机构也不能受理。因此，发承包双方如果选择仲裁方式解决纠纷，必须在合同中订立有仲裁条款或者以书面形式在纠纷发生前或者发生后达成了请求仲裁的协议。

仲裁协议的内容应当包括：

1）请求仲裁的意思表示。

2）仲裁事项。

3）选定的仲裁委员会。

前述三项内容必须同时具备，仲裁协议方为有效。

（2）仲裁裁决的执行。仲裁裁决做出后，当事人应当履行裁决。一方当事人不履行的，另一方当事人可以向被执行人所在地或者被执行财产所在地的中级人民法院申请执行。

（3）仲裁过程中的合同效力。发承包双方各自的义务不应因在工程实施期间进行仲裁或诉讼而改变。当仲裁或诉讼时，按仲裁委员会或人民法院要求停止施工的，承包人应对合同工程采取保护措施，由此增加的费用应由败诉方承担，或按承担的责任分担。

4. 诉讼

民事诉讼是指当事人请求人民法院行使审判权，通过审理争议事项并做出具有强制执行效力的裁判，从而解决民事纠纷的一种方式。在建设工程合同中，发承包双方在履行合同时发生争议，双方当事人不愿和解、调解或者和解、调解未能达成一致意见，又没有达成仲裁协议或者仲裁协议无效的，可依法向人民法院提起诉讼。

关于建设工程施工合同纠纷的诉讼管辖，根据《最高人民法院关于适用〈中华人民共和国民事诉讼法〉的解释》（法释〔2015〕5号）的规定，建设工程施工合同纠纷按照不动产纠纷确定管辖。根据《中华人民共和国民事诉讼法》的规定，因不动产纠纷提起的诉讼，由不动产所在地人民法院管辖。因此，因建设工程合同纠纷提起的诉讼，应当由工程所在地人民法院管辖。

（二）合同价款纠纷的处理原则

建设工程合同履行过程中会产生大量的纠纷，有些纠纷并不容易直接适用现有的法律条款予以解决。针对这些纠纷，可以通过相关司法解释的规定进行处理。《中华人民共和国民法典》已由中华人民共和国第十三届全国人民代表大会第三次会议于2020年5月28日通过并自2021年1月1日起施行，为了更好贯彻实施，最高人民法院在废止《最高人民法院关于建设工程价款优先受偿权问题的批复》（法释〔2002〕16号）、《最高人民法院关于审理建设工程施工合同纠纷案件适用法律问题的解释》（法释〔2004〕14号）以及《最高人民法院关于审理建设工程施工合同纠纷案件适用法律问题的解释（二）》（法释〔2018〕20号）等三部原有司法解释的基础上，依据《中华人民共和国民法典》中有关建设工程合同的规定，对原有司法解释进行合并和整理，制定了《最高人民法院关于审理建设工程施工合同纠纷案件适用法律问题的解释（一）》（法释〔2020〕25号），原有三部司法解释不再适用。司法解释中关于施工合同价款纠纷的处理原则和方法，可以为发承包双方在工程合同履行过程中出现的类似纠纷的处理，提供参考性极强的借鉴。

1. 施工合同无效的价款纠纷处理

(1) 建设工程施工合同无效的认定。建设工程施工合同具有下列情形之一的，应当根据《中华人民共和国民法典》的规定，认定无效：

1) 承包人未取得建筑施工企业资质或者超越资质等级的；

2) 没有资质的实际施工人借用有资质的建筑施工企业名义的；

3) 建设工程必须进行招标而未招标或者中标无效的；

4) 承包人因转包、违法分包建设工程与他人签订的建设工程施工合同；

5) 当事人以发包人未取得建设工程规划许可证等规划审批手续为由，请求确认建设工程施工合同无效的，人民法院应予支持，但发包人在起诉前取得建设工程规划许可证等规划审批手续的除外。

(2) 建设工程施工合同无效的处理方式。建设工程施工合同无效，但建设工程经验收合格的，可以参照合同关于工程价款的约定折价补偿承包人。建设工程施工合同无效，且建设工程经验收不合格的，按照以下情形处理：

1) 修复后的建设工程经验收合格的，发包人可以请求承包人承担修复费用；

2) 修复后的建设工程经验收不合格的，承包人无权请求参照合同关于工程价款的约定折价补偿。

发包人对因建设工程不合格造成的损失有过错的，应当承担相应的责任。

(3) 不按无效合同处理的情形。

1) 承包人超越资质等级许可的业务范围签订建设工程施工合同，在建设工程竣工前取得相应资质等级，当事人请求按照无效合同处理的，人民法院不予支持。

2) 具有劳务作业法定资质的承包人与总承包人、分包人签订的劳务分包合同，当事人请求确认无效的，人民法院依法不予支持。

3) 发包人能够办理建设工程规划许可证等规划审批手续而未办理，并以未办理审批手续为由请求确认建设工程施工合同无效的，人民法院不予支持。

(4) 合同无效后的损失赔偿。建设工程施工合同无效，一方当事人请求对方赔偿损失的，应当就对方过错、损失大小、过错与损失之间的因果关系承担举证责任；损失大小无法确定，一方当事人请求参照合同约定的质量标准、建设工期、工程价款支付时间等内容确定损失大小的，人民法院可以结合双方过错程度、过错与损失之间的因果关系等因素做出裁判。

缺乏资质的单位或者个人借用有资质的建筑施工企业名义签订建设工程施工合同，发包人请求出借方与借用方对建设工程质量不合格等因出借资质造成的损失承担连带赔偿责任的，人民法院应予支持。

2. 垫资施工合同的价款纠纷处理

对于发包人要求承包人垫资施工部分的工程价款结算，《最高人民法院关于审理建设工程施工合同纠纷案件适用法律问题的解释（一）》给出了如下处理意见：

(1) 当事人对垫资和垫资利息有约定，承包人请求按照约定返还垫资及其利息的，人民法院应予支持，但是约定的利息计算标准高于垫资时的同期贷款市场报价利率的部分除外。

(2) 当事人对垫资没有约定的，按照工程欠款处理。

(3) 当事人对垫资利息没有约定，承包人请求支付利息的，人民法院不予支持。

3. 发包人引起质量缺陷的价款纠纷处理

(1) 发包人应承担的过错责任。发包人具有下列情形之一，造成建设工程质量缺陷，应当承担过错责任：

1) 提供的设计有缺陷；

2) 提供或者指定购买的建筑材料、建筑构配件、设备不符合强制性标准；

3) 直接指定分包人分包专业工程。

(2) 发包人提前占用工程。建设工程未经竣工验收，发包人擅自使用后，又以使用部分质量不符合约定为由主张权利的，人民法院不予支持；但是承包人应当在建设工程的合理使用寿命内对地基基础工程和主体结构质量承担民事责任。

4. 其他工程结算价款纠纷的处理

(1) 合同文件内容不一致时的结算依据。

1) 招标人和中标人另行签订的建设工程施工合同约定的工程范围、建设工期、工程质量、工程价款等实质性内容，与中标合同不一致，一方当事人请求按照中标合同确定权利义务的，人民法院应予支持。

招标人和中标人在中标合同之外就明显高于市场价格购买承建房产、无偿建设住房配套设施、让利、向建设单位捐赠财物等另行签订合同，变相降低工程价款，一方当事人以该合同背离中标合同实质性内容为由请求确认无效的，人民法院应予支持。

2) 当事人签订的建设工程施工合同与招标文件、投标文件、中标通知书载明的工程范围、建设工期、工程质量、工程价款不一致，一方当事人请求将招标文件、投标文件、中标通知书作为结算工程价款的依据的，人民法院应予支持。

3) 发包人将依法不属于必须招标的建设工程进行招标后，与承包人另行订立的建设工程施工合同背离中标合同的实质性内容，当事人请求以中标合同作为结算建设工程价款依据的，人民法院应予支持，但发包人与承包人因客观情况发生了招标投标时难以预见的变化而另行订立建设工程施工合同的除外。

4) 当事人就同一建设工程订立的数份建设工程施工合同均无效，但建设工程质量合格，一方当事人请求参照实际履行的合同关于工程价款的约定折价补偿承包人的，人民法院应予支持。实际履行的合同难以确定，当事人请求参照最后签订的合同关于工程价款的约定折价补偿承包人的，人民法院应予支持。

(2) 对承包人竣工结算文件的认可。当事人约定，发包人收到竣工结算文件后，在约定期限内不予答复，视为认可竣工结算文件的，按照约定处理。承包人请求按照竣工结算文件结算工程价款的，应予支持。

(3) 对实际发生的工程量的确认。当事人对工程量有争议的，按照施工过程中形成的签证等书面文件确认。承包人能够证明发包人同意其施工，但未能提供签证文件证明工程量发生的，可以按照当事人提供的其他证据确认实际发生的工程量。

(4) 计价方法与造价鉴定。当事人对建设工程的计价标准或者计价方法有约定的，按照约定结算工程价款。因设计变更导致建设工程的工程量或者质量标准发生变化，当事人对该部分工程价款不能协商一致的，可以参照签订建设工程施工合同时当地建设行政主管部门发布的计价方法或者计价标准结算工程价款。当事人约定按照固定价结算工程价款，一方当事人请求人民法院对建设工程造价进行鉴定的，不予支持。

（5）工程欠款的利息支付。

1）利率标准。当事人对欠付工程价款利息计付标准有约定的，按照约定处理；没有约定的，按照同期同类贷款利率或者同期贷款市场报价利率计息。

2）计息日。利息从应付工程价款之日开始计付。当事人对付款时间没有约定或者约定不明的，下列时间视为应付款时间：

①建设工程已实际交付的，为交付之日；

②建设工程没有交付的，为提交竣工结算文件之日；

③建设工程未交付，工程价款也未结算的，为当事人起诉之日。

5. 由于价款纠纷引起的诉讼处理

（1）诉讼管辖。建设工程施工合同纠纷由不动产所在地人民法院管辖。建设工程已经登记的，以不动产登记簿记载的所在地为不动产所在地；建设工程未登记的，以建设工程实际所在地为不动产所在地。

（2）诉讼当事人的确定。

1）因建设工程质量发生争议的，发包人可以以总承包人、分包人和实际施工人为共同被告提起诉讼。

2）实际施工人以转包人、违法分包人为被告起诉的，人民法院应当依法受理。实际施工人以发包人为被告主张权利的，人民法院应当追加转包人或者违法分包人为本案第三人，在查明发包人欠付转包人或者违法分包人建设工程价款的数额后，判决发包人在欠付建设工程价款范围内对实际施工人承担责任。

（三）工程造价鉴定

工程造价鉴定是指鉴定机构接受人民法院或仲裁机构委托，在诉讼或仲裁案件中，鉴定人运用工程造价方面的科学技术和专业知识，对工程造价争议中涉及的专门性问题进行鉴别、判断并提供鉴定意见的活动。由于建设工程施工合同纠纷案件具有争议金额巨大、案情复杂及专业性强等特点，工程造价鉴定成为影响案件审理结果的重要因素。为解决目前工程造价鉴定工作中的难点、疑点问题，更好地规范工程造价鉴定行为，住房城乡建设部于2017年8月31日发布了国家标准《建设工程造价鉴定规范》GB/T 51262—2017，并于2018年3月1日起实施。

1. 鉴定项目的委托及终止

（1）鉴定项目的委托。委托人委托鉴定机构从事工程造价鉴定业务，不受地域范围的限制。委托人向鉴定机构出具鉴定委托书，应当载明委托的鉴定机构名称、委托鉴定的目的、范围、事项和鉴定要求、委托人的名称等。鉴定机构可决定是否接受委托并书面函复委托人。

（2）鉴定机构的回避。有下列情形之一的，鉴定机构应当自行回避，向委托人说明，不予接受委托：

1）担任过鉴定项目咨询人的；

2）与鉴定项目有利害关系的。

鉴定机构未自行回避的，且当事人向委托人申请鉴定机构回避的，由委托人决定其是否回避，鉴定机构应执行委托人的决定。

（3）不予接受委托。有下列情形之一的，鉴定机构应不予接受委托：

1）委托事项超出本机构业务经营范围的；

2）鉴定要求不符合本行业执业规则或相关技术规范的；

3）委托事项超出本机构专业技术能力和技术条件的；

4）其他不符合法律、法规规定情形的。

（4）终止鉴定。鉴定过程中遇有下列情形之一的，鉴定机构可终止鉴定：

1）委托人提供的证据材料未达到鉴定的最低要求，导致鉴定无法进行的；

2）因不可抗力致使鉴定无法进行的；

3）委托人撤销鉴定委托或要求终止鉴定的；

4）委托人或申请鉴定当事人拒绝按约定支付鉴定费用的；

5）约定的其他终止鉴定的情形。

终止鉴定的，鉴定机构应当通知委托人并说明理由，退还其提供的鉴定材料。

2. 工程造价鉴定组织

（1）鉴定人的配备。鉴定机构接受委托后，应指派本机构中满足鉴定项目专业要求，具有相关项目经验的鉴定人进行鉴定。根据《建设工程造价鉴定规范》GB/T 51262—2017 的规定，鉴定人必须具有相应专业的注册造价工程师执业资格。但是，根据鉴定工作需要，鉴定机构可以安排非注册造价工程师的专业人员作为鉴定人的辅助人员，参与鉴定的辅助性工作。

鉴定机构对同一鉴定事项，应指定 2 名及以上鉴定人共同进行鉴定。对争议标的较大或涉及工程专业较多的鉴定项目，应成立由 3 名及以上鉴定人组成的鉴定项目组。

（2）鉴定人的回避。鉴定人及其辅助人员有下列情形之一的，应当自行提出回避：

1）是鉴定项目当事人、代理人近亲属的；

2）与鉴定项目有利害关系的；

3）与鉴定项目当事人、代理人有其他利害关系，可能影响鉴定公正的。

鉴定人及其辅助人员未自行回避的，经当事人申请及委托人同意，通知鉴定机构决定其回避的，必须回避。若鉴定机构不执行委托人的决定，委托人可以撤销鉴定委托。

在鉴定过程中，鉴定人有下列情形之一的，当事人有权向委托人申请其回避，但应提供证据，由委托人决定其是否回避：

1）接受鉴定项目当事人、代理人吃请和礼物的；

2）索取、借用鉴定项目当事人、代理人款物的。

3. 鉴定期限

（1）鉴定期限的确定。鉴定期限由鉴定机构与委托人根据鉴定项目争议标的涉及的工程造价金额、复杂程度等因素在表 5.2.1 规定的期限内确定。

表 5.2.1　工程造价鉴定期限表

争议标的涉及工程造价金额	期限/工作日
1 000 万元以下（含 1 000 万元）	40
1 000 万元以上 3 000 万元以下（含 3 000 万元）	60
3 000 万元以上 1 亿元以下（含 1 亿元）	80
1 亿元以上（不含 1 亿元）	100

鉴定机构与委托人对完成鉴定的期限另有约定的，从其约定。

(2) 鉴定期限的起算。鉴定期限从鉴定人接收委托人按照规定移交证据材料之日起的次日起算。在鉴定过程中，经委托人认可，等待当事人提交、补充或者重新提交证据、勘验现场等所需的时间，不计入鉴定期限。

(3) 鉴定期限的延长。鉴定事项涉及复杂、疑难、特殊的技术问题需要较长时间的，经与委托人协商，完成鉴定的时间可以延长，每次延长时间一般不得超过30个工作日。每个鉴定项目延长次数一般不得超过3次。

4. 出庭作证

鉴定人经委托人通知，应当依法出庭作证，接受当事人对工程造价鉴定意见书的质询，回答与鉴定事项有关的问题。鉴定人出庭作证时，应当携带鉴定人的身份证明，包括身份证、造价工程师注册证、专业技术职称证等，在委托人要求时出示。

未经委托人同意，鉴定人拒不出庭作证，导致鉴定意见不能作为认定事实的根据的，支付鉴定费用的当事人要求返还鉴定费用的，应当返还。

5. 鉴定依据

(1) 鉴定人自备的鉴定依据。鉴定人进行工程造价鉴定工作，应当自行收集的鉴定依据包括：

1) 适用于鉴定项目的法律、法规、规章和规范性文件；

2) 与鉴定项目相关的标准规范（若工程合同约定的标准规范不是国家或行业标准，则由当事人提供）；

3) 与鉴定项目同时期、同地区、相同或类似工程的技术经济指标以及各类生产要素价格。

(2) 委托人移交的证据材料。委托人移交的证据材料宜包含但不限于下列内容：

1) 起诉状（或仲裁申请书）、反诉状（或仲裁反申请书）及答辩状、代理词；

2) 证据及《送鉴证据材料目录》；

3) 质证记录、庭审记录等卷宗；

4) 鉴定机构认为需要的其他有关资料。

(3) 当事人提交的证据材料。鉴定工作中，委托人要求当事人直接向鉴定机构提交证据的，鉴定机构应提请委托人确定当事人的举证期限，并及时向当事人发函要求其在举证期限内提交证据。当事人申请延长举证期限的，鉴定人应当告知其在举证期限届满前向委托人提出申请，由委托人决定是否准许延期。

鉴定人将当事人有争议且未经质证的材料作为鉴定依据的，人民法院应当组织当事人就该部分材料进行质证。经质证认为不能作为鉴定依据的，根据该材料做出的鉴定意见不得作为认定案件事实的依据。

6. 争议鉴定方法

《建设工程造价鉴定规范》GB/T 51262—2017将工程造价鉴定活动中常见的疑难问题进行归纳总结，分别针对合同争议、证据欠缺、计量争议、计价争议、工期索赔争议、费用索赔争议、工程签证争议以及合同解除争议八大焦点问题，规定了相应的鉴定方法和处理原则。

(1) 合同争议的鉴定。委托人认为鉴定项目合同有效的，鉴定人应根据合同约定进行鉴定。委托人认为鉴定项目合同无效的，鉴定人应按照委托人的决定进行鉴定。鉴定项目合同对计价依据、计价方法没有约定的，鉴定人可向委托人提出“参照鉴定项目所在地同时期适用的计价依据、计价方法和签约时的市场价格信息进行鉴定”的建议，鉴定人应按照委托人的决定进行鉴定。鉴定项目合同对计价依据、计价方法约定条款前后矛盾的，鉴定人应提请委托人决定适用条款；委托人暂不明确的，鉴定人应按不同的约定条款分别做出鉴定意见，供委托人判断使用。

（2）证据欠缺的鉴定。鉴定项目施工图（或竣工图）不齐或缺失，鉴定人应按以下规定进行鉴定：

1）建筑标的物存在的，鉴定人应提请委托人组织现场勘验计算工程量做出鉴定；

2）建筑标的物已经隐蔽的，鉴定人可根据工程性质、是否为其他工程的组成部分等做出专业分析进行鉴定；

3）建筑标的物已经消失，鉴定人应提请委托人对不利后果的承担主体做出认定，再根据委托人的决定进行鉴定。

（3）计量争议的鉴定。当鉴定项目图纸完备，当事人就计量依据发生争议时，鉴定人应以现行国家相关工程计量规范规定的工程量计算规则计量；无国家标准的，按行业标准或地方标准计量。但当事人在合同中明确约定了计量规则的除外。

一方当事人对双方当事人已经签认的某一工程项目的计量结果有异议的，鉴定人应按以下规定进行鉴定：

1）当事人一方仅提出异议未提供具体证据的，按原计量结果进行鉴定；

2）当事人一方既提出异议又提出具体证据的，应对原计量结果进行复核，必要时可到现场复核，按复核后的计量结果进行鉴定。

（4）计价争议的鉴定。《建设工程造价鉴定规范》GB/T 51262—2017 对于因下列原因导致的鉴定项目计价争议，分别规定了具体的鉴定方法。

1）当事人因工程变更导致工程量数量变化，要求调整综合单价争议的；或新增工程项目组价发生争议的应按以下规定进行鉴定：

①合同中有约定的，应按合同约定进行鉴定；

②合同中没有约定的，应提请委托人决定并按其决定进行鉴定，委托人暂不决定的，可按现行国家标准计价规范的相关规定进行鉴定，供委托人判断使用。

2）当事人因物价波动要求调整合同价款发生争议的应按以下规定进行鉴定：

①合同中约定了计价风险范围和幅度的，按合同约定进行鉴定；合同中约定了物价波动可以调整，但没有约定风险范围和幅度的，应提请委托人决定，按现行国家标准计价规范的相关规定进行鉴定；但已经采用价格指数法进行了调整的除外；

②合同中约定物价波动不予调整的，仍应对实行政府定价或政府指导价的材料按《中华人民共和国民法典》的相关规定进行鉴定。

3）当事人因人工费调整文件，要求调整人工费发生争议的应按以下规定进行鉴定：

①如合同中约定不执行的，鉴定人应提请委托人决定并按其决定进行鉴定；

②合同中没有约定或约定不明的，鉴定人应提请委托人决定并按其决定进行鉴定，委托人要求鉴定人提出意见的，鉴定人应分析鉴别；如人工费的形成是以鉴定项目所在地工程造价管理部门发布的人工费为基础在合同中约定的，可按工程所在地人工费调整文件做

出鉴定意见；如不是，则应做出否定性意见，供委托人判断使用。

4）当事人因材料价格发生争议的，鉴定人应提请委托人决定并按其决定进行鉴定，委托人未及时决定的可按以下规定进行鉴定，供委托人判断使用：

①材料价格在采购前经发包人或其代表签批认可的，应按签批的材料价格进行鉴定；

②材料采购前未报发包人或其代表认质认价的，应按合同约定的价格进行鉴定；

③发包人认为承包人采购的材料不符合质量要求，不予认价的，应按双方约定的价格进行鉴定，质量方面的争议应告知发包人另行申请质量鉴定。

（5）费用索赔争议的鉴定。当事人因提出索赔发生争议的，鉴定人应提请委托人就索赔事件的成因、损失等做出判断，委托人明确索赔成因、索赔损失、索赔时效均成立的，鉴定人应运用专业知识做出因果关系的判断，做出鉴定意见，供委托人判断使用。

（6）工程签证争议的鉴定。当事人因工程签证费用发生争议的应按以下规定进行鉴定：

1）签证明确了人工、材料、机具台班数量及其价格的，按签证的数量和价格计算；

2）签证只有用工数量没有人工单价的，其人工单价按照工作技术要求比照鉴定项目相应工程人工单价适当上浮计算；

3）签证只有材料机具台班用量没有价格的，其材料和台班价格按照鉴定项目相应工程材料和台班价格计算；

4）签证只有总价款而无明细表述的，按总价款计算。

签证既无数量，又无价格，只有工作事项的，由当事人双方协商，协商不成的，鉴定人可根据工程合同约定的原则、方法对该事项进行专业分析，做出推断性意见，供委托人判断使用，此外，承包人仅以发包人口头指令完成了某项零星工作或工程，要求费用支付，而发包人又不认可，且无物证的，鉴定人应以法律证据缺失为由，做出否定性鉴定。

（7）合同解除争议的鉴定。工程合同解除后，当事人就价款结算发生争议，如送鉴的证据满足鉴定要求的，按送鉴的证据进行鉴定；不能满足鉴定要求的，鉴定人应提请委托人组织现场勘验或核对，会同当事人采取以下措施进行鉴定：

1）清点已完工程部位、测量工程量；

2）清点施工现场人、材、机数量；

3）核对签证、索赔所涉及的有关资料；

4）将清点结果汇总造册，请当事人签认，当事人不签认的，及时报告委托人，但不影响鉴定工作的进行；

5）分别计算价款。

7. 鉴定意见书

鉴定意见可同时包括确定性意见、推断性意见或供选择性意见。当鉴定项目或鉴定事项内容事实清楚，证据充分，应做出确定性意见；当鉴定项目或鉴定事项内容客观，事实较清楚，但证据不够充分，应做出推断性意见；当鉴定项目合同约定矛盾或鉴定事项中部分内容证据矛盾，委托人暂不明确要求鉴定人分别鉴定的，可分别按照不同的合同约定或证据，做出选择性意见，由委托人判断使用。

在鉴定过程中，对鉴定项目或鉴定项目中部分内容，当事人相互协商一致，达成的书面妥协性意见应纳入确定性意见，但应在鉴定意见中予以注明。重新鉴定时，对当事人达成的书面妥协性意见，除当事人再次达成一致同意外，不得作为鉴定依据直接使用。

鉴定机构和鉴定人在完成委托的鉴定事项后，应向委托人出具鉴定意见书。鉴定意见书的制作应当标准、规范，一般由封面、声明、基本情况、案情摘要、鉴定过程、鉴定意见、附注、附件目录、落款、附件等部分组成。鉴定意见书不得载有对案件性质和当事人责任进行认定的内容。

第三节 工程总承包和国际工程合同价款结算

一、工程总承包合同价款的结算

根据《建设项目工程总承包合同（示范文本）》（GF－2020－0216）通用合同条件，总承包合同为总价合同，除根据合同相关增减金额的约定进行调整外，合同价格不做调整。工程款的支付应以合同协议书约定的签约合同价格为基础，按照合同约定进行调整。承包人应支付根据法律规定或合同约定应由其支付的各项税费，除由于法律变化引起的调整事件外，合同价格不应因这些税费进行调整。价格清单列出的任何数量仅为估算的工作量，不得将其视为要求承包人实施的工程的实际或准确的工作量。合同约定工程的某部分按照实际完成的工程量进行支付的，应按照专用合同条款的约定进行计量和估价，并据此调整合同价格。

（一）工程总承包合同价款的调整

根据《建设项目工程总承包合同（示范文本）》（GF－2020－0216）通用合同条件，工程总承包合同价款调整的主要原因包括变更、暂估价、暂列金额、计日工、物价波动以及法律变化引起的价格调整等事项。

1. 变更

变更是指根据合同条款的约定，经指示或批准对“发包人要求”或工程所做的改变。

（1）变更的提出。变更的提出包括发包人指示变更和承包人合理化建议两种形式。

1）发包人指示变更。变更指示应当经发包人同意，除合同另有约定外，变更不应包括准备将任何工作删减并交由他人或发包人自行实施的情况。承包人收到变更指示后，方可实施变更。未经许可，承包人不得擅自对工程的任何部分进行变更。变更指示造成下列影响的，承包人应向工程师发出通知：

①降低工程的安全性、稳定性或适用性；

②涉及的工作内容和范围不可预见；

③所涉设备难以采购；

④对承包人正常雇佣劳动力及工资支付、安全文明施工、职业健康、环境保护等产生实质性影响；

⑤造成工期延误；

⑥与承包人的一般义务相冲突。

工程师接到承包人的通知后，应做出经发包人签认的取消、确认或改变原指示的书面回复。

2）承包人合理化建议。承包人提出合理化建议的，应向发包人提交合理化建议说明，说明建议的内容、理由以及实施该建议对合同价格和工期的影响。合理化建议经发包人批准的，工程师应及时发出变更指示，由此引起的合同价格调整按照合同中约定的变更估价原则执行。承包人提出的合理化建议降低了合同价格、缩短了工期或者提高了工程经济效益的，双方可以按照专用合同条件的约定进行利益分享。

（2）变更估价原则。变更估价应当按照下列原则处理：

1）合同中未包含价格清单，合同价格应按照所执行的变更工程的成本加利润调整；

2）合同中包含价格清单，合同价格按照如下规则调整：

①价格清单中有适用于变更工程项目的，应采用该项目的费率和价格；

②价格清单中没有适用但有类似于变更工程项目的，可在合理范围内参照类似项目的费率或价格；

③价格清单中没有适用也没有类似于变更工程项目的，该工程项目应按成本加利润原则调整适用新的费率或价格。

（3）变更引起的工期调整。因变更引起工期变化的，合同当事人均可要求调整合同工期，由发承包双方协商并参考工程所在地的工期定额标准确定增减工期天数。

2. 暂估价

暂估价是指发包人在项目清单中给定的，用于支付必然发生但暂时不能确定价格的专业服务、材料、设备、专业工程的金额。

（1）依法必须招标的暂估价项目。对于依法必须招标的暂估价项目，专用合同条件约定由承包人作为招标人的，招标文件、评标方案、评标结果应报送发包人批准，与组织招标工作有关的费用应当被认为已经包括在承包人的签约合同价中；专用合同条件约定由发包人和承包人共同作为招标人的，与组织招标工作有关的费用在专用合同条件中约定。

暂估价项目的中标金额与价格清单中所列暂估价的金额差以及相应的增值税等其他费用应列入合同价格。

（2）不属于依法必须招标的暂估价项目。对于不属于依法必须招标的暂估价项目，承包人具备实施暂估价项目的资格和条件的，经发包人和承包人协商一致后，可由承包人自行实施暂估价项目。暂估价项目的估价可参考变更估价原则，确定后的暂估价项目金额与价格清单中所列暂估价的金额差以及相应的增值税等其他费用应列入合同价格。

因发包人原因导致暂估价合同订立和履行迟延的，由此增加的费用和（或）延误的工期由发包人承担，并支付承包人合理的利润。因承包人原因导致暂估价合同订立和履行迟延的，由此增加的费用和（或）延误的工期由承包人承担。

3. 暂列金额

暂列金额是指发包人在项目清单中给定的，用于在订立协议书时尚未确定或不可预见变更的设计、施工及其所需材料、工程设备、服务等的金额，包括以计日工方式支付的金额。每一笔暂列金额只能按照发包人的指示全部或部分使用，并对合同价格进行相应调整。付给承包人的总金额应仅包括发包人已指示的，与暂列金额相关的工作、货物或服务的应付款项。

对于每笔暂列金额，发包人可以指示用于下列支付：

（1）发包人指示变更，决定对合同价格和付款计划表进行调整的、由承包人实施的工作（包括要提供的工程设备、材料和服务）；

（2）承包人购买的工程设备、材料、工作或服务，应支付包括承包人已付（或应付）的实际金额以及相应的管理费等费用和利润（管理费和利润应以实际金额为基数根据合同约定的费率或百分比计算）。

发包人根据上述指示支付暂列金额的，可以要求承包人提交其供应商提供的全部或部分要实施的工程或拟购买的工程设备、材料、工作或服务的项目报价单。发包人可以发出通知指示承包人接受其中的一个报价或指示撤销支付，发包人在收到项目报价单的规定期限内未做回应的，承包人应有权自行接受其中任何一个报价。

4. 计日工

计日工是指合同履行过程中，承包人完成发包人提出的零星工作或需要采用计日工计价的变更工作时，按合同中约定的单价计价的一种方式。

需要采用计日工方式的，经发包人同意后，承包人以计日工计价方式实施相应的工作，其价款按列入价格清单或预算书中的计日工计价项目及其单价进行计算；价格清单或预算书中无相应的计日工单价的，按照合理的成本与利润构成的原则，由发承包双方协商确定计日工的单价。采用计日工计价的任何一项工作，承包人应在该项工作实施过程中，每天提交以下报表和有关凭证报送工程师审查：

（1）工作名称、内容和数量；

（2）投入该工作的所有人员的姓名、专业、工种、级别和耗用工时；

（3）投入该工作的材料类别和数量；

（4）投入该工作的施工设备型号、台数和耗用台时；

（5）其他有关资料和凭证。

计日工由承包人汇总后，列入最近一期进度付款申请单，由工程师审查并经发包人批准后列入进度付款。

5. 物价波动

对于主要工程材料、设备、人工价格与招标时基期价相比，波动幅度超过合同约定幅度的，《建设项目工程总承包合同（示范文本）》（GF－2020－0216）通用合同条件采用价格指数方式调整合同价格，发承包双方约定采用其他方式调整合同价款的，可以在专用合同条件中另行约定。

（1）价格调整公式。发承包双方可以将部分主要工程材料、工程设备、人工价格及其他双方认为应当根据市场价格调整的费用列入合同附件《价格指数权重表》，并根据价格调整公式计算差额调整合同价格，未列入《价格指数权重表》的费用不因市场变化而调整。价格调整公式为：

$$\Delta P=P_0\left[A+\left(B_1\times\frac{F_{t1}}{F_{01}}+B_2\times\frac{F_{t2}}{F_{02}}+B_3\times\frac{F_{t3}}{F_{03}}+\cdots+B_n\times\frac{F_{tn}}{F_{0n}}\right)-1\right] \tag{5.3.1}$$

式中：ΔP——需调整的价格差额；

P_0——付款证书中承包人应得到的已完成工作量的金额；此项金额应不包括价格调整、不计质量保证金的预留和支付、预付款的支付和扣回；变更及其他金额已按当期价格计价的，也不计在内；

A——定值权重（即不调部分的权重）；

B_1，B_2，B_3，…，B_n——各可调因子的变值权重（即可调部分的权重）为各可调因子在投标函投标总报价中所占的比例，且 $A+B_1+B_2+B_3+\cdots+B_n=1$；

F_{t1}，F_{t2}，F_{t3}，…，F_{tn}——各可调因子的当期价格指数，指付款证书相关周期最后一天的前42天的各可调因子的价格指数；

F_{01}，F_{02}，F_{03}，…，F_{0n}——各可调因子的基本价格指数，指基准日期的各可调因子的价格指数。

以上价格调整公式中的各可调因子、定值和变值权重，以及基本价格指数及其来源在投标函附录价格指数和权重表中约定。价格指数应首先采用投标函附录中载明的有关部门提供的价格指数，缺乏上述价格指数时，可采用有关部门提供的价格代替。

（2）暂时确定调整差额。在计算调整差额时得不到当期价格指数的，可暂用上一次价格指数计算，并在以后的付款中再按实际价格指数进行调整。

（3）权重的调整。变更导致原定合同中的权重不合理的，由发承包双方协商后进行调整。

（4）承包人原因工期延误后的价格调整。由于承包人原因未在约定的工期内竣工的，则对原约定竣工日期后继续施工的工程，在使用价格调整公式时，应采用原约定竣工日期与实际竣工日期的两个价格指数中较低的一个作为当期价格指数。

（5）发包人引起的工期延误后的价格调整。由于发包人原因未在约定的工期内竣工的，则对原约定竣工日期后继续施工的工程，在使用价格调整公式时，应采用原约定竣工日期与实际竣工日期的两个价格指数中较高的一个作为当期价格指数。

6. 法律变化

基准日期后，法律变化导致承包人在合同履行过程中所需要的费用发生除合同约定因市场价格波动引起的调整以外的增加时，由发包人承担由此增加的费用；减少时，应从合同价格中予以扣减。基准日期后，因法律变化造成工期延误时，工期应予以顺延。

因承包人原因造成工期延误，在工期延误期间出现法律变化，由此增加的费用和（或）延误的工期由承包人承担。

因法律变化而需要对工程的实施进行任何调整的，承包人应迅速通知发包人，或者发包人应迅速通知承包人，并附上详细的辅助资料。发包人接到通知后，应根据变更程序发出变更指示。

（二）工程总承包合同价款的结算

1. 预付款

（1）预付款的支付。预付款应当专用于承包人为合同工程的设计和工程实施购置材料、工程设备、施工设备，修建临时设施以及组织施工队伍进场等合同工作。预付款的额度和支付按照合同约定执行。

（2）预付款的扣回。除合同另有约定外，预付款在进度付款中同比例扣回。在颁发工程接收证书前，提前解除合同的，尚未扣完的预付款应与合同价款一并结算。

（3）预付款担保。发包人指示承包人提供预付款担保的，承包人应在发包人支付预付款前规定期限内提供预付款担保。预付款担保可采用银行保函、担保公司担保等形式。在预付款完全扣回之前，承包人应保证预付款担保持续有效。

发包人在工程款中逐期扣回预付款后，预付款担保额度应相应减少，但剩余的预付款担保金额不得低于未被扣回的预付款金额。

2. 工程进度付款

(1) 工程进度付款申请。主要包括：人工费的申请和提交进度付款申请单。

1) 人工费的申请。人工费应按月支付，发包人应在收到承包人人工费付款申请单以及相关资料后进行审批，并向承包人签发人工费支付证书，发包人应在人工费支付证书签发后规定期限内完成支付。已支付的人工费部分，发包人支付进度款时予以相应扣除。

2) 提交进度付款申请单。承包人应在每月月末向发包人提交进度付款申请单，该进度付款申请单应包括下列内容：

①截至本次付款周期内已完成工作对应的金额；

②扣除已支付的人工费金额；

③根据合同约定应增加和扣减的变更金额；

④根据合同约定应支付的预付款和扣减的返还预付款；

⑤根据合同约定应预留的质量保证金金额；

⑥根据合同约定应增加和扣减的索赔金额；

⑦对已签发的进度款支付证书中出现错误的修正，应在本次进度付款中支付或扣除的金额；

⑧根据合同约定应增加和扣减的其他金额。

将人工费的申请和支付作为一个单独的条款进行明确，最大程度保障了工人权利。

(2) 工程进度付款审核和支付。工程师应在收到承包人进度付款申请单以及相关资料完成审查并报送发包人，发包人应在收到后完成审批并向承包人签发进度款支付证书。发包人逾期未完成审批且未提出异议的，视为已签发进度款支付证书。

工程师对承包人的进度付款申请单有异议的，有权要求承包人修正和提供补充资料，承包人应提交修正后的进度付款申请单。工程师应在收到承包人修正后的进度付款申请单及相关资料后完成审查并报送发包人，发包人应在收到工程师报送的进度付款申请单及相关资料后向承包人签发无异议部分的进度款支付证书。存在争议的部分，按照合同中争议解决的约定处理。

发包人应在进度款支付证书签发后14天内完成支付，发包人逾期支付进度款的，按照贷款市场报价利率（LPR）支付利息；逾期支付超过56天的，按照贷款市场报价利率（LPR）的两倍支付利息。

发包人签发进度款支付证书，不表明发包人已同意、批准或接受了承包人完成的相应部分的工作。

(3) 进度付款的修正。在对已签发的进度款支付证书进行阶段汇总和复核中发现错误、遗漏或重复的，发包人和承包人均有权提出修正申请。经发包人和承包人同意的修正，应在下期进度付款中支付或扣除。

3. 竣工结算

(1) 竣工结算申请。承包人应在工程竣工验收合格后规定期限内向发包人提交竣工结算申请单，并提交完整的结算资料。竣工结算申请单应包括以下内容：

1）竣工结算合同价格。

2）发包人已支付承包人的款项。

3）采用预留方式提供质量保证金的，应当列明应预留的质量保证金金额；采用其他方式提供质量保证金的，应当提供相关文件作为附件。

4）发包人应支付承包人的合同价款。

（2）竣工结算审核。工程师应在收到竣工结算申请单后完成核查并报送发包人。发包人应在收到工程师提交的经审核的竣工结算申请单后完成审批，并由工程师向承包人签发经发包人签认的竣工付款证书。工程师或发包人对竣工结算申请单有异议的，有权要求承包人进行修正和提供补充资料，承包人应提交修正后的竣工结算申请单。

发包人在收到承包人提交竣工结算申请书后 28 天内未完成审批且未提出异议的，视为发包人认可承包人提交的竣工结算申请单，并自发包人收到承包人提交的竣工结算申请单后第 29 天起视为已签发竣工付款证书。

（3）竣工付款。发包人应在签发竣工付款证书后的 14 天内，完成对承包人的竣工付款。发包人逾期支付的，按照贷款市场报价利率（LPR）支付违约金；逾期支付超过 56 天的，按照贷款市场报价利率（LPR）的两倍支付违约金。

（4）异议的处理。承包人对发包人签认的竣工付款证书有异议的，对于有异议部分应在收到发包人签认的竣工付款证书后规定期限内提出异议，并由合同当事人按照合同约定的方式和程序进行复核，或按照合同争议解决条款的约定处理。对于无异议部分，发包人应签发临时竣工付款证书，并完成竣工付款。承包人逾期未提出异议的，视为认可发包人的审批结果。

（5）扫尾工作清单。经双方协商，部分工作在工程竣工验收后进行的，承包人应当编制扫尾工作清单，扫尾工作清单中应当列明承包人应当完成的扫尾工作的内容及完成时间。承包人完成扫尾工作清单中的内容应取得的费用包含在竣工结算价款中一并结算；承包人未能按照扫尾工作清单约定的完成时间完成扫尾工作的，应视为承包人原因导致的工程质量缺陷。

4. 质量保证金

质量保证金是指承包人用于保证其在缺陷责任期内履行缺陷修复义务的担保。在工程项目竣工前，承包人已经提供履约担保的，发包人不得同时要求承包人提供质量保证金。

（1）质量保证金的方式。承包人提供质量保证金有以下三种方式：

1）提交工程质量保证担保；

2）预留相应比例的工程款；

3）双方约定的其他方式。

除合同另有约定外，质量保证金原则上采用上述第 1）种方式，且承包人应在工程竣工验收合格后规定期限内，向发包人提交工程质量保证担保。承包人提交工程质量保证担保时，发包人应同时返还预留的作为质量保证金的工程价款（如有）。但不论承包人以何种方式提供质量保证金，累计金额均不得高于工程价款结算总额的 3%。

（2）质量保证金的预留。发承包双方约定采用预留相应比例的工程款方式提供质量保证金的，质量保证金的预留有以下三种方式：

1）按合同约定在支付工程进度款时逐次预留，直至预留的质量保证金总额达到专用合同条件约定的金额或比例为止。在此情形下，质量保证金的计算基数不包括预付款的支付、扣回以及价格调整的金额；

2）工程竣工结算时一次性预留质量保证金；

3）双方约定的其他预留方式。

除合同另有约定外，质量保证金的预留原则上采用上述第1）种方式。如承包人在发包人签发竣工付款证书后规定期限内提交工程质量保证担保，发包人应同时返还预留的作为质量保证金的工程价款。发包人在返还本条款项下的质量保证金的同时，按照中国人民银行同期同类存款基准利率支付利息。

（3）质量保证金的返还。缺陷责任期内，承包人认真履行合同约定的责任，缺陷责任期满，发包人向承包人颁发缺陷责任期终止证书后，承包人可向发包人申请返还质量保证金。

发包人在接到承包人返还质量保证金申请后，应于规定期限内将质量保证金返还承包人，逾期未返还的，应承担违约责任。发包人在接到承包人返还质量保证金申请后规定期限内不予答复，视同认可承包人的返还质量保证金申请。

5. 最终结清

（1）最终结清申请单。承包人应在缺陷责任期终止证书颁发后规定期限内，按合同约定的份数向发包人提交最终结清申请单，并提供相关证明材料。最终结清申请单应列明质量保证金、应扣除的质量保证金、缺陷责任期内发生的增减费用。

发包人对最终结清申请单内容有异议的，有权要求承包人进行修正和提供补充资料，承包人应向发包人提交修正后的最终结清申请单。

（2）最终结清证书。发包人应在收到承包人提交的最终结清申请单后14天内完成审批并向承包人颁发最终结清证书。发包人逾期未完成审批，又未提出修改意见的，视为发包人同意承包人提交的最终结清申请单，且自发包人收到承包人提交的最终结清申请单后15天起视为已颁发最终结清证书。

（3）支付。发包人应在颁发最终结清证书后7天内完成支付。发包人逾期支付的，按照贷款市场报价利率（LPR）支付利息；逾期支付超过56天的，按照贷款市场报价利率（LPR）的两倍支付利息。

（4）异议的处理。承包人对发包人颁发的最终结清证书有异议的，按合同中争议解决条款的约定处理。

二、国际工程合同价款的结算

随着“一带一路”倡议的实施，中国企业国际工程承包业务增长迅速。在国际工程项目招标中，尤其是世界银行、亚洲开发银行等国际金融组织的贷款项目，国际咨询工程师联合会（FIDIC）发布的系列标准合同条件应用最为广泛。其中，1999年版《施工合同条件》不仅在国际承包工程中得到了广泛应用，而且在我国九部委编制的《标准施工招标文件》中，也大量借鉴了其合同格式和条款内容。2017年12月，FIDIC发布了2017年版系列合同条件，对1999年版FIDIC系列标准合同条件进行了修订更新。本书以2017年版《施工合同条件》为例，介绍合同价款的调整和结算两方面的内容。

(一) 国际工程合同价款的调整

1. 工程变更

工程变更是对工程所做的任何更改，且该更改根据相应条款规定指示为变更。工程变更属于合同范围内工作的自然延续或改变，或与完成合同下的工程紧密相关，表现为工程量、工作性质（质量、功能、工效或技术指标等）、工作范围、施工程序或顺序等方面的变化。

（1）工程变更的权利。无论是工程师还是承包商发起变更，在确认变更后工程师都应依照变更程序的规定发出变更指令。承包商应当受变更指令的约束并毫不迟延地立即执行，但是发现有下列情形之一的，承包商应立即通知工程师并附具详细的证明资料：

1）基于工程的范围和性质考虑，该项变更工作是不可预见的；

2）承包商不能便利地获得实施该项变更所需的货物（包括承包商的设备、材料、永久设备、临时工程等）；

3）该项变更会严重影响承包商履行合同规定的健康、安全及保护环境义务。

收到承包商的书面通知后，工程师应当做出取消、确认或修改变更指示的决定并通知承包商。

（2）工程变更的范围。工程变更的范围包括：

1）合同中任何工作的工程量的变化（但此类变化不一定构成变更）；

2）任何工作的质量或其他特性的改变；

3）工程任何部位的标高、位置和（或）尺寸的改变；

4）任何工作的删减，但未经双方同意由他人实施的除外；

5）永久工程所必需的任何附加工作、永久设备、材料或服务，包括任何有关的竣工试验、钻孔、其他试验或勘察工作；

6）实施工程的顺序或时间安排的改变。

承包商不应对永久工程做任何更改或修改，除非工程师发出变更指令。

（3）工程变更的程序。工程变更包括工程师指示的变更和承包商建议的变更，不论何种变更，都必须由工程师发出变更指令。

1）工程师指示变更。此类变更的程序如下：

①工程师发出变更指令。变更指令应以书面通知的方式发出，通知中应描述工程师所要求的变动情况并说明对变更费用记录方面的任何要求。

②承包商提交实施计划及建议。承包商应当在收到工程师指令的 28 天（或者承包商提请工程师同意的其他期限）内，针对变更工作的实施提交详细资料，包括：

(a) 关于已实施或将要实施变更工作的说明书，包括承包商所采用或即将采用的资源和方法的详细情况。

(b) 实施该变更工作的进度计划，以及承包商对工程进度计划和竣工时间所作任何必要修改的建议书。

(c) 承包商对变更工程估价后提出调整合同价格的建议书及相关证明资料，包括任何估计工程量的确认以及承包商认为其有权获得的因竣工日期的必要调整而产生或将产生的额外费用。如果双方当事人同意的任何工作的删减由他人实施的，承包商的建议书中还应包括承包商因此项工作的删减而产生或将产生的利润损失、其他损失以及损害赔偿。

此外，承包商还应根据工程师的合理要求，进一步提交所需要的资料。

③商定或做出决定。工程师应当与双方当事人商定或做出决定：

(a) 顺延工期（如果有）；和（或）

(b) 调整合同价格。

在明确构成工程变更的情况下，承包商当然享有工期顺延和调价的权利，无须再依据索赔程序发出索赔通知。

2) 承包商建议的变更。承包商的建议包括两类：一类是工程师征求承包商的建议，另一类是承包商基于价值工程主动提出的建议。

①工程师征求建议的变更。工程师在发布变更指令之前，可以书面通知承包商提交一份建议书，承包商应尽快做出答复。承包商提交建议书的，建议书的内容与工程师指示变更程序中的要求一致。承包商拒绝提交建议书的，应当书面说明理由，所依据的理由与前述承包商拒绝工程师变更指令的内容一致。

工程师收到承包商的建议书后，应当尽快以书面形式予以答复，说明其是否批准承包商的建议。承包商在等待答复期间，不得延误任何工作。如果工程师未批准承包商的建议书，无论其是否提出意见，承包商因提交建议书所产生的费用，有权依据索赔程序要求业主支付。

工程师批准建议书的，不论是否提出意见，工程师应当发出变更指令。随后，承包商应当根据工程师的合理要求，进一步提交所需要的资料。最后，工程师与双方当事人就工期顺延与合同价格调整进行商定或做出决定。

②价值工程。如果承包商认为其建议被业主采纳后能够缩短工程工期，降低业主实施、维护或运营工程的费用，能为业主提高竣工工程的效率、价值或者为业主带来其他利益，那么他可以随时向工程师提交一份书面建议。承包商应自费编制此类建议书，其内容与工程师指示变更程序中要求承包商提交的建议书内容一致。

工程师收到承包商的建议书后，应当尽快以书面形式予以答复，说明其是否批准承包商的建议。工程师在做出答复前应当征求业主同意。承包商在等待答复期间，不得延误任何工作。

工程师批准建议书的，不论是否提出意见，工程师应当发出变更指令。随后，承包商应当根据工程师的合理要求，进一步提交所需要的资料。对于承包商基于价值工程提出的变更，工程师在确认签发变更指令时，应在其中说明合同双方对价值工程产生的效益、费用和（或）延误的分享和分担机制。

如果由工程师批准的建议包括对部分永久工程的设计的改变，除非双方另有约定，应当由承包商自费完成该部分工程的设计工作并承担相应的义务。

(4) 变更工程估价。变更工程的估价适用合同规定的工程计价原则，即以实际测量的工程量乘以该项工作对应的费率或价格。其中，费率或价格的确定原则包括：

1) 每项工作的费率或价格应当适用工程量清单或其他报表中的明确规定的费率或价格；

2) 若工程量清单或其他报表中没有明确规定，则适用工程量清单或其他报表中类似工作的费率或价格；

3）若工程量清单或其他报表中没有明确规定，也没有类似工作，则适用重新确定的费率或价格。每项新的费率或价格应当参考工程量清单或其他报表中的相关费率或价格，并结合变更工作的具体内容做出合理的调整。如果没有可供参考的相关费率或价格，则新的费率或价格应根据实施该项工作的合理费用，以及合同专用条款中规定的利润率（如果没有，按5%计取），并考虑任何相关事件后确定。

2. 价格调整

（1）工程量变化引起的价格调整。当某项工作的工程量变化同时满足下列条件时，对该项工作的估价应当适用新的费率或价格：

1）该项工作实际测量的工程量变化超过工程量清单或其他报表中规定工程量的10%以上；

2）该项工作工程量的变化与工程量清单或其他报表中相对应费率或价格的乘积超过中标合同金额的0.01%；

3）工程量的变化直接导致该项工作的单位工程量费用的变动超过1%；

4）该项工作并非工程量清单或其他报表中规定的“固定费率项目”“固定费用”和其他类似涉及单价不因工程量的任何变化而调整的项目。

（2）法律变化引起的价格调整。基准日期（即提交投标文件截止日前第28天）之后，由于影响承包商履行合同义务的工程所在地法律发生变化（包括新法的颁布实施和现行法律的废止或修订），或者相关司法解释、行政解释发生变化，导致工程相关费用的增减时，合同价格应进行相应的调整。由于法律变化导致费用增加的，承包商有权向业主提出顺延工期和（或）支付费用的索赔；由于法律变化导致费用减少的，业主有权向承包商提出减少合同价格的索赔。

工程实施过程中，任何一方当事人遇有因法律变化引起合同价格调整的情形时，应当立即以书面形式通知对方并提供详细资料。随后，工程师应当发出变更指示或要求承包商提交变更建议书。

（3）物价波动引起的价格调整。对于工期较长的合同，为了合理分担物价波动对施工成本的影响，双方可以在合同中约定价格调整的方法。1999年版FIDIC《施工合同条件》在通用条款中规定了价格调整公式，我国的《标准施工招标文件》（2007年版）、《标准设计施工总承包招标文件》（2012年版）以及《建设项目工程总承包合同（示范文本）》（GF-2020-0216）中的合同通用条款均借鉴了该价格调整公式。2017年版FIDIC《施工合同条件》将该调价公式从通用条款移入专用条款的“费用指数报表”中，供合同当事人选用。

1）调价公式。业主应支付给承包商的款额应根据劳务、货物以及其他投入费用的涨落进行调整，此调整根据调价公式（5.3.2）确定款额的增减。对于合同中没有约定可以调整的部分，其费用的任何涨落均不给予补偿，并被视为已经包含在中标合同金额内。同时规定，此调价公式不适用于基于实际费用或现行价格计算价值的工程。

$$P_n = a + b \times \frac{L_n}{L_0} + c \times \frac{M_n}{M_0} + d \times \frac{E_n}{E_0} + \cdots \tag{5.3.2}$$

式中：P_n——对第“n”个周期（通常为一个月）内所完成工程以相应货币估价所采用的调价系数；

a——是一个固定系数，代表合同支付中不予调整的部分；

$b, c, d, \cdots$——代表与实施工程有关的各项费用要素的估算比例，表中所列费用要素可以是劳务、设备和材料等资源；

L_n, E_n, M_n——第 n 个周期内表中所列费用要素在该周期（具体支付证书中规定的期限）最后一日之前第 49 天的现行费用指数或参考价格（费用指数报表中规定的），以相应的支付货币表示；

L_0, E_0, M_0——表中所列费用要素在基准日的基本费用指数或参考价格（费用指数报表中规定的），以相应的支付货币表示。

2）费用指数的调整。如果由于工程变更，使得数据调整表中所列各项费用要素的权重（系数）变得不合理、失衡或者不适用时，则应对其进行调整。

如果承包商未能在合同规定的竣工时间内完成工程，进行价格调整时应当选择下列指数或价格中对业主有利的指数或价格：

①工程竣工时间届满前第 49 天适用的各项指数或价格；

②现行指数或价格。

（4）暂定金额引起的价格调整。暂定金额是指业主在合同中明确规定用于“暂定金额条款”项下任何部分工程的实施或提供永久设备、材料或服务的一笔金额。

每一笔暂定金额仅按照工程师的指示全部或部分使用，并相应地调整合同价格。支付给承包商的此类总金额仅应包括工程师指示的且与暂定金额有关的工作、供货或服务的款项。对于每一笔暂定金额，工程师可指示：

1）由承包商实施工作（包括提供永久设备、材料或服务），并按照合同规定的变更程序商定或决定合同价格的调整；

2）由承包商从指定分包商或其他人处购买永久设备、材料、专业工程或服务，并将下列款项计入合同价格：

①承包商已支付或将要支付的实际金额。

②以该实际款额适用有关报表中规定的相应费率，计算一笔管理费和利润。如果没有相应的费率，则应采用专用条款“合同数据”中规定的费率。

工程师可以要求承包商提交为其实施全部或部分工作以及永久设备、材料、专业工程、服务采购的供应商和（或）分包商提供的报价单。随后，工程师可以发出书面通知或者指示承包商接受其中一份报价。但该项指示不能被视为对指定分包商的指定，也不构成对其他指令的撤销。工程师在收到报价单后 7 天内未予答复的，承包商有权自行决定接受其中任何一份报价。

任何包含暂定金额项目的支付报表应当同时提供所有适用的发票、凭证以及账单或收据等证明资料。

（5）计日工引起的价格调整。对于数量较少的、偶然发生的零星工作，工程师可以指示按照计日工方式实施变更。此类工作应按计日工报表以及合同规定的程序进行估价。如果合同中没有计日工报表，则不能适用计日工条款。

除了计日工报表中已标价的货物外，承包商在订购工程所需货物时，应向工程师提交一份或多份报价。随后，工程师可以指示承包商接受其中一份报价，但该项指示不能被视为对指定分包商的指定。工程师在收到报价单后 7 天内未能给承包商指示的，承包商有权自行决定接受其中任何一份报价。

除了计日工报表中明确规定无须进行支付的项目以外，承包商应当每天向工程师提交一式两份（和一份电子副本）准确报表，包括实施前一日工作时所使用资源的下列情况：

①每个承包商作业班组人员的工种及实际工作时间；

②每台承包商设备的型号及实际工作时间；

③所使用临时工程的类型；

④安装在永久工程上的永久设备的型号；

⑤所使用材料的数量和型号。

报表的内容无误并经同意后，工程师应在每类报表中的一份复印件上签字并立即退还给承包商。如果报表的内容有误或未经同意，工程师应根据合同规定的程序同意或决定实施该计日工工作所需的资源。

在下一期的支付报表中，承包商应向工程师提交一份上述各资源的价格报表，并附具计日工工作所用货物（除计日工报表中已标价货物以外）的发票、凭证以及账单或收据等证明资料。

除计日工报表中有明确说明以外，计日工报表中的费率和价格应当被视为已包含了税金、管理费和利润。

（二）国际工程合同价款的结算

1. 预付款

（1）预付款保函。承包商应当自费取得一份金额和货币与预付款相同的预付款保函并提交给业主，同时将副本提交给工程师。该保函应由业主认可的国家（或地区）的机构签发，并且其格式应使用投标文件中所附的格式或者业主认可的其他格式。承包商提交预付款保函时，应当以报表的形式提交一份预付款支付申请。

在预付款全部偿还之前，承包商应保证预付款保函一直有效，但该预付款保函的总额可随承包商在期中支付证书中被扣还的金额递减。如果该保函中规定了截止日期，并且在此截止日期前 28 天预付款尚未全部偿还的，承包商应当相应延长保函的有效期并立即将相关证明提交给业主，同时将副本提交给工程师。如果业主在预付款保函到期前 7 天未收到延期证明，业主有权依据保函索赔尚未偿还的预付款。

（2）预付款支付证书。工程师应当在收到承包商提交的符合要求的履约保函、预付款保函以及承包商的预付款支付申请后的 14 天内，签发预付款支付证书。

（3）预付款的支付。业主应当自收到预付款支付证书后 21 天内（专用条款“合同数据”中另有规定的除外），将预付款支付证书中开具的金额支付给承包商。

（4）预付款的返还。该预付款应以在支付证书中按比例扣减的方式返还。除专用条款“合同数据”中规定的其他比例外，按以下方法返还：

1）当期中支付证书中的累计支付总额（不包括预付款以及保留金的扣留与返还）超过中标合同金额减去暂定金额之差的 10%时，开始返还；

2）每次返还的金额为每份期中支付证书金额（不包括预付款以及保留金的扣留与返还）的 25%，直至还清全部预付款。返还的货币及比例与支付预付款时相同。

如果在颁发工程接收证书前，或者因业主提出终止、承包商提出暂停和终止、不可预见事件而导致合同终止之前，预付款仍未全部返还的，承包商应立即将预付款所有剩余部分返还给业主。

2. 工程材料和设备款的预支

由于FIDIC合同条件是针对以包工包料方式承包的单价合同编制的，因此对于承包人采购的用于永久工程的材料和设备，合同可以约定先行支付拟用于工程的设备材料款，并在设备材料形成永久工程后扣减该金额，这笔款项具有预付款的性质。

(1) 预支的条件。

1) 对承包商的要求。承包商已经完整保存了各种记录，包括有关设备和材料的订单、收据、价格及用途等，并且可供随时检查；承包商提交了购买材料和设备并将其运至现场的费用报表，并附相关的证明文件。

2) 对材料和设备的要求。投标函附录中该类材料和设备根据其付款方式不同分别列明，分为装运后付款和运至现场后付款两类：

①对于装运后付款的材料和设备，要求其已经运至工程所在国，并正在运往现场的途中；并且此类材料和设备是清洁装船提单或其他装运证明中声明的。该提单或证明，与运输费和保险费的支付证明以及其他工程师要求提供的文件已经全部提交给工程师。此外，承包商还应提交由业主接受的银行并按业主规定的格式开具的无条件银行保函（保函的金额应等于根据应付的预支总额），该保函的有效期应一直持续到此类材料和设备运至现场并妥善存放而且承包商采取防护措施为止。

②对于运至现场后付款的材料和设备，要求此类材料和设备已经运至现场并妥善存放，而且承包商已经采取了防护措施。

(2) 材料和设备款的预支。工程师确认用于永久工程的材料和设备符合预支条件后，应当根据审查承包商提交的相关文件确定此类材料和设备的实际费用（包括运至现场的费用），期中支付证书中应增加的款额为该费用的80%。

(3) 预支材料和设备款的扣还。当已预付款项的材料和设备用于永久工程，并且构成永久工程合同价格的一部分后，工程师应当从承包商到期应得款内扣除预支的款项，扣除金额与预支金额的数额相等。

3. 期中支付

(1) 期中支付申请。承包商应于合同约定的每一个支付周期的期末之后，向工程师提交期中支付报表，报表应采用工程师接受的格式；期中支付报表应按照合同中约定的支付币种依次列明金额，并附支持材料（含进度报告）以便工程师审核，其中支付报表应当包括以下各项内容并按顺序列明：

1) 直至支付周期末承包商已完成的工程以及提供文件的估价［包括变更工作，但不包括以下第2）～10）项］，一般应列明前期累计金额、当期金额和截至目前累计金额；

2) 因法律变化和物价变化应进行的调整金额；

3) 根据约定的比例应扣留的保留金，直至保留金到达限额；

4) 应拨付和/或返还的预付款；

5) 工程材料、设备预支款的支付和/或返还；

6) 根据合同应增加或扣减的其他金额（包括工程师做出的商定或决定）；

7) 属于暂定金额而增加的金额；

8）应返还的保留金；

9）因承包商使用业主提供的临时设施而扣减的金额；

10）所有前期支付证书被证明应扣减的金额。

（2）期中支付证书的签发。业主收到履约保函且承包商任命承包商代表之前，不得开具任何支付证书或支付任何款额。

1）期中支付证书。工程师应于收到承包商的期中支付申请报表和证明文件后28天内，向业主签发期中支付证书并将副本送达承包商。期中支付证书中应说明工程师认为应当支付给承包商的金额，并附详细的支持材料说明其确认金额与申请金额的差异和原因。

2）期中支付证书的扣发。在颁发工程接收证书之前，如果支付证书中的数额（在扣除保留金及其他应扣款额之后）小于专用条款"合同数据"中规定的期中支付证书的最低支付限额（如果有此规定时），则工程师有权扣发期中支付证书并及时通知承包商。

除以下情形外，期中支付证书不得由于任何其他原因而被扣发：

①如果承包商所提供的货物或已完成的工作不符合合同要求，则可扣发修复或重置的费用，直至修复或重置工作完成。

②如果承包商未能按照合同规定履行某项工作或义务，则可扣留该工作或义务的价值，直至该工作或义务被履行为止。在这种情况下，工程师应当及时通知承包商，描述其不足并且附具扣发款额的详细证明资料。

③如果工程师发现承包商的期中支付申请报表或证明文件存在重大错误或矛盾，受以上错误或者矛盾影响的金额可被扣罚，直至该错误或矛盾在后期的期中支付申请报表中纠正。

3）期中支付证书的修正。工程师可在任何支付证书中对任何以前的证书给予恰当的改正或修正。支付证书不能被视为工程师的接受、批准、同意或对任何承包商文件或任何部分工作的无异议通知。

如果承包商认为其某项应得款额未被包含在支付证书中，应在下一期支付报表中注明该款额，工程师应当在下一期支付证书中进行适当修正。

（3）业主的支付。业主应在工程师收到期中支付报表和证明文件后，在合同约定的期限内（一般为56天），按照期中支付证书签认的金额向承包商支付。

（4）业主延误支付。如果业主未能在合同约定的时间内向承包商支付，承包商有以下权利：

1）有权获得融资费用。若承包商未能按期收到相应款项，承包商有权获得延误支付期间未支付金额的融资费用，该融资费用按月复利计算，延误支付期间以合同规定的应支付截止日期开始计算，最常用的融资费用计算方式是按照支付币种所在地的银行对优质借款人的短期借款平均利率的平均值加3%的年利率计算。承包商有权请求业主支付融资费用，无须提供报表，无须发正式通知，也无须提供证明。

2）有权暂停工作或终止合同。若工程师未根据合同颁发期中支付证书，业主未根据合同提供资金证明或业主未按合同支付，承包商可提前21天发出通知，暂停工作或放慢工作速度，直到业主纠正以上违约行为。发生以下情况时，承包商可通知业主表明终止合同的意向：

①业主未提供资金安排的证明。承包商向业主发出暂停工作通知后42天内仍未收到

业主关于资金安排的合理证据。

②工程师未在收到期中支付报表 56 天内颁发期中支付证书。

③承包商未在合同规定的支付期限届满 42 天内收到款项。若业主在收到该通知后 14 天内未纠正以上违约，承包商可通知业主终止合同。

暂停工作或终止合同不妨碍承包商获得延误支付款项的融资费用的权利。

(5) 竣工支付。承包商应在完工日期后 84 天内提交竣工报表并附证明文件。竣工报表中的内容包括：

1) 截至完工日期，承包商根据合同完成的所有工作的价值；

2) 承包商认为在完工日期应获得的其他金额；

3) 承包商认为在其完工日期后根据合同应得的其他费用的估算，包括承包商依据合同已发通知的索赔金额、已提交争端避免/裁决委员会解决事项的金额和针对争端避免/裁决委员会决定已发不满意通知事项的金额。

竣工支付与期中支付的流程相同，只是报表的内容不同。

4. 保留金的扣减与返还

(1) 保留金的扣减。业主一般会在期中支付时按约定的比例扣减一定金额作为保留金（一般为当期期中支付证书的 10%），直至保留金扣减累积达到一定的限额（一般为中标合同金额的 5%）。保留金计算基数仅应考虑影响合同价格的金额（实施的工程价值、根据合同进行的价格调整和其他金额增减），不影响合同价格的金额（预付款、工程材料、设备预支款）不应考虑。承包商也可以选择用保留金保函的形式置换保留金。

(2) 返还时间。保留金的返还分为工程竣工后的返还和缺陷通知期满后的返还。

1) 工程竣工后返还。工程师签发工程接收证书后，承包商应将保留金的前一半列入其支付报表中。如果签发的接收证书仅限于分项工程，承包商应将前一半保留金按照相应比例列入支付报表。每个分项工程的相关比例应是专用条款“合同数据”中规定的该分项工程的价值比例。如果“合同数据”中没有规定该分项工程的价格比例，则不应对该分项工程保留金的任何一半按比例返还。

2) 缺陷通知期满后返还。在最后一个缺陷通知期届满后，承包商应立即将保留金的另一半列入支付报表。如果接收证书仅就（或者被认为仅就）某分项工程签发，则在该分项工程的缺陷通知期届满后，承包商应立即将另一半保留金按照相应比例列入支付报表。每个分项工程的相关比例应是专用条款“合同数据”中规定的该分项工程的价值比例。如果“合同数据”中没有规定该分项工程的价格比例，则不应对该分项工程保留金的任何一半按比例返还。

5. 最终结清

(1) 最终报表。

1) 提交最终报表初稿。在收到履约证书后 56 天内，承包商应按照与之前申请期中支付报表同样的格式，向工程师递交最终报表初稿，要求一份原件、一份电子副本以及专用条款“合同数据”中规定份数的复印件，并附具证明文件，详细说明以下内容：

①承包商根据合同完成的所有工作的价值；

②承包商认为在颁发履约证书时应获得的其他金额；

③承包商认为根据合同或其他规定在履约证书签发之后应支付给他的任何其他款额的

估算，包括承包商依据合同已发通知的索赔金额、已提交争端避免/裁决委员会解决事项的金额和针对争端避免/裁决委员会决定已发不满意通知事项的金额。

对于上述第③项中涉及款项的估算额，应当在最终报表草案中单列。如果工程师不同意或者不能核实上述第①、②项中涉及的款额，应立即向承包商发出通知。承包商应按照工程师在通知中的合理要求并在通知中规定的时间内提交补充资料，并按照双方可能商定的意见对该初稿进行修改。

2）提交最终报表。如果最终报表初稿中没有第③项内容，承包商应编制并向工程师提交经双方商定的最终报表。这份经商定的报表被称为“最终报表”。

但如果最终报表初稿中含有第③项内容，或工程师和承包商未对最终报表初稿中的其他金额达成一致，承包商应编制并提交部分同意的最终报表，应分别列明商定的款额、估算的款额和有争议的款额。

（2）结清单。在提交“最终报表”或“部分商定的最终报表”时，承包商应提交一份书面的结清单，确认该报表的总额为根据或参照合同应支付给他的所有款项的全部和最终的结算额。该结清单可注明：

1）报表中的总款额可能受正处于争端避免/裁决程序或仲裁程序的任何争端可能应支付的任何款项的影响；和（或）

2）只有在承包商获得最终支付证书中的全部款额和退还的履约保函之后，该结清单方可生效。

如果承包商未能提交结清单，则结清单应被视为已经提交并于承包商获得最终支付证书中的全部款额和退还的履约保函之日起生效。

结清单不影响任何一方当事人在正处于争端避免/裁决程序或仲裁程序的任何争端中的权利与义务。

（3）最终支付证书的签发。在收到“最终报表”及结清单后28天内，工程师应向业主签发一份最终支付证书，说明：

1）工程师公正地认为最终应支付的款额，包括任何根据合同或其他规定应当额外支付或扣减的款额；

2）对业主以前已经支付的及其有权得到的款额、承包商以前已经支付的款额和（或）业主在履约保函下收到的款项加以核算后，业主还应支付给承包商的或承包商还应支付给业主（视情况而定）的金额（如有时）。

如果承包商未在规定的时间内提交最终报表初稿，工程师应要求承包商提交。其后，如果承包商未能在28天内提交最终报表初稿，工程师应就其公正决定的应支付的款额签发最终支付证书。

第六章　建设项目竣工决算和新增资产价值的确定

第一节　竣　工　决　算

本节关于竣工决算的具体内容主要按照房屋建筑及市政基础设施工程的有关规定进行编写，其他如公路交通和水利等专业的竣工决算可参照《水利基本建设项目竣工财务决算编制规程》SL 19—2014 及《公路建设项目工程决算编制办法》（交公路发〔2004〕507 号）的相关规定执行。

一、建设项目竣工决算的概念及作用

（一）建设项目竣工决算的概念

项目竣工决算是指所有项目竣工后，项目建设单位按照国家有关规定在项目竣工验收阶段编制的竣工决算报告。竣工决算是以实物数量和货币指标为计量单位，综合反映竣工建设项目全部建设费用、建设成果和财务状况的总结性文件，是竣工验收报告的重要组成部分。竣工决算是正确核定新增固定资产价值，考核分析投资效果，建立健全经济责任制的依据，是反映建设项目实际造价和投资效果的文件。竣工决算是建设工程经济效益的全面反映，是项目法人核定各类新增资产价值、办理其交付使用的依据。竣工决算是工程造价管理的重要组成部分，做好竣工决算是全面完成工程造价管理目标的关键性因素之一。通过竣工决算，既能够正确反映建设工程的实际造价和投资结果，又可以通过竣工决算与概算、预算的对比分析，考核投资控制的工作成效，为工程建设提供重要的技术经济方面的基础资料，提高未来工程建设的投资效益。

项目竣工时，应编制建设项目竣工财务决算。在编制项目竣工财务决算前，项目建设单位应当认真做好各项清理工作，包括账目核对及账务调整、财产物资核实处理、债权实现和债务清偿、档案资料归集整理等。建设周期长、建设内容多的项目，单项工程竣工，具备交付使用条件的，可编制单项工程竣工财务决算。建设项目全部竣工后应编制竣工财务总决算。

（二）建设项目竣工决算的作用

（1）建设项目竣工决算是综合全面地反映竣工项目建设成果及财务情况的总结性文件，它采用货币指标、实物数量、建设工期和各种技术经济指标综合、全面地反映建设项目自开始建设到竣工为止全部建设成果和财务状况。

（2）建设项目竣工决算是办理交付使用资产的依据，也是竣工验收报告的重要组成部分。建设单位与使用单位在办理交付资产的验收交接手续时，通过竣工决算反映了交付使用资产的全部价值，包括固定资产、流动资产、无形资产和其他资产的价值。及时编制竣工决算可以正确核定固定资产价值并及时办理交付使用，可缩短工程建设周期，节约建设项目投资，准确考核和分析投资效果。可作为建设主管部门向企业使用单位移交财产的依据。

(3) 建设项目竣工决算是分析和检查设计概算的执行情况，考核建设项目管理水平和投资效果的依据。竣工决算反映了竣工项目计划、实际的建设规模、建设工期以及设计和实际的生产能力，反映了概算总投资和实际的建设成本，同时还反映了所达到的主要技术经济指标。通过对这些指标计划数、概算数与实际数进行对比分析，不仅可以全面掌握建设项目计划和概算执行情况，而且可以考核建设项目投资效果，为今后制订建设项目计划，降低建设成本，提高投资效果提供必要的参考资料。

二、竣工决算的内容和编制

(一) 竣工决算的内容

建设项目竣工决算应包括从筹集到竣工投产全过程的全部实际费用，即包括建筑工程费、安装工程费、设备及工器具购置费、工程建设其他费用及预备费等费用。根据财政部、国家发展和改革委员会、住房城乡建设部的有关文件规定，竣工决算是由竣工财务决算说明书、竣工财务决算报表、工程竣工图和工程竣工造价对比分析四部分组成。其中竣工财务决算说明书和竣工财务决算报表两部分又称建设项目竣工财务决算，是竣工决算的核心内容。竣工财务决算是正确核定项目资产价值、反映竣工项目建设成果的文件，是办理资产移交和产权登记的依据。

1. 竣工财务决算说明书

竣工财务决算说明书主要反映竣工工程建设成果和经验，是对竣工决算报表进行分析和补充说明的文件，是全面考核分析工程投资与造价的书面总结，是竣工决算的重要组成部分，其内容主要包括：

(1) 项目概况。一般从进度、质量、安全和造价方面进行分析说明。进度方面主要说明开工和竣工时间，对照合理工期和要求工期分析是提前还是延期；质量方面主要根据竣工验收委员会或相当一级质量监督部门的验收评定等级、合格率和优良品率；安全方面主要根据劳动工资和施工部门的记录，对有无设备和人身事故进行说明；造价方面主要对照概算造价，说明节约或超支的情况，用金额和百分率进行分析说明。

(2) 会计账务的处理、财产物资清理及债权债务的清偿情况。

(3) 项目建设资金计划及到位情况，财政资金支出预算、投资计划及到位情况。

(4) 项目建设资金使用、项目结余资金等分配情况。

(5) 项目概（预）算执行情况及分析，竣工实际完成投资与概算差异及原因分析。

(6) 尾工工程情况。项目一般不得预留尾工工程，确需预留尾工工程的，尾工工程投资不得超过批准的项目概（预）算总投资的5%。

(7) 历次审计、检查、审核、稽查意见及整改落实情况。

(8) 主要技术经济指标的分析、计算情况。概算执行情况分析，根据实际投资完成额与概算进行对比分析；新增生产能力的效益分析，说明交付使用财产占总投资额的比例，不增加固定资产的造价占投资总额的比例，分析有机构成和成果。

(9) 项目管理经验、主要问题和建议。

(10) 预备费动用情况。

(11) 项目建设管理制度执行情况、政府采购情况、合同履行情况。

(12) 征地拆迁补偿情况、移民安置情况。

（13）需说明的其他事项。

2. 竣工财务决算报表

建设项目竣工决算报表包括：封面、基本建设项目概况表、基本建设项目竣工财务决算表、基本建设项目资金情况明细表、基本建设项目交付使用资产总表、基本建设项目交付使用资产明细表、待摊投资明细表、待核销基建支出明细表、转出投资明细表等。以下对其中几个主要报表进行介绍。

（1）基本建设项目概况表（表 6.1.1）。该表综合反映基本建设项目的基本概况，内容包括该项目总投资、建设起止时间、新增生产能力、主要材料消耗、建设成本、完成主要工程量和主要技术经济指标。

表 6.1.1　基本建设项目概况表

<table>
<tr><td>建设项目（单项工程）名称</td><td colspan="2"></td><td>建设地址</td><td colspan="2"></td><td rowspan="9">基建支出</td><td>项目</td><td>概算批准金额/元</td><td>实际完成金额/元</td><td>备注</td></tr>
<tr><td rowspan="2">主要设计单位</td><td colspan="2" rowspan="2"></td><td rowspan="2">主要施工企业</td><td colspan="2" rowspan="2"></td><td>建筑安装工程</td><td></td><td></td><td rowspan="8"></td></tr>
<tr><td>设备及工器具</td><td></td><td></td></tr>
<tr><td rowspan="2">占地面积/m²</td><td>设计</td><td>实际</td><td rowspan="2">总投资/万元</td><td>设计</td><td>实际</td><td>待摊投资</td><td></td><td></td></tr>
<tr><td></td><td></td><td></td><td></td><td>其中：项目建设管理费</td><td></td><td></td></tr>
<tr><td rowspan="2">新增生产能力</td><td colspan="3">能力（效益）名称</td><td>设计</td><td>实际</td><td>其他投资</td><td></td><td></td></tr>
<tr><td colspan="3"></td><td></td><td></td><td>待核销基建支出</td><td></td><td></td></tr>
<tr><td rowspan="2">建设起止时间</td><td>设计</td><td colspan="4">从　年　月　日至　年　月　日</td><td>转出投资</td><td></td><td></td></tr>
<tr><td>实际</td><td colspan="4">从　年　月　日至　年　月　日</td><td>合计</td><td></td><td></td></tr>
<tr><td>概算批准部门及文号</td><td colspan="10"></td></tr>
<tr><td rowspan="3">完成主要工程量</td><td colspan="5">建设规模</td><td colspan="5">设备/台、套、吨</td></tr>
<tr><td colspan="3">设计</td><td colspan="2">实际</td><td colspan="3">设计</td><td colspan="2">实际</td></tr>
<tr><td colspan="3"></td><td colspan="2"></td><td colspan="3"></td><td colspan="2"></td></tr>
<tr><td rowspan="3">尾工工程</td><td colspan="3">单项工程项目、内容</td><td colspan="2">批准概算</td><td colspan="2">预计未完部分投资额</td><td>已完成投资额</td><td colspan="2">预计完成时间</td></tr>
<tr><td colspan="3"></td><td colspan="2"></td><td colspan="2"></td><td></td><td colspan="2"></td></tr>
<tr><td colspan="3">小计</td><td colspan="2"></td><td colspan="2"></td><td></td><td colspan="2"></td></tr>
</table>

为全面考核和分析投资效果提供依据，可按下列要求填写表 6.1.1：

1）建设项目名称、建设地址、主要设计单位和主要施工企业，要按全称填列。

2）表中占地面积包括设计面积和实用面积。

3）表中总投资包括设计概算总投资和决算实际总投资。

4）表中各项目的设计、概算等指标，根据批准的设计文件和概算等确定的数字填列。

5）表中所列新增生产能力、完成主要工程量的实际数据，根据建设单位统计资料和承包人提供的有关成本核算资料填列。

6）表中基建支出是指建设项目从开工起至竣工为止发生的全部基本建设支出，包括形成资产价值的交付使用资产，如固定资产、流动资产、无形资产、其他资产支出，还包括不形成资产价值按照规定应核销的非经营项目的待核销基建支出和转出投资。上述支出，应根据财政部门历年批准的“基建投资表”中的有关数据填列。按照《基本建设财务规则》（财政部第81号令）和《基本建设项目建设成本管理规定》（财建〔2016〕504号）的规定，需要注意以下几点：

①建筑安装工程投资支出、设备及工器具投资支出、待摊投资支出和其他投资支出构成建设项目的建设成本。

建筑安装工程投资支出是指基本建设项目建设单位按照批准的建设内容发生的建筑工程和安装工程的实际成本，其中不包括被安装设备本身的价值，以及按照合同规定支付给施工单位的预付备料款和预付工程款。

设备工器具投资支出是指基本建设项目建设单位按照批准的建设内容发生的各种设备的实际成本（不包括工程抵扣的增值税进项税额），包括需要安装设备、不需要安装设备和为生产准备的不够固定资产标准的工器具及生产家具的实际成本。需要安装设备是指必须将其整体或几个部位装配起来，安装在基础上或建筑物支架上才能使用的设备；不需要安装设备是指不必固定在一定位置或支架上就可以使用的设备。

待摊投资支出是指基本建设项目建设单位按照批准的建设内容发生的，应当分摊计入相关资产价值的各项费用和税金支出。主要包括：(a) 勘察费、设计费、研究试验费、可行性研究费及项目其他前期费用；(b) 土地征用及迁移补偿费、土地复垦及补偿费、森林植被恢复费及其他为取得或租用土地使用权而发生的费用；(c) 土地使用税、耕地占用税、契税、车船税、印花税及按规定缴纳的其他税费；(d) 项目建设管理费、代建管理费、临时设施费、监理费、招标投标费、社会中介机构审查费及其他管理性质的费用；(e) 项目建设期间发生的各类借款利息、债券利息、贷款评估费、国外借款手续费及承诺费、汇兑损益、债券发行费用及其他债务利息支出或融资费用；(f) 工程检测费、设备检验费、负荷联合试车费及其他检验检测类费用；(g) 固定资产损失、器材处理亏损、设备盘亏及毁损、报废工程净损失及其他损失；(h) 系统集成等信息工程的费用支出；(i) 其他待摊投资性质支出。需要注意的是基本建设项目在建设期间的建设资金存款利息收入冲减债务利息支出，利息收入超过利息支出的部分，冲减待摊投资总支出。项目单项工程报废净损失计入待摊投资支出，单项工程报废应当经有关部门或专业机构鉴定。非经营性项目以及使用财政资金所占比例超过项目资本50%的经营性项目，发生的单项工程报废经鉴定后，需报项目竣工财务决算批复部门审核批准。

其他投资支出是指基本建设项目建设单位按照批准的建设内容发生的房屋购置支出，基本畜禽、林木等的购置、饲养、培育支出，办公生活用家具、器具购置支出，软件研发和不能计入设备投资的软件购置等支出。

②待核销基建支出包括以下内容：非经营性项目发生的江河清障、航道清淤、飞播造

林、补助群众造林、退耕还林（草）、封山（沙）育林（草）、水土保持、城市绿化、毁损道路修复、护坡及清理等不能形成资产的支出，以及项目未被批准、项目取消和项目报废前已发生的支出；非经营性项目发生的农村沼气工程、农村安全饮水工程、农村危房改造工程、游牧民定居工程、渔民上岸工程等涉及家庭或者个人的支出，形成资产产权归属家庭或者个人的，也作为待核销基建支出处理。

上述待核销基建支出，若形成资产产权归属本单位的，计入交付使用资产价值；形成产权不归属本单位的，作为转出投资处理。

③非经营性项目转出投资支出是指非经营项目为项目配套的专用设施投资，包括专用道路、专用通信设施、送变电站、地下管道等，且其产权不属于本单位的投资支出。对于产权归属本单位的，应计入交付使用资产价值。

7）表中“概算批准部门及文号”，按最后经批准的文件号填列。

8）表中收尾工程是指全部工程项目验收后尚遗留的少量收尾工程，在表中应明确填写收尾工程内容、完成时间、这部分工程的实际成本，可根据实际情况进行估算并加以说明，完工后不再编制竣工决算。

（2）基本建设项目竣工财务决算表（表 6.1.2）。竣工财务决算表是竣工财务决算报表的一种，建设项目竣工财务决算表是用来反映建设项目的全部资金来源和资金占用情况，是考核和分析投资效果的依据。该表反映竣工的建设项目从开工到竣工为止全部资金来源和资金运用的情况。它是考核和分析投资效果，落实结余资金，并作为报告上级核销基本建设支出和基本建设拨款的依据。在编制该表前，应先编制出项目竣工年度财务决算，根据编制出的竣工年度财务决算和历年财务决算编制项目的竣工财务决算。此表采用平衡表形式，即资金来源合计等于资金支出合计。

表 6.1.2　基本建设项目竣工财务决算表　　单位：

资金来源	金额	资金占用	金额
一、基建拨款		一、基本建设支出	
1. 中央财政资金		（一）交付使用资产	
其中：一般公共预算资金		1. 固定资产	
中央基建投资		2. 流动资产	
财政专项资金		3. 无形资产	
政府性基金		（二）在建工程	
国有资本经营预算安排的基建项目资金		1. 建筑安装工程投资	
2. 地方财政资金		2. 设备投资	
其中：一般公共预算资金		3. 待摊投资	
地方基建投资		4. 其他投资	
财政专项资金		（三）待核销基建支出	

续表 6.1.2

资金来源	金额	资金占用	金额
政府性资金基金		（四）转出投资	
国有资本经营预算安排的基建项目资金		二、货币资金合计	
二、部门自筹资金（非负债性资金）		其中：银行存款	
三、项目资本		财政应返还额度	
1. 国家资本		其中：直接支付	
2. 法人资本		授权支付	
3. 个人资本		现金	
4. 外商资本		有价证券	
四、项目资本公积		三、预付及应收款合计	
五、基建借款		1. 预付备料款	
其中：企业债券资金		2. 预付工程款	
六、待冲基建支出		3. 预付设备款	
七、应付款合计		4. 应收票据	
1. 应付工程款		5. 其他应收款	
2. 应付设备款		四、固定资产合计	
3. 应付票据		固定资产原价	
4. 应付工资及福利费		减：累计折旧	
5. 其他应付款		固定资产净值	
八、未交款合计		固定资产清理	
1. 未交税金		待处理固定资产损失	
2. 未交结余财政资金			
3. 未交基建收入			
4. 其他未交款			
合　　计		合　　计	

补充资料：基建借款期末余额：

基建结余资金：

注：资金来源合计扣除财政资金拨款与国家资本、资本公积重叠部分。

基本建设项目竣工财务决算表具体编制方法如下：

1）资金来源包括基建拨款、部门自筹资金（非负债性资金）、项目资本、项目资本公积、基建借款、待冲基建支出、应付款和未交款等，其中：

①项目资本金是指经营性项目投资者按国家有关项目资本金的规定，筹集并投入项目的非负债性资金，在项目竣工后，相应转为生产经营企业的国家资本金、法人资本金、个

人资本金和外商资本金。

②项目资本公积金是指经营性项目对投资者实际缴付的出资额超过其资金的差额（包括发行股票的溢价净收入）、资产评估确认价值或者合同协议约定价值与原账面净值的差额、接收捐赠的财产、资本汇率折算差额，在项目建设期间作为资本公积金、项目建成交付使用并办理竣工决算后，转为生产经营企业的资本公积金。

值得注意的是，资金来源合计应扣除财政资金拨款与国家资本、资本公积重叠部分。

2）表中“交付使用资产”“中央财政资金”“地方财政资金”“部门自筹资金”“项目资本”“基建借款”等项目，是指自开工建设至竣工的累计数，上述有关指标应根据历年批复的年度基本建设财务决算和竣工年度的基本建设财务决算中资金平衡表相应项目的数字进行汇总填写。

3）表中其余项目费用办理竣工验收时的结余数，根据竣工年度财务决算中资金平衡表的有关项目期末数填写。

4）资金支出反映建设项目从开工准备到竣工全过程资金支出的情况，内容包括基建支出、货币资金、预付及应收款、固定资产等，资金支出总额应等于资金来源总额。

5）补充资料当中，基建借款期末余额是指工程项目竣工时尚未偿还的基建投资借款数，应根据竣工年度资金平衡表内的“基建借款”项目期末数填列；“应收生产单位投资借款期末数”，应根据竣工年度资金平衡表内的“应收生产单位投资借款”项目的期末数填列。基建结余资金是指竣工时的结余资金，应根据竣工财务决算表中有关项目计算填列，其计算公式为：

$$\text{基建结余资金}=\text{基建拨款}+\text{项目资本}+\text{项目资本公积}+\text{基建借款}+\text{企业债券资金}+\text{待冲基建支出}-\text{基本建设支出} \tag{6.1.1}$$

（3）基本建设项目交付使用资产总表（表 6.1.3）。该表反映建设项目建成后新增固定资产、流动资产、无形资产价值的情况和价值，作为财产交接、检查投资计划完成情况和分析投资效果的依据。

表 6.1.3　基本建设项目交付使用资产总表　　单位：

序号	单项工程名称	总计	固定资产				流动资产	无形资产
			合计	建筑物及构筑物	设备	其他		

交付单位：　　负责人：　　接受单位：　　负责人：

基本建设项目交付使用资产总表具体编制方法如下：

1）表中各栏目数据根据“交付使用资产明细表”的固定资产、流动资产、无形资产的各相应项目的汇总数分别填写，表中总计栏的总计数应与竣工财务决算表中的交付使用资产的金额一致。

2）表中第 3 栏、第 4 栏、第 8 栏和第 9 栏的合计数，应分别与竣工财务决算表交付使用的固定资产、流动资产、无形资产、其他资产的数据相符。

(4) 基本建设项目交付使用资产明细表（表 6.1.4）。该表反映交付使用的固定资产、流动资产、无形资产价值的明细情况，是办理资产交接和接收单位登记资产账目的依据，是使用单位建立资产明细账和登记新增资产价值的依据。编制时要做到齐全完整，数字准确，各栏目价值应与会计账目中相应科目的数据保持一致。基本建设项目交付使用资产明细表具体编制方法是：

表 6.1.4 基本建设项目交付使用资产明细表 单位：

序号	单项工程名称	固定资产										流动资产		无形资产	
		建筑工程				设备、工器具、家具									
		结构	面积	金额	其中：分摊待摊投资	名称	规格型号	数量	金额	其中：设备安装费	其中：分摊待摊投资	名称	金额	名称	金额

1）表中“建筑工程”项目应按单项工程名称填列其结构、面积和金额。其中“结构”是指项目按钢结构、钢筋混凝土结构、混合结构等结构形式填写；面积则按各项目实际完成面积填写；金额按交付使用资产的实际价值填写。

2）表中“固定资产”部分要在逐项盘点后，根据盘点实际情况填写，工器具和家具等低值易耗品可分类填写。

3）表中“流动资产”“无形资产”项目应根据建设单位实际交付的名称和价值分别填列。

(5) 竣工财务决算报表其他表如下：待摊投资明细表（表 6.1.5）、待核销基建支出明细表（表 6.1.6）、转出投资明细表（表 6.1.7）。

表 6.1.5　待摊投资明细表

项目名称：　　　　　　　　　　　　　　　　　　　　　　　　单位：

项　　目	金额	项　　目	金额
1. 勘察费		25. 社会中介机构审计（查）费	
2. 设计费		26. 工程检测费	
3. 研究试验费		27. 设备检验费	
4. 环境影响评价费		28. 负荷联合试车费	
5. 监理费		29. 固定资产损失	
6. 土地征用及迁移补偿费		30. 器材处理亏损	
7. 土地复垦及补偿费		31. 设备盘亏及毁损	
8. 土地使用税		32. 报废工程损失	
9. 耕地占用税		33.（贷款）项目评估费	
10. 车船税		34. 国外借款手续费及承诺费	
11. 印花税		35. 汇兑损益	
12. 临时设施费		36. 坏账损失	
13. 文物保护费		37. 借款利息	
14. 森林植被恢复费		38. 减：存款利息收入	
15. 安全生产措施费		39. 减：财政贴息资金	
16. 安全鉴定费		40. 企业债券发行费用	
17. 网络租赁费		41. 经济合同仲裁费	
18. 系统运行维护监理费		42. 诉讼费	
19. 项目建设管理费		43. 律师代理费	
20. 代建管理费		44. 航道维护费	
21. 工程保险费		45. 航标设施费	
22. 招投标费		46. 航测费	
23. 合同公证费		47. 其他待摊投资性质支出	
24. 可行性研究费		合　　计	

表 6.1.6 待核销基建支出明细表

项目名称：　　　　　　　　　　　　　　　　　　　　　　　　　　单位：

不能形成资产部分的财政投资支出				用于家庭或个人的财政补助支出			
支出类别	单位	数量	金额	支出类别	单位	数量	金额
1. 江河清障				1. 补助群众造林			
2. 航道清淤				2. 户用沼气工程			
3. 飞播造林				3. 户用饮水工程			
4. 退耕还林（草）				4. 农村危房改造工程			
5. 封山（沙）育林（草）				5. 垦区及林区棚户区改造			
6. 水土保持				……			
7. 城市绿化							
8. 毁损道路修复							
9. 护坡及清理							
10. 取消项目可行性研究费							
11. 项目报废							
……				合　计			

表 6.1.7 转出投资明细表

项目名称：　　　　　　　　　　　　　　　　　　　　　　　　　　单位：

序号	单项工程名称	建筑工程				设备、工器具、家具							流动资产		无形资产	
		结构	面积	金额	其中：分摊待摊投资	名称	规格型号	单位	数量	金额	设备安装费	其中：分摊待摊投资	名称	金额	名称	金额
1																
2																
3																
4																
5																
6																
7																
8																
	合计															

交付单位：　　　　负责人：　　　　接受单位：　　　　负责人：

盖章：　　　　年　月　日　　　　盖章：　　　　年　月　日

需注意的是，在编制项目竣工财务决算时，项目建设单位应当按照规定将待摊投资支出按合理比例分摊计入交付使用资产价值、转出投资价值和待核销基建支出。

3. 建设工程竣工图

建设工程竣工图是真实地记录各种地上、地下建筑物、构筑物等情况的技术文件，是工程进行交工验收、维护、改建和扩建的依据，是国家的重要技术档案。全国各建设、设计、施工单位和各主管部门都要认真做好竣工图的编制工作。国家规定：各项新建、扩建、改建的基本建设工程，特别是基础、地下建筑、管线、结构、井巷、桥梁、隧道、港口、水坝以及设备安装等隐蔽部位，都要编制竣工图。为确保竣工图质量，必须在施工过程中（不能在竣工后）及时做好隐蔽工程检查记录，整理好设计变更文件。编制竣工图的形式和深度，应根据不同情况区别对待，其具体要求包括：

（1）凡按图竣工没有变动的，由承包人（包括总包和分包承包人，下同）在原施工图上加盖“竣工图”标志后，即作为竣工图。

（2）凡在施工过程中，虽有一般性设计变更，但能将原施工图加以修改补充作为竣工图的，可不重新绘制，由承包人负责在原施工图（必须是新蓝图）上注明修改的部分，并附以设计变更通知单和施工说明，加盖“竣工图”标志后，作为竣工图。

（3）凡结构形式改变、施工工艺改变、平面布置改变、项目改变以及有其他重大改变，不宜再在原施工图上修改、补充时，应重新绘制改变后的竣工图。由原设计原因造成的，由设计单位负责重新绘制；由施工原因造成的，由承包人负责重新绘图；由其他原因造成的，由建设单位自行绘制或委托设计单位绘制。承包人负责在新图上加盖“竣工图”标志，并附以有关记录和说明，作为竣工图。

（4）为了满足竣工验收和竣工决算需要，还应绘制反映竣工工程全部内容的工程设计平面示意图。

（5）重大的改建、扩建工程项目涉及原有的工程项目变更时，应将相关项目的竣工图资料统一整理归档，并在原图案卷内增补必要的说明一起归档。

4. 工程造价对比分析

对控制工程造价所采取的措施、效果及其动态的变化需要进行认真的比较对比，总结经验教训①。批准的概算是考核建设工程造价的依据。在分析时，可先对比整个项目的总概算，然后将建筑安装工程费用、设备及工器具购置费和其他工程费用逐一与竣工决算表中所提供的实际数据和相关资料及批准的概算、预算指标、实际的工程造价进行对比分析，以确定竣工项目总造价是节约还是超支，并在对比的基础上，总结先进经验，找出节约和超支的内容和原因，提出改进措施。在实际工作中，应主要分析以下内容：

（1）考核主要实物工程量。对于实物工程量出入比较大的情况，必须查明原因。

（2）考核主要材料消耗量。在建筑安装工程投资中，材料费一般占直接工程费70%左右，所以要按照竣工决算表中所列明的三大材料实际超概算的消耗量，查明是在工程的哪个环节超出量最大，再进一步查明超耗的原因。

（3）考核项目建设管理费、措施费和间接费的取费标准。项目建设管理费、措施费和

① 在《公路建设项目工程决算编制办法》（交公路发〔2004〕507号）中规定，公路建设项目工程决算应核查项目实际完成的工程量、采用的单价和费用支出以及与批准的概（预）算对比情况。

间接费的取费标准要按照国家和各地的有关规定，根据竣工决算报表中所列的项目建设管理费与概预算所列的项目建设管理费数额进行比较，依据规定查明是否多列或少列的费用项目，确定其节约超支的数额，并查明原因。

（4）主要工程子目的单价和变动情况。在工程项目的投标报价或施工合同中，项目的子目单价早已确定，但由于施工过程或设计的变化等原因，经常会出现单价变动或新增加子目单价如何确定的问题。因此，要对主要工程子目的单价进行核对，对新增子目的单价进行分析检查，如发现异常应查明原因。

（二）竣工决算的编制

1. 建设项目竣工决算的编制条件

编制项目竣工决算应具备下列条件：

（1）经批准的初步设计所确定的工程内容已完成；

（2）单项工程或建设项目竣工结算已完成；

（3）收尾工程投资和预留费用不超过规定的比例；

（4）涉及法律诉讼、工程质量纠纷的事项已处理完毕；

（5）其他影响工程竣工决算编制的重大问题已解决。

2. 建设项目竣工决算的编制依据

建设项目竣工决算应依据下列资料编制：

（1）《基本建设财务规则》（财政部第 81 号令）等法律、法规和规范性文件；

（2）项目计划任务书及立项批复文件；

（3）项目总概算书、单项工程概算书文件及概算调整文件；

（4）经批准的可行性研究报告、设计文件及设计交底、图纸会审资料；

（5）招标文件、最高投标限价及招标投标书；

（6）施工、代建、勘察设计、监理及设备采购等合同，政府采购审批文件、采购合同；

（7）工程结算资料；

（8）工程签证、工程索赔等合同价款调整文件；

（9）设备、材料调价文件记录；

（10）有关的会计及财务管理资料；

（11）历年下达的项目年度财政资金投资计划、预算；

（12）其他有关资料。

3. 竣工决算的编制要求

为了严格执行建设项目竣工验收制度，正确核定新增固定资产价值，考核分析投资效果，建立健全经济责任制，所有新建、扩建和改建等建设项目竣工后，都应及时、完整、正确的编制好竣工决算。建设单位要做好以下工作：

（1）按照规定组织竣工验收，保证竣工决算的及时性。对建设工程的全面考核，所有的建设项目（或单项工程）按照批准的设计文件所规定的内容建成后，具备了投产和使用条件的，都要及时组织验收。对于竣工验收中发现的问题，应及时查明原因，采取措施加以解决，以保证建设项目按时交付使用和及时编制竣工决算。

（2）积累、整理竣工项目资料，特别是项目的造价资料，保证竣工决算的完整性。积累、整理竣工项目资料是编制竣工决算的基础工作，它关系到竣工决算的完整性和质量的好坏。因此，在建设过程中，建设单位必须随时收集项目建设的各种资料，并在竣工验收前，对各种资料进行系统整理，分类立卷，为编制竣工决算提供完整的数据资料，为投产后加强固定资产管理提供依据。在工程竣工时，建设单位应将各种基础资料与竣工决算一起移交给生产单位或使用单位。

（3）核对各项账目，清理各项财务、债务和结余物资，保证竣工决算的正确性。工程竣工后，建设单位要认真核实各项交付使用资产的建设成本；完成各项账务处理及财产物资的盘点核实，做到账账、账证、账实、账表相符。项目建设单位应当逐项盘点核实，填列各种材料、设备、工器具等清单并妥善保管，应变价处理的库存设备、材料以及应处理的自用固定资产要公开变价处理，不得侵占、挪用；对竣工后的结余资金，要按规定上交财政部门或上级主管部门。在完成上述工作，核实了各项数字的基础上，正确编制从年初起到竣工月份止的竣工年度财务决算，以便根据历年的财务决算和竣工年度财务决算进行整理汇总，编制建设项目竣工决算。

4. 竣工决算的编制程序

基本建设项目完工可投入使用或者试运行合格后，应当在 3 个月内编报竣工财务决算，特殊情况确需延长的，中小型项目不得超过 2 个月，大型项目不得超过 6 个月。项目竣工财务决算未经审核前，项目建设单位一般不得撤销，项目负责人及财务主管人员、重大项目的相关工程技术主管人员、概（预）算主管人员一般不得调离。确需撤销的，项目有关财务资料应当转入其他机构承接、保管；人员确需调离的，应当继续承担或协助做好竣工财务决算相关工作。竣工决算的编制程序分为前期准备、实施、完成和资料归档四个阶段。

（1）前期准备工作阶段的主要工作内容如下：

1）了解编制工程竣工决算建设项目的基本情况，收集和整理、分析基本的编制资料。在编制竣工决算文件之前，应系统地整理所有的技术资料、工料结算的经济文件、施工图纸和各种变更与签证资料，并分析它们的准确性。完整、齐全的资料是准确而迅速编制竣工决算的必要条件。

2）确定项目负责人，配置相应的编制人员。

3）制定切实可行、符合建设项目情况的编制计划。

4）由项目负责人对成员进行培训。

（2）实施阶段主要工作内容如下：

1）收集完整的编制程序依据资料。在收集、整理和分析有关资料中，要特别注意建设工程从筹建到竣工投产或使用的全部费用的各项账务，债权和债务的清理，做到工程完毕账目清晰，既要核对账目，又要查点库存实物的数量，做到账与物相等，账与账相符，对结余的各种材料、工器具和设备，要逐项清点核实，妥善管理，并按规定及时处理，收回资金。对各种往来款项要及时进行全面清理，为编制竣工决算提供准确的数据和结果。

2）协助建设单位做好各项清理工作。

3）编制完成规范的工作底稿。

4）对过程中发现的问题应与建设单位进行充分沟通，达成一致意见。

5）与建设单位相关部门一起做好实际支出与批复概算的对比分析工作。重新核实各单位工程、单项工程造价，将竣工资料与原设计图纸进行查对、核实，必要时可实地测量，确认实际变更情况；根据经审定的承包人竣工结算等原始资料，按照有关规定对原概、预算进行增减调整，重新核定工程造价。

(3) 完成阶段主要工作内容如下：

1) 完成工程竣工决算编制咨询报告、基本建设项目竣工决算报表及附表、竣工财务决算说明书、相关附件等。清理、装订好竣工图。做好工程造价对比分析。

2) 与建设单位沟通工程竣工决算的所有事项。

3) 经工程造价咨询企业内部复核后，出具正式工程竣工决算编制成果文件。

(4) 资料归档阶段主要工作内容如下：

1) 工程竣工决算编制过程中形成的工作底稿应进行分类整理，与工程竣工决算编制成果文件一并形成归档纸质资料。

2) 对工作底稿、编制数据、工程竣工决算报告进行电子化处理，形成电子档案。

将上述编写的文字说明和填写的表格经核对无误，装订成册，即建设工程竣工决算文件。将其上报主管部门审查，并把其中财务成本部分送交开户银行签证。竣工决算在上报主管部门的同时，抄送有关设计单位。

三、竣工决算的审核和批复

(一) 竣工决算的审核

1. 审核程序

项目决算批复部门应按照“先审核后批复”的原则，建立健全项目决算评审和审核管理机制，以及内部控制制度。由财政部批复的项目决算，一般先由财政部委托财政投资评审机构或合格的中介机构（以下统称“评审机构”）进行评审，根据评审结论，财政部审核后批复项目决算。委托评审机构实施项目竣工财务决算评审时，应当要求其遵循依法、独立、客观、公正的原则。项目建设单位可对评审机构在实施评审过程中的违法行为进行举报。由主管部门批复的项目决算参照上述程序办理。

根据《中央基本建设项目竣工财务决算审核批复操作规程》（财建〔2018〕2号）主管部门、财政部收到项目竣工财务决算，一般可按照以下工作程序开展工作：

(1) 条件和权限审核。

1) 审核项目是否为本部门批复范围。不属于本部门批复权限的项目决算，予以退回。

2) 审核项目或单项工程是否已完工。尾工工程超过5%的项目或单项工程，予以退回。

(2) 资料完整性审核。

1) 审核项目是否经合格的中介机构进行决（结）算评审，是否附有完整的评审报告。对未经决（结）算评审（含审计署审计）的，委托评审机构进行决算审核。

2) 审核决算报告资料的完整性，决算报表和报告说明书是否按要求编制、项目有关资料复印件是否清晰、完整。决算报告资料报送不完整的，通知其限期补报有关资料，逾期未补报的，予以退回。需要补充说明材料或存在问题需要整改的，要求主管部门在限期内报送并督促项目建设单位进行整改，逾期未报或整改不到位的，予以退回。

其中，未经评审或审计署全面审计的项目决算，以及虽经评审或审计，但主管部门、财政部审核发现存在以下问题或情形的，应当委托评审机构进行评审：

①评审报告内容简单、附件不完整、事实反映不清晰且未达到决算批复相关要求；

②决算报表填写的数据不完整，存在较多错误，表间钩稽关系不清晰、不正确，以及决算报告和报表数据不一致；

③项目存在严重超标准、超规模、超概算，挤占、挪用项目建设资金，待核销基建支出和转出投资无依据、不合理等问题；

④评审报告或有关部门历次核查、稽查和审计所提问题未整改完毕，存在重大问题未整改或整改落实不到位；

⑤建设单位未能提供审计署的全面审计报告；

⑥其他影响项目竣工财务决算完成投资等的重要事项。

（3）评审机构进行了决（结）算评审的项目决算，或审计署已经进行全面审计的项目决算，财政部或主管部门审核未发现较大问题，项目建设程序合法、合规，报表数据正确无误，评审报告内容翔实、事实反映清晰、符合决算批复要求以及发现的问题均已整改到位的，可依据评审报告及审核结果批复项目决算。

审核中，评审发现项目建设管理存在严重问题并需要整改的，要及时督促项目建设单位限期整改；存在违法违纪的，依法移交有关机关处理。

（4）审核未通过的，属评审报告问题的，退回评审机构补充完善；属项目本身不具备决算条件的，请项目建设单位（或报送单位）整改、补充完善或予以退回。

2. 审核依据

审核工作依据以下文件：

（1）项目建设和管理的相关法律、法规、文件规定；

（2）国家、地方以及行业工程造价管理的有关规定；

（3）财政部颁布的基本建设财务管理及会计核算制度；

（4）本项目相关资料：项目初步设计及概算批复和调整批复文件、历年财政资金预算下达文件；项目决算报表及说明书；历年监督检查、审计意见及整改报告，必要时，还可审核项目施工和采购合同、招投标文件、工程结算资料以及其他影响项目决算结果的相关资料。

3. 审核方式

审核工作主要是对项目建设单位提供的决算报告及评审机构提供的评审报告、社会中介机构审计报告进行分析、判断，与审计署审计意见进行比对，并形成批复意见。

（1）政策性审核。重点审核项目履行基本建设程序情况，资金来源、到位及使用管理情况，概算执行情况，招标履行及合同管理情况，待核销基建支出和转出投资的合规性，尾工工程及预留费用的比例和合理性等。

（2）技术性审核。重点审核决算报表数据和表间钩稽关系、待摊投资支出情况、建筑安装工程和设备投资支出情况、待摊投资支出分摊计入交付使用资产情况以及项目造价控制情况等。

（3）评审结论审核。重点审核评审结论中投资审减（增）金额和理由。

（4）意见分歧审核及处理。对于评审机构与项目建设单位就评审结论存在意见分歧的，应以国家有关规定及国家批准项目概算为依据进行核定，其中：

评审审减投资属工程价款结算违反发承包双方合同约定及多计工程量、高估冒算等情况的，一律按评审机构评审结论予以核定批复。

评审审减投资属超国家批准项目概算、但项目运行使用确实需要的，原则上应先经项目概算审批部门调整概算后，再按调整概算确认和批复。若自评审机构出具评审结论之日起 3 个月内未取得原项目概算审批部门的调整概算批复，仍按评审结论予以批复。

4. 审核内容

审核的主要内容包括工程价款结算、项目核算管理、项目建设资金管理、项目基本建设程序执行及建设管理、概（预）算执行、交付使用资产及尾工工程等。

（1）工程价款结算审核。主要包括评审机构对工程价款是否按有关规定和合同协议进行全面评审；评审机构对于多算和重复计算工程量、高估冒算建筑材料价格等问题是否予以审减；单位、单项工程造价是否在合理或国家标准范围内，是否存在严重偏离当地同期同类单位工程、单项工程造价水平问题。

（2）项目核算管理情况审核，具体包括：

1）建设成本核算是否准确。对于超过批准建设内容发生的支出、不符合合同协议的支出、非法收费和摊派，无发票或者发票项目不全、无审批手续、无责任人员签字的支出以及因设计单位、施工单位、供货单位等原因造成的工程报废损失等不属于本项目应当负担的支出，是否按规定予以审减。

2）待摊费用支出及其分摊是否合理合规。

3）待核销基建支出有无依据、是否合理合规。

4）转出投资有无依据、是否已落实接收单位。

5）决算报表所填写的数据是否完整，表内和表间钩稽关系是否清晰、正确。

6）决算的内容和格式是否符合国家有关规定。

7）决算资料报送是否完整、决算数据之间是否存在错误。

8）与财务管理和会计核算有关的其他事项。

（3）项目建设资金管理情况审核，主要包括：

1）资金筹集情况。如项目建设资金筹集是否符合国家有关规定；项目建设资金筹资成本控制是否合理。

2）资金到位情况。如财政资金是否按批复的概算、预算及时足额拨付项目建设单位；自筹资金是否按批复的概算、计划及时筹集到位，是否有效控制筹资成本。

3）项目资金使用情况。财政资金情况是否按规定专款专用，是否符合政府采购和国库集中支付等管理规定；结余资金情况，结余资金在各投资者间的计算是否准确，应上缴财政的结余资金是否按规定在项目竣工后 3 个月内及时交回，是否存在擅自使用结余资金情况。

（4）项目基本建设程序执行及建设管理情况审核，主要包括：

1）项目基本建设程序执行情况。审核项目决策程序是否科学规范，项目立项、可研、初步设计及概算和调整是否符合国家规定的审批权限等。

2）项目建设管理情况。审核决算报告及评审或审计报告是否反映了建设管理情况：建设管理是否符合国家有关建设管理制度要求，是否建立和执行法人责任制、工程监理制、招投标制、合同制；是否制定相应的内控制度，内控制度是否健全、完善、有效；招投标执行情况和项目建设工期是否按批复要求有效控制。

(5) 概（预）算执行情况。主要包括是否按照批准的概（预）算内容实施，有无超标准、超规模、超概（预）算建设现象，有无概算外项目和擅自提高建设标准、扩大建设规模、未完成建设内容等问题；项目在建设过程中历次检查和审计所提的重大问题是否已经整改落实；尾工工程及预留费用是否控制在概算确定的范围内，预留的金额和比例是否合理。

(6) 交付使用资产情况。主要包括项目形成资产是否真实、准确、全面反映，计价是否准确，资产接受单位是否落实；是否正确按资产类别划分固定资产、流动资产、无形资产；交付使用资产实际成本是否完整，是否符合交付条件，移交手续是否齐全。

(二) 竣工决算的批复

1. 批复范围

(1) 财政部直接批复的范围。

1) 主管部门本级的投资额在3 000万元（不含3 000万元，按完成投资口径）以上的项目决算。

2) 不向财政部报送年度部门决算的中央单位项目决算。主要是指不向财政部报送年度决算的社会团体、国有及国有控股企业使用财政资金的非经营性项目和使用财政资金占项目资本比例超过50%的经营性项目决算。

(2) 主管部门批复的范围。

1) 主管部门二级及以下单位的项目决算。

2) 主管部门本级投资额在3 000万元（含3 000万元）以下的项目决算。

由主管部门批复的项目决算，报财政部备案（批复文件抄送财政部），并按要求向财政部报送半年度和年度汇总报表。

2. 批复内容

批复项目决算主要包括以下内容：

(1) 批复确认项目决算完成投资、形成的交付使用资产、资金来源及到位构成，核销基建支出和转出投资等。

(2) 根据管理需要批复确认项目交付使用资产总表、交付使用资产明细表等。

(3) 批复确认项目结余资金、决算评审审减资金，并明确处理要求。

1) 项目结余资金的交回时限。按照财政部有关基本建设结余资金管理办法规定处理，即应在项目竣工后3个月内交回国库。项目决算批复时，应确认是否已按规定交回，未交回的，应在批复文件中要求其限时交回，并指出其未按规定及时交回问题。

2) 项目决算确认的项目概算内评审审减投资，按投资来源比例归还投资方，其中审减的财政资金按要求交回国库；决算审核确认的项目概算内审增投资，存在资金缺口的，要求主管部门督促项目建设单位尽快落实资金来源。

(4) 批复项目结余资金和审减投资中应上缴中央总金库的资金，在决算批复后30日内，由主管部门负责上缴。

(5) 要求主管部门督促项目建设单位按照批复及基本建设财务会计制度有关规定及时办理资产移交和产权登记手续，加强对固定资产的管理，更好地发挥项目投资效益。

(6) 批复披露项目建设过程存在的主要问题，并提出整改时限要求。

（7）决算批复文件涉及需交回财政资金的，应当抄送财政部驻当地财政监察专员办事处。

第二节　新增资产价值的确定

建设项目竣工投入运营后，所花费的总投资形成相应的资产。按照新的财务制度和企业会计准则，新增资产按资产性质可分为固定资产、无形资产、流动资产等。

一、新增固定资产价值的确定方法

（一）新增固定资产价值的概念和范畴

新增固定资产价值是建设项目竣工投产后所增加的固定资产的价值，它是以价值形态表示的固定资产投资最终成果的综合性指标。新增固定资产价值是投资项目竣工投产后所增加的固定资产价值，即交付使用的固定资产价值，是以价值形态表示建设项目的固定资产最终成果的指标。新增固定资产价值的计算是以独立发挥生产能力的单项工程为对象的。单项工程建成经有关部门验收鉴定合格，正式移交生产或使用，即应计算新增固定资产价值。一次交付生产或使用的工程一次计算新增固定资产价值，分期分批交付生产或使用的工程，应分期分批计算新增固定资产价值。新增固定资产价值的内容包括：已投入生产或交付使用的建筑、安装工程造价；达到固定资产标准的设备及工器具的购置费；增加固定资产价值的其他费用。

（二）新增固定资产价值计算时应注意的问题

在计算时应注意以下几种情况：

（1）对于为了提高产品质量、改善劳动条件、节约材料消耗、保护环境而建设的附属辅助工程，只要全部建成，正式验收交付使用后就要计入新增固定资产价值。

（2）对于单项工程中不构成生产系统，但能独立发挥效益的非生产性项目，如住宅、食堂、医务所、托儿所、生活服务网点等，在建成并交付使用后，也要计算新增固定资产价值。

（3）凡购置达到固定资产标准不需安装的设备及工器具，应在交付使用后计入新增固定资产价值。

（4）属于新增固定资产价值的待摊投资，应随同受益工程交付使用的同时一并计入。

（三）待摊投资的分摊方法

根据从属关系，增加固定资产价值的其他费用应计入或分摊到拟交付的单项工程资产价值中。从属于全部或部分单项工程的其他费用按各个单项工程造价比例分摊。其中：用地与工程准备费、工程勘察和建筑设计费等按建筑工程造价比例分摊；生产工艺流程设计费按生产设备（包括需安装设备和不需安装设备）购置费比例分摊；项目建设管理费、联合试运转费、工程保险费和建设期利息等按建筑工程、安装工程、需安装设备价值总额比例分摊①。

---

① 对于生产经营性项目而言，由于固定资产投资各项目中包含的增值税未来可以作为进项税额抵扣，不应计入固定资产价值，因此建筑工程费、安装工程费、需安装设备、不需安装设备价值以及各项待摊费用均应不包括增值税。

【例 6.2.1】 某工业建设项目及其总装车间的建筑工程费、安装工程费，需安装设备费以及应摊入费用如表 6.2.1 所示，计算总装车间新增固定资产价值。

表 6.2.1　分摊费用计算表　　单位：万元

项目名称	建筑工程费	安装工程费	需安装设备费	不需安装设备费	项目建设管理费	用地与工程准备费	建筑设计费	生产工艺流程设计费
建设项目竣工决算	5 000	1 000	1 200	100	105	120	60	40
总装车间竣工决算	1 000	500	600	30	—	—	—	—

解：计算如下：

$$\text{应分摊的项目建设管理费}=\frac{1\ 000+500+600}{5\ 000+1\ 000+1\ 200}\times 105=30.625\text{（万元）}$$

$$\text{应分摊的用地与工程准备费}=\frac{1\ 000}{5\ 000}\times 120=24\text{（万元）}$$

$$\text{应分摊的建筑设计费}=\frac{1\ 000}{5\ 000}\times 60=12\text{（万元）}$$

$$\text{应分摊的生产工艺流程设计费}=\frac{600+30}{1\ 200+100}\times 40=19.385\text{（万元）}$$

$$\begin{aligned}\text{总装车间新增固定资产价值}&=(1\ 000+500+600+30)+(30.625+24+12+19.385)\\&=2\ 130+86.01=2\ 216.01\text{（万元）}\end{aligned}$$

二、新增无形资产价值的确定方法

在财政部和国家知识产权局的指导下，中国资产评估协会 2008 年制定了《资产评估准则——无形资产》，自 2009 年 7 月 1 日起施行。根据上述准则规定，无形资产是指特定主体所拥有或者控制的，不具有实物形态，能持续发挥作用且能带来经济利益的资源。我国作为评估对象的无形资产通常包括专利权、专有技术、商标权、著作权、销售网络、客户关系、供应关系、人力资源、商业特许权、合同权益、土地使用权、矿业权、水域使用权、森林权益、商誉、特许经营权、域名等。

（一）无形资产的计价原则

（1）投资者按无形资产作为资本金或者合作条件投入时，按评估确认或合同协议约定的金额计价；

（2）购入的无形资产，按照实际支付的价款计价；

（3）企业自创并依法申请取得的，按开发过程中的实际支出计价；

（4）企业接受捐赠的无形资产，按照发票账单所载金额或者同类无形资产市场价作价；

（5）无形资产计价入账后，应在其有效使用期内分期摊销，即企业为无形资产支出的费用应在无形资产的有效期内得到及时补偿。

（二）无形资产的计价方法

（1）专利权的计价。专利权分为自创和外购两类。自创专利权的价值为开发过程中的实际支出，主要包括专利的研制成本和交易成本。研制成本包括直接成本和间接成本：直接成本是指研制过程中直接投入发生的费用（主要包括材料费用、工资费用、专用设备费、资料费、咨询鉴定费、协作费、培训费和差旅费等）；间接成本是指与研制开发有关的费用（主要包括管理费、非专用设备折旧费、应分摊的公共费用及能源费用）。交易成本是指在交易过程中的费用支出（主要包括技术服务费、交易过程中的差旅费及管理费、手续费、税金）。外购专利权的价值为其实际转让价格，由于专利权是具有独占性并能带来超额利润的生产要素，因此，专利权转让价格不按成本估价，而是按照其所能带来的超额收益计价。

（2）专有技术（又称非专利技术）的计价。专有技术具有使用价值和价值，使用价值是专有技术本身应具有的，专有技术的价值在于专有技术的使用所能产生的超额获利能力，应在研究分析其直接和间接的获利能力的基础上，准确计算出其价值。如果专有技术是自创的，一般不作为无形资产入账，自创过程中发生的费用，按当期费用处理。对于外购专有技术，应由法定评估机构确认后再进行估价，其方法往往通过能产生的收益采用收益法进行估价。

（3）商标权的计价。如果商标权是自创的，一般不作为无形资产入账，而将商标设计、制作、注册、广告宣传等发生的费用直接作为销售费用计入当期损益。只有当企业购入或转让商标时，才需要对商标权计价。商标权的计价一般根据被许可方新增的收益确定。

（4）土地使用权的计价。根据取得土地使用权的方式不同，土地使用权可有以下几种计价方式：当建设单位向土地管理部门申请土地使用权并为之支付一笔出让金时，土地使用权作为无形资产核算；当建设单位获得土地使用权是通过行政划拨的，这时土地使用权就不能作为无形资产核算；在将土地使用权有偿转让、出租、抵押、作价入股和投资，按规定补交土地出让价款时，才作为无形资产核算。

三、新增流动资产价值的确定方法

流动资产是指可以在一年内或者超过一年的一个营业周期内变现或者运用的资产，包括现金及各种存款以及其他货币资金、短期投资、存货、应收及预付款项以及其他流动资产等。

（1）货币性资金。货币性资金是指现金、各种银行存款及其他货币资金，其中现金是指企业的库存现金，包括企业内部各部门用于周转使用的备用金；各种银行存款是指企业的各种不同类型的银行存款；其他货币资金是指除现金和银行存款以外的其他货币资金，根据实际入账价值核定。

（2）应收及预付款项。应收账款是指企业因销售商品、提供劳务等应向购货单位或受益单位收取的款项；预付款项是指企业按照购货合同预付给供货单位的购货定金或部分货款。应收及预付款项包括应收票据、应收款项、其他应收款、预付款项和待摊费用。一般情况下，应收及预付款项按企业销售商品、产品或提供劳务时的实际成交金额入账核算。

（3）短期投资包括股票、债券、基金。股票和债券根据是否可以上市流通分别采用市场法和收益法确定其价值。

（4）存货。存货是指企业的库存材料、在产品、产成品等。各种存货应当按照取得时的实际成本计价。存货的形成，主要有外购和自制两个途径。外购的存货，按照买价加运输费、装卸费、保险费、途中合理损耗、入库前加工、整理及挑选费用以及缴纳的税金等计价；自制的存货，按照制造过程中的各项实际支出计价。

参 考 文 献

[1] 全国造价工程师职业资格考试培训教材编审委员会. 建设工程计价 [M]. 北京：中国计划出版社，2023.
[2] 中华人民共和国住房和城乡建设部. 建设工程工程量清单计价标准：GB/T 50500—2024 [S]. 北京：中国计划出版社，2024.
[3] 中华人民共和国住房和城乡建设部. 房屋建筑与装饰工程工程量计算标准：GB/T 50854—2024 [S]. 北京：中国计划出版社，2024.
[4] 中国建设工程造价管理协会. 建设项目工程总承包计价规范：T/CCEAS 001—2022 [S]. 北京：中国计划出版社，2023.
[5] 中国建设工程造价管理协会. 建设项目投资估算编审规程：CECA/GC 1—2015 [S]. 北京：中国计划出版社，2015.
[6] 中国建设工程造价管理协会. 建设项目设计概算编审规程：CECA/GC 2—2015 [S]. 北京：中国计划出版社，2015.
[7] 中国建设工程造价管理协会. 建设项目工程竣工决算编制规程：CECA/GC 9—2013 [S]. 北京：中国计划出版社，2013.
[8] 中国建设工程造价管理协会. 建设工程招标控制价编审规程：CECA/GC 6—2011 [S]. 北京：中国计划出版社，2011.
[9] 中国建设工程造价管理协会. 建设项目工程结算编审规程：CECA/GC 3—2010 [S]. 北京：中国计划出版社，2010.
[10] 中国建设工程造价管理协会. 建设项目施工图预算编审规程：CECA/GC 5—2010 [S]. 北京：中国计划出版社，2010.
[11] 中国建设工程造价管理协会. 薪火传承 再谱华章——中国工程造价行业发展历程 [M]. 北京：中国建筑工业出版社，2020.
[12] 中国建设工程造价管理协会. 工程造价指标分类及编制指南（房屋建筑工程）[M]. 北京：中国计划出版社，2022.
[13] 国家发展改革委，建设部联合发布. 建设项目经济评价方法与参数 [M]. 3 版. 北京：中国计划出版社，2006.
[14] 马楠，等. 建设工程造价管理 [M]. 3 版. 北京：清华大学出版社，2021.
[15] 陈建国，高显义. 工程计量与造价管理 [M]. 4 版. 上海：同济大学出版社，2022.
[16] 严玲，尹贻林. 工程计价学 [M]. 4 版. 北京：机械工业出版社，2021.
[17] 周述发. 建设工程造价管理 [M]. 武汉：武汉理工大学出版社，2010.
[18] 郭婧娟. 工程造价管理 [M]. 北京：清华大学出版社. 北京交通大学出版

社，2005.
[19] 柯洪. 建设工程计价 [M]. 北京：中国建筑工业出版社，2023.
[20] 张江波. EPC项目造价管理 [M]. 西安：西安交通大学出版社，2018.
[21] 马楠，张国兴，等. 工程造价管理 [M]. 北京：中国机械工业出版社，2009.
[22] 李启明. 建设工程合同管理 [M]. 3版. 北京：中国建筑工业出版社，2018.
[23] 李建成. BIM应用·导论 [M]. 上海：同济大学出版社，2015.
[24] 王雪青. 工程估价 [M]. 3版. 北京：中国建筑工业出版社，2020.
[25] 丁烈云. 数字建造导论 [M]. 北京：中国建筑工业出版社，2019.
[26] 蓝敏. 建筑业增值税管理与会计实操 [M]. 北京：中国铁道出版社，2019.
[27] 骆汉宾. 数字建造项目管理概论 [M]. 北京：机械工业出版社，2021.